Kulturgeographie

Aktuelle Ansätze und Entwicklungen

Hans Gebhardt, Paul Reuber,
Günter Wolkersdorfer (Hrsg.)

Kulturgeographie

Aktuelle Ansätze und Entwicklungen

Mit Beiträgen von

Harald Bathelt · Bernd Belina · Hans-Georg Bohle
Michael Flitner · Hans Gebhardt · Johannes Glückler
Ilse Helbrecht · Julia Lossau · Doreen Massey
Paul Reuber · Wolf-Dietrich Sahr · Ed Soja
Anke Strüver · Michael Watts · Benno Werlen
Günter Wolkersdorfer · Gerald Wood
Wolfgang Zierhofer

Spektrum Akademischer Verlag Heidelberg · Berlin

Bibliografische Information Der Deutschen Bibliothek
Die Deutsche Bibliothek verzeichnet diese Publikation in der Deutschen Nationalbibliografie; detaillierte bibliografische Daten sind über http://dnb.ddb.de abrufbar.

ISBN 3-8274-1393-1

© 2003 Spektrum Akademischer Verlag GmbH Heidelberg · Berlin

Alle Rechte, insbesondere die der Übersetzung in fremde Sprachen, sind vorbehalten. Kein Teil des Buches darf ohne schriftliche Genehmigung des Verlages fotokopiert oder in irgendeiner Form reproduziert oder in eine von Maschinen verwendbare Sprache übertragen oder übersetzt werden.

Es konnten nicht sämtliche Rechteinhaber von Abbildungen ermittelt werden. Sollte dem Verlag gegenüber der Nachweis der Rechtsinhaberschaft geführt werden, wird das branchenübliche Honorar nachträglich gezahlt.

Lektorat: Merlet Behncke-Braunbeck, Martina Mechler
Produktion: Katrin Frohberg
Umschlaggestaltung: Spieszdesign, Neu-Ulm
Satz: TypoDesign Hecker, Leimen
Druck und Bindung: Ebner & Spiegel GmbH, Ulm

Inhaltsverzeichnis

Vorwort

Die Humangeographie ist am Beginn des 21. Jahrhunderts durch wissenschaftliche Entwicklungen geprägt, welche einschneidende aktuelle Transformationen der Gesellschaft auf allen Ebenen widerspiegeln und wissenschaftlich begleiten. Dazu gehören vor allem:

- Eine Wiederentdeckung des „Politischen" im Spannungsfeld von Wissen, Raum und Macht
- Eine Wiederentdeckung der Bedeutung großer Metaerzählungen wie Religion, Ethnizität etc. als Motoren der gesellschaftlichen Umbrüche
- Eine Wiederentdeckung des Kulturellen, genauer: der Konstruktion von kultureller Identität und ihrer territorialen Verortung

Die Kulturwissenschaften reagieren auf diese Veränderungen in der Gesellschaft und auf die steigende Sensibilität für die Bedeutung des „Räumlichen" mit einer Neufassung ihrer traditionellen Konzepte und Theorien. Diese haben zweierlei gemeinsam: Erstens betrachten sie Kultur, Ethnizität etc. nicht (mehr) als gegebene, quasi objektive Größen, sondern als gesellschaftliche Konstruktionen, die immer wieder neu zur Verhandlung anstehen, und zweitens nehmen sie dabei sehr viel stärker als bisher die Rolle räumlicher Zeichen und Diskurse in den Blick. Raum reussiert in den Kulturwissenschaften als eine symbolische Achse sozialer Distinktion und kultureller Differenz: *Geography Matters*.

Diese Entwicklungen öffnen auch den geographischen Blick und bieten die Chance, nicht nur alte Forschungsfragen in neuem Licht zu „reinterpretieren", sondern auch eine Reihe neuer Fragen überhaupt erst stellen zu können. Dabei besitzt die Geographie mit ihrer spezifischen „Raumkompetenz" mittlerweile einen konzeptionellen Vorsprung gegenüber den oft „naiven" Raumkonzepten ihrer Nachbarwissenschaften, der sie im Konzert der Kultur- und Gesellschafswissenschaften sehr viel stärker ins Zentrum rückt als bisher. Ed Soja (1999) bezeichnet diese Entwicklung zu Recht als „one of the most important intellectual developments in the late twentieth century. Scholars have begun to interpret space and the spatiality of human life with the same critical insight and interpretative power as have traditionally given to time and history…, to social relations and society…" (Soja, 1999, S. 261). Die Geographie vermag damit nicht nur (wie häufiger in der Vergangenheit) kulturwissenschaftliche Theorien zu adaptieren, sondern – *fruitfully two-ways* (Massey 1999: 5) – einen substanziellen Theorieexport in die Kulturwissenschaften zu leisten.

Dieser Boom spiegelt sich inzwischen auch auf dem anglo-amerikanischen Lehrbuchmarkt. In den letzten Jahren sind eine Reihe von Readern und Textsammlungen entstanden, welche rund zwei Jahrzehnte *New Cultural Geography* inhaltlich und konzeptionell reflektieren. Zu nennen sind hier u. a. die Arbeiten von Crang (1998) und Mitchell (2000) sowie das 2003 publizierte „Handbook of Cultural Geography“ von Anderson et al. Der 1999 erschienene Reader „Human Geography Today“ von Massey, Allen und Sarre zeigt den tiefgreifenden Paradigmenwechsel einer „neuen Kulturgeographie“ vielleicht am konsequentesten auf.

In Deutschland fehlen entsprechende Handbücher oder Textsammlungen noch fast vollständig. Gleichwohl stoßen Symposien und wissenschaftliche Veranstaltungen zu dieser Thematik derzeit auf ein überwältigendes Interesse nicht nur bei Fachkollegen, sondern auch bei den Studierenden. All dies war Anlass für uns, auf Anregung des Spektrum-Verlags den vorliegenden Reader „Kulturgeographie – aktuelle Ansätze und Konzepte“ zusammenzustellen. Mit diesem Buch wird der im Jahr 2001 erschienenen, vor allem auf Grundlagenwissen ausgerichteten „Humangeographie“ (im gleichen Verlag) eine „kleine Schwester“, ein zweites, offeneres und stärker experimentelles Buch zur Seite gestellt, das sich in Konzeption und Zielrichtung vor allem an „Human Geography Today“ orientiert. Ähnlich wie dort legen die Herausgeber in einem Einführungsteil aktuelle Entwicklungen der Kulturgeographie dar, an die sich dann vertiefende Beiträge zu inhaltlichen Kernthemen einer „neuen“ Kulturgeographie anschließen. Diese Beiträge folgen aus Gründen, die bereits Doreen Massey 1999 dargelegt hat, nicht dem klassischen Schema der kulturgeographischen Teildisziplinen, sondern sie arrangieren sich um die aktuellen Probleme und Themenfelder der interdisziplinären Kulturwissenschaften (vgl. die Teilüberschriften im Inhaltsverzeichnis). In diesen Feldern gibt es mittlerweile auch in der deutschsprachigen Kulturgeographie eine Reihe von konzeptionellen und empirischen Beiträgen. Das Buch repräsentiert diese Entwicklung, indem es einerseits mit Doreen Massey und Ed Soja zwei für die theoretische Diskussion im angelsächsischen Sprachraum zentrale Autoren einbezieht, andererseits aber durch eine breite Liste von Autorinnen und Autoren aus dem deutschsprachigen Sprachraum nicht nur die Übernahme, sondern auch die eigenständige und „situierte“ Weiterentwicklung solcher Ansätze vorstellt.

Der Band „Kulturgeographie“ richtet sich – als vertiefende Erweiterung des Überblicks-Lehrbuchs zur Humangeographie – an die Studierenden sowie an eine konzeptionell interessierte Fachleserschaft in der Geographie und den kulturwissenschaftlichen Nachbardisziplinen, mit denen im Zuge des *Spatial Turn*, des *Linguistic Turn* und des *Cultural Turn* ein breiter Austausch gemeinsamer Themen und Theorieinteressen entstanden ist, der die alten Grenzen zwischen den klassischen Disziplinen zunehmend als durchlässig erscheinen lässt.

Das vorliegende Lehrbuch nimmt von seinem Aufbau und seiner didaktischen Konzeption her einen Typus auf, der in der deutschsprachigen Geographie bisher weniger verbreitet ist, in den anglophonen Ländern aber schon länger zum etablierten Kanon der Lehrbuchgestaltung gehört: das Konzept des Readers, des

Lese-Buchs. Entstanden ist dabei ein *students companion to geography* (Johnston, o. J.), im dem es ausdrücklich nicht darum geht, ein monolithisches, fest umrissenes Bild von den Inhalten und Konzepten der Kulturgeographie zu vermitteln, sondern Autorinnen und Autoren mit unterschiedlichen inhaltlichen Perspektiven und theoretisch-konzeptionellen Positionen von ihrem eigenen Ort aus sprechen zu lassen. Das Buch zeichnet ein Bild wissenschaftlicher Pluralität und Differenz, eine *multiplicity of stories* (Massey 1999: 279), welche die Kultur- und Humangeographie im deutschen Sprachraum zunehmend prägt und welche mit einem reichhaltigen Frühstückskorb origineller Sichtweisen und Konzepte Antworten auf die gravierenden Veränderungen sucht, die unsere alltäglichen Geographien des Sozialen am Anfang des neuen Jahrtausends ausmachen.

Hans Gebhardt, Paul Reuber
und *Günter Wolkersdorfer*

April 2003

1 Kulturgeographie – Leitlinien und Perspektiven

Hans Gebhardt, Paul Reuber und Günter Wolkersdorfer (Heidelberg, Münster)

1.1 Die Renaissance der Kultur – eine Einführung

Wir leben im 21. Jahrhundert, und die Zeichen haben sich geändert. Vieles dreht sich wieder um Kultur, und das nicht erst, seit die Terroristen am 11. September 2001 in die Towers gerast sind, mit einem „Glauben" im Gepäck, dessen Gut und Böse-Kategorien auf kulturellen Unterschieden beruhen.

Kultur als alte und neue Distinktionsachse der Gesellschaft zeigt sich dabei als Chimäre mit vielen Gesichtern. Sie bildet das Gravitationsfeld für die „feinen Unterschiede" im satten Phantasialand der westlichen Wohlstands-, Konsum- und Freizeitgesellschaft, sie treibt mit universalen Moden, Mythen und Zeichen die schleichende Globalisierung auch in der letzten Ecke des Erdballs voran, und sie bildet gleichzeitig den Treibsatz einer „kulturellen Plattentektonik" (Galtung 1995, Kreutzmann 1997), an deren Rändern sich die Geopolitik des kommenden Jahrtausends neu zu orientieren beginnt. Und dabei geht es nicht nur um Sub-, Duft-, Alternativ-, Sponti-, Wein- oder Körperkultur, sondern auch um Machtpolitik und Massengräber: Kultur ist auf dem Weg, noch stärker als bisher zum Motor der sozialen und politischen Differenzierung unserer Welt zu werden, im Krieg wie im Frieden und auf allen Ebenen der Gesellschaft.

Diese Renaissance kultureller Differenzen scheint das Symptom eines tieferliegenden Wandels der Gesellschaft zu sein, die ihre alten Mythen und „großen Erzählungen" (Lyotard 1999) verliert. Die „klassischen" Ankerpunkte der Moderne gehen verloren, die „großen, kollektiven, stabilen gesellschaftlichen Identitäten der Vergangenheit (wurden) erschüttert und durcheinander geschüttelt" (Hall 1999a: 88). Damit treten auch die zentralen Leitbilder der Nachkriegsgesellschaft ab, die den Menschen bis dahin Orientierung und Sicherheit gegeben haben. Der real existierende Sozialismus hat abgewirtschaftet, aber auch die vermeintlich „besseren" Werte wie Demokratie, Humanismus, Solidarität und Menschenrechte sind brüchig geworden. Die alten Klassen, Schichten und Milieus, die Marx und Weber uns für über ein Jahrhundert als Werkzeuge der Differenzierung, Verortung und Selbstbespiegelung auf den Weg gaben, brechen weg. Was dabei entsteht, ist eine Gesellschaft immer feinerer Unterschiede, die sich gleichzeitig immer stärker separiert und segregiert.

Die Konstruktion von Identität, die Schaffung des Eigenen und Fremden beruht auf Differenzen, denn ohne die „dialogische Beziehung zum Anderen gibt es keine Identität" (Hall 1999a: 93). Die Entstehung solcher Unterschiede findet aber nicht auf einer „realistischen" Ebene, sondern auf diskursivem Wege statt. „Die Vorstellung, dass sich Identität außerhalb von Repräsentation befindet ..., ist unhaltbar. Identität liegt innerhalb des Diskurses, innerhalb der Repräsentation. Sie wird zum Teil durch die Repräsentation konstruiert. Identität ist eine Erzählung (*narrative*) vom Selbst: sie ist die Geschichte (*story*), die wir uns vom Selbst erzählen, um zu erfahren, wer wir sind" (ebd.: 94). An dieser Stelle kommt die Kultur ins Spiel, und zwar nicht nur als diskursiv erzählte, erlebte und vermittelte Geschichte, sondern als unverzichtbare Säule der Identitätsbildung. Es scheint den Menschen nicht möglich, die „Beziehung von Identität und Differenz zu denken, ... wenn sie nicht von irgendeinem Ort kommen, von irgendeiner Geschichte, wenn sie nicht bestimmte kulturelle Traditionen erben. ... Man muss sich irgendwo positionieren, um überhaupt etwas zu sagen" (ebd.: 95).

Mit dieser konstruktivistischen Wendung der Betrachtung von Kultur und Geschichte für die gesellschaftliche Strukturierung und Identitätsbildung vollzieht sich nicht nur ein „Akt der kulturellen Wiederentdeckung" (ebd.: 96), sondern ein *Cultural Turn* in den breiteren Kultur- und Sozialwissenschaften, der sowohl die räumlichen Ordnungs- und Strukturierungsdiskurse der Gesellschaft verändert, als auch gleichzeitig die wissenschaftlich-geographische Perspektive verschiebt, mit der man konzeptionell über die entsprechende Rolle des Raumes nachdenken kann (s.u.).

Dies zeigt sich an Beispielen auf allen Ebenen: Auf dem internationalen Parkett hat der Diskurs vom Kalten Krieg ausgedient und taugt höchstens noch für die Drehbücher historischer Agentenfilme. Die aktuellen Formen von Globalisierung und Fragmentierung ordnen sich zunehmend weniger in den Kategorien der Nationalstaaten, die lange als Bausteine der internationalen Ordnung von Wirtschaft und Politik gedient haben. Die Welt scheint sich aufzulösen. Sie wandelt sich von territorial verfassten Gemeinschaften zu einer „Netzwerkgesellschaft" (Castells 1999), von einem *„space of places"* zu einem *„space of flows"* (ebd.). „Entankerung" (Werlen 1997), Fragmentierung und Pluralisierung kennzeichnen die „Schöne Neue Welt", und die Menschen auf den Müllbergen von Manila und in den Lofts von London spüren die Veränderungen, die sich in den lokalen Lebenswelten ebenso niederschlagen wie in den weltumspannenden Daten-, Finanz- und Machtströmen der *Global City Networks.* Sie spüren diese Veränderungen auch in den „räumlichen" Facetten ihrer Identität und „fühlen sich ... zugleich als Teil der Welt und als Teil ihres Dorfes. Sie haben Nachbarschafts-Identitäten, und sie sind Bürger der Welt" (Hall 1999a: 90).

Veränderungen manifestieren sich räumlich aber nicht nur in neuen Verortungsmustern sozialer Identität und Differenz, wie es der geschilderte Bedeutungsverlust der altvertrauten Einheiten territorialer Bindung nahe legen könnte. Der „Raum" ist nicht nur die Arena, er ist in vieler Hinsicht das soziale und politische Werkzeug der Transformation. Der Nexus zwischen Raum und Kultur ist aus erkenntnistheoretischer Sicht eng geknüpft, aber keineswegs in Form einer (natur-)deterministischen Kausalität. Raum ist hier – so muss die konzeptionelle Präzisierung lauten – nicht in erster Linie „an sich" bedeutsam, sondern als Konstruktion, d. h. als sozial, ökonomisch und politisch interpretierter, als symbolisierter Raum. Die Geographien (Physiognomien) unserer Alltagswelt, die uns umgeben, tragen Bedeutung, und diese Bedeutung wandelt sich mit der Transformation ihrer Gesellschaft, sie werden in deren Spielen kultureller Distinktion, Fragmentierung und Vielfalt ständig neu erfunden. Als solche werden sie selbst wieder zu Zeichen, die rekursiv den gesellschaftlichen Umbruch antreiben und verfestigen. In der Endlosschleife der Konstruktion von Identität scheinen sie eine zunehmend komplexere Funktion zu übernehmen, die von Etiketten lokaler Milieubindung über wirtschaftsfördernde Images von Regionen bis zur symbolisch codierten Archäologie der Macht globaler Zeichen reicht. Aus den Landmarks und Symbolen transnationaler Konzerne, postmoderner Konsumstile und einer globalisierten Popkultur entstehen längst die neuen „Mythen des Alltags" (Barthes 2002) einschließlich ihrer „Geographical Imaginations" (Gregory 1994), die das Handeln der Menschen auf allen Ebenen strukturieren.

Dabei scheint gerade die diskursive Verkopplung von Territorium und Kultur etwas besonderes zu bewirken. Mit der Verortung des Eigenen und des Fremden lassen sich nicht nur freiwillige Ökotopias und Wohlstandsinseln wie *gated communities* schaffen, hierin liegt auch der Keim für aktive Ausgrenzung und territoriale Konflikte. Diskurse über Raum erzeugen dabei nicht nur eine symbolische Architektur der Macht in Sprache und Zeichen. Vielmehr schafft die kultur-/räumliche Logik eine Art doppelter Vereinfachung, eine Reduktion sozialer Komplexität über kulturelle wie räumliche Chiffren. Damit wird sie zu einem idealen Nährboden für die kleinen und großen Auseinandersetzungen um Raum und Macht, von der lokalen sozialen Segregation über regionale Standort- und Verteilungskonflikte bis zur internationalen Geopolitik mit Krieg, ethnischer Säuberung und Völkermord in der Welt nach dem Ende der Blockkonfrontation (vgl. Reuber 2002, Wolkersdorfer 2001).

1.2 *A changing world – a changing discipline?*[1] Wissenschaftliche Innovationen und *Cultural Turn*

All diese Entwicklungen haben Auswirkungen auf die Erforschung des „Kulturellen" und haben in einer breiten Strömung die gesamten traditionellen Kulturwissenschaften ergriffen, von der Kulturanthropologie und Ethnologie über Humanökologie, Soziologie bis zu den Kunst- und Medienwissenschaften. Eine

[1] siehe auch Massey 1999.

ganze Reihe dieser inhaltlichen wie konzeptionellen Umbrüche werden unter dem Label des *Cultural Turn* verhandelt. Gemeinsam gehen sie davon aus, dass ein realistisch-objektiver Blick auf die vielfältigen Aspekte von Kultur nicht möglich ist und dass sie, je nach theoretisch-konzeptioneller Grundlegung, als diskursive Konstruktionen (z. B. Foucault 1991, Hall 1999a), als Sinnzuweisungen und Sinnsysteme (vgl. bereits Gadamer 1975, Blotevogel 2003), als Formen sinnhaften menschlichen Handelns (z. B. Werlen 2003) oder als Kommunikation (im Sinne von Luhmann 2002) etc. betrachtet werden können.

Stuart Hall (1999a), einer der wesentlichen Vertreter der *Cultural Studies* skizziert dabei konkret drei Achsen der Veränderung:

- Die alte Leitdifferenz zwischen dem Eigenen und dem Fremden, dem *Sie* und dem *Wir*, den Kolonisierern und Kolonisierten, wird durch das Postulat der inneren Differenz und Vielfalt abgelöst.
- Die Unterschiede zwischen dem Lokalen und Globalen, dem Nahen und Fernen werden fragil, Globalisierung und Regionalisierung führen zu neuen Formen der Reterritorialisierung.
- Die Abkehr vom universalistischen, teleologischen Leitbild der Moderne gelingt mit einem differenzierteren Blick auf das Verhältnis von Raum und Zeit.

Jenseits dieser allgemeinen Grundlagen fächert sich jedoch die Renaissance der wissenschaftlichen Erforschung des Kulturellen in eine Reihe einzelner Strömungen auf. Diese haben eigene Namen, sie heißen je nach Fokus z. B. *Gender Studies*, *Postcolonial Studies* oder *Cultural Studies*, wobei zu letzteren wesentlich die Birmingham School zählt (vgl. Bhaba 1997, CCCS 1982, Engelmann 2001, Hörning und Winter 1999 u. a.). Einige zentrale Positionen dieser konstruktivistischen Wende in den Kulturwissenschaften, und damit auch in der Kulturgeographie, werden in den folgenden Kapiteln des Einführungsbeitrags thematisiert und dann in den nachfolgenden Beiträgen an vielen Stellen vertieft und erweitert:

- die kritische Reflexion der Verbindung von „Wissen und Macht“ und die Absage an eine vermeintlich objektive Wissenschaft
- die stärkere Integration der kulturgeographischen Teildisziplinen und die Interdisziplinarität ihrer Forschungsansätze
- die Ablösung des Primats der Geschichte (Zeit) über den Raum, und damit verbunden ein *Spatial Turn* in den verschiedensten Wirtschafts- und Gesellschaftswissenschaften mit philosophisch und gesellschaftstheoretisch weiter greifenden Reflexionen über die Rolle „des Raumes“ bzw. der Geographien unserer Lebens- und Alltagswelt
- ein *Linguistic Turn*, der Raum als Diskurs, als Text begreift
- ein *Semiotic Turn*, der Raum in einem weitergehenden Verständnis als Zeichensystem versteht

Bei all diesen Überlegungen rückt die Rolle des „Räumlichen" als Strukturierungselement von Kultur und Gesellschaft viel stärker als bisher in den Vordergrund, und die Kulturwissenschaften widmen inzwischen geographischen Konzeptionen eine gestiegene Aufmerksamkeit. Jenseits dieser Gemeinsamkeiten hat die Konjunktur der Kultur in den Wissenschaften aber zu einer Vielzahl aktueller, einander z.T. widersprechender Ausprägungsformen von *Cultural Turns* geführt, und es ist nicht ganz einfach, diese zu ordnen und zu systematisieren (vgl. beispielsweise die Forschungsperspektiven von Sahr 2001).

Box 1: Einige Forschungsperspektiven des *Cultural Turn* (nach Sahr 2001)

- **Untersuchung sozialer Beziehungen in kultureller Hinsicht**. Im Mittelpunkt steht hierbei die Reflexion von Fragen der Identität, angefangen von nationaler Identität (z. B. postkolonialer Völker) über regionale Identität bis hin zur personalen Identität, zur Rolle des Körpers bei der Identitätszuschreibung (z. B. Funktion von Mode, *Gay World* etc.). Im Kontext des *Cultural Turn* werden vor allem die Pluralität und Hybridität von Lebensformen betont
- **Semiotische und sozio-politische Interpretation kultureller Repräsentationen**, u. a. Diskutiert wird in diesem Zusammenhang die Beziehung zwischen elitärer und Massenkultur, die soziale Differenzierung durch künstlerische Medien und das kulturelle Distinktionsverhalten in Konsumentenkulturen (im Sinne von Bourdieu 1982) etc.
- Eng damit verbunden ist die **Untersuchung von Alltagspraktiken als kulturelle Ausdrucksformen.** Diese Sicht entwickelte sich zunächst vor allem in der Kulturanthropologie/Ethnologie, zu einem Schlüsseltext wurde Clifford Geertz' „Dichte Beschreibung" (1987). Kultur als Sinnproduktion bzw. „Bedeutungsgewebe" kann durch eine interpretierende dichte Beschreibung erschlossen werden. Im Zentrum des Interesses steht dabei die Aufdeckung der verborgenen Muster der sozialen Alltagspraxis, ihrer Symbolordnungen und Logiken, aber auch ihrer subtilen Durchdringung durch Macht und Marktmechanismen (vgl. Reckwitz 2000)
- Untersuchung der **semiotischen Gestaltung von Landschaften, Städten und Konsumwelten.** Thematisiert werden dabei u. a. Prozesse der Kulturalisierung der Stadtlandschaft in multi-ethnischen Städten, die Zeichensysteme von Konsumenten- und Freizeitlandschaften etc.
- Kritische Auseinandersetzung mit der **Konstruktion von „imaginären Geographien"**, von „Geographical Imaginations', beispielsweise als Produkt des Kolonialismus, einschließlich ihrer kulturellen Repräsentationen in filmischen Traumwelten oder ihrer Konzeptionalisierung in der Werbung (z. B. Escher/ Zimmermann 2001)
- Theoretisch-konzeptionelle **Analyse des Zusammenhangs zwischen Kapitalismus, Spät- bzw. Postmoderne und Kultur.** Hierzu zählen beispielsweise die Arbeiten von Autoren des kritischen Postmodernismus wie David Harvey oder Ed Soja, die in unterschiedlicher Form einen Zusammenhang zwischen den Flexiblisierungsprozessen des kapitalistischen Systems und der Proliferation von semiotischen Systemen herstellen

Die insgesamt stärkere Akzentuierung räumlicher Aspekte bei der Neuverhandlung der Kultur hat ebenso wie die vielfältigen „geographischen" Implikationen in den einzelnen Forschungsfeldern dazu geführt, dass sich parallel dazu auch innerhalb der Kulturgeographie ein *Cultural Turn* entwickelte. Gründe für die aktuell breite Diskussion kulturalistischer Ansätze auch innerhalb der Geographie werden von verschiedenen Autoren sowohl aus wissenschaftsexternen wie wissenschaftsinternen Kontexten hergeleitet (vgl. die didaktisch etwas zugeschärfte und verkürzte Darstellung in Box 2). Die Beiträge von Wolf-Dietrich Sahr und Benno Werlen in diesem Buch weisen darauf nachdrücklich hin.

Box 2: Diskursive Begründungen eines *Cultural Turn* in der Geographie (in Anlehnung an Kemper 2003, Natter und Wardenga 2003)

- Unter den **wissenschaftsexternen** Gründen ist das Ende des Kolonialzeitalters nach dem Zweiten Weltkrieg und die dadurch angestoßene Reflexion über Kolonialismus und Postkolonialismus zu nennen, welche deutlich machte, dass ein wesentlicher Teil der Forschung über außereuropäische kolonisierte Länder aus der Perspektive einer „westlichen Kulturhegemonie" verfasst wurde. Zum Schlüsseltext wurde hier insbesondere das 1978 erschienene Buch des Soziologen E. Said, welcher den Vorderen Orient quasi als „europäische Erfindung", als *geographical imagination* der abendländischen Kultur, als europäische Projektion bzw. Konstruktion bezeichnete. Nach 1990 rückte mit dem Ende des „Kalten Krieges" eine erneute Ethnisierung bzw. Kulturalisierung der politischen Diskurse in den Vordergrund. An die Stelle der geläufigen Meta-Erzählung vom „Kalten Krieg" zwischen Ost und West traten wieder stärker religiös bzw. kulturell begründete Regionalisierungen. Schließlich rückte mit der ökonomischen Globalisierung auch die zunehmende kulturelle Fragmentierung von Lebensstilen, Konsumentengeschmack und Ästhetik in das Zentrum des Interesses.
- **Wissenschaftsintern** hat die *Cultural Geography* vor allem im anglo-amerikanischen Sprachraum eine relativ lange Forschungstradition, von der sich die *New Cultural Geography* jedoch scharf abhebt (vgl. die Ausführungen von Wolf-Dietrich Sahr in diesem Buch). Die historische *Cultural Geography* entwickelte sich unter dem Einfluss von Carl Sauer in Berkeley seit den 1920er Jahren (vgl. Kemper 2003, Natter und Wardenga 2003). Sauer sah, wie der Mainstream der Geographie der 1920er und 1930er Jahre, die Landschaft als zentralen Forschungsgegenstand, der sich aus einer Mischung aus natürlichen und menschlichen Elementen konstituierte. Die Verbindungen zur Kulturlandschafts-Geographie in Deutschland sind somit unübersehbar. Kennzeichnend für die „Berkeley School" waren dabei die historische Orientierung, die Betonung des Menschen als Auslöser von Umweltveränderungen sowie eine gewisse Vorliebe für die Erforschung von Artefakten der materiellen Kultur (Mikesell 1978). Im Mittelpunkt der Betrachtung standen ländliche Räume (und zugleich eine gewisse „Großstadtfeindlichkeit") bzw. nicht-westliche oder vorindustriell geprägte Gesellschaften, verbunden mit einer recht ausgeprägten Neigung, das Einmalige, Besondere, Farbige des Forschungsgegenstands herauszustellen (siehe Natter und Wardenga 2003). An diesen Punkten setzte die Kritik der jüngeren Humangeographen in England

und Amerika Ende der 1970er Jahre an, welche etwas holzschnittartig als *New Cultural Geography* zusammengefasst werden kann: die Ontologisierung überwiegend prämoderner Kulturgruppen verhindere die Analyse der Vielfalt räumlich und zeitlich nebeneinander existierender Kulturformen, die „Moderne" erscheine nur als „große Auslöscherin von Differenzen", und es herrsche ein unreflektiert statischer, konservativer Kulturbegriff vor, Nationalität und Ethnizität würden als Kategorien der Identitätsbestimmung überbetont, soziale Fragen würden weitgehend ausgeklammert, und insbesondere habe die herkömmliche *Cultural Geography* ein viel zu unbestimmtes Verständnis dessen, was zum Begriff der Kultur gehöre (vgl. Soja 1989).

In Deutschland gewann Anfang der 1960er Jahre für einige Zeit das Konzept der Kulturerdteile von Kolb (1962) an Bedeutung, insbesondere für die Ordnung des Stoffes in der Schulerdkunde. Kritisiert wurde allerdings in der Folgezeit die Essentialisierung entlang eines diffusen Kulturbegriffs sowie die Abgrenzung entlang von Natur- und Kulturelementen.

Nachdem in den 1980er Jahren noch überwiegend empirisch-theoretische Einzelarbeiten aus dem angloamerikanischen Raum erschienen waren, trat der *Cultural Turn* dort spätestens seit den 1990er Jahren zunehmend auch in Readern zur Kulturgeographie und als roter Faden in Lehrbuchdarstellungen auf (Crang 1998, Mitchell 2000, Anderson et al. 2003).

Auch in Frankreich entwickelte sich in den 1990er Jahren eine neue *géographie culturelle* (Claval 1995), wobei hier die Auseinandersetzung um die Semiotisierung der Umwelt eine zentrale Rolle spielte (*Semiotic Turn*, s. u.). Innerhalb der deutschsprachigen Geographie wurden die Ansätze bisher erst zögerlich adaptiert, erhalten mittlerweile aber in einzelnen Publikationen zunehmend Bedeutung (vgl. z. B. die Beiträge von Kemper, Sahr, Soyez, Lindner, Neuer und Pütz in Petermanns Geographische Mitteilungen 2/2003 sowie die Beiträge von Wardenga & Dix, Blotevogel, Werlen, Pütz, Natter und Wardenga, Barnes in Berichte zur Deutschen Landeskunde 77/2003). Das vorliegende Buch zielt darauf ab, die aktuellen Entwicklungen und Konzepte zusammenzustellen, und die Relevanz kultureller Differenz auf den verschiedensten Maßstabsebenen (von globalen Konflikten bis zum alltäglichen lokalen Zusammenleben gesellschaftlicher Gruppen) hervortreten zu lassen.

1.3 Kulturgeographie als eine spezifische Form von Wissen und Macht

Es ist ein Kennzeichen der *New Cultural Geography*, dass sie bei ihren Arbeiten immer die allgemeine Diskussion um die unauflösliche Verbindung von Wissen und Macht im Blick behält, wie sie vor allem die französischen Poststrukturalisten Lyotard, Foucault und Latour geführt haben. Wissen und die Produktionsformen des Wissens sind kein sich beständig verbessernder Kanon richtiger Theorien und Methoden. Wissen ist vielmehr historisch kontextuell, ebenso wie die Methoden und Regeln, mit denen Wissenschaftler „richtige" von „falschen" Ergebnissen unterscheiden. Die Vorstellung von einer „objektiven Wissenschaft", an deren Ende gar eine universell gültige „Grand Theory" stünde, ist aus dieser Sicht nicht eine Art von Naturgesetz, sie entpuppt sich vielmehr als einer der mächtigsten Diskurse der vergangenen Jahrhunderte wie auch unserer Zeit, als einer der normativen Grund- und Machtpfeiler der aufgeklärten Moderne. Dies Sichtweise brachte die unausweichliche Erkenntnis, „that all the great truths are false" (Dear 1994).

Wissen ist Macht, und Wissen ist ein Katalog historischer Konventionen – diese Konsequenz relativiert und revolutioniert auch die Art, wie und mit welchem Anspruch Geographinnen und Geographen die räumliche Verfasstheit der Gesellschaft untersuchen. Das geographische Weltbild, das aus der wissenschaftlichen Forschung resultiert, ist dann kein objektives, sondern ein Spiegelbild des sich immer neu konfigurierenden Dreiecks von Gesellschaft, Raum und Macht. Geographische Konzepte sind dann – ähnlich wie in den anderen Kulturwissenschaften - kein monolithisches, universalistisches Wissen, sondern dynamische, historisch kontextuelle Kommentare über die „Geographien der Gesellschaft". Sie sind kritische Entwürfe mittlerer Reichweite, welche die Gesellschaft bei der Gestaltung eben dieser Geographien unterstützen und sich gemeinsam mit ihr in einem offenen, nicht langfristig teleologisch interpretierbaren Prozess verändern und weiterentwickeln.

Mag diese Neupositionierung im Hinblick auf das traditionelle Selbstverständnis wissenschaftlicher Geographie zunächst vielfach auch zu Ängsten führen, so sind doch die Chancen, die sich aus dieser veränderten Selbst-Sicht und Identität ergeben, weit größer als die möglichen Verluste. So eröffnet eine solche, nicht-universalistisch argumentierende Wissenschaft die Möglichkeit, sich mit der zunehmenden Differenz und Heterogenität des gesellschaftlich-räumlichen Wandels angemessener zu beschäftigen als vorher. Auf dieser Basis kann die Kulturgeographie der Vielfalt der Gesellschaft, der Pluralität ihrer räumlichen Ausdrucksformen, der parallel auf allen Maßstabsebenen geführten Auseinandersetzung um die „Macht im Raum" mit einer ebensolchen Vielfalt theoretischer Ansätze und Konzeptionen begegnen, die sich nicht mehr zwangsläufig unter das Dach einer großen epistemologischen Metanarrative ordnen lassen müssen. Um die Fülle der raumbezogenen Ausdrucks- und Gestaltungsformen in der Gesellschaft wissenschaftlich angemessen abzubilden, bedarf es einer *multiplicity of stories* (Massey 1999: 279), in der klassische Formen der Raumanalyse ebenso ihren Platz finden wie hermeneutische, diskursorientierte oder semiotische Verfahren. Die Devise lautet aber nicht: *anything goes*, gemeint im Sinne eines totalen Relativismus[2], sondern: *many things go*, was für die Kulturgeographie bedeutet, dass sehr unterschiedliche wissenschaftstheoretische Konzeptionen und Methoden nicht in Form eines eklektizistischen Inkrementalismus vermengt werden, sondern dass sie nebeneinander koexistieren. Gegenseitige Akzeptanz auf der Basis der inneren Kohärenz, d. h. einer logisch sauberen (widerspruchsfreien) Argumentation, wäre dann das Gütekriterium wissenschaftlichen Arbeitens in einer kritischen, aber tolerant-offenen Scientific Community. Auf dieser Basis könnte sich eine „bunte" Kulturgeographie entwickeln, die der Vielfalt der Gesellschaft und ihrer geographischen Strukturierungen eine entsprechende Differenz des wissenschaftlichen Blickes und des wissenschaftlichen Denkens zur Seite stellt.

1.4 Kulturgeographie und die Schärfung des integrierten Blicks

Dazu ist aber – gewissermaßen als Gegenpol zur Pluralität und Differenz in konzeptioneller Hinsicht – gleichzeitig eine neue Form von Integration notwendig, jedoch auf einem anderen Feld, genauer: bei der zukünftigen Entwicklung des traditionell in Disziplinen und Teildisziplinen segmentierten wissenschaftlichen Blicks.

Bereits seit einiger Zeit hat die Transformation der Gesellschaft auf allen Maßstabsebenen, die Heterogenität der Lebenschancen und Lebensstile in oft engster räumlicher Nachbarschaft, die neue Verquickung ökonomischer und ökologischer, sozialer und ethischer Aspekte zu einer Vielfalt veränderter Problemlagen geführt. Sie lassen eine segmentäre Betrachtung und Aufarbeitung durch die einzelnen, in der Tradition der Moderne entstandenen Kulturwissenschaften immer fragwürdiger erscheinen. Integration und Grenzüberschreitung kennzeichnen zunehmend die kulturwissenschaftliche Forschungspraxis. Von der Kraft dieses Trends zeugen die beeindruckend konvergenten Entwicklungen mancher theoretischer Diskussionen quer durch alle Disziplinen. Aktuelle Konzepte wie der Poststrukturalismus, die Postkolonialismus-Debatte, die feministischen und postfeministischen Ansätze, der *Semiotic Turn* oder der *Linguistic*

[2] das gern verwendete rhetorische Standard-Totschlagsargument der wissenschaftlichen Moderne gegen eine stärkeren Pluralisierung, die auf einer (nicht selben bewussten) Missinterpretation des klassischen Feyerabend-Zitats aufbaut.

Turn, die auch für die konzeptionellen Innovationen der jüngeren Kulturgeographie maßgeblich sind, folgen schon längst nicht mehr den disziplinspezifischen Labels und Grenzen, sie werden oft vielmehr ohne Rücksicht auf die traditionellen Denkspiele (und Denkgrenzen) wissenschaftlicher Institutionen in problemorientierten Netzwerken kompetenter Forscherinnen und Forscher aus allen Bereichen diskutiert.

Die Geographie im allgemeinen und die Kulturgeographie im besonderen hatte hier immer schon einen leichten Vorteil. Aufgrund ihres traditionell bereits stärker integrierenden Blickwinkels hatte sie die Möglichkeit, vernetzte Probleme aus unterschiedlichen Bereichen „zusammen zu denken" und in hybriden Ansätzen zu analysieren. Diese Tendenz und die ihr innewohnenden Chancen auszubauen, heißt für die Zukunft, auf die Segmentierung in Teildisziplinen zunehmend weniger Wert zu legen. „In Folge des *Cultural Turns* lässt sich Kulturgeographie ... als übergreifender Ansatz verstehen, der in allen Teilen der Humangeographie angewendet werden kann" (Kemper 2003: 14) – ein Trend, der im angloamerikanischen Sprachraum bereits zu einer deutlichen Verringerung einer teildisziplinär-segmentierten Betrachtungsweise geführt hat: „Perhaps, indeed, one of the many good things which has been happening in human geography is a diminution in the significance of that particular kind of division" (Massey et al. 1999: 4). Diesem Motto folgt auch die Gliederung des vorliegenden Lesebuchs, das sich mit Kapiteln wie „Konflikte um Raum und Macht", „Kultur und Identität", „Kultur-Stadt-Ökonomie" und „Kultur-Natur" nicht in erster Linie an einer Unterteilung und damit impliziten Reifikation der Teildisziplinen der Geographie orientiert, sondern gesellschaftlich relevante Themenfelder in den Blick nimmt und sie von unterschiedlichen Perspektiven aus beleuchtet.

„Integrierte Blicke" könnten darüber hinaus aber auch für den innerfachlichen Dialog zwischen den beiden großen Kompartimenten der Geographie, zwischen Kulturgeographie und Physischer Geographie, produktive Perspektiven eröffnen. Beispielsweise wäre damit die angemessenere Einbindung der Natur in die im allgemeinen stärker gesellschaftswissenschaftlich orientierte Betrachtungsweise der Kulturgeographie denkbar. Dass sie ein Desiderat für die dringend notwendige konzeptionelle Neufassung der ökologischen Frage bildet, ist unbestritten. Die Integration der Natur in eine Geographie des Sozialen kann aber erneut nicht durch eine klassisch-objektivistische, sondern nur durch eine konstruktivistische Konzeption der Natur (und der Gesellschaft) verwirklicht werden (vgl. die Beiträge von Michael Flitner und Wolfgang Zierhofer in diesem Buch).

1.5. Die Macht der Sprache: *Linguistic Turn*, *Semiotic Turn* oder „there is nothing outside the text"

Wenn eine konstruktivistische Ontologie die Basis des *Cultural Turn* bildet, dann ist für eine entsprechende Auffassung von Kultur, Raum und Geographie die Sprache das entscheidende, für viele sogar das einzige Medium, weil auch die materiellen Elemente unserer Lebenswelten dann (nur) als Symbole und Zeichen gesellschaftlicher Kommunikation relevant sein können. Die konzeptionelle Wende zur Sprache ist deswegen verständlich, aber keineswegs neu. Schon 1967 beglückwünschte Richard Rotry die angloamerikanischen Philosophen dazu, dass sie die „Wende" zur Sprache geschafft hätten. Es dauerte jedoch einige Zeit, bis dieser grundlegende Perspektivenwechsel - „gleich schleichendem Gift" (Blotevogel 1999: 35) - die allgemeinen Kultur- und Gesellschaftswissenschaften erreichte.

Dieser *Linguistic* bzw. auch *Semiotic Turn* bezeichnet eine erkenntnistheoretisch ausgelöste und in der Folge einschneidende Verschiebung des Verhältnisses von Repräsentation und Realität. Entgegen der Auffassung, dass es dem Menschen möglich sei, seine ihn umgebende Realität bzw. Natur unverfälscht wiederzugeben, wurde durch die Fokussierung auf die Vermittlungsebenen Sprache (als *Linguistic Turn*) und Zeichen (als *Semiotic Turn*) die Bedeutung dieser Instanzen in den Vordergrund gestellt. Rotry (1987) folgend bedeutet dies, dass „Wahrheit und Wissen nur nach den Standards der Forschung unserer Tage beurteilt werden können... und dass wir nicht durch Heraustreten aus unserer Sprache zu einem vom Kriterium der Kohärenz unserer Behauptungen unterschiedenen Testkriterium gelangen können".

Entgegen der Vorstellung, dass Sprache eine neutrale Instanz zwischen dem Individuum und der „Realität" bildet, wird die eigene Bedeutung der Vermittlungsinstanz Sprache in den Vordergrund gestellt. Autoren wie Whorf unterstreichen den unauflöslichen Zusammenhang zwischen „Sprache, Denken und Wirklichkeit" (Whorf 1963). Auch de Saussure und Rotry legen dar, dass es die Sprache ist, durch die Bedeutung erst produziert wird, oder, um es mit Derrida noch radikaler zu formulieren: „there is nothing outside the text".

Sprache, Zeichen und Bedeutung

In den frühen Entwürfen von de Saussure wird die Bedeutung der Sprache für eine objektiv vorhandene Realität mit dem Konzept der Trennung zwischen dem Wort (*signifiant*) und dem dahinterliegenden Konzept (*signifiée*) hergestellt (*signifiant* = Bezeichnetes, *signifiée* = Bezeichnendes, Zeichen). Später wird das Signifiant selbst immer stärker in Frage gestellt, tritt der Konstruktionscharakter jedes Konzepts in den Vordergrund. Da der Sprach-/Zeichengebrauch stets von weitgehend unbewussten differentiellen Beziehungen (zwischen Signifikanten, Sprechern, Hörern, Kontexten, Situationen usw.) abhängt, und da sich diese Beziehungen in gesellschaftlichen Räumen und Zeiten entfalten, erschließt sich der Sinn einer Aussage immer nur kontextabhängig. Folglich lässt sich die Bedeutung dessen, was wir sagen, nie durch einen einheitlichen Begriff, den wir uns davon machen, erfassen. Sprache, insbesondere die zu Schrift geronnene Sprache, beherbergt unweigerlich die Möglichkeit einer endlosen Verwirrung des Sinns, einer unbegrenzten Vielfalt von Rekontextualisierungen und Umdeutungen. Diese paradoxe Situation wird von Derrida, einem Meister der Neologismen, in Umdeutung des Begriffs *différence* mit *différance* bezeichnet.

Die Fixierung auf die Sprache lässt eine Zeichentheorie zunächst als überflüssig erscheinen: Welche Zeichen sollten schon außerhalb der Sprache aufgehoben sein? „Es gibt keine signifikanten Objekte im Reinzustand; die Sprache greift immer als Relais an" (Barthes 1988, zit. nach Mattissek 2002: 17). Andererseits sind Zeichen so kompakte Formen symbolischer Codierung, dabei in sich oft wieder so different in ihrer Bedeutung, dass es sich gerade in einer zunehmend über visuelle Medien vermittelten und mit Icons kodierten Welt lohnt, sich deren Bedeutung mit semiotischen Ansätzen zu nähern.

Die Semiotik setzt sich grundlegend mit der Herstellung der Verbindung zwischen Bedeutung und Zeichen auseinander. Auch in der Semiotik lässt sich eine wissenschafts- und erkenntnistheoretische Entwicklung nachvollziehen, die ähnlich derjenigen in den Sprachwissenschaften verlief. Geht man von einer solchen konzeptionellen Korrespondenz zwischen Sprach- und Zeichentheorie aus, so können Ferdinand de Saussure und Charles Sanders Pierce mit gewissem Recht auch als Inspirationsquelle für die Anfänge der Semiotik gedeutet werden. Vertreter wie Roland Barthes, Jean Baudrillard oder Umberto Eco repräsentieren dagegen eher die gegenwärtige Form der Semiotik.

Frühe, strukturalistisch geprägte semiotische Arbeiten versuchten, Teile der materiellen Welt in ihrer Zeichenhaftigkeit zu interpretieren (vgl. hierzu u. a. Ecos Reflexionen über die Architektur), z. B. die „Sprache der Stadt" (Barthes 1988) zu entschlüsseln. Dies beruhte auf der Annahme, baulich-materielle Zeichen könnten als Elemente einer Sprache gelten, die Umwelt könnte somit als Text gelesen werden. Dabei wurde ein eindeutiger Zusammenhang zwischen einem Zeichen und seiner Bedeutung angenommen. Im Rahmen einer konstruktivistischen Neuorientierung ist ein solch eindeutiger Zusammenhang zwischen Zeichen und Bedeutung und die Interpretation von Raum als Abbildung gesellschaftlicher Strukturen erkenntnistheoretisch nicht mehr haltbar. Vielmehr wird in neueren semiotischen Ansätzen die Eindeutigkeit von Bedeutungszuweisungen aufgebrochen und statt dessen Kontextabhängigkeit, Veränderlichkeit und Vielschichtigkeit der Zuschreibungen in den Vordergrund gestellt. Entsprechend lassen sich die Interpretationen der materiellen Welt nicht mehr als Abbild einer vorhandenen Realität interpretieren. Die (konkurrierenden) Bedeutungszuweisungen repräsentieren vielmehr die veränderlichen, räumlich und zeitlich verorteten Diskurse einer Gesellschaft und sind insbesondere

Manifestationen von Machtverhältnissen in der Konkurrenz um räumliche Ressourcen.

Die Auflösung des eindeutigen Zusammenhangs von Zeichen und Bedeutung wird besonders im Begriff der *Hyperrealität* deutlich, welcher als Schlüsselbegriff die Arbeiten „postmoderner" anglo-amerikanischer Autoren durchzieht. In diesem auf Baudrillard zurückgehenden Begriff wird das Repräsentationsproblem auf die Spitze getrieben. Die Existenz einer wie auch immer gearteten Realität wird in Abrede gestellt – was als „Wirklichkeit" wahrgenommen wird, reproduziert sich in medialen Repräsentationen, die ohne Bezug zu einer externen „Realität" auskommen. Schein und Sein vermischen sich und sind nicht mehr zu trennen, „ ... the logical distinction beween Real World and Possible Worlds has been definitely undermined" (Eco 1986, zit. in Soja 2000: 325). Als Beispiele dienen hier in erster Linie Phänomene wie Themenparks und postmoderne Erlebnis- und Konsumwelten, jedoch lässt sich der Begriff auch auf sehr viel allgemeinere Prozesse und Charakteristika von Gesellschaften und ihre räumlichen Repräsentationen ausdehnen (vgl. Soja 2000, Sorkin 1992).

Das Konzept der *Hyperrealität* und alle daraus entwickelten Ansätze leiden jedoch an einer erkenntnistheoretischen Problematik: Wenn alles in Sprache aufgehoben ist, welche Realität ist dann hier gemeint? Folgt man den nachfolgend vorgestellten diskurs-orientierten Theorien, so ist „Hyperrealität" eher als ein sehr geschickter Diskurs zu begreifen, der das gesellschaftliche Gefühl eines „Verlustes der guten alten Zeit" zu kanalisieren versteht. Ansonsten müsste das, was wir heute mit Manierismus oder Barock bezeichnen, eine Form der *Hyperrealität* par excellence repräsentieren.

Während es sich in dem, was hier als „Wende zur Sprache bzw. zum Zeichen" vorgestellt wurde, vor allem um Fragen der philosophischen Erkenntnis dreht, haben die nachfolgend unter dem Label „Postmoderne, Dekonstruktivismus und Diskursanalyse" dargelegten Entwicklungen primär die „Politik der Sprache" im Focus. Die politische Sinngebung entsteht im Dreieck von Sprache, Macht und Raum, hat enge Beziehungen zum *Spatial Turn* und macht diese besonders für geographische Fragestellungen nutzbar. Es muss dabei aber klar sein, dass sich diese Verwertung aus den Gedanken der Sprach- und Zeichentheorie entwickelt hat und eine Trennung hier eher didaktischen Zwecken dient.

Postmoderne, Dekonstruktion und Diskursanalyse

Sowohl der *Linguistic Turn* als auch der *Semiotic Turn* kratzen an der Vorstellung eines selbstverantwortlichen, autonomen Subjekts. Das Subjekt wird im Verhältnis zur Sprache radikal dezentriert. Deshalb werden Autoren, die sich mit diesem Thema befassen, häufig auch mit dem etwas unscharfen Begriff der Postmoderne belegt. Die Sorge um den Verlust der Autorität des Subjekts beschreibt Foucault in bezug auf die postmoderne Situation: „Man darf sich darin aber nicht täuschen: Was man so stark beweint, ist nicht das Verschwinden der

Geschichte, sondern das Verwischen jener Form von Geschichte, die insgeheim, aber völlig, auf die synthetische Aktivität des Subjekts bezogen war“ (Foucault 1973: 26).

Das autonome Subjekt gilt in der Moderne als Grundfeste der Konstituierung von Gesellschaften. Das kritische Nachdenken über diese und ähnliche Fundamente des Wissens und der Erkenntnis hat seit einigen Jahrzehnten Konjunktur. Dabei verschwimmen häufig die Grenzen zwischen epistemologischen und historischen Begründungszusammenhängen. Die Präfixe Prä-, Post-, Neo- oder Spät- vor dem Begriff der Moderne verweisen auf eine historisch angelegte Argumentation. Diese ist aufgrund der Kritik an linearen Modellen nicht unproblematisch. „Die Verschiebung von „post“ zu „re“ (macht) deutlich, wie verfehlt jegliche Periodisierung der kulturellen Geschichte in Form von „prä“ und „post“, vorher und nachher, ist, allein schon deshalb, weil sie die Position des „Jetzt“ unhinterfragt lässt, die Position der Gegenwart also, von der aus man die chronologische Abfolge der einzelnen Epochen unserer Geschichte richtig überblicken können soll“ (Lyotard 1989: 5).

Parallel zur hier kritisierten historisierenden Proklamation entwickelte sich deshalb eine epistemologisch orientierte Postmoderne. Sie fasst die Metadiskurse der Moderne nicht als wahre Repräsentation von Realität auf, sondern als privilegierte Diskurse spezifischer sozial und historisch situierter Gruppen. Folglich reicht es nicht länger aus, über die „Realität“ an sich nachzudenken. Statt dessen rückt die Produktion von Sinn und „Wahrheit“ in den Vordergrund. Die postmoderne Kritik richtet sich gegen die Epistemologie der Moderne, die von einer objektiven, ahistorischen, transkulturellen und durch Rationalität zugänglichen Wahrheit ausgeht.

Im Zusammenhang mit der Kritik an der Moderne entstand auch das von Jacques Derrida eingeführte Verfahren der Dekonstruktion. Die Politik der Dekonstruktion wurzelt in der Erwiderung auf den Ruf des Anderen, das durch den modernen Logozentrismus unterdrückt und negiert worden ist. In „Deconstruction and the other“ heißt es (1988: 116): „Das Verhältnis zur Selbstidentität ist seinerseits stets ein Gewaltverhältnis zum Anderen“. Das bedeutet, dass die „für die logozentrische Metaphysik zentralen Begriffe wesentlich von einem Gegensatz zur Andersheit abhängen“ (ebd.).

Im Postfeminismus und Postkolonialismus finden diese dekonstruktivistischen Vorstellungen dann eine konkrete theoretische Umsetzung. Die Dekonstruktion leistet Widerstand gegen die Politik der Sprache, gegen die Praktiken der Ausschließung, Unterdrückung, Marginalisierung und Assimilierung, die sich hinter der scheinbaren Neutralität rein „theoretischer“ Diskurse verbirgt. Dekonstruktion heißt nach Derrida, ererbte Begriffe und Schemata zu destabilisieren, zu entwurzeln und umzustoßen. Dass der Dekonstruktivismus zusammen mit dem hier ebenfalls Verwendung findenden Begriff des Diskurses zur theoretischen Basis von *Cultural Turn* und Postkolonialismus, ja großer Teile der Kulturwissenschaften geworden ist, kann in Anbetracht des „revolutionären“ Gehalts kaum verwundern.

Die Nutzung des Begriffes Diskurs unterscheidet sich dabei aber grundlegend von der heute modischen Bezeichnung „Diskurs“ als Bezeichnung für mannigfaltige Formen der sprachlichen Interaktion. Mit Diskurs sind hier viel mehr die Formen und Regeln öffentlichen Denkens, Argumentierens und Handelns als Grundprinzip von Gesellschaftlichkeit gemeint. Michel Foucault legt in der Diskurstheorie den Schwerpunkt seiner Forschungsaktivitäten in die Betrachtung diskursiver Repräsentationen und Formationen unter dem Dach der Politik. Diese verwalten entlang „machtvoller“ Regeln gesellschaftliche Wissenssysteme und Wissenszugänge. „Die Welt des Diskurses ist ... nicht zweigeteilt zwischen dem zugelassenen und dem ausgeschlossenen oder dem herrschenden und dem beherrschten Diskurs. ... Die Diskurse sind ebenso wenig wie das Schweigen ein für allemal der Macht unterworfen oder gegen sie gerichtet. Es handelt sich um ein komplexes und wechselhaftes Spiel, in dem der Diskurs gleichzeitig Machtinstrument und -effekt sein kann, aber auch Hindernis, Gegenlager, Widerstandspunkt und Ausgangspunkt für eine entgegengesetzte Strategie. Der Diskurs befördert und produziert Macht; er verstärkt sie, aber er unterminiert sie auch, er setzt sie aufs Spiel, macht sie zerbrechlich und aufhaltsam“ (Foucault 1991: 122).

Diskurse produzieren, formen die Objekte, über die sie sprechen, indem sie bestimmen, was in welchem Zusammenhang als wahr anerkannt und als falsch verworfen wird. Nicht die „Realität“ lässt die Sprache entstehen, vielmehr erschafft Sprache als diskursive Formation erst unsere Vorstellung von Realität: Der Wahrheitsbegriff wird also durch den Diskursbegriff ersetzt. Es existiert folglich auch nicht der häufig zitierte „archimedische Punkt“, von dem aus man zwischen verschiedenen Vorstellungen von Wahrheit entscheiden könnte. Die Entscheidung für oder gegen eine Diskursformation ist folglich ausschließlich eine Frage der Macht. „Die Wahrheit ist von dieser Welt; in dieser Welt wird sie aufgrund vielfältiger Zwänge produziert, verfügt sie über geregelte Machtwirkungen. Jede Gesellschaft hat ihre eigene Ordnung der Wahrheit, ihre „allgemeine Politik“ der Wahrheit: d. h. sie akzeptiert bestimmte Diskurse, die sie als wahre Diskurse funktionieren lässt; es gibt Mechanismen und Instanzen, die eine Unterscheidung von wahren und falschen Aussagen ermöglichen und den Modus festlegen, in dem die einen oder anderen sanktioniert werden; es gibt einen Status für jene, die darüber zu befinden haben, was wahr ist und was nicht“ (Foucault 1991: 74).

Aus dem beschriebenen Diskursbegriff entwickelte sich die Methode der Diskursanalyse. Hier steht weder der Text als Objekt der sprachwissenschaftlichen Analyse noch der Textproduzent im Sinne einer handlungsorientierten Deutung im Mittelpunkt. Im Zentrum steht vielmehr das „diskursive Feld“ kommunikativer Praktiken als gesellschaftliche Aktivität. Die Diskursanalyse betrachtet wichtige diskursive Formationen in der Gesellschaft und analysiert, wie in Diskursen Themen konstituiert, definiert und verändert werden.[3]

1.6. Der *Spatial Turn* in den Kulturwissenschaften und seine Folgen für die Kulturgeographie

Ein zentraler Trend dieses neuen Denkens in den Kulturwissenschaften fordert die Kulturgeographie besonders heraus: Das Thema „Raum“, insbesondere die Produktion von Raum in Diskursen und Zeichen, ist kein alleiniges Anliegen der Geographie mehr, es wird vielmehr zu einem bestimmenden Focus bei der Neukonzeption von Theorien in den Wirtschafts-, Sozial- und Kulturwissenschaften. Deren Debatten zeichnen sich spätestens seit Anfang der 90er Jahre durch einen *Spatial Turn*, eine dezidierte Hinwendung zu Fragen über die Bedeutung des „Räumlichen“ für die Konstitution der Gesellschaft ab. *Postcolonial Studies* oder *Cultural Studies* wären ohne eine Integration geographischer Bezüge ebenso wenig denkbar wie *Dissident International Relations* oder *Gender Studies*. Dieser *Spatial Turn* rückt die bisher eher marginalisierte Kulturgeographie ins Zentrum der kulturwissenschaftlichen Diskussion (vgl. hierzu die Beiträge von Wolf-Dietrich Sahr, Ed Soja und Benno Werlen in diesem Buch).

Die geographische Reformulierung klassischer gesellschaftswissenschaftlicher Theorieansätze wird von vielen Autorinnen und Autoren als unvermeidbar angesehen, weil sie

a) in ihrer eigenen Theoriebildung die räumliche Komponente gesellschaftlicher Strukturierung und Reproduktion oftmals fast völlig vernachlässigt haben, indem sie einen „a-spatial approach of the world“ (Massey et al. 1999: 8) entworfen haben.

b) teilweise auf veraltete, essentialistische und/oder reduktionistische Ansätze zurückgreifen. Das daraus resultierende Raumverständnis ist oft rudimentär und objektivistisch, und ein Teil der Projekte, die unter der Flagge des *Spatial Turn* segeln, haben diese Tradition immer noch nicht überwunden (z. B.

[3] Die Diskursanalyse kann man nicht losgelöst von diskurstheoretischen Vorstellungen betreiben. Letztlich gilt dies für jede Methode, bei neuen Verfahren fällt die Verbundenheit von Theorie und Methode besonders ins Gewicht. Zunächst von Foucault entwickelt, existieren im Bereich der Diskursanalyse mittlerweile u. a. Lehrbücher von:
Keller, Reiner et al.: Handbuch Sozialwissenschaftliche Diskursanalyse - Theoretische und methodische Grundlagen. 2 vols. Opladen: Leske + Budrich 2001 u. a.,
Jäger, Siegfried: Diskursanalyse - Eine Einführung. Duisburg: DISS 1999,
Angermüller, Johannes (ed.): Diskursanalyse - Theorien, Methoden Anwendungen. Hamburg: Argument-Verlag 2001.

diejenigen Teile der *New Economic Geography*, die nach wie vor eine essentialistische Raumontologie zu Grunde legen).

Um dem *Spatial Turn* eine Form zu verleihen, die dem Stand der erkenntnistheoretischen Debatte Rechnung trägt, erscheinen, wie oben bereits erläutert, konstruktivistische Ansätze angemessener. Konkret haben zu einer solchen Integration des „Räumlichen" in Theorien der Kultur und der Gesellschaft v. a. Teile der angloamerikanischen Geographie einen Beitrag geleistet (vgl. z. B. den Beitrag von Ed Soja in diesem Buch). Statt wie bisher nur die Einbahnstraße der Wissensadaption aus den benachbarten Kulturwissenschaften zu nutzen, sehen sie ihre Aufgabe darin, „articulating the approaches in a specifically geographical manner. After all, if the world really is extrictably geographical, then this must be done. Our argument is that working these theories in an explicitly geographical fashion may radically reconfigure fields which previously had been thought of without that dimension. ... Geography makes a difference" (Massey et al. 1999: 7; siehe auch den Beitrag der Autorin in diesem Buch).

Diese Verschiebung führte aber zwangsläufig zu einer Dezentrierung traditioneller Perspektiven und zu einer Neuorientierung des fachlichen Blicks in Richtung auf eine „*andere* Geographie" (Lossau 2002; siehe auch den Beitrag in diesem Buch). Bei aller vordergründigen erkenntnistheoretischen Gemeinsamkeit setzt sich der *Spatial Turn* bei genauerem Hinsehen dann doch aus unterschiedlichen Varianten zusammen, die jeweils verschiedene Aspekte der „Räumlichkeit der Gesellschaft" genauer in den Blick nehmen. Wenn sie hier nacheinander und didaktisch etwas zugeschärft umrissen werden, so muss doch klar sein, dass sie in der Praxis untrennbar miteinander verknüpft sind.

Der Nexus von Raum und Macht

Mit der Erkenntnis der Bedeutung geographischer Strukturen und Anordnungsmuster als Zeichen und Symbole der gesellschaftlichen Strukturierung rückt ein Aspekt in den Mittelpunkt, der für das Verstehen der Funktion des Räumlichen von großer Bedeutung ist: In den Geographien des Sozialen ist Macht kodiert. Räumliche Anordnungsmuster beinhalten eine verschlüsselte „Archäologie der Macht" (Foucault 1976). Entsprechend birgt auch die Verfügbarkeit über Räume und räumlich lokalisierte Ressourcen ein Machtpotential, das weit über den physisch-materiellen, am Geschäftswert der Ressourcen orientierten Begriff hinausgeht (vgl. z. B. den Beitrag von Hans-Georg Bohle und Michael Watts in diesem Buch, der sich dezidiert mit dem Zusammenhang von Verfügungsrechten in einer Gesellschaft und deren politischen Diskursen und Praktiken auseinandersetzt und die Folgen für eine postkoloniale Welt zu Beginn des 21. Jahrhunderts beschreibt.

Macht ist in diesem Sinne „dem Raum eingeschrieben", sie ist über Repräsentationsvorgänge an einzelne Zeichen und Symbole ebenso geknüpft wie an ganze Ensembles und Anordnungen. Dies zeigt sich nirgends so deutlich, wie in den urbanen Zentren der Gesellschaft, an deren Architektur sich nicht nur der „Wille zur totalen Gestaltung" ablesen lässt (vgl. den Beitrag von Ilse Helbrecht in diesem Buch), sondern genereller die Rolle der Metropolen als ein Knoten im Netzwerk des Diskurses um Kultur, Ökonomie und Macht im Raum (vgl. den Beitrag von Gerald Wood in diesem Buch).

Mit Rekurs auf die oben diskutierten Diskurs- und Zeichentheorien wird klar, dass solche Machtarchäologien nicht für alle gleich Verbindliches symbolisieren, sondern differente Bedeutungsinhalte tragen können. Masseys genereller gemeintes Argument, „that leaving open the possibility for the existence of a multiplicity of stories is precisely one of the potentials held open by really spatializing our analyses and theories" (Massey et al. 1999: 14), trifft hier speziell auch auf die Mehrdeutigkeit raumbezogener Symbole und Zeichen zu. Es bringt für entsprechende Analysen eine Offenheit, die den von Derrida entwickelten Gedanken der *différance* (sic!) ernst nimmt, ihn auf die Analyse räumlicher Symboliken und Semantiken anwendet und dabei insbesondere auch das „ausgeschlossene Andere" jenseits eingefahrener Bedeutungszuschreibungen des Mainstreams (der „öffentlichen Meinung", der „Medienmeinung") wieder ins Zentrum der Betrachtung zurückholt. Das Thema wird in diesem Buch unter Fokussierung auf die diskursive Neuordnung der globalen Machtverhältnisse behandelt (Beitrag Paul Reuber und Günter Wolkersdorfer).

Die symbolische Aufladung und Codierung der Geographien des Sozialen ist auch die Basis für die enge Verkopplung von Macht und Raum. Dieses Verhältnis rückt als weiterer Fokus in den Mittelpunkt einer postmodernen Kulturgeographie. Dazu gehören auch Konzepte in einem lange ausgeblendeten Themenbereich, der sich mit der räumlichen Dimension von Macht aus der Perspektive der Disziplinierung (und Lokalisierung) des Körpers beschäftigt. Diese Betrachtung geht zurück auf Ansätze von Foucault, wie er sie beispielsweise in seiner Abhandlung „Überwachen und Strafen – Die Geburt des Gefängnisses" dargelegt hat (Foucault 1976). Er zeigt damit auch für die Kulturgeographie Perspektiven für eine konzeptionell geleitete Analyse des Verhältnisses von Körper, Raum und Macht auf.

Das Ende der Dichotomien?

Zu einem Kernelement des neuen Denkens über Raum gehört es auch, dessen Rolle bei der Konstruktion des Eigenen und des Fremden im Zuge der Identitätsbildung zu reflektieren (vgl. allgemeiner Hall 1999a sowie die Ausführungen von Julia Lossau in diesem Buch). „Hart im Raume stoßen sich die Sachen" hat bereits Friedrich Schiller in seinem „Wallenstein" angemerkt und damit auf die Eigenschaft „des Raumes" hingewiesen, als territoriale Bezugsgröße der Gesellschaft durch die Bildung von Grenzen Formen der dichotomen Strukturierung zu fördern (ich – du, wir – die anderen). Ein *Spatial Turn*, der sich verstärkt mit dieser Funktion räumlicher Strukturen beschäftigt, stellt das Dreieck von Kultur, Identität und Territorialität in den Mittelpunkt. Ziel ist es dann, soziale Grenzen der kulturellen Identitätsbildung im Raum als konstruierte Dichotomien zu thematisieren, deren Folgen für die räumliche Organisation von Menschen hervortreten zu lassen und entsprechende Auseinandersetzungen um solche verorteten Trennlinien zu betrachten. Als Beispiel für eine solchermaßen dualistische Konzeption verweist Anke Strüver in diesem Buch auf die Konstruktion der Kategorie Geschlecht.

Wer verstanden hat, dass das Denken in Dichotomien (auch und gerade über verräumlichte Repräsentationen) eine Leitfigur des modernen (westlichen) Denkens ist, kann in Kenntnis des Konstruktionscharakters dieser Denk-Konvention auch darauf hinweisen, dass es generell „anders" möglich wäre. Gerade die Kulturgeographie kann von ihrem Forschungsprogramm her deutlich machen, dass an die Stelle einer dichotomen territorialen Organisation theoretisch auch ein relationales Denken, ein Denken in Beziehungen treten könnte. Dass dies keine gesellschaftliche Utopie ist, belegen eine Reihe von alltäglichen Veränderungen in der geographischen Struktur der Gesellschaft, denn „a patchwork of places within a global node and network system ... is slowly eroding the territorial spatiality with which we are all so familiar" (Agnew 1999: 184). Dieser Aspekt gilt für stärker ökonomische Strukturen wie die *Global City Networks* ebenso wie für Teile der geopolitischen Organisationsstruktur in der Phase nach dem Kalten Krieg. Hier sind vor allem der Bedeutungsverlust der Nationalstaaten und die zunehmende Rolle transnationaler Netzwerke augenscheinliche Belege dafür. Aber auch die Mobilitätsmuster vieler Menschen folgen längst nicht mehr den kurzen Wegen in einem überschaubaren Territorium, sondern den Knoten-Linien-Pfaden der Hochgeschwindigkeitszüge und der nationalen und internationalen Airlines. Informationen fließen nicht mehr von Mund zu Mund, sondern rasen von Tastatur zu Tastatur über die weltweiten Datenhighways. Castells' „Netzwerkgesellschaft" (1999) fasst diese Veränderungen hin zu einer relationalen Gesellschaft ein erstes Mal zusammen. Das Handeln in Netzwerkstrukturen und relationales Denken wird auch im Beitrag von Harald Bathelt und Johannes Glückler thematisiert, der eine neue relationale Wirtschaftsgeographie vorstellt, die ihren Blick verstärkt auch auf das Verständnis sozio-kultureller Konstruktionsweisen des Ökonomischen lenkt.

Am konsequentesten fordert der französische Wissenschaftssoziologe Bruno Latour (1995, 2002), ein Denken in Dichotomien durch eine stärkere Orientierung auf ein interkonnektives, relationales Denken zu ergänzen. Dabei versucht er auch die im Zuge von Aufklärung und Moderne konstruierte Dichotomie von Kultur und Natur zu überwinden. Seine Kernsätze lauten:

- Trennungen sind Erfindungen der Moderne. Sie sind eine Konstruktion, die keine Realität abbildet, sondern die Ordnung der Dinge lediglich in dieser dichotomen Art und Weise „erscheinen" lässt
- Trennungen und Dichotomien stellen aus dieser Sicht eher ein strategisch geschicktes Vorgehen dar, eine sprachliche Konstruktion, um „dahinter" Dinge

tun zu können, die bei der Beachtung der vielfältigen existierenden Beziehungen so nicht durchgeführt würden (Beispiele: Umgang mit Radioaktivität, Formen der Tierhaltung, Umgang mit „Umwelt“, Gentechnologie)
- Alternativ konzipiert Latour die Gesellschaft und ihre spezifische Organisation von Kultur und Natur als ein vielfältig miteinander verflochtenes System von „Hybriden“

Für die Geographie hat Wolfgang Zierhofer (1999) dieses Konzept bereits frühzeitig in Wert gesetzt (vgl. auch seinen Beitrag in diesem Buch). Aus einer anderen Perspektive, aber mit demselben Blick auf die Überwindung von Dichotomien argumentiert die Politische Ökologie, die sich insbesondere im Kontext von Entwicklungsländer- und Ökologiedebatte entwickelt hat (vgl. dazu den Beitrag von Michael Flitner in diesem Buch).

Die Relativierung von Raum und Zeit

Mit Hilfe einer solcherart erweiterten, für die geographische Differenz sensiblen Gesellschaftstheorie ist es schließlich auch möglich, die alte Metaerzählung der Moderne zu relativieren, nach der alle Entwicklung zeitlich und sequenziell verläuft, und nach der räumliche Unterschiede einfach zeitlich verschobene Durchgangsstadien ein und derselben Entwicklung darstellen. In einer solchen Ontologie der Gesellschaft dominiert der Faktor Zeit über den Faktor Raum, die Geographie ist dem Primat der Zeit untergeordnet.

Ein geographischer Theorieinput, wie ihn beispielsweise Soja in seiner *Thirdspace*-Konzeption vorschlägt (vgl. den Beitrag in diesem Buch), schärft die Sensibilität für die unverzichtbar räumliche Dimension der Gesellschaft und korrigiert (unter anderem) die alte große Erzählung vom Primat der Zeit. Seit sich mit der postmodernen Kritik viele der lange für „wahr“ gehaltenen Entwicklungstrends der globalen Gesellschaft (und ihrer Wissenschaft) als „große Erzählungen“, als „Metanarrativen“ im Sinne von Lyotard (1999) entpuppt haben, kann die Einbindung eines geographischen Blicks nicht nur deutlich machen, dass die historische, die soziale und die räumliche Dimension gesellschaftlicher Entwicklung untrennbar miteinander verkoppelt sind, sondern dass die gesellschaftliche Entwicklung sich in Facetten unwiederholbarer Einzigartigkeit vollzieht, die auf alles andere als den gleichen Finalitätszustand hinauslaufen. Dieser Ansatz „shifts the ‘rhythm’ of dialectical thinking from a temporal to a more spatial mode, from a linear or diachronic sequencing to ... configurative simultaneities, ... synchronies“ (Thrift 1999: 269).

Eine solche Betrachtungsweise öffnet den Weg zu einer größeren politischen Sensibilität für Unterschiede der Entwicklungswege in einer *Global Society*. Sie schärft den Blick dafür, dass die Welt eben doch nicht ein einziges großes Dorf und ein einziger Marktplatz ist, sondern dass die verschiedenen Formen gesellschaftlicher Organisation und Strukturierung ihren eigenständigen, unverwechselbaren Charakter haben. Das Soziale ist in Zeit *und* Raum kontextualisiert und auf diesem Wege unverwechselbar, einzigartig.

Aus dieser Perspektive kann es dann aber auch nicht mehr darum gehen, die Welt sukzessive einem demokratischen Einheitshumanismus im Sinne einer „Pax Amerikana" anzupassen. Solche Impulse enttarnen sich schnell als nicht frei von neokolonialer Attitüde. Mit der Gleichberechtigung der Konzepte von Zeit und Raum wird der Weg frei für mehr Toleranz und Differenz, für den Respekt vor der Eigenartigkeit und Eigenständigkeit des Anderen.

Bereits diese wenigen und sehr stark zugeschärften Gedanken machen einerseits die Chancen eines solchen Denkens deutlich, zeigen andererseits aber auch konzeptionelle Inkonsistenzen und politisch-normative Probleme auf (Werterelativismus, *Anything-Goes*-Vorwurf, Notwendigkeit der politischen Positionierung), die in einzelnen Aufsätzen dieses Buches tiefgründiger thematisiert werden.

1.7 Kulturgeographie als politisch ambitionierte Geographie?

Wenn es um das Multikulturelle geht, ist Europa unschlagbar.
Es gibt nur Fremde in der Familie. ...
Und kulturell, können Sie sich das vorstellen?
Das ist ein Monstrum (Lyotard 1998: 21)

Wenn eine Trennung zwischen Wissenschaft und Politik (Praxis) erkenntnistheoretisch nicht möglich ist und demzufolge die Normativität ein unvermeidliches Kennzeichen des wissenschaftlichen Arbeitens darstellt, dann ist Kulturgeographie immer auch eine Form von politischer Geographie. Damit stellt sich die Frage nach dem Selbstverständnis, den Leitbildern und Normen einer solchen Wissenschaft. Es stellt sich die Frage, von welchem Ort aus Geographinnen und Geographen über die Welt sprechen, allgemeiner gesagt: nach den Möglichkeiten einer – wenigstens temporären – „Positionierung".

Diese Frage wird in der Kulturgeographie derzeit sehr unterschiedlich thematisiert und beantwortet. Insgesamt reichen die Positionen von einer eher konzeptionell orientierten und damit eher implizit normativ argumentierenden Form bis zur engen Verknüpfung von wissenschaftlicher Arbeit und politischer Agitation. Bei letzterer kann der normative politische Bezugspunkt der meisten Autorinnen und Autoren etwas pointiert als linksorientierte, gesellschaftskritische, an den humanistischen Traditionen, der Demokratie und den Idealen der französischen Revolution orientierte Position („idealistische Perspektive") bezeichnet werden. Sie setzt die kritische Tradition fort, welche die angloamerikanische Kulturgeographie mit der *Radical Geography* um David Harvey begründet hat (vgl. den Beitrag von Bernd Belina in diesem Buch).

Es wäre natürlich prinzipiell möglich, weitere Schubladen zur ordnenden Reihung politischer Positioniertheit zu öffnen. Bei näherer Betrachtung sind aber nicht nur die meisten Arbeiten, sondern auch ihre jeweiligen Autorinnen oder Autoren different, fragmentiert und vieldeutig in ihrer politischen Verortung. Was sie jedoch eint, ist das Wissen um die untrennbare Verkopplung von Wissen, Raum und Macht, und um die Konsequenzen, die damit auch für das wissenschaftliche Arbeiten über die „Geographien der Kultur" verbunden sind.

Jede Form von Positionierung – dessen muss man sich bewusst sein – führt unvermeidlich auch zu Ausschlüssen der jeweils anderen, d. h. der anders Denkenden. Solche Ausschlüsse bleiben aus Foucaultscher Perspektive niemals folgenlos, denn sie verhindern die ernsthafte und notwendige Auseinandersetzung mit den „anderen" Entwürfen und Positionen.

Angesichts der unvermeidlichen Positioniertheit allen wissenschaftlichen Denkens muss sich auch eine diskursive Sicht der Dinge, in der die Wahrheit „von dieser Welt" ist, mit der Frage von „*minima moralia*" auseinandersetzen, mit Konzepten wie „Menschenrechten" oder „menschlichen Grundfunktionen", die jenseits kultureller Unterschiede und abendländischer Prägungen gültig sind. Die unvermeidliche Problematik einer solchen Diskussion lässt sich anschaulich an Martha Nussbaums „vager Theorie des Guten" (Reese-Schäfer 2001: 65) verdeutlichen. Wenn dort Grundfunktionen wie Sterblichkeit, Körpererfahrung, kognitive Erfahrungen, Zugehörigkeit zu anderen Menschen sowie Formen der Vereinzelung als kulturübergreifende Universalien bezeichnet werden, dann steht eine latente Essentialisierung des Subjektes und seine Biologisierung bereits zwischen den Zeilen. Wenn die Fähigkeit, bis zum Ende eines vollständigen menschlichen Lebens leben zu können, eine gute Gesundheit und Gelegenheit zur sexuellen Befriedigung (sowie) zur Ortsveränderung zu haben, unnötigen Schmerz zu vermeiden, diejenigen zu lieben, die uns lieben, sowie für und mit anderen leben zu können (vgl. Nussbaum, 1993, in Reese-Schäfer 2001: 71), als elementare menschliche Funktionen postuliert werden, dann bestimmen solche Universalien als hegemoniale Diskurse wie Schatten an der Wand das Denken und Sprechen der Menschen. Und sie werden unvermeidlich dort handlungsrelevant, wo Werte wie Frieden, Demokratie, Menschenrechte etc. im politischen Diskurs und in der Verkopplung mit territorialen Argumentationen als kulturelle Instrumente gegen das verortete „Andere" eingesetzt werden. Auf dem Weg in die „eine" Weltgesellschaft mit den „richtigen" Werten und Normen lässt sich mit einer solchen Diskursrhetorik kultureller Differenz (und kultureller Superiorität) dann auch der „gerechte Krieg" legitimieren, in dem das Töten mit gesegneten Kanonen ein weiteres Mal in der Geschichte als notwendiges Übel erscheint.

Aus „kritischer" Sicht handelt es sich bei all diesen, oft mit Hilfe territorialer Schließungen argumentierenden Diskursen gleichwohl um Konstruktionen, deren Basis in keinem Falle unverrückbar festgemacht werden kann. Der amerikanische Philosophieprofessor Alasdair MacIntyre zeigt in seinem Buch „Der

Verlust der Tugend" (1987), ähnlich wie andere radikale Modernitätskritiker, dass es zu Grundfragen wie der des gerechten Krieges, der Abtreibung oder der sozialen Gerechtigkeit völlig gegensätzliche Antworten gibt, bei denen die rivalisierenden Argumentationen durchaus schlüssig „aus inkommensurablen Prämissen folgen" (Reese-Schäfer 2001: 50). Er argumentiert, dass wir den Kontext unserer herkömmlichen moralischen Schlüsselbegriffe längst verloren hätten. Sie würden zwar in einer Vielzahl von Diskursen weiterverwendet, aber nur als unverstandene Scheinbilder. Moralprediger lassen sich sozusagen durch ihre eigene Sprache, ihre funktionslos gewordenen Bilder täuschen, moralische Werturteile werden damit zum Ausdruck von Gefühlen, Vorlieben, Präferenzen. Verkürzt formuliert: Das moderne Selbst habe keinen Kern, keine notwendige soziale Identität, es könne jede Rolle annehmen und jeden Standpunkt beziehen und sich zugleich „als sich selbst gratulierende(n) Gewinn" feiern (McIntyre 1987: 54).

Auf der Basis dieser Argumentation muss es im Rahmen einer konstruktivistischen und diskursorientierten Kulturgeographie zunächst und vor allem darum gehen, die diskursive Kraft von Erklärungsmustern zu verstehen. Es geht um die „Erschütterung" des Glaubens an geographische Evidenzen, um (Dekonstruktions-)Arbeit auf zentralen Terrains ohne dabei neue Grundüberzeugungen, neue Konstruktionen an deren Stelle zu setzen. Räumliche Muster, Grenzen und symbolische Codes sind aus dieser Perspektive eine diskursiv-soziale Konstruktion von (Macht-)Beziehungen, die in der Alltagspraxis hergestellt werden und gleichzeitig in die Reproduktion der gesellschaftlichen Institutionen eingebunden sind.

Diese Form kulturgeographischen Denkens ermöglicht es, solche Paradoxien nicht nur mit kritischer Forschung herauszuarbeiten, sondern sie im normativen Diskurs auch auszuhalten und didaktisch zu vermitteln. Die hier angeführten Verschiebungen in den Kulturwissenschaften berühren alle zentralen gesellschaftlichen Fragestellungen unserer Zeit. Sie erschüttern dabei aber zwangsläufig auch viele altvertraute und Sicherheit versprechende Grundpfeiler des Seins; der archimedische Punkt der Identität löst sich auf in einem Feld schillernder Differenz. Das bedeutet jedoch nicht das Ende der Verbindlichkeiten. Allerdings muss die Suche nach einer politischen Positionierung fortan im Angesicht der Unsicherheit über verbindliche Werte geschehen: „Ich denke nicht, dass Wissen abgeschlossen ist, aber ich glaube, dass Politik unmöglich wird ohne das, was ich als arbiträre Schließung bezeichnet habe. Es ist eine Frage von Positionierungen" (Hall 1994: 278). Ähnlich argumentiert Lossau (2002) im Rahmen ihres strategischen Essentialismus für temporäre, arbiträre Stops, welche im Rahmen einer *travelling theory* auch Positionierungen erlauben.

Folglich geht es darum, das Spannungsverhältnis von Dekonstruktion und (politischer) Repositionierung kontextabhängig immer neu zu entwerfen. So kann eine Kulturgeographie entstehen, welche die Reduktion von Vielheiten und die Ausgrenzung des Differenten ablehnt und ohne eine allzu schnelle

„Vorab-Konstruktion von Kultur" auskommt. In diesem Sinne hofft das vorliegende Buch nicht nur eine Einführung in ein spannendes Forschungsfeld zu bieten sondern auch Anregungen für die Diskussion einer solchen Perspektive zu vermitteln.

Literatur

Agnew J (1999) The New Geopolitics of Power. In: Massey D, Allen J, Philip S (Hrsg.) Human Geography Today. Cambridge, 173–193

Anderson K et al. (Hrsg.) (2003) Handbook of Cultural Geography. London

Barnes T (2003) Vom Bauernhof zum Großstadtdschungel: „Kultur" in der anglo-amerikanischen Stadtgeographie der 1990er Jahre. Berichte zur dt. Landeskunde 77 (1), 91–104

Barthes R (2002) Mythen des Alltags. Frankfurt a. M.

Barthes R (1988) Das semiologische Abenteuer. Frankfurt a. M.

Baudrillard J (1978) Agonie des Realen. Berlin

Bhaba HK (1997) Verortungen der Kultur. In: Bronfen E/Marius B/Steffen T(1997) Hybride Kulturen. Frankfurt a. M.

Blotevogel H (1999) Sozialgeographischer Paradigmenwechsel? Eine Kritik des Projekts einer handlungszentrierten Sozialgeographie. In: Institut für Geographie. Diskussionspapier 1/1999. Duisburg

Blotevogel H (2003) „Neue Kulturgeographie" – Potenziale und Risiken einer kulturalistischen Humangeographie. Berichte zur dt. Landeskunde 77 (1), 7–34

Bourdieu P (1982) Die feinen Unterschiede. Kritik der gesellschaftlichen Urteilskraft. Frankfurt a. M.

Castells M (2001) Das Informationszeitalter Bd.1: Die Netzwerkgesellschaft. Opladen

CCCS (Hrsg.)(1982) The Empire Strikes Back. Race and Racism in 70s Britain. London

Claval P (1995) La géographie culturelle. Paris

Crang M (1998) Cultural Geography. London und New York

Dear MJ (1994) Postmodern human geography: an assessment. Erdkunde 48, 2-13

Derrida J (1988) Randgänge der Philosophie. Wien

Eco U (1986) Travels in hyper-reality. San Diego

Eco U (1980) Function and Sign: The Semiotics of Architecture. In: Broadbent G et al. (1980): Signs, Symbols and Architecture. Chichester u. a., 11–69

Ehlers E (1996) Kulturkreise - Kulturerdteile - Clashes of Civilizations. Plädoyer für eine gegenwartsbezogene Kulturgeographie. Geographische Rundschau 48 (6), 338–345

Escher A, Zimmermann E (2001) Geography meets Hollywood. Die Rolle der Landschaft im Spielfilm. Geographische Zeitschrift 89 (4), 227–236

Feyerabend P (1986) Wider den Methodenzwang. Frankfurt a. M.

Foucault M (1973) Die Geburt der Klinik. Eine Archäologie des ärztlichen Blicks. München

Foucault M (1976) Überwachen und Strafen. Frankfurt a. M.

Foucault M (1991) Die Ordnung des Diskurses. Frankfurt a. M.

Gadamer HG (1975) Wahrheit und Methode: Grundzüge einer philosophischen Hermeneutik. Tübingen

Galtung J (1995) Die Rolle der Tiefenkulturen zwischen Konflikt und Frieden. In: Calließ, J. (Hrsg.): Der Konflikt der Kulturen und der Friede in der Welt. Rehburg-Loccum, 163-178

Gebhardt H (1993) Forschungsmethoden in der Kulturgeographie. Tübingen. (Kleinere Arbeiten aus dem Geographischen Institut der Universität Tübingen, 13)

Geertz C (1987) Dichte Beschreibung. Beiträge zum Verstehen kultureller Systeme. Frankfurt a. M.

Gregory D (1994) Geographical Imaginations, Cambridge

Hall S (1992) Cultural Studies and its theoretical legacies. In: Gorssberg et al.: Cultural Studies. London, New York, 277–285

Hall S (1994) Rassismus und kulturelle Identität. Hamburg

Hall S (1999a) Ethnizität: Identität und Differenz. In: Engelmann Jan (Hrsg.) Die kleinen Unterschiede. Cultural Studies-Reader. Frankfurt a. M., 83–98

Hall S (1999b) Cultural Studies. Zwei Paradigmen. In: Bromley R u. a. (Hrsg.) Cultural Studies. Grundlagentexte zur Einführung. Lüneburg

Hörning KH, Winter R (Hrsg.) (1999) Widerspenstige Kulturen. Cultural Studies als Herausforderung. Frankfurt a. M.

Huntington SP (1996) Kampf der Kulturen. The Clash of Civilizations. Die Neugestaltung der Weltpolitik im 21. Jahrhundert. München

Kemper FJ (2003) Landschaften, Texte, soziale Praktiken – Wege der angelsächsischen Kulturgeographie. Petermanns Geographische Mitteilungen 2/2003, 6–15

Kolb A (1962) Die Geographie und die Kulturerdteile. In: Leidlmair A (Hrsg.) Herrmann v. Wissmann Festschrift. Tübingen, 42–49

Kreutzmann H (1997) Kulturelle Plattentektonik im globalen Dickicht. Internationale Schulbuchforschung 19, 413–423

Latour B (1995) Wir sind nie modern gewesen. Versuch einer symmetrischen Anthropologie. Berlin

Latour B (2002) Die Hoffnung der Pandora : Untersuchungen zur Wirklichkeit der Wissenschaft. Frankfurt a. M.

Lindner R (2003) Der Habitus der Stadt – ein kulturgeographischer Versuch. Petermanns Geographische Mitteilungen 2/2003, 46–53

Lossau J (2000) Anders denken. Postkolonialismus, Geopolitik und Politische Geographie. *Erdkunde* 54, 157–167

Lossau J (2002) Die Politik der Verortung – Eine postkoloniale Reise zu einer „anderen" Geographie der Welt. Bielefeld

Luhmann N (2002): Soziale Systeme : Grundriss einer allgemeinen Theorie. Darmstadt

Lyotard JF (1989): Das Inhumane: Plaudereien über die Zeit. Wien

Lyotard JF (1999): Das Postmoderne Wissen. Ein Bericht. Wien

Lyotard JF (1998) Postmoderne Moralitäten. Wien

MacIntyre A (1987) Der Verlust der Tugend. Zur moralischen Krise der Gegenwart. Frankfurt a M.

Massey D (Hrsg.) (1984) Geography matters! A reader. Cambridge

Massey D et al. (1999) Issues and Debates. In: Massey D, Allen J, Sarre P (Hrsg.) Human Geography Today. Cambridge, 3–21

Massey D (1999) Spaces of Politics. In: Massey D, Allen J, Sarre P (Hrsg.) Human Geography Today. Cambridge, 279–294

Mattissek A (2002) Postmoderne Bilder von Bahnhöfen. Eine semiotische Analyse. Heidelberg. (Unveröffentlichte Diplomarbeit)

Mikesell M (1978) Tradition and Innovation in Cultural Geography. Annals of the Association of American Geographers 68 (1), 1–16

Mitchell D (2000) Cultural geography: a critical introduction. Oxford

Natter W, Wardenga U (2003) Die „neue“ und „alte“ Cultural Geography in der anglo-amerikanischen Geographie. Berichte zur Deutschen Landeskunde 77 (1), 71–90

Neuer BS (2003) „I fell in with, you know, the ghetto got me“ – Sozialisation auf den Straßen von Los Angeles. Petermanns Geographische Mitteilungen 2/2003, 60–71

Nussbaum, MC (1993) Menschliches Tun und soziale Gerechtigkeit. Zur Verteidigung des aristotelischen Essentialismus. In: Brumlik, M./Brunkhorst, H. (Hrsg.): Gemeinschaft und Gerechtigkeit, Frankfurt a. M., 323–363

Philo C (Hrsg) (1990) New Words, new Worlds. Reconceptualising Social and Cultural Geography. Lampeter

Pratt G (1999) Geographies of Identity and Difference: Marking Boundaries. In: Massey D, Allen J, Sarre P (Hrsg.) Human Geography Today. Cambridge, 151–168

Pütz R (2003) Kultur und unternehmerisches Handeln – Perspektiven der „Transkulturalität als Praxis“. Petermanns Geographische Mitteilungen 2/2003, 76–83

Pütz R (2003) Kultur, Ethnizität und unternehmerisches Handeln. *Berichte zur dt. Landeskunde* 77 (1), 53–70

Reckwitz A (Hrsg.)(1999) Interpretation, Konstruktion, Kultur. Ein Paradigmenwechsel in den Sozialwissenschaften. Opladen

Reckwitz A (2000) Die Transformation der Kulturtheorien. Zur Entwicklung eines Theorieprogramms. Velbrück, Weilerswist

Reese-Schäfer W (2001): Kommunitarismus. Frankfurt/New York

Reuber P (2002) Die Politische Geographie nach dem Ende des Kalten Krieges - Neue Ansätze und aktuelle Forschungsfelder. Geographische Rundschau 54 (7–8), 4–9

Reuber P, Wolkersdorfer G (Hrsg.) (2002) Clash of Civilization aus der Sicht der kritischen Geopolitik. Geographische Rundschau 54 (7–8), 24–29

Rotry R (1967) The linguistic turn, Chicago

Rotry R (1987) Der Spiegel der Natur. Eine Kritik der Philosophie. Frankfurt a. M.

Sahr WD (2001) New Cultural Geography. In: Lexikon der Geographie, Bd. 2. Heidelberg.

Sahr WD (2003) Zeichen und RaumWELTEN – zur Geographie des Kulturellen. Petermanns Geographische Mitteilungen 2/2003, 18–27

Said E (1978) Orientalism. New York

Schiller F (1984) Wallenstein. Ein dramatisches Gedicht. Frankfurt a. M.

Soja EW (1989) Postmodern Geographies. The Reassertion of Space in Critical Social Theory. London

Soja EW (1999) Thirdspace: Expanding the Scope of the Geographical Imagination. In: Massey D, Allen J, Sarre P (Hrsg.) Human Geography Today. Cambridge, 260–278

Soja EW (2000) Postmetropolis. Critical Studies of Cities and Regions. Oxford

Soyez D (2003) Kulturlandschaftspflege: Wessen Kultur? Welche Landschaft? Was für eine Pflege? Petermanns Geographische Mitteilungen 2/2003, 30–39

Sorkin M (Hrsg.) (1992) Variations on a Theme Park. The new American City and the End of Public Space. New York

Thrift N (1999) Steps to an Ecology of Place. In: Massey D, Allen J, Sarre P (Hrsg.) Human Geography Today. Cambridge, 295–322

Valentine G (1999) Imagined Geographies: Geographical Knowledges of Self and Other in Everyday Life. In: Massey D, Allen J, Sarre P (Hrsg.) Human Geography Today. Cambridge, 47–61

Wardenga U, Dix A (2003) Vorwort. Berichte zur dt. Landeskunde 77 (1), 5–6

Watts MJ (1999) Collective Wish Images: Geographical Imaginaries and the Crisis of National Development. In: Massey D, Allen J, Sarre P (Hrsg.) Human Geography Today. Cambridge, 85–108

Werlen B (1997) Sozialgeographie alltäglicher Regionalisierungen. Bd. 2: Globalisierung, Region und Regionalisierung (= Erdkundliches Wissen 119)

Werlen B (2003): Cultural Turn in den Humanwissenschaften. Berichte zur Deutschen Landeskunde 77 (1), 35–52

Whorf BJ (1963) Sprache, Denken, Wirklichkeit. Reinbek

Wolkersdorfer G (2001) Politische Geographie und Geopolitik zwischen Moderne und Postmoderne. In: Heidelberger Geographische Arbeiten, Bd. 111, Heidelberg

Zierhofer W (1999) Geographie der Hybriden. Erdkunde 53 (1), 1–13

Teil I
Neue Konflikte um Raum und Macht

2 Spaces of Politics – Raum und Politik

Doreen Massey, Open University[1]

2.1 Politik verändern – Raum denken

Es gibt vielfältige Möglichkeiten über Raum und dessen Repräsentationen nachzudenken. Was ich vorstellen möchte, ist ein Raum „für" die Politik unserer Zeit. In diesem Zusammenhang werde ich einige Überlegungen und Aspekte der Repräsentation von Raum untersuchen.[2]

Was meine ich, wenn ich von einer Politik für unsere Zeit spreche? Kurz gesagt (denn dieses Thema wird zu einem späteren Zeitpunkt ausführlicher behandelt werden) geht es mir um ein radikales Engagement für eine offene Zukunft, eine Anerkennung von Vielfältigkeit und Differenz sowie eine generelle Wachsamkeit gegenüber den Gefahren einer essentialistischen Methodenkonzeptualisierung. Darüber hinaus gibt es natürlich eine ganze Reihe anderer Aspekte, aber für die Zielsetzung dieses Kapitels werde ich den erwähnten Aspekten primäre Bedeutung beimessen.

Um sich mit dieser Form der Politik ernsthaft beschäftigen zu können, ist es notwendig, Raum bzw. seine unterschiedlichen begrifflichen Definitionen ernst zu nehmen und auf eine bestimmte Art zu konzeptionalisieren. Daher werde ich auf drei wesentliche Elemente dieses neuen Raumverständnisses eingehen (sie spiegeln zwar nicht die oben angesprochenen Aspekte der Politik exakt wider, sind jedoch eng damit verbunden):

1. Ich möchte aufzeigen, dass Raum ein Produkt von Beziehungen ist. Es ist wahrscheinlich unumstritten, dass Raum stets durch einen Prozess von Interaktionen konstituiert wird.

[1] übersetzt von Yvonne Klöpper, Annika Mattissek und Günter Wolkersdorfer.

[2] Ich verwende die Begriffe Raum, Räumlichkeit und räumliche Repräsentation hier abwechselnd, zum Teil um eine eindeutige Zuschreibung zu vermeiden. Was die Begriffe vermitteln sollen, ist eine Hilfestellung für die Art und Weise, wie wir über den „Bereich des Raums" nachdenken können, den spezifischen Raumausschnitt (*spatial cut*) der unser Verständnis von der Welt prägt. Was klar sein sollte ist, dass grundsätzlich die Konstruktionsform der Raum-Zeit (*space-time*, Massey 1992) die Basis für diese Konzeption liefert. Allerdings wird hier vor allem die spezifische Form der räumlichen Repräsentation thematisiert (und wie sie sich gesellschaftlich ausdrückt).

2. Ich möchte Raum als den Bereich von Vielfältigkeit konzipieren; als den Bereich, in dem verschiedene Erzählungen gleichzeitig existieren; als den Bereich in dem mehr als (nur) eine Stimme zu Wort kommt. Ohne Raum wäre Vielfältigkeit undenkbar. Darüber hinaus gilt auch die Umkehrung: Ohne Vielfältigkeit kann es gar keinen Raum geben. Wenn der Raum das Produkt von Wechselbeziehungen darstellt (mein erster Punkt), dann muss er auf Pluralität basieren. Interrelationen bringen die Vorstellung von Vielfältigkeit mit sich. Raum und Vielfältigkeit konstituieren sich stets gegenseitig.

3. Ich möchte Raum als fraktal sowie als gleichzeitige Quelle von Fragmentierungen darstellen. Dies bedeutet, dass Raum, auch wenn er durch Beziehungen erzeugt wird, kein kohärentes und zusammenhängendes System von Verbindungen verkörpert.

Bleiben wir also für einen Moment bei diesem Set von Aussagen. Denn, auch wenn diese Aussagen zumindest einigen als offensichtlich erscheinen mögen, wird Raum doch häufig nicht auf diese Weise betrachtet. Das ist wie in einem Betrieb, wenn ein Bündel abstrakter Aussagen vorgestellt wird und die gesamte Belegschaft nickt und „ja klar“ sagt und dann nie wieder darüber nachdenkt. Und dieses „nicht mehr darüber nachdenken“ ist genau das Problem, weil wir in der Praxis allzu oft dazu tendieren, andere Ansätze mit anderen impliziten Konzeptualisierungen zu übernehmen, die meist überhaupt nicht im Einklang mit dem stehen, was wir gerade so inbrünstig bejaht haben.

Beispielsweise ist es üblich, über räumliche Unterschiede nachzudenken, ohne dabei die Vorstellung einer parallelen Existenz von Unterschieden wirklich zuzulassen. Wir reden und schreiben häufig über „räumliche Unterschiede“, z. B. Einkommensunterschiede zwischen Regionen oder Entwicklungsgrade zwischen Ländern. Auf der einen Seite – dem weniger wichtigen Aspekt zum jetzigen Zeitpunkt – bedeutet dies, dass der Raum ein „Gegenstand“ ist, innerhalb dessen/auf dem Unterschiede bestehen. Dies impliziert, dass Raum als eigenständige Einheit verstanden wird. Andererseits – und das ist hier der wichtigere Punkt – stellt sich die Frage, wie wir diese räumlichen Unterschiede wahrnehmen und bewerten. In der Praxis werden diese Differenzen entgegen unseren eigenen theoretischen Erklärungen oft implizit eher zeitlich als räumlich konzipiert. Das ist dann der Fall, wenn wir davon sprechen, dass Regionen mit einem niedrigeren Pro-Kopf-Einkommen „zurückgeblieben“ bzw. „rückständig“ sind. Oder dass Länder mit einem niedrigeren „Entwicklungsgrad“ (genau!) als „unterentwickelt“, „sich entwickelnd“ oder „kürzlich industrialisiert“ thematisiert werden. (Diese Denkweise ist in der Humangeographie deutlich verbreiteter als in der Physischen Geographie. Und innerhalb der Humangeographie zeigen sich diese Denkstrukturen im Besonderen, wenn auch keineswegs ausschließlich, im Bereich der Wirtschaftsgeographie). Was in dieser Art der *geographical imagination* räumlicher Differenzen passiert, ist, dass diese in Form einer zeitlichen Reihung gedacht werden. Raumunterschiede werden in temporale Begriffe umkonstruiert.

Diese Konzeption räumlicher Differenzen steht sinnbildlich für viele der großen modernen Geschichten von der Welt. Die Erzählungen von Fortschritt, Entwicklung, Modernisierung oder auch von der Weiterentwicklung durch Revolution, vom Vorkapitalismus über den Kapitalismus bis hin zum Sozialismus/Kommunismus teilen alle eine *geographical imagination*, die die räumlichen Differenzen in eine zeitliche Reihenfolge „umarrangiert". In diesen *geographical imaginations* werden z. B. Länder des „Südens" (da dies meist Vorstellungen aus dem „Norden" sind) nicht als anders, sondern als zurückgeblieben konzipiert. Genauer gesagt besteht ihr Anderssein ausschließlich in dem Aspekt ihrer „Rückständigkeit". Dies ist eine einflussreiche Vorstellung von Geographie, die – ironischerweise – dazu dient, die wirkliche Bedeutung der Geographie zu verschleiern. Eine Umdeutung parallel existierender (also räumlicher) Differenzen in eine zeitliche Abfolge hat jedoch erhebliche Konsequenzen. Am schwerwiegendsten ist dabei, dass das tatsächliche Ausmaß an Differenz ausgeblendet oder zumindest die Wahrnehmung der Vielfalt und Komplexität unterdrückt wird. Die Neuanordnung schließt somit die Vielfalt und die Möglichkeit alternativer Stimmen aus. Es handelt sich um eine Form der *geographical imagination*, die die große Bandbreite räumlicher Repräsentationen unterdrückt.[3]

Die wahre Anerkennung von Räumlichkeit erfordert es, die wirkliche Koexistenz von Vielfältigkeit zu akzeptieren – die eine andere Art von Differenz darstellt als eine, die in vorkonstruierte zeitliche Sequenzen komprimiert werden kann. Denn die letztgenannten Konstruktionen und ihre Konzeptionen von Differenz sind nicht mehr als eine „zeitlich-räumliche" Version eines Verständnisses von Differenz, das die „Anderen" nur als Variation von sich selbst sieht, wobei „sich selbst" jeweils derjenige ist, der die Konstruktion vornimmt. Daher sind die Länder des „Südens unseres Planeten" bei den vom Norden ausgehenden Fortschrittsgeschichten nicht tatsächlich anders: Sie sind lediglich zurückgebliebene Versionen von uns. Eine räumliche (eher als eine zeitliche) Anerkennung der Differenzen würde dagegen anerkennen, dass „der Süden" uns nicht nur folgen könnte, sondern dass er auch seine eigene Geschichte zu erzählen hat. Dieses Akzeptieren könnte dem Anderen, dem Differenten zumindest ein gewisses Maß an Autonomie zusichern und somit die Möglichkeit zumindest relativ autonomer Entwicklungspfade eröffnen. Mit anderen Worten

[3] Man kann darüber nachdenken, ob manche Ansätze im Postkolonialismus sich besser eignen als andere, um einige der großen Erzählungen der Moderne zu „verräumlichen". Dieser Aspekt sowie eine Dekonstruktion der daraus abgeleiteten Globalisierungsdiskurse werden in Massey (1998) behandelt.

würde dies die Möglichkeit einer Existenz vielfältiger Narrativen nebeneinander bieten.[4]

Folglich ist für diese Interpretation der Raumkonstitution ein Maß an wechselseitiger Selbstständigkeit, somit eine echte Pluralität, erforderlich. Vor allem impliziert es die Existenz von verschiedenen Entwicklungslinien, die nicht nur einfach auf eine chronologische Erzählung ausgerichtet sind. Es macht das Bestehen von (zuvor) unabhängigen Entwicklungspfaden, also einer Vielzahl von Narrativen in der Definition von Raum unabdingbar. Mit anderen Worten bringt dieses Raumverständnis auch die Anerkennung mit sich, dass mehr als nur die eine Erzählung in der Welt existieren, und dass die vielen Narrativen eine, zumindest relative, Eigenständigkeit besitzen. Die Betonung liegt hier auf „relativ", denn der Verweis auf unabhängige Entwicklungspfade impliziert nicht ein totales Fehlen von Verbindungen. Vernetzungen und relative Selbstständigkeit müssen sich nicht ausschließen. Was vielmehr abgelehnt wird, ist die simple Teleologie von „der einzigen Erzählung". Leider erkennen jedoch nicht alle Raumkonzeptionen den Raum als Bereich einer ko-existenten Vielfältigkeit an. Häufig wird sogar die Vorstellung von Differenz eher mit dem zeitlichen Aspekt in Verbindung gebracht und als „Unterschiedlichkeit zu verschiedenen Zeitpunkten" verstanden. Folglich wird Raum nicht als Ort lebendiger Interaktionen anerkannt. Für eine ganze Generation von Philosophen stellte „Raum" das Gebiet der Stagnation, ein Totenreich, dar. Für Bergson z. B. (der u. a. auf Deleuze einen bedeutenden Einfluss ausübte) ist die Zeit diejenige Dimension, die Innovation und Neuerungen symbolisiert, während der Raum den Bereich der Statik und der Beständigkeit verkörpert. Bergson assoziierte Raum mit der „Wissenschaft", gegen die er ankämpfte: Für ihn war es eine Wissenschaft, die die offene Zeitlichkeit zurückwies, um deren Anerkennung er so sehr rang und deren wissenschaftliche Produktion er als „Verräumlichung" interpretierte. Repräsentationen wurden unspezifisch als räumlich stigmatisiert – eine Assoziation, die häufig noch heute existiert. Bergsons Ansicht nach „verräumlicht der rationale Verstand nur"; er dachte in Begriffen „of the immobilizing (spatial) categories of the intellect" (Gross 1981-2: 66, 62):

„For Bergson, the mind is by definition spatially oriented. But everything creative, expansive and teeming with energy is not. Hence, the intellect can never help us reach what is essential because it kills and fragments all that it touches. ...We must, Bergson concluded, break out of the spatialization imposed by mind in order to regain contact with the core of the truly living, which subsists only in the time dimension" (Gross 1981-2: 62).

Bergson fragte sich selbst „what is the role of time?" und antwortete „Time prevents everything from being given at once. ...Is it not the vehicle of creati-

[4] Und es gibt natürlich verschiedene Entwicklungspfade sowohl im „Norden" als auch im „Süden". Ähnlich der Volkserzählung von der „Kosmologie der Schildkröten" ist dies eine Geschichte der Differenz, und zwar übergreifend in jedem Bereich – manche können die Erzählung deshalb auch als fragmentiert bezeichnen.

vity and choice? Is not the existence of time the proof of indeterminism in nature?“ (1959: 1331). Die von ihm angesprochene Nicht-Determiniertheit symbolisiert genau die Offenheit der Zukunft. Obgleich wir zustimmen könnten, dass die Zeit das Medium sein kann, in dem Veränderungen stattfinden, heißt das noch lange nicht, dass sie auch die Ursache für die Änderungen ist. Warum liegt in der Zeit diese „Kreativität“? Und wie läuft sie ab? Sie kann schließlich nicht einfach aus dem immanenten Entfalten einiger einheitlicher und undifferenzierter Identitäten hervorgehen. Denn in dem Fall wären die Bedeutungen bereits in den frühen Entstehungsstadien vergeben worden. Mehr noch, diese Interpretationsweise wäre völlig essentialistisch. Für eine nicht-essentialistische Auslegung von einer „Differenz – als – Veränderung“ muss der Wandel aus den Wechselbeziehungen heraus entstehen. Und um mögliche Interaktionen zu erhalten, benötigen wir die Differenz. Bergson mag vielleicht Recht haben mit seiner Feststellung, dass Zeit die Gleichzeitigkeit aller Gegebenheiten beendet, aber er geht mit seinen Ausführungen zu weit. Denn um Zeitlichkeit (Veränderung) zu erlangen, müssen auch Interaktionen und, mit Bergsons Worten gesprochen, mehr als nur „das Eine“ existieren. Und für das Entstehen von mehr als nur „dieses Einen“ (nämlich Vielfältigkeit), ist der Raum unentbehrlich. Raum und Zeit (Raum-Zeit) müssen gemeinsam existieren.

Vorausgesetzt wir denken Raum im Sinne von Interaktion und Differenz, verbleibt noch der dritte von mir angesprochene Aspekt: Beziehungen bilden kein einzelnes, abgeschlossenes und vernetztes System. Auch hier besteht eine gegenläufige traditionelle Position, die weitgehend auf strukturalistische Ansätze zurückgeht. Die frühen Strukturalisten wandten sich bei dem Versuch, narrativen Formen der Wissensproduktion zu entfliehen und sich weg von der „Barbarei“ hin zur „Zivilisation“ zu entwickeln, den Konzepten von Struktur, Raum und Synchronität zu. Struktur statt Narrative; Synchronie statt Diachronie; Raum statt Zeit. Mit dieser Wende verfolgten die Strukturalisten sicherlich beste Absichten. Dennoch haben sie in bezug auf den Raum ein Vermächtnis von Annahmen und von als selbstverständlich betrachteten Auffassungen hinterlassen, die noch heute die Diskussionen belasten. Für die Strukturalisten waren Strukturen nicht wirklich räumlich, sondern eher analytische Schemata. Osborne z. B. stellt fest: „Synchrony is not con-temporality, but a-temporality“ (1995: 27). Der Grund dafür, dass diese analytischen Strukturen trotzdem als räumlich betrachtet werden, ist, dass sie a-temporal, also nicht-zeitlich konzipiert sind. Es handelt sich also in erster Linie um eine negative Definition, die den Raum einmal mehr auf das Element der Stagnation reduziert. Darüber hinaus sind die konzeptionellen „Gleichzeitigkeiten“ des Strukturalismus, obwohl sie auf „Beziehungen“ beruhen, doch auf eine ganz spezielle Sichtweise dieser Beziehungen beschränkt. Vor allem lassen sie sich vollständig durch Beziehungen innerhalb der Struktur und zwischen ihren konstituierenden Elementen charakterisieren, sodass sie ein komplett ineinander verflochtenes System bilden. Sie stellen also ein geschlossenes System dar. Exakt dieser Aspekt der Konstruktion ist jedoch am problematischsten, denn er raubt „dem Räumlichen“ (wenn es überhaupt als solches bezeichnet werden kann) eines seiner kreativsten und aufrüttelndsten Charakteristika: das zufällige Nebeneinander miteinander in Beziehung stehender vielfältiger Erzählungen. Dies ist das entscheidende Merkmal des Räumlichen, da es den Raum als entscheidendes Moment für die Produktion von Offenheit konstituiert. Und eben diese Offenheit ist für das Schaffen und das Fortbestehen einer offenen Politik und Zeitlichkeit unabdingbar.

Zusammenfassend lässt sich sagen, dass die Art und Weise, wie Raum in diesem Kapitel konzipiert wird, einigen mächtigen und etablierten Positionen entgegengesetzt ist. Dieser Argumentation folgend stellen Raum und dessen Repräsentation den Ort dar, an dem sich die vielfältigen Entwicklungspfade treffen (oder eben auch nicht). Er verkörpert den Bereich, in dem die unterschiedlichen Konstruktionen des Seins gemeinsam existieren, sich gegenseitig beeinflussen und mögliche Konflikte austragen. Er ist also genau so das Gebiet ihrer (unabhängigen) Ko-Existenz, wie auch der Bereich ihrer Interaktion. In diesem Raum der Wechselbeziehungen werden Subjekte/ Objekte konstruiert (die ihre jeweils eigene Raum-Zeit haben, worauf ich in diesem Abschnitt aber nicht weiter eingehen werde).

Darüber hinaus hat diese Form der Konstitution weitere Konsequenzen. Mittlerweile wird in der „westlichen“ Humangeographie weithin akzeptiert, dass Raum sozial konstruiert wird. Er ist das Produkt von Feinheiten und Vielschichtigkeiten, von Verflechtungen und Unabhängigkeit sowie von Verbindungen des unverstellbaren Kosmischen bis hin zum vertrauten Winzigen. Diese Relationen stellen aktive Praktiken dar, die materiell und verankert sind, Praktiken die vollzogen werden müssen. Und da der Raum das Produkt dieser Relationen ist, befindet er sich in einem steten Prozess des „Werdens“. Er wird ständig „gemacht“ (siehe Massey 1992) und ist daher stets auf eine bestimmte Weise unvollendet. Es gibt immer neue, weitere Verbindungen, die noch hergestellt werden können und in denen Interaktionen zur Entfaltung gebracht werden. Es gibt natürlich auch potentielle Verbindungen, die niemals etabliert werden. „Raum“ kann somit nie die komplette Gleichzeitigkeit sein, in der alle Elemente (auf eine zu diesem Zeitpunkt eindeutige Art) mit allen anderen Elementen verbunden sind. Es wird im Raum immer offene Enden geben und die „Raum-Zeit“ bleibt davon stets ein integraler Bestandteil. Raum verkörpert, im Sinne der Gleichzeitigkeit, kein geschlossenes System. Er ist vielmehr ein „offenes System“ (oder noch besser gesagt, überhaupt kein System), das ein bestimmtes Maß an Unerwartetem und Unvorhersehbarem in sich trägt. Im Raum ist ständig das Element des Chaos mitexistent. Dieses Chaos resultiert aus dem zufälligen Nebeneinander von Elementen, den unbeabsichtigten Trennungen, sowie den häufig paradoxen Charakteren geographischer Konfigurationen, in denen – präzise – eine bestimmte Anzahl distinkter Entwicklungspfade sich treffen und manchmal überschneiden. Insofern erscheint Raum als offen, ist jedoch in sich fragmentiert.

Im Folgenden möchte ich nun die Relevanz des eben erarbeiteten Raumdenkens für die (Neu)Konstruktion des Politischen in der letzten Zeit verdeutlichen. Zuvor möchte ich jedoch auf ein, in diesem Kontext verwirrend erscheinendes, Phänomen hinweisen. Es geht darum, dass selbst in den vergangenen Jahren die Verschleierung von bedeutenden Narrativen fortgeführt worden ist. Trotz der Ablehnung der „Großen Erzählungen" in den letzten Jahren gibt es selbst unter denjenigen, die sich selbst als überzeugteste Anti-Modernisten bezeichnen würden, viele, die bei bestimmten Metaerzählungen Zuflucht suchen. Dadurch werden – was in diesem Zusammenhang vor allem wichtig ist – gewissermaßen als Begleiterscheinung, die wahren Kräfte koexistenter räumlicher Unterschiede und die Offenheit der Zukunft unterdrückt.

Ein kurzes Beispiel veranschaulicht diesen Punkt: „Globalisierung" ist sicherlich einer der einflussreichsten Begriffe in unseren gegenwärtigen *geographical imaginations*. Die aktuellen Bücher zu diesem Phänomen, besonders (wenn auch nicht ausschließlich) die aus den Sozialwissenschaften und *Cultural Studies* stammenden, setzen allerdings die ökonomische Globalisierung als gegeben voraus. Es mag zwar Diskussionen über ihr Ausmaß geben, aber es gibt keine Zweifel daran, dass die ökonomische Globalisierung in vollem Gange ist. Die „Geschichte" – hier im Sinne der technologischen Veränderungen zu verstehen – sieht Globalisierung als zwangsläufig und unumgänglich an. Es verhält sich wie mit der modernistischen Erzählung vom Fortschritt: Sie verfügt über die unerbittliche Zwangsläufigkeit einer großen Erzählung. Und daraus folgt wiederum, ganz wie im modernistischen Diskurs, eine Vorstellung räumlicher Unterschiede in zeitlichen Dimensionen. Bestimmte Teile der „südlichen Hemisphäre" sind noch nicht in das globale Dorf der elektronischen Kommunikation hineingezogen worden? Keine Angst, das wird sich schnell ändern. Bald werden sie in dieser Hinsicht wie „wir" sein. Wieder einmal werden die räumlichen Differenzen im Sinne einer zeitlichen Abfolge erfasst. Und erneut wird die potenzielle Offenheit der Zukunft durch eine „Erzählung der Zwangsläufigkeit" zunichte gemacht.

Auswirkungen davon sind jedoch nicht nur konzeptioneller, sondern auch politischer Art. Eine Konstruktion räumlicher Unterschiede als Ausdruck eines verschiedenen Entwicklungsstandes führt zur Verdrängung des Gedankens, dass es auch andere mögliche Entwicklungspfade geben könnte. Dies ist ein wichtiger Aspekt der politischen Konsequenzen der neuen Raumkonzeption. Die Welthandelsorganisation (WTO) ist, während sie sich intensiv um die Durchsetzung der ökonomischen Globalisierung (in ihrer neoliberalen Form) bemüht, auch damit beschäftigt, den Diskurs ihrer Unvermeidbarkeit zu wahren. In Geschichten dieser Art findet sich kein Platz für andere Erzählungen oder für Versuche, anderen Pfaden (ob nun autarkischen, islamistischen, sozialistischen, oder welchen auch immer) zu folgen. Genauso wenig werden z. B. im Falle der Globalisierung die „Differenzen" als Unterschiede und strukturelle Trennungen verstanden, die durch den Prozess der Globalisierung selbst produziert werden. Insofern ist es nicht einfach eine Frage der Rückständigkeit, sondern vielmehr die Frage der Produktion. Konzeption und Politik treffen an diesem Punkt aufeinander. Ein Raumverständnis, das sich aus Differenz und Interaktion konstituiert, eröffnet die politische Anerkennung der Möglichkeit alternativer Entwicklungspfade.

2.2 Neue Räume für eine neue Politik

Es gibt viele Gründe, über die Bedeutung von Konzepten zu diskutieren. Unter anderem argumentiert Soper mit Nachdruck dagegen, über die Bedeutung unterschiedlicher Konzepte zu urteilen (da der Versuch einer solchen Beurteilung niemals erfolgreich sein kann). Diese Position wird hier akzeptiert. Wie Soper darüber hinaus erörtert, ist jedoch ein gewisses Maß an Rechtfertigung notwendig, um eine spezielle Ontologie vorziehen zu können. Auch hiermit stimme ich überein. Sopers Sphäre der Rechtfertigung liegt vollständig im Bereich der Übereinstimmung mit der „Wirklichkeit". Ich werde dieser Sichtweise etwas hinzufügen: Eine selektive Form der Auslegung von Konzeptionen ist nur in speziellen „raum-zeitlichen" Momenten sowie aus bestimmten politischen Perspektiven heraus angemessen. Damit will ich sagen, dass alte Denkstrukturen auflösbar sein müssen, da sie sonst zu einer Blockade für Veränderung werden und mitunter bewusst für ein Verharren im Status Quo mobilisiert werden können. Dementsprechend wird diese bestimmte Form der Raumkonstruktion nicht deswegen favorisiert, weil es sich hier um die einzig wahre oder korrekte Konzeptionalisierung handelt. Sie wird deshalb befürwortet, weil sie die Probleme früherer, hegemonialer Formulierungen ablehnt und gleichzeitig die Basis für neue Fragestellungen bildet, die v.a. aus politischer Sicht dringend gestellt werden müssen. Diese Art Raum zu denken, steht in unmittelbarer Verbindung zur Konstruktion von Differenz, einer nicht-essentialistischen Politik der Zusammenhänge sowie einer grundsätzlichen Offenheit des Zukünftigen.

Ich möchte jedoch noch eine weitere Behauptung aufstellen: Diese Form der Konzeption von Raum ist vor allem sinnvoll – oder besser gesagt, ist sogar notwendig – für einige aktuelle Veränderungen in Bezug auf die Art, wie Politik an sich gedacht und konzipiert wird. Die anstehenden Veränderungen wurden in der Einleitung bereits kurz erwähnt. Beginnen wir also die Auseinandersetzung, in dem wir zwei Argumente genauer betrachten. Erstens lässt sich festhalten, dass es heute in der Gesellschaft eine viel größere Akzeptanz für Gedanken wie Differenz und Multiperspektivität gibt. Dass diesen Aspekten mittlerweile eine so hohe Aufmerksamkeit zuteil wird, ist den vielen verschiedenen Arbeiten postkolonialer und feministischer Theoretikerinnen und Theoretiker zu verdanken. Auch die Poststrukturalisten haben dazu beigetragen, ein vertieftes Verständnis dafür zu schaffen, was „Differenz" überhaupt bedeutet. Beispielsweise kritisiert Coole: „a collapse of wild differences into tamed others" und spricht sich für die Anerkennung von „differences beyond the imagination of liberal eccentricity" aus (1996: 27). Zweitens hat in den letzten Jahren eine Neujustierung hin zu einer von Politik der „Offenheit" gegenüber dem Zukünftigen stattgefunden (die Art von Offenheit, die auch Bergson im Sinn hatte). Derridas Poststrukturalismus, Deleuzes und Guattaris Nomadismus (Deleuze und Guattari 1984), die Offenheit der *Queer Theory* (Golding 1997) sowie Laclaus und Mouffes Ausführungen einer radikalen Demokratie (Laclau und Mouffe 1985) haben zu dieser Entwicklung beigetragen. So argumentieren beispielsweise Laclau und Mouffe, dass eine adäquate Politik nicht durch ein Zurückgreifen auf einen universellen Rationalismus garantiert werden kann, sondern dass diese nur durch das Akzeptieren eines Postulats der Kontingenz möglich ist. Eine Bedingung für eine Politik der Kontingenz ist die Offenheit bezüglich des Zukünftigen. Das Kernkonzept der *Dislocation* spiegelt diesen Gedanken wieder – und zwar, dass wir nicht in einem großen, geschlossenen System leben, in dem „everything that happens can be explained internally to this world and everything acquires an absolute intelligibility within the grandiose scheme" (Laclau 1990: 75). Wir leben eher in einer Umgebung, in der das Entstehen des Neuartigen (Anderen) stets möglich ist.

Dies unterscheidet sich völlig von den bislang dominierenden Formen fortschrittlicher Politik (ob nun liberal oder marxistisch geprägt), welche die vergangene Ära der Aufklärung charakterisiert hat. Letztendlich muss natürlich jede Form politischer Aktivität eine gewisse Offenheit beinhalten – die prinzipielle Möglichkeit, Dinge zu verändern. Dennoch beruhte die modernistische Politik der Linken hier stets auf einer impliziten Doppeldeutigkeit (die zwar bekannt war, auf die jedoch nicht direkt eingegangen wurde). Einerseits waren wir Teil der Geschichte, deren große Narrative den umfassenden Spielraum und die generelle Richtung wiesen. Andererseits waren wir noch immer in die alltäglichen Kämpfe verwickelt (oder glaubten, dass wir verwickelt sein sollten), um diese zu überwinden. In gewisser Weise geschah dies, um die Ideale nicht zu verraten. Die Zukunft war offen und doch vorherbestimmt (in dieser Doppeldeutigkeit wurzeln zumindest teilweise die Debatten um die Rollen von Struktur und Handlung).

Wie ich bereits angemerkt habe, ist eines der Charakteristika der großen Erzählungen, egal ob nun imperialistisch/kolonialistisch, liberal/progressiv, oder sozialistisch/kommunistisch, dass sie die räumliche Differenz in Form einer Verortung innerhalb einer allumfassenden Geschichte zu erklären suchten (einige Gesellschaften waren „primitiv", einige Ökonomien befanden sich im Stadium des „fortgeschrittenen Kapitalismus" usw.). Daraus lassen sich zwei Aspekte ableiten. Zum Einen wurde die Bedeutung der (räumlichen) Differenz unterschätzt. Im Extremfall existierte nur der zeitliche Entwicklungsstand (innerhalb der einen Geschichte) als Unterscheidungsmerkmal und somit gar keine räumliche Repräsentation im Sinne des Andersseins. Hier zeigt sich also, was lineare Erzählungen bewirken: Sie unterdrücken die Aspekte der Vielfältigkeit, Differenz und Veränderung des Räumlichen. Zweitens waren diese Narrativen nicht wirklich offen. Die Zukunft wurde bereits in den großen Erzählungen vorformuliert.

Aus dem bisher gesagten wird offensichtlich, dass eine Raumkonstruktion aus Interaktionen und Differenz heraus die Voraussetzung für alternative Entwicklungen schafft. Dabei unterstützt beides, die unbegrenzte Offenheit des Räumlichen (seine offenen Enden) und die inhärenten Fragmentierungen (wie z. B. die im Konflikt stehenden Ko-Existenzen, die unerwarteten Distanzierungen, die dissonanten oder kongenialen Beziehungen) die Etablierung einer Basis für das Neue. Raum als vielfältig zu konzipieren und die Möglichkeit von Beziehungen garantieren den offenen Ausgang jeder Interaktion (oder deren Nicht-Zustandekommen). Raum in diesem Sinne ist weder statisch noch abgeschlossen (noch ist er „reibungslos"). Er stellt vielmehr ein störendes, aktives und generatives Element dar. Mit anderen Worten stellt er die Quelle für Laclaus *Dislocation* bereit.[5] Eine „Verräumlichung" der großen Erzählungen verändert deren Charakter deshalb völlig. Durch seine Vielfalt, durch seine zufälligen Verbindungen sowie die manchmal paradoxen Positionierungen öffnet der „Raum" die Narrative: für neue Erzählungen und für eine Zukunft, die in weniger starkem Maße durch die Vergangenheit vorherbestimmt wird. Raum in diesem Sinne ist das Produkt von Vielfältigkeit und folglich eine Quelle für Differenz, Offenheit und bietet somit die Möglichkeit für eine kreative Politik, nach der auch die oben genannten Autoren suchen.

Ein Denken von Raum unter den Bedingungen von Differenz und Beziehung steht parallel zur Veränderung (vieler) linker, politischer Narrativen. Und zwar weg von der vermeintlichen Sicherheit einzelner, linearer Erzählungen, egal ob diese nun liberal, modernistisch oder marxistisch geprägt sind. Das oben wiedergegebene Zitat Laclaus über „*the grandiose scheme*" in dem „everything that happens can be explained internally" geht weiter mit den Worten: „This is the Hegelian-Marxist moment" (Laclau 1990: 75). All dies heißt nicht, dass wir Marx vergessen sollen, aber es bedeutet, dass wir Wege finden müssen, um aus dem geschlossenen System der linearen Erzählungen auszubrechen. Denn diese verhindern eine Repräsentation von Raum als Differenz und schließen somit das Neue sowie eine Politik der Offenheit aus.

Was ich hier versucht habe zu durchdenken, ist daher möglicherweise eine duale Neukonzeptionalisierung von Politik und Raum. Das heißt, dass wir Raum nur dann als vielfältig denken können, wenn wir ihn uns auch in vielfältigen Relationen vorstellen. Letztlich können wir auch den politischen Charakter dieser vielfältigen Relationen nur dann auf diese Weise konzipieren, wenn

[5] Meine Ausführungen, dass Laclau (1990) alle Formen der Verlagerung mit „Zeitlichkeit" kennzeichnet und diese Verlagerung explizit durch eine räumliche Repräsentation, die er als geschlossenes System konzipiert, ausbalanciert, sind natürlich ironisch zu verstehen! Seine Konzeption von „Zeitlichkeit" und „Räumlichkeit" ist genau das Gegenteil dessen, was hier vorgetragen wurde, allerdings sind politischer Impetus und Grundhaltung durchaus vergleichbar.

wir Politik nicht im Sinne einer einzigen großen Erzählung denken, sondern im Sinne von Pluralismus und Offenheit.

Es geht jedoch im Bereich von Raum und Politik sowie deren wechselseitigen Beziehung noch um mehr: Das Themenfeld linker Politik (im Westen) hat sich in den vergangenen Jahren auch in anderer Weise verändert. So hat generell das Interesse am Thema Ungleichheit zugenommen, wobei sich insbesondere eine größere Bereitschaft feststellen lässt, die Ursprünge von Unterschieden sowie die Konstitution von Identität zu untersuchen. Gleichzeitig haben diese Entwicklungen auch umgekehrt einen Einfluss auf die Konstruktion von Raum. Insofern zeigen relationale Raumvorstellungen, die Orte und Regionen als Knoten von Beziehungen konzipieren und Territorien als Schauplatz von Interrelationen begreifen, deutliche Parallelen zu bestimmten Konzeptualisierungen von Differenz/Identität. Konsequenterweise werden auch Identitäten hier nicht durch gegenseitige Grenzen und Schließungen ausgebildet, sondern „Entitäten" ganz allgemein definieren sich durch Verknüpfungen und Beziehungen. Genau wie Räume können also auch Identitäten als offene Ausdrucksformen von Verbindungen gedacht werden. Bei beiden handelt es sich um Verschiebungen, die primär durch das Bemühen, sich die Welt in einer nicht-essentialistischen Art vorzustellen, geleitet werden: Die durch Beziehungen konstruierten Orte und Identitäten stellen somit nicht nur die Vorstellung von Authentizität in der Vergangenheit in Frage, sondern bieten auch die Möglichkeit für zukünftige Veränderungen.

Beide neuen Konzepte sind daher stark politisch gefärbt, und zwar auf eine Art und Weise, bei der die grundlegende Offenheit von neuen politischen Vorstellungen beibehalten wird. Genau über diesen Aspekt wurden viele Diskussionen geführt. Mouffe (1993) argumentiert beispielsweise, dass die Neukonstruktion der Identität des „Bürgers" auf diese relationale Art ein unverzichtbares Element für die Etablierung einer durch und durch demokratischen und pluralistischen Politik darstellt. Diese Form der Interpretation macht deutlich, dass das Politische nicht die Basis für eine Verbindung von, im Wettstreit stehenden, bereits vorkonstruierten Identitäten ist, sondern dass diese Identitäten selbst auf relationale Weise, als Teil des politischen Prozesses gebildet werden. In dieser Lesart konstituieren sich Subjekte/Objekte und ihre Beziehungen also wechselseitig. Dem stimme ich zu und möchte noch einen weiteren, meiner Ansicht nach notwendigen Aspekt hinzufügen. Für die Existenz von derartigen Beziehungen (um z. B. politische Subjekte zu kreieren) ist Vielfalt notwendig (eine Vielfalt potentieller Subjekte), und eine Voraussetzung für Vielfalt ist der Raum. Objekte (mit ihrer jeweiligen Raum-Zeit), Beziehungen *und Raum* konstituieren sich also gegenseitig. Nicht-essentialistische Identitäten benötigen demnach den Raum.

In jedem Fall ist es notwendig bei der Konstruktion von Raum und Politik präzise vorzugehen. Es bringt beispielsweise Probleme mit sich, wenn es bereits als ausreichend angesehen wird, sich die Welt im Sinne von Wechselbeziehungen vorzustellen; denn dann wird alles zu allem in Beziehung gesetzt, und – wenn man das Szenario weiterführen will – wird dies auf direktem Weg zu einer viel „ausgeglicheneren" und „besseren" Welt führen. Eine solch naive Perspektive ist hier natürlich nicht gemeint. In Beziehungen zu denken bedeutet nicht, dass im Zuge dessen plötzlich alle Verhältnisse und Verbindungen stets positiver Natur sind. Es geht viel mehr darum, dass ein Verstehen der Ordnung von Beziehungen uns dazu befähigt, die Form dieser Verbindungen zu hinterfragen.

Dieser Aspekt wurden z. B. innerhalb der Debatten im Feminismus thematisiert. So ist Jean Grimshaw beunruhigt, dass:

„an unclear or idealized version of female relatedness and connectedness can lead both to unrealistic expectations of community or harmony among women, and sometimes to a sort of coerciveness, a denial of the needs of individual women to forge their own path and develop their own understanding and goals" (1986: 183).

Wenn ich hauptsächlich von „Verbunden sein" und „Kontakt halten" spreche, will ich damit auf keinen Fall suggerieren, dass all diese Beziehungen positiv oder egalitär sind. „Beziehungen" meinen hier tatsächlich Verbindungen an sich – materielle Praktiken, die sich mit der Zeit ändern können (und diese Form der Praxis ist natürlich einer der Gründe für die Unbegrenztheit eines solchen Raumes und einer solchen Politik – der Unmöglichkeit einer holistischen Schließung). Unser Eingebundensein in Beziehungen wahrzunehmen, heißt zu akzeptieren, dass diese Verbindungen Machtbeziehungen verschiedenster Art ausdrücken und dass sie somit auch Formen der Ungleichheit oder Unterdrückung repräsentieren können. Der Grund hierfür liegt darin, dass Ungleichheiten nur dann wirksam werden können, wenn sie als solche wahrgenommen werden. Schließungen und Grenzziehungen stellen deshalb ein probates Mittel dar, um die Konstruktion von Identitäten so zu gestalten, dass mögliche Beziehungen unterdrückt werden. So sieht Judith Butler gerade in den *Bounded Identities* das Problem:

„To the extent that subject-positions are produced in and through a logic of repudiation and abjection, the specificity of identity is purchased through the loss and degradation of connection, and the map of power which produces and divides identities differentially can no longer be read." (1993: 114)

Gerade die Anerkennung der „Archäologien der Macht" oder der Machtgeometrien, innerhalb derer und durch die wir alle konstruiert sind, eröffnet die Möglichkeit, eine Politik zu schaffen, in der Identitäten neu verhandelt werden können. Marx' Theorie von Kapital und Arbeit folgte beispielsweise dieser Idee. Kapital und Arbeit sind auf der Basis ihrer Wechselbeziehungen miterrichtet. Ohne diese Beziehung können sie nicht existieren (das ist schlichtweg unmöglich). Die Zielsetzung einer jeden Politik muss genau diese Wechselbeziehungen in das Zentrum der Beobachtung stellen, und nicht bloß die eine oder andere Seite, die die Beziehung konstituiert, betrachten. Ihre wechselseitige Abhängigkeit bringt es mit sich, dass man nicht einen Teil verändern kann, ohne gleichzeitig auch den anderen zu beeinflussen: Bekanntlich können wir nicht die Bourgeoisie ablösen, ohne im Zuge dessen auch das Proletariat abzuschaffen. Von Bedeutung sind deshalb die Produktionsbedingungen (die Beziehungen) der geschaffenen Identitäten.

Diese Denkweise ist ausführlich auf den Politikbereich sowie – und das ist noch viel wichtiger – auf die Verbindungen von Mensch und Natur sowie von Mensch und Maschine ausgedehnt worden und hat zur Anerkennung der Hybridität eines Großteils der existierenden Entitäten geführt. Der bedeutendste Aspekt an dieser Stelle ist, dass die dargestellte Konzeptualisierung uns zu unserem Ausgangspunkt zurückbringt: das hier Angesprochene bedeutet nicht nur eine Neukonzeption von relationaler Einheit als hybride Wesen und Quasi-Objekte. Durch diese Konstruktionsform wird zusätzlich ein Raum (und zwar ein ganz bestimmter Raum) kreiert. Dieser Raum verkörpert exakt die „Archäologien der Macht", der die Grundlage für eine offene Politik bereitstellen kann.

Darüber hinaus gibt es einen weiteren wichtigen Grund, sich die Beschaffenheit dieses Raumes zu vergegenwärtigen. Im zweiten Teil von Grimshaws Zitat wird eine Form der Schließung erwähnt, die sich möglicherweise erst durch die Neukonzeptualisierung der Welt in der beschriebenen Form ergibt. Eines der Probleme mit bestimmten Formen des Denkens ist, dass sie zu einer totalisierenden (im schlimmsten Fall sogar totalitären) Form von „Klaustrophobie" führen kann. Man ist dann in einer Superstruktur (ähnlich der Strukturen von Strukturalisten) eingeschlossen, in der alles irgendwie miteinander verbunden ist. Aber, wie oben bereits erwähnt, gibt es in dem Raum wie ich ihn konzipiere, keine Schließungen. Ganz im Gegenteil existieren dort stets offene Enden und „Elemente der Verstörung". Es ist weder ein Raum von holistischen Schließungen, noch von individualistischem Reduktionismus. Er bringt mit sich, was Butler (und auch die *situationists*) in einem anderen Kontext als *productiveness of incoherence* bezeichnen.[6]

Dieser Raum kann ebenso als Grundlage für eine radikale Demokratie gedeutet werden. Mouffe (1993, 1998) argumentiert dementsprechend mit Nachdruck gegen die Revitalisierung von „vor-modernen" holistischen Gesellschaftskonzeptionen, gegen die organischen Schließungen des neuen Kommunitarismus sowie gegen die totalisierenden Trends, die den aufkommenden Vor-

[6] Auch Deleuze und Guattari bemühen sich darum, ihr „Konzept der Zusammenhänge" (*concept of relatedness*) offen zu gestalten. Es gilt jedoch zu beachten, dass der Begriff *incoherence* (Zusammenhangslosigkeit) irreführend sein kann – übereinstimmend mit Theoretikern wie z. B. Prigogine (1997), ist es genau die Offenheit der (dissipativen) Strukturen, die ihnen „Stabilität" und „Kohärenz" verschafft – obwohl diese Begriffe in weit dynamischerer Art verstanden werden als bisher.

stellungen des *radical centers* inhärent sind. „It is“, argumentiert sie, „the very characteristic of modern democracy to impede such a final fixation of the social order and to preclude the possibility for a discourse to establish a definite future“ (1993: 52). Es ist dieser „aspect of nonachievement, incompleteness and openness“, der besonders charakteristisch für eine radikal demokratische Politik ist (1993: 110).

Wir erschaffen und gestalten permanent die Räume, Orte und Identitäten, die unserem Leben Rahmung geben. Dies betrifft die Art und Weise, wie wir unsere persönlichen und gemeinsamen Identitäten konstruieren. Es gilt ebenso für die Verhandlungen von Offenheit und den Versuch, Territorien neu zu schließen (was derzeit ja als Globalisierung bezeichnet wird). Darüber hinaus berührt diese Gestaltung aber auch den Aspekt, wie wir z. B. Räume des Heims und des Berufs kreieren, und auf welche Art wir die Machtbeziehungen sowie die Grenzen zwischen diesen Räumen festlegen. All diese Punkte stehen im Kontext mit der Konstruktion von Räumen und Identitäten, in denen Orte als „Geometrien“ (im informellsten Sinne des Wortes) mit einer ganzen Auswahl an Machtstrukturen gedacht werden können. Es handelt sich bei dieser Konzeption von „Identitäten“ um befristete (im Sinne von nicht immer währenden) Konstellationen, die wechselseitig hybride sind, aber dennoch und in unterschiedlichem Maße, differente Geschichten zu erzählen haben. Ich möchte zur Verdeutlichung ein paar klassische geographische Beispiele anführen: indigene Gruppen, Nationalstaaten, Gemeinschaften in der Diaspora sowie Wirtschaftsblöcke. Sie alle sind andere Arten der Kohärenz (mit ihren eigenen internen „Raum-Zeiten“) – zusammengehalten durch unterschiedliche Beziehungen und verschiedene Lebensdauer etc. Was politisch umstritten ist bzw. sein könnte, sind die Machtbeziehungen, durch die solche Identitäten erschaffen werden und durch die sie untereinander und mit der Welt in Kommunikation treten. Ihre Pluralität und ihr Beziehungsnetz sind es, die die Zukunft für die Politik offen halten.

2.3 Eine räumliche Politik?

Gibt es in einem derartig komplexen System eine raumbezogene Politik? Oder gar eine Politik der Räume und Territorien? Die Antwort darauf ist auf zwei Ebenen möglich.

Einerseits behaupte ich, dass es keine universalen politischen bzw. räumlichen „Regeln“ geben kann. Um ein offensichtliches Beispiel anzuführen: Wir können weder für die absolute Freizügigkeit (Recht auf Bewegungsfreiheit), noch für ein uneingeschränktes Recht lokaler Einwohner auf die Unantastbarkeit ihrer Territorien plädieren. In der politischen Linken kann man in bestimmten Debatten versucht sein, für die uneingeschränkte Freizügigkeit zu plädieren (z. B. bei rassistischen Auseinandersetzungen oder bei einer restriktiv gehandhabten Politik der internationalen Migration). Aber was passiert, wenn als Folge des ungehinderten Vordringens multinationaler Unternehmen in jeden Winkel der Welt „lokale Kulturen" zur Diskussion stehen? Wenn nicht in beiden Fällen das Prinzip der Freizügigkeit Gültigkeit hat, dann sollten wir es in keinem Fall postulieren. Der entscheidende Unterschied zwischen beiden Beispielen liegt in ihrer Machtgeometrie – im ersten Fall sind es die relativ „Schwachen", die migrieren wollen, im zweiten geht es um die Territorien der „Schwachen", die durch die relativ „Mächtigen" eingenommen werden. Dieses Beispiel soll zeigen, dass wir im Bereich von Machtbeziehungen kein Urteil fällen können, wenn die Rolle des Raums nicht angemessen berücksichtigt wird – die *räumlichen Repräsentationen sozialer Macht* stehen immer im Zentrum. Daher muss hier nicht die räumliche Repräsentation alleine, sondern das Gefüge der Macht innerhalb der Konstruktion von Raum angesprochen werden. (Im Bereich der globalen Machtgeometrien liegen die Dinge dagegen genau umgekehrt: Multinationale Akteure können viel einfacher in der Welt umherziehen, als wirtschaftliche Migranten oder politische Flüchtlinge – es ist eine Situation, in der die Legitimation durch die Berufung auf genau die entgegengesetzten allgemeinen räumlichen Prinzipien in ihren unterschiedlichsten Formen erfolgt, siehe auch Massey 1996.)

Also, was sind diese „lokalen Kulturen" außer Hybride von variierender Lebensdauer, Geographie und Macht? Kann die räumliche Repräsentation der Kultur der „Festung Europa" im politischen Diskurs, mit der Repräsentation der „lokalen Kultur" der Zapatistas von Chiapas gleichgesetzt werden? Nein: Die Herrschaftsstrukturen, durch die sowohl die hybriden Identitäten als auch deren Verbindungen zur „Umwelt" konstruiert sind, unterscheiden sich wesentlich – genauso wie der Inhalt dieser Beziehungen. Also kann es keine „Rechte für lokale Bevölkerungen" außerhalb des Kontexts der speziellen Machtgeometrie geben, in denen sie konstruiert und platziert sind. Oder – als letztes Beispiel unterschiedlicher Archäologien der Macht – wollen wir, dass die Räume des täglichen Lebens abgeschlossen und gegliedert sind (in einen Ort für Freizeit, einen Ort für die häusliche Arbeit, einen Ort für bezahlte Arbeit etc.)? Oder wäre es nicht sinnvoller, die Trennungen aufzulösen und sie in unser Leben zu integrieren (Abtrennungen, die ja letztlich nie wirklich gelingen können)? Während ich meine Studien ausarbeitete, in denen ich mich explizit gegen jene Form des Abschließens und Ordnens wand, in der sich ein Großteil intellektueller Arbeit abspielt, und in der so vieles durch die Produktion der Labels „Wissenschaft" und „Wissen" legitimiert ist, klang mir stets Virginia Woolfs leidenschaftlicher Appell für einen „individuellen Raum" im Ohr. Gleichzeitig bin ich mir der Tatsache bewusst, dass ich mich, um dies hier zu schreiben, in den wohl geschlossensten und elitärsten aller Räume, in den Lesesaal des Britischen Museums, zurückgezogen habe.

Aus all dem folgt: Es gibt keine einfachen Regeln, dafür aber jede Menge Verantwortung – Verantwortung für die Ausformung der sozialen Beziehungen, durch die wir beständig sämtliche Formen der Identität und der räumlichen Repräsentation konstruieren.

Zum Abschluss – es existiert jedoch, wie ich oben bereits angedeutet habe, auch ein „Andererseits“. Falls es überhaupt einige abstrakte universale Regeln der Politik und des Raumes gibt, so ist es dennoch so, dass Politik im Kontext der unterschiedlichen Formen sozialer Machtausübung räumlich repräsentiert wird. Auf einer Ebene liefern gerade die genannten Beispiele ein empirisches Zeugnis der Kontingenz. Auf einer anderen, noch umfassenderen Ebene stehen die Konstruktionsformen von Raum und Politik in Verbindung. Um auf meinen theoretischen Ausgangspunkt zurückzukommen. Die Quintessenz dieser neuen Repräsentationsform von Raum und Politik besteht aus Offenheit, Vielfältigkeit und Differenz. Die Art, wie wir den Raum bzw. seine Repräsentationen konstruieren, kann an sich „politisch“ sein.

Literatur

Bergson H (1959) Oeuvres. Presses Universitaires de France, Paris

Butler J (1993) Bodies that Matter. London

Coole D (1996) Wild differences and tamed others: postmodernism and liberal democracy. Parallax, 2, February, 23–36

Deleuze G, Guattari F (1984) A Thousand Plateaus. London

Golding S (Hrsg.) (1997) The Eight Technologies of Otherness. London

Grimshaw J (1986) Feminist Philosophers: Women´s Perspectives on Philosophical Traditions. Brighton

Gross D (1981-2) Space, time, and modern culture. Telos, 50, Winter, 59–78

Laclau E (1990) New Reflections on the Revolution of Our Time. London

Laclau E, Mouffe C (1985) Hegemony and Socialist Strategy: Towards a Radical Democratic Politics. London

Massey D (1992) Politics and space/time. New Left Review, 196:65–84 und in Massey D (1994) Space, Place and Gender. Oxford, 249–72

Massey D (1996) Politicising space and place. Scottish Geographical Magazine, 112/2, 117–23

Massey D (1998) Imagining globalisation: power-geometries of time-space. In: Brah A, Hickman MJ, MacanGhaill M (Hrsg.) Future Worlds: Migration, Environment and Globalization. Basingstoke

Mouffe C (1993) The Return of the Political. London

Mouffe C (1998) The radical centre: a politics without adversary. Soundings, 9

Osborne P (1995) The politics of Time: Modernity and Avant-Garde. London

Prigogine I (1997) The End of Certainty: Time, Chaos and the Laws of Nature. London

Soper K (1995) What is Nature? Culture, Politics and the Non-Human. Oxford

3 Geopolitische Leitbilder und die Neuordnung der globalen Machtverhältnisse

Paul Reuber und Günter Wolkersdorfer, Münster

3.1 Der 11. September als Symbol der neuen geopolitischen Verunsicherung

James Bond hat es immer schon früher gewusst als andere: Bereits 1997 kämpft der britische Geheimagent im Eröffnungsplot von „Tomorrow never Dies" gegen ein Syndikat internationaler Terroristen, die sich in den Winterschlussverkaufs-Arsenalen des Kalten Krieges mit den Waffen für die neue Geopolitik im Globalen Dorf ausrüsten: für die Zeit der Heiligen Kriege und die neuen Kämpfe zwischen den Kulturen. Es dauerte dann nicht einmal ein Jahrzehnt, bis sich solche Diskurse aus Filmen, politischen Gazetten und pseudowissenschaftlichen Beraterkreisen materialisierten, bis der Terroranschlag vom 11. September mit erschreckender Deutlichkeit die diskursive Verkopplung von Gesellschaft und Macht in der Symbolik des Raumes offen legte.

Was die Terroristen am 11. September zerstören wollten, waren nicht zwei besonders hohe Hochhaustürme und ein fünfeckiger Funktionsbau. Auch die fast 3000 Menschen, die sie getötet haben und der Schmerz, den sie ihren Angehörigen zugefügt haben, standen nicht im Mittelpunkt ihres Anschlags. Ihr Ziel war gleichsam sichtbar-unsichtbar und deswegen umso gewaltiger. Ihr Ziel war der symbolische Gehalt der beiden Gebäude, das weltweite Markenzeichen der *World Society*, das längst zu einer Global Landmark geworden war: Sie vernichteten mit dem World Trade Center das Aushängeschild einer ökonomischen Globalisierung westlich-abendländischen Zuschnitts, und sie trafen im Pentagon die symbolische Machtzentrale der militärischen Garantie- und Durchsetzungsmacht dieser neuen Weltordnung, den „Weltpolizisten" (Chomsky/Galeano/Roy 2001) Amerika.

Dass seither in der politischen und medialen Repräsentation des Anschlages kaum noch vom Pentagon, aber umso mehr vom World Trade Center die Rede ist, zeigt, wie subtil sich im Fluss des Diskurses eine sprachlich-territoriale Umdeutung als „Anschlag auf Amerika" verfestigt hat. Während das Pentagon als Kern des militärisch-industriellen Komplexes die Gemüter durchaus hätte spalten können, bot sich das WTC als gemeinsames Symbol der Empörung nicht nur für ganz Amerika, sondern für die gesamte „freie" Welt an. Erst in dieser Form ließ sich der zunächst in keiner Weise territorial-nationalstaatlich verfasste Angriff in ein nationales und international anschlussfähiges geopolitisches Projekt umdeuten. Erst in dieser Form erhielt der Kampf gegen den Terror ein geopolitisch gerahmtes Format. In der Installation der Achse des Bösen und eines ersten Hauptgegners Afghanistan entstand dann folgerichtig das ebenso territoriale und – wichtiger noch – in den klassischen Kriegs-Chiffren nationalstaatlicher Gegnerschaft verortbare „Andere“. Die in diesen wenigen Tagen akzentuierte Metapher vom weltweiten „Krieg gegen den Terror“ (und gegen Regimes, die solche Terroristen unterstützen) wurde, schneller als man denken konnte, zu einer der wirkungsmächtigen neuen Doktrinen der internationalen Geopolitik, mit denen politisch Mächtige um den ganzen Erdball, von Russland bis Indonesien, die Räume und Grenzen der Macht im neuen Jahrtausend jenseits der zerfallenden Machtblöcke und Nationalstaaten neu konzeptionieren, repräsentieren und mit militärischen Mitteln disziplinieren konnten.

3.2 Die Eröffnung eines neuen diskursiven Feldes in der internationalen Geopolitik

Im Terroranschlag von New York und seinen Folgen für die weltweite Geopolitik tritt einmal mehr hervor, wie wenig eine objektivistisch-funktionalistische Betrachtungsweise in der Politischen Geographie die Motivationen und Verläufe von geopolitischen Auseinandersetzungen zu umgreifen vermag. Wer nachvollziehen will, wie die geopolitischen Konflikte des neuen Jahrtausends ablaufen, wer zu verstehen sucht, welche besondere Rolle dabei die räumlichen Strukturen, Zeichen und Diskurse spielen, der muss – jenseits von „objektiven“ Analysen oder (so genannten) „realistischen“ Ansätzen in den Politikwissenschaften – stärker denn je die symbolischen Bedeutungen und geopolitischen Repräsentationen offen legen. Im Raum oder in der Sprache über Raum ist eine Archäologie der Macht kodiert, die je nach Kontext Ziel, Transmissionsriemen, Manipulationsinstrument und anderes sein kann und die sich nicht in Physiognomie und Funktion, sondern in Symbolisierung und Bedeutungszuschreibung äußert.

An der Verhandlung der Anschläge von New York und Washington in den Medien und an der Berichterstattung über die nachfolgenden Ereignisse kann man beispielhaft verfolgen, wie sehr die Auseinandersetzungen heutzutage weltweit und fast zeitgleich präsent sind, und wie bedeutend daher die Diskurse sind, die sie über die Ereignisse in eben diese Welt setzen. Ihre geopolitischen Repräsentationen konstruieren das Eigene und Fremde in den Zeiten der Krise. Sie beeinflussen die öffentliche Meinung ebenso, wie die Herstellung der entsprechenden Bündnisse und Massenloyalitäten, die alle auf den Strom der über die Ereignisse kursierenden sprachlichen und bildlich-symbolischen Metaphern rekurrieren und diese Fäden gleichzeitig weiterweben.

3.1 Diskursive Schließungen in den Medien nach dem 11. September 2001

Schon wenige Tage nach der weltweiten Trauer um die Opfer des Terroranschlages von New York wurden die Ereignisse in Politik und Medien genutzt, um die Rhetorik einer neuen dualen Geopolitik aufzubauen. Huntingtons Thesen vom „Kampf der Kulturen“ waren plötzlich wieder hoffähig und Karten von „Schurkenstaaten“ geisterten mitsamt ihrer territorialen Pauschalisierung durch Zeitungen und Fernseher. Für mindestens einen Monat waren Plädoyers für Toleranz und Differenz nahezu tabu. Wir waren alle Amerikaner, und auch die, die sich dazu nicht bekennen wollten, hatten zu schweigen in diesen Tagen. Wer den Pfad dieses Diskurses verließ, und etwas seinerzeit „Unsagbares“ zu sagen wagte, bezahlte mit einer öffentlichen Medienschelte, wie sie seit den Tagen des deutschen Herbstes nicht mehr zu hören war. Selbst ein national geachteter Tugendwächter wie Ulrich Wickert spielte nicht nur mit seiner Reputation, sondern mit seiner beruflichen Existenz, als sein nur angedeuteter Vergleich von Bush und Bin Laden zu einem diskursiven Aufschrei von der Bildzeitung bis zur Berliner Republik führte.

Was sich nach *Nine-Eleven* verändert hat, sind nicht zuerst die geopolitischen Machtkonstellationen selbst (was immer das auch sein mag), sondern die Art und Weise, wie die internationale Geopolitik sprachlich-rhetorisch verfasst wird. Was sich verändert hat, ist das Feld des Sagbaren und vice versa dessen, was nicht gesagt werden darf. In der Anfang und Mitte der 90er Jahre noch eher offenen Formation der internationalen geopolitischen Diskursfelder bewirkten diese Ereignisse die bisher massivste Schließung der *Post-Cold-War*-Periode.

Sie führten zu einem neuen globalen geopolitischen Leitbild. Dieses entstand aber – Foucaults Theorie vom Wirken der Diskurse folgend – nicht völlig neu, sondern akzentuierte und polarisierte eine im Verlauf der 1990er Jahre eher differente, facettenreichere Situation, in der unterschiedliche Diskursstränge und Leitbilder koexistierten. Die Ereignisse hoben aus dem Netz der geo-diskursiven Möglichkeiten *ein* Leitbild hervor und gaben diesem eine nahezu hegemoniale Kraft: Das Leitbild der Polarisierung zwischen den Kulturen, so wie es von Huntington grundgelegt und in extremeren Varianten wie dem Schurkenstaaten-Diskurs radikalisiert wurde.

Insofern ist auch der von den Medien häufig genutzte Begriff des Epochenwechsels eher verwirrend. Aus der Sicht einer postmodernen Politischen Geographie, die geopolitische Machtkonstellationen mit Foucault als sprachliche Konstruktionen begreift, wäre es in diesem Zusammenhang richtiger, von einem Diskurswechsel oder besser noch: vom Wechsel der diskursiven Formation zu reden.

Solche Ereignisse als „Diskurswechsel“ zu begreifen und zu dokumentieren ist eines der Hauptanliegen einer postmodernen Politischen Geographie. Eine Möglichkeit, sich diesem Themenfeld konzeptionell angemessen und gleichzeitig fast in der Unmittelbarkeit des Ereignisses zu nähern, bietet eine diskursanalytische Forschungsperspektive. Die dabei vorausgesetzte philosophische Wende zur Sprache impliziert, dass Diskurse direkt Macht ausüben, und dass alle Ereignisse diskursive Wurzeln haben und sich somit auf bestimmte diskursive Konstellationen zurückführen lassen (vgl. die Anmerkungen zur Diskursanalyse im Einführungsaufsatz dieses Buches).

Das Ziel ist es, die geopolitischen Semantiken, Metaphern, Bilder, Zeichen und Symbole selbst zu beobachten und deren vermeintliche (geopolitische) Logik, die den kursierenden Argumentationen und Leitbildern innewohnt, zu dekonstruieren. Indem die Politische Geographie so auf die oft polarisierenden „Schließungen“, Zuschärfungen und Pauschalisierungen im Diskurs hinweist, schafft sie gleichzeitig Raum für ein Denken in Differenz: Wer offen legt, wie die geopolitischen Dichotomien in der Sprache über den Konflikt konstruiert werden, der öffnet Möglichkeiten für das Infragestellen solch kategorialer Verkopplungen sozialer Eigenschaften mit territorialen Zuschreibungen. Und diese Differenz ist es, die der sprach- und bildgewaltigen „Verarbeitung“ geopolitischer Ereignisse in den Medien fast immer fehlt (vgl. etwa die nahezu austauschbaren Bilder und Symbole der Sensationsberichterstattung im Kontext des Golfkrieges, der Balkan-Kriege, des Krieges gegen Afghanistan, gegen den Irak etc.). Ein diskursanalytischer Zugriff dekonstruiert solche vermeintlichen geopolitischen Zwangs-Logiken. Er zeigt, wie sehr hier mit den sprachlichen „Zwängen der Lage“ aktive Geopolitik gemacht wird. Der Lagebegriff wird dabei zu einem zentralen Ordnungsbegriff hochstilisiert, mit dem sich die Politik in eine „territoriale Falle“ (*Territorial Trap*, Agnew 1994) manövriert.

3.3 Die Reflexion des postmodernen Bruchs: der Ansatz der *Critical Geopolitics*

Die deutschsprachige Politische Geographie beschäftigt sich in den letzten Jahren zunehmend mit der Dekonstruktion geostrategischer Leitbilder (Lossau 2002, Reuber 2002, Reuber und Wolkersdorfer 2002b, Wolkersdorfer 2001). Das konzeptionelle Fundament für dieses Vorgehen liefert die Schule der *Critical Geopolitics* (Ó Tuathail 1996, Ó Tuathail und Dalby 1996, Dodds und Sidaway 1994 et al.). Deren Autoren untersuchen das Verhältnis von Macht und Raum in der Geopolitik auf einer konstruktivistischen Grundlage. Mit Rekurs auf Saids „Orientalism" (1978) und Gregorys „Geographical Imaginations" (1994) zeigen die *Critical Geopolitics*, dass geopolitische Weltbilder einschließlich ihrer kartographischen oder fotografischen Repräsentationen aus einseitigem Blickwinkel konstruierte und zu politischen Zwecken verbreitete Regionalisierungen darstellen.

Politisch tritt das Forschungsprogramm der *Critical Geopolitics* gegen eine Renaissance der klassischen Geopolitik ein. Schon der Entstehungszusammenhang des Ansatzes spiegelt jene Haltung wider (vgl. Redepenning 1999). Ó Tuathail kritisierte Ende der 1980er Jahre die während der Reagan-Administration etablierten *New Geopolitics* als Reaktivierung alter geopolitischer Determinismen zur Legitimierung der eigenen Machtvorstellungen. Die Kritik bezog sich weiterhin auf die fehlenden konzeptionellen Mittel der damaligen Politischen Geographie, mit solchen Formen von Raumdeterminismus umgehen zu können. Die sich daran anschließende innergeographische Debatte um das fehlende Instrumentarium zur Dekonstruktion des Verhältnisses von Geographie und Macht kann als Ausgangspunkt einer paradigmatischen Wende innerhalb der anglo-amerikanischen Politischen Geographie vom Positivismus zum Konstruktivismus beschrieben werden (vgl. van der Wusten und O'Loughlin 1987, Ó Tuathail 1987, 1996, Dalby 1991).

Der Forschungsansatz der *Critical Geopolitics* baut sein Programm somit auf einer konzeptionell grundlegend veränderten Betrachtungsweise der vorliegenden Politik-, Raum- und Gesellschaftskonzepte auf. Insbesondere das Interesse an der Geopolitik unterscheidet sich deutlich von der traditionellen Herangehensweise. Die Aussagen der klassischen Geopolitik, die ja den quasi „natürlichen" Einfluss der Geographie auf die außenpolitischen Entscheidungsprozesse eines Staates untersucht (z. B. „Landmacht versus Seemacht", „Schurkenstaaten"), werden damit selbst zum Forschungsobjekt.

Die *Critical Geopolitics* untersuchen, wie im Rückgriff auf territoriale Argumentationen Differenz geschaffen wird und wie durch geopolitische Diskurse die zukünftigen territorialen Ordnungsvorstellungen entstehen, die je nach Konstruktionsachse des Eigenen und Fremden zwischen Abend- und Morgenland, zwischen Zentrum und Peripherie, zwischen Erster und Dritter Welt, oder zwischen „zivilisierten Staaten" und „Schurkenstaaten" unterscheiden. In direkter

Anlehnung an die Ergebnisse der *Cultural Studies*, speziell des Postkolonialismus (Hall 1999), werden solche Formen der Identitätsbildung als die Schaffung von Differenz zum „Anderen" verstanden. „It can be argued that the essential moment of geopolitical discourse is the division of space into 'our' place and 'their' place; it is political functioning being to incorporate and regulate 'us', or the 'same' by distinguishing 'us' from 'them', the same from the 'other'" (Dalby 1991: 274).

Dieser Punkt ist für eine Wissenschaft wie die Geographie umso mehr von Bedeutung, als sie sich ja dem Vermessen, Beschreiben und Deuten der erdoberflächlichen Gegebenheiten besonders verpflichtet fühlt. Wahrlich nicht auf den Bereich der Geopolitik begrenzt, tritt die Konstrukthaftigkeit der räumlichen Ordnungsbemühungen hier vielleicht am stärksten hervor.

Der Wissenschaftssoziologe Bruno Latour nennt diese kodifizierte Strategie die *Tyranny of Distance* (Latour 1996). Die Verantwortung für diese Art der Formalisierung von Raumvorstellungen liegt für ihn bei den Geographen. „However geographical proximity is the result of a science – geography –, of a profession – geographers –, of a practice – mapping system, measuring, triangulating ... All definitions in terms of surface and territories come from our reading of maps drawn and filled by geographers" (Latour 1996: 371). Ob die einseitige Schuldzuweisung an die Geographie gerechtfertigt ist, bleibt sicher zu bezweifeln, war und ist doch die „Geographie", wie die anderen Kulturwissenschaften auch, in einen historischen Metadiskurs eingebunden. Trotzdem ist die im geographischen Kanon geprägte Form von Regionalisierung eine der zentralen Praktiken vorhandener Weltbeschreibungen. Indem so Gebiete dem skizzierten Schema unterworfen werden, trennt man Einheiten und ermöglicht die Dichotomisierung entlang dieser Grenzsäume.

Vor dem Hintergrund von Latours Kritik bietet das Forschungsprogramm der *Critical Geopolitics* den theoretisch angemessenen Rahmen, um die Rolle geopolitischer Konstruktionen im Kontext des „Politik-Machens" der Akteure zu analysieren. Die erkenntnistheoretische Ausgangsposition dabei ist, dass die inneren und äußeren Grenzen geopolitischer Leitbilder und Regionalisierungen soziopolitische Konstruktionen sind, dass sie – im Sinne von Paasi (1999) – vor allem räumliche *symbols of power relations* darstellen, die kulturhistorisch flexibel sind, im politischen Alltag der Artikulation und Durchsetzung politischer Ziele von Akteuren dienen und damit auch als Mittel der Reproduktion geopolitischer Machtverhältnisse verstanden werden können.

Critical Geopolitics setzt sich deshalb mit den Entstehungszusammenhängen dieser geopolitischen Diskurse auseinander. Dabei stehen aber in Anlehnung an ein poststrukturalistisches Verständnis nicht die geopolitisch tätigen Akteure im Vordergrund. Zentral ist vielmehr das Schreiben von geopolitischen Ordnungen. Betrachtet man allerdings die konkreten Fallstudien, so sieht man den Akteur, den das diskursorientierte Theoriekonzept gerade zu dezentrieren versucht, durch die Hintertür der empirischen Arbeit wieder hineinschlüpfen. Hier spielen häufig die Absichten des handelnden Akteurs, eines „mächtigen“ Regierenden oder sonstigen Diskursproduzenten, bei der Entwicklung geopolitischer „Wahrheiten“ eine, wenn nicht die zentrale Rolle. Diese Inkonsequenz ist latent bereits im Forschungsprogramm angelegt, wenn beispielsweise Ó Tuathail in einer eher handlungsorientierten Definition Geopolitik als „the social inscription of global space by intellectuals of statecraft“ (1996: 61) charakterisiert. Diese Sichtweise widerspricht einer strengen poststrukturalistischen Theoriebildung. Michel Foucault will in seiner Diskursanalyse den „doppelten Boden des Wortes wieder an die Oberfläche bringen ...; im Aussprechen des Gesagten soll noch einmal gesagt werden, was nie ausgesprochen wurde“ (1988: 14).

Die Entscheidung, ob man konzeptionell eher auf handlungstheoretischer oder diskursanalytischer Basis forscht, ist beileibe kein Glasperlenspiel. Neben den epistemologischen Verwirrungen, die dadurch ausgelöst werden, führt der handlungstheoretische Ansatz in diesem Kontext häufig zu ideologiekritischen und verschwörungstheoretisch anmutenden Forschungsergebnissen. Im Zuge der Reaktionen der Regierung Bush auf den 11. September haben die ideologiekritischen bzw. verschwörungstheoretischen Aussagen in der Wissenschaft eine Renaissance erlebt, wie sie seit dem Ende des Vietnamkrieges kaum mehr möglich erschien (vgl. Brisard und Dasquié 2002, Bröckers 2002, Schölzel 2002)

Solche „einfachen“ Schuldzuweisungen an den „bösen“ Akteur stehen jedoch im Gegensatz zum Anliegen poststrukturalistischer Ansätze mit ihrer zunächst neutraler angelegten Betrachtung der unterschiedlichen Formen von Diskursproduktion. Die politische Einordnung erfolgt hier erst in einem zweiten Schritt, beispielsweise vor dem Hintergrund von Foucaults Forderung, den marginalisierten Diskursen Gehör zu verschaffen, oder auf dem Wege eines „strategischen Essentialismus“ (Lossau 2002).

Im folgenden sollen mit dieser stärker sprachphilosophisch orientierten Perspektive die wichtigen geopolitischen Diskurse der Gegenwart herausgearbeitet werden, auf deren Basis seit den 90er Jahren das *Framing* auf der globalen Maßstabsebene erfolgt. Wenn diese Diskurse im Rückgriff auf die Argumentationen von Ó Tuathail und Dalby (1998) zusammen mit den Namen ihrer jeweiligen Hauptvertreter präsentiert werden, so ist damit keineswegs eine Art Alleinverantwortung dieser Diskursproduzenten impliziert, sondern vor allem das Vorhandensein eines entsprechend absorptionsbereiten Diskursfeldes.

3.4 Die Spaltung des geopolitischen Diskurses zu Beginn der 90er Jahre

Politik und politische Geschichte wurden lange Zeit – im Sinne einer teleologisch-idealistischen Perspektive der „aufgeklärten“ Moderne – als quasi natürlicher Ablauf der Verkettung historischer Umstände und Handlungen interpretiert. Der Kalte Krieg ergab sich aus diesem Blickwinkel sozusagen „zwangsläufig“ infolge der machtpolitischen Situation und Konfrontation am Ende des Zweiten Weltkrieges. Vor dem Hintergrund einer postkolonialen Kritik sieht man diese Interpretation kritischer: Politische Geographen und Historiker haben nachgewiesen, dass die Konfrontation der beiden großen ideologischen Blöcke alles andere als eine Art logischer Folge der territorialen Konstellation der Nachkriegsmacht darstellte. Sie wurde vielmehr auf der Basis der latent vorhandenen Diskurse historischer geopolitischer Gegnerschaften durch politische Leitbilder auf beiden Seiten „gemacht“. Bausteine wie die Truman-Doktrin oder die Dominotheorie lieferten eine neue Art von Begründungsrhetorik, wie man die geopolitische Situation am Ende des Weltkrieges zu interpretieren habe und wie man darauf militärisch, wirtschaftlich und politisch reagieren müsse. Diese geopolitische Ordnungsvorstellung – lange als quasistabiles Kräftegleichgewicht gehandelt – begann dann aber Mitte der 80er Jahre, spätestens 1989, ihre Diskurskraft wieder zu verlieren.

Diese Situation produzierte ein Legitimitätsproblem für all die Institutionen, Bürokratien und Industrien, die aus der geopolitischen Erzählung und Dichotomie des „Kalten Krieges“ ihre Daseinsberechtigung und ihre Ressourcen bezogen hatten, und es darf deshalb nicht verwundern, dass viele von ihnen am Entwurf neuer Leitbilder zu arbeiten begannen. Die Offenheit der Situation und das Fehlen neuer machtvoller geopolitischer Konfliktleitbilder ermöglichte es aber, dass es zu Beginn der 90er Jahre zunächst zu einer Pluralisierung der Diskurse über globale geopolitische Zukunftskonstellationen kam, und dass sich dabei nicht nur traditionell geo-„politische“ Visionen zu Wort meldeten, sondern auch Ansätze einer neuen globalen Geopolitik hörbar wurden, die ihre Legitimation aus anderen diskursiven Formationen bezogen und entsprechend alternative Mechanismen, Formen und Regulationsweisen entwarfen. Sie waren vor allem geo-ökonomischer und geo-ökologischer Art.

3.4.1 Alternative Geopolitics? Geoökologische und geoökonomische Leitbilder zu Beginn der 90er Jahre

Eine Reihe von Schlüsselakteuren setzte damals auf die Ökonomie, die sich in ihrer globalisierten Form zu *dem* Konkurrenzfeld des kommenden Jahrtausends entwickeln werde: „In the new ‘geo-economic’ era not only the causes but also the instruments of conflict must be economic. If commercial quarrels do lead to political clashes, … those political clashes must be fought out with the weapons of commerce“ (Luttwak 1998: 128). Die Aufgabe des Nationalstaates bestünde dann nicht mehr im Aufrüsten, sondern in der Schaffung und Verteidigung günstiger wirtschaftlicher Wettbewerbskonstellationen für das eigene Land, konkret vor allem durch Subvention und Förderung von Spitzentechnologie einerseits und durch den gezielten Einsatz handelsprotektionistischer Instrumente andererseits. Die Konfliktlinien eines solchen globalen Wirtschaftskrieges sah Luttwak vor allem zwischen den westlichen Ländern, insbesondere den USA, und den asiatischen Boomstaaten, allen voran Japan, entstehen. Auch wenn dieser Diskurs Anfang der 90er Jahre so bedeutend war, dass er sich sogar bis in die Filme der Traumfabrik durchpausen konnte („Die Wiege der Sonne") oder unter dem Begriff der „Triade" in den Grundwortschatz der Wirtschaftsgeographie integriert wurde, so entpuppten sich diese Vorstellungen vor dem Hintergrund der voranschreitenden ökonomischen Transnationalisierung und Globalisierung rasch als reduktionistische, im nationalstaatlichen Containerraum-Denken verfangene Konzeptionen.

Eine geoökonomische Weltkonstellation, die den Nationalstaaten eine deutlich geringere Rolle zuweist, formulierte dann Castells mit dem Entwurf der „Netzwerkgesellschaft". Er skizziert eine massive Veränderung des tradierten Systems: Castells' Netzwerkgesellschaft durchbricht nicht nur die kriegerische Konfliktrhetorik der klassischen Geopolitik, sie entmachtet gleichzeitig auch deren alte Protagonisten, die territorial geschlossenen, autonomen und mit- und gegeneinander „kämpfenden" Nationalstaaten. Castells sieht die Zukunft der Welt weniger in territorialen Einheiten (*space of places*), als vielmehr in Netzwerken verfasst (*space of flows*). „Netzwerke bilden die neue soziale Morphologie unserer Gesellschaften. ... Netzwerke sind offene Strukturen und in der Lage, grenzenlos zu expandieren" (Castells 2001: 527 ff.). Genau deshalb sind sie auch die „angemessene(n) Instrumente für eine kapitalistische Wirtschaft, die auf Innovation, Globalisierung und dezentraler Konzentration aufbaut, ... und für eine gesellschaftliche Organisation, die auf die Verdrängung des Raumes und die Vernichtung der Zeit aus ist" (ebd.). Dieser Entwurf hat so weitreichende Konsequenzen, dass er in seinen normativen Teilen aus politisch-geographischer Perspektive mit Recht als geopolitisches Leitbild interpretiert werden kann.

Für eine kurze Zeit rückte neben den ökonomischen Globalisierungs- und Konfliktszenarien eine weitere Diskursformation so weit in den Mittelpunkt der öffentlichen Debatte, dass auch sie mit ihren Zielvorstellungen geopolitische Implikationen zu formulieren begann. Gemeint ist die Ökologiedebatte, die ihre Konturen bereits seit Mitte der 80er Jahre vor dem Hintergrund von Hazards wie Tschernobyl, der Kontroverse um die Entwicklung des Weltklimas, der Tropenwalddiskussion und vielen anderen Ereignissen erhielt. Sie rief nicht nur eine weltweite Ökologiebewegung ins Leben, sondern erhielt dann zunehmend auch Eingang in die Argumentationsstrategien geopolitischer Leitbilder. „The Politics of Environmental Discourse" (Hajer 1995) fanden sich beispielsweise in den Förderrichtlinien der internationalen Entwicklungspolitik, sie beeinflussten Kreditvergabestrategien der Weltbank und fanden einen ersten symbolischen Gipfelpunkt in der Weltklimakonferenz von Rio. Sie begannen, sich von einer eher marginalen, segmentierten, aus der großen Politik ausgeschlossenen Diskursformation zwar nicht zur hegemonialen, aber dennoch zu einer im Vergleich zu den vorherigen Jahrzehnten deutlich wirkungsmächtigeren Legitimationsgrundlage auch auf dem Feld der internationalen Geopolitik zu entwickeln. Die diskursive Kraft einer weltweiten Pflicht zur politischen Verantwortung im Sinne der *Geo-Ecology* bildete die Begründung für die medienwirksamen, die traditionellen „Spielregeln" oft bewusst missachtenden Protestaktionen neuer ökologischer Global Players wie z. B. Greenpeace. In ihrer letzten Radikalität bedeutete eine an geoökologischen Kriterien orientierte *Global Ecology* im Sinne von Vandana Shiva sogar, die anthropozentrische politische Perspektivik zugunsten der nicht menschlichen Wesen in Frage zu stellen: „The ecological category of global is an empowering one at the local level because it charges every act, every entity, with the largeness of the cosmic and the planetary … . An Earth democracy cannot be realized … on an anthropocentric basis – the rights of the non-human cannot be ignored" (Shiva 1998: 234). Nun dürfen solche teilweise bekenntnisartig vorgetragenen Diskurse nicht darüber hinwegtäuschen, dass sich die Kraft ökologischer Argumentationen und ihre Bedeutung für die internationale Geopolitik mittlerweile wieder deutlich verringert haben. Bereits die Reaktion der Politiker und die mehr als zögerliche Umsetzung der Öko-Leitlinien vom Rio-Gipfel in die Realpolitik der Nationalstaaten offenbarte den sprachlichen Feigenblattcharakter der Argumentationen. Wichtiger war aber, dass sich schon in der ersten Hälfte der 90er Jahre der geopolitische Diskurs selbst nach seiner relativen Sprachlosigkeit unmittelbar nach dem Ende des Kalten Krieges und dem Fall der Mauern in aller Welt zurückzumelden begann. Neue Leitbilder der internationalen Geopolitik begannen sich abzuzeichnen, und sie traten in Konkurrenz zueinander in dem Bemühen, den sich stetig ausweitenden regionalen Krisen und Konflikten der neunziger Jahre ein angemessenes *Framing* zu geben, d. h. sie im diskursiven Rahmen einer neuen „großen Erzählung" der internationalen Geopolitik, in einem neuen Leitbilddiskurs, zu verorten.

3.4.2 Die neuen Geo-Politischen Leitbilder

Die Renaissance einer globalen Geopolitik im engeren Sinne ist natürlich alles andere als verwunderlich, genau genommen hätte man darauf warten können. Schon aus der Rationalität der beteiligten Systeme heraus musste man neue Karten und Visionen geopolitischer Gegnerschaft aufbauen, das „Eigene" und das „Fremde" konzeptionell neu erschaffen und es in der Verknüpfung mit territorialen Chiffren auch global lokalisieren. Als die großen Protagonisten dieser Entwicklung können zweifellos bis heute Fukuyama und Huntington gesehen werden, ersterer als Architekt einer universalistischen Weltgesellschaft westlichen Zuschnitts, letzterer als Apologet einer düsteren „kulturellen Plattentektonik" (Kreutzmann 1997) mit blutigen Konflikten an ihren Rändern. Natürlich stellt eine solche Dichotomisierung eine fast unzulässige Vereinfachung dar, die auch Teilen der differenzierteren Argumentation der beiden Apologeten und ihrer zahlreichen Nachbeter und Varianten nicht gerecht wird. Aus der Perspektive der Neufassung geopolitischer Polaritäten um Macht und Raum stellt sie dennoch ein interessantes didaktisches Denkmodell dar, mit dem sich die Teildiskurse in diesem Feld um die territoriale Neukonzeptionierung des Eigenen und des Fremden auf internationaler Ebene erfassen lassen.

Universalistische Leitbilder mit dominantem Bezug auf den Globalisierungsdiskurs

Der geistige Vater der „universalistischen" Leitbilder für die Zeit nach dem Kalten Krieg war Francis Fukuyamas mit seiner These vom „Ende der Geschichte". Was wir Anfang der 90er Jahre erleben, so Fukuyama, langjähriger US-Präsidentenberater und „Aristoteles von George W. Bush" (FAZ vom 9. Juni 2002), sei nicht einfach das Ende des Kalten Krieges bzw. das Ende einer bestimmten Ära der Nachkriegsgeschichte, es sei das Ende der Geschichte überhaupt: Es sei der Gipfelpunkt der politischen Evolution des Menschen, die universale Ausbreitung der westlichen Demokratie als endgültige Staatsform, kurzum: „the triumph of the western idea: the ineluctable spread of consumerist Western culture... an unabashed victory of economic and political liberalism ... " (Fukuyama 1998: 114).

Fukuyama stellt in seinem universalistischen Leitbild die USA und ihre verbündeten westeuropäischen Nationen als Klimaxstaaten der Weltzivilisation dar. Er bezieht sich dabei konzeptionell in einer etwas gewagten Vereinfachung auf Hegels idealistische Philosophie einer Stufenentwicklung der Menschheit, deren Endzustand der demokratisch-humanistische Staat ist. Aus dieser Perspektive kann er dann das „Ende der Geschichte" als Ende der solcherart postulierten Entwicklung ausrufen. „The passing of Marxism-Leninism first from China and then from the Soviet Union will mean its death as a living ideology of world historical significance" (Fukuyama 1998: 124).

Weltpolitik als Fragmentierung: Huntingtons „Kampf der Kulturen"

Die Rhetorik von einem Kampf der Kulturen, der den Kampf der ideologischen Systeme nach dem Ende des Kalten Krieges ersetzen würde, war ein diskursives Erfolgsmodell ohnegleichen und wird hier, da bereits an verschiedenen Stellen ausführlicher besprochen (vgl. Kreutzmann und Reuber 2002, Reuber und Wolkersdorfer 2002b, Wolkersdorfer 2001), nur kurz vorgestellt.

In der Welt nach dem Ende des Kalten Krieges kommt es, so Huntington, zu einer entscheidenden Kluft zwischen den Kulturen. Huntingtons düsteres Resümee lautet: „Die Welt ist nicht geeint. Kulturen haben die Menschen geeint und gespalten ... Es sind Rasse und Glaube, womit sich Menschen identifizieren, wofür sie zu kämpfen und zu sterben bereit sind" (Huntington 1996: 122). Im Detail untermauert Huntington seine Argumentation dann in subtiler Weise. Er konstruiert Religion und Fundamentalismus jenseits aller vorhandenen Differenzierungen ganz pauschal als potenziell gefährlich und expansionsorientiert. Genauso geschickt schürt er die Angst des Westens vor den „anderen“, wenn er zum Beispiel bei seiner scheinbar wissenschaftlichen Analyse demographischer Probleme eine orientierungslose, gewaltbereite Jugend in anderen Kulturerdteilen heraufbeschwört. Diese Mischung ist so hintergründig wirkungsvoll, weil sie an vorhandene Diskurse in Öffentlichkeit und Medien anknüpfen kann, und weil Huntington diese nutzt, um darauf seine Kernthesen zu entwickeln:

- dass zukünftig die Konflikte zwischen den Kulturen bestimmend sein werden,
- dass die Konflikte zwischen den Kulturen sehr viel gewalttätiger als innerhalb der Kulturen selbst sein werden und sich zu globalen Kriegen ausweiten können,
- dass die Hauptkonfliktlinie zwischen dem Westen und dem Rest liegen wird.

3.5 Der diskursive Machtkampf der wissenschaftlichen Weltbilder

Die Thesen von Fukuyama und Huntington eignen sich hervorragend, um die Dekonstruktion bestehender Diskurse zu verdeutlichen. Prinzipiell „funktionieren“ beide Diskurse ähnlich und es ist deshalb möglich, die in ihrer Aussage zunächst sehr unterschiedlichen Thesen gemeinsam und vergleichend zu dekonstruieren. Grob können drei Formen der Auseinandersetzung mit derartigen Leitbildern herausgearbeitet werden, wobei sich die erste und zweite Form in ihrer Konstruktionsweise gleichen und nur die dritte Version einen tiefgründigen Perspektivwechsel als Ausweg bietet:

a) die Unterstützung der Thesen
b) die Zurückweisung und Modifikation, oder „Verbesserung“ der Thesen
c) die postmoderne Dekonstruktion der Thesen

Ebene der Unterstützung und Zuspitzung der Leitbilder
Als Huntington 1993 sein Buch verfasst, ist er Leiter des Institute of Strategic Studies an der Harvard University, und sein Entwurf ist zunächst eine Polemik gegen einen anderen Theoretiker im Außenministerium: gegen Francis Fukuyama und dessen zuvor vorgestellte These vom „Ende der Geschichte“.

Das geopolitische Bild vom „Kampf der Kulturen“ entwickelt sich zu einer Art Zäsur, in deren Folge man beobachten kann, wie sich der bis dahin eher einheitlich argumentierende, modernisierungstheoretische Diskurs zu teilen beginnt. Für die einen, die Fukuyamas Thesen folgen, ist man am „Ende der Geschichte“ angekommen, und es geht lediglich um die Vollendung der westlichen Moderne. Das Leitbild braucht dann nur noch eine geringfügige Polarisierung,

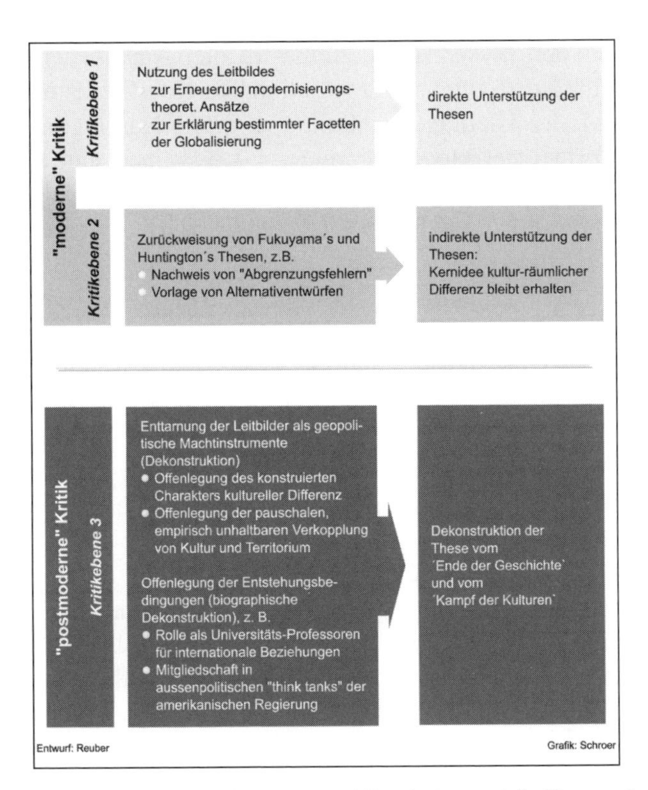

3.2 Die geopolitischen Leitbilder von Fukuyama und Huntington und die Ebenen der wissenschaftlichen Kritik

um daraus einen geopolitischen Hegemonialanspruch der Vereinigten Staaten abzuleiten. Eine solche Zuspitzung liefert beispielsweise Zbigniew Brzezinski mit seinem Leitbild von der „Einzigen Weltmacht USA“ (1999). Auch dieser Präsidentenberater sieht die Vereinigten Staaten „mit dem Scheitern der Sowjetunion ... zur einzigen und im Grund ersten wirklichen Weltmacht auf (steigen)“ (Brzezinski 1999: 15): „Amerika ist heute die einzige Supermacht auf der Welt. ... Amerikas globale Vorherrschaft ist in ihrer Ausdehnung und in ihrer Art einzigartig“ (ebd.: 276). Wen wundert es, wenn eine solche geopolitische Rhetorik dann nicht nur zur Basis von Leitbildern wie Bushs (sen.) *New World Order* und Bushs (jun.) „Schurkenstaaten-Doktrin“ avanciert, sondern in den militärischen Konflikten der USA seit den 90er Jahren zur wohlfeilen Begründungsrhetorik einer neuen Form von Containmentpolitik wird, vom Golf über Somalia und den Balkan nach Afghanistan und wieder zurück zum Golf.

Wo die einen den Fukuyama-Diskurs unterstützen, favorisieren andere die Thesen Huntingtons. Dazu zählen vor allem jene, denen es in einer Zeit des Zusammenbruchs der stabilisierend wirkenden ideologischen Machtblöcke zunehmend fraglich scheint, ob die weltweite Entwicklung weiterhin mit dem unsicher erscheinenden Modernisierungsmodell begründet werden kann. Solche

Autoren sehen in den Thesen Huntingtons ihre alten Ansätze als erweiterbar an und nutzten dafür ausgerechnet und vor allem die Konfliktrhetorik des Kulturkampfes. Für Modernisierungstheoretiker im Sinne Huntingtons gibt es jetzt verschiedene Formen der Modernisierung, eine westliche, eine asiatische, eine islamische etc. Diese sind nicht mehr länger kompatibel, sondern streben im Konkurrenzwettbewerb der kulturspezifischen Entwürfe auf eine große Auseinandersetzung zu. Modernisierung führt demnach in unterschiedlichen Kulturen zu unterschiedlichen Verhältnissen: „Vor diesem Hintergrund verhilft die kritische Auseinandersetzung mit Huntington der Modernisierungstheorie zu größerem Konfliktbewusstsein" (Hartmann 1998: 292). Im Zusammenhang mit den Schwierigkeiten, auf die der modernisierungstheoretische Ansatz beispielsweise bei der Erklärung der „nachholenden Modernisierung" in den Transformationsstaaten Osteuropas gestoßen ist, wird in Huntingtons Thesen ein Weg gesehen, die Modernisierungstheorie zu reformieren. Die Kulturkampfidee erscheint hier als neuer Fixpunkt.

Konträr zu der konsensorientierten Modellvorstellung Fukuyamas wird mit der Einbindung des Leitbildes vom „Kampf der Kulturen" eine konfliktorientierte Konzeption zur zentralen Aussage. Die ontologische Grundlage beider „Glaubensbekenntnisse" bildet aber ein modernisierungstheoretisches Weltbild sowie die hemmungslose Verwendung geopolitischer Kategorien – beide wissen deshalb genau wo *good* und *evil* zu lokalisieren sind. Diskussionswürdig bleibt dann nur, wer stärker ist: Die „Achse des Guten" oder des „Bösen".

Ebene der Gegenentwürfe zu den Leitbildern

Die zweite Strategie, auf die neuen geopolitischen Leitbilder zu reagieren, besteht in deren Kritik, Korrektur oder Zurückweisung. Grundlegend ist dann aber aus der Perspektive einer postmodernen Politischen Geographie die Beobachtung, dass auch solche Gegenentwürfe die Ebene der diskursimmanenten Auseinandersetzung eigentlich nicht verlassen, sondern auf diese Weise das von ihnen kritisierte Modell gleichsam stillschweigend reifizieren.

Ein gutes Beispiel dafür bietet die häufigste Form der kritischen Reaktion auf Huntingtons Thesen: der Gegenentwurf einer multikulturellen Weltgesellschaft unter dem Topos des „Zusammenlebens der Kulturen". In solchen Kritiken werden die von Huntington ausgemachten unterschiedlichen Kulturen einzeln betrachtet und auf ihre Konflikthaftigkeit hin untersucht. Dabei wird für jede Kultur die „Unsinnigkeit" der Huntingtonschen Konstruktion herausgestellt, indem entweder definitorische Fehler nachgewiesen oder Differenzen innerhalb der Kulturgebilde herausgearbeitet werden. Dies gelingt je nach betrachteter Kultur unterschiedlich gut. In jedem Falle ist aber der bei einer solchen Form der Auseinandersetzung oft mitschwingende Eurozentrismus problematisch (z. B. Müller 1998), denn das Ziel der prognostizierten Entwicklung liegt dann erneut in einer weltweiten Verwestlichung. Aus dieser Sicht wäre dann beispielsweise „die von den Führungen einiger asiatischer Länder provozierte Debatte über 'asiatische Werte' ... nur eine Etappe auf dem Weg Asiens in die Moderne" (ebd: 137). Damit richten sich solche Argumentationen ausdrücklich gegen die in der neueren kulturwissenschaftlichen Diskussion vertretenen Werte wie die Beachtung der Differenz und eine darauf aufbauende tolerante Koexistenz des Eigenen und des Fremden.

Eindeutiger noch zeigt sich die Gefahr der indirekten Reifikation von Leitbildern durch ihre Kritiker bei der Fukuyama-Rezeption. Dass die massiv vorgetragene Form des Leitbildes einer Pax Americana schnell auf die Kritik einer global vernetzten Gegnerschaft stoßen würde, darf niemanden verwundern. Den wohl am meisten beachteten Ausdruck verleihen dieser in ihren Augen neoimperialistischen Geopolitik die Autoren Hard und Negri in dem bei Globalisierungsgegnern vielbeachteten Buch „Empire". Empire bedeutet „the constitutionalization of a supranational power ... The concept of Empire is presented as a global concert under the direction of a single conductor, a unitary power that maintains the social peace and produces its ethical thruths. And in order to achieve these ends, the single power is given the necessary force to conduct, when necessary, 'just wars' at the borders against ... 'Empire exhausts historical time, suspends history' and 'envelops the entire space'" (Hard und Negri 2001: 10).

In den hier nur beispielhaft und auszugsweise dargestellten Formen der Kritik an beiden Leitbildern zeigt sich die Paradoxie einer so geführten Debatte. Sowohl ihre Konstrukteure als auch ihre Kritiker hängen letztlich beide dem gleichen, westzentrierten modernisierungstheoretischen Blick an. Was sie dann lediglich unterscheidet, ist die prognostizierte Entwicklung: Konflikt zwischen den Kulturen hier, hegemonialwestliche bzw. multikulturelle Weltgesellschaft dort. In gewisser Weise bestätigen solche Formen der Auseinandersetzung mit den Thesen vom „Ende der Geschichte" und vom „Kampf der Kulturen" die diskursive Kraft ihrer geopolitischen Rhetorik.

Ebene der Dekonstruktion von Leitbildern

Die Analyse aus Sicht der *Critical Geopolitics* setzt tiefer an. Sie richtet ihr Augenmerk auch wissenschaftlich zunächst stärker auf die Praktiken der Konstruktion als auf die postulierten Modelle und Projekte. Die Untersuchung geopolitischer Leitbilder bildet hier eine fast idealtypische Vorlage, denn die von der postmodernen und postkolonialen Kritik aufgestellte Frage: „Wer spricht von welchem Ort aus über was und für wen?" stellt sich hier besonders dringlich.

Aus dieser Sicht ist der universelle, homogene Staat, den Fukuyama propagiert, letztlich nichts weiter als eine normative Perspektive, ein Sprach-Spiel, eine Idealisierung. Fukuyamas Ausführung beruht auf der Reihung einer holzschnittartigen, teilweise reduktionistischen und verfälschenden Interpretation der Hegelschen Thesen. Er versucht nicht nur, das Taumeln und Schlingern der Kriegsgeschichte des 20. Jahrhunderts am Magneten seiner neuen geopolitischen Metaerzählung historisch in einer geordneten Linie auszurichten, sondern ignoriert ebenso beharrlich mit der Behauptung „that 'peace' seems to be breaking out in many regions of the world“ (Fukuyama 1998: 114) bereits Anfang der 90er Jahre die schon massiv zunehmende Zahl von Regionalkonflikten und -kriegen des „neuen Zeitalters“.

Samuel Huntington erweckt dagegen durch seinen „Clash of Civilizations“ die vorhandenen Feindbilder der westlichen Zivilisation zum Leben. Deshalb gilt die Aufmerksamkeit bei der wissenschaftlichen Analyse den von Huntington betriebenen Konstruktionen und ihrer geopolitisch-strategischen Intention: „Huntingtons Thesen drehen sich nicht um einen (bereits existenten) Kampf der Kulturen. Sie zielen darauf ab, die globale Politik zu einem Kampf der Kulturen werden zu lassen“ (Ó Tuathail 1996: 149). Eine solche Sichtweise beobachtet und dekonstruiert die Art und Weise, in der die Welt nach dem Ende des Kalten Krieges durch neue Formen von Kultur-Raum-Determinismus rekonstruiert wird.

In der Zusammenschau der Entwürfe Fukuyamas und Huntingtons können drei grundlegende Stränge des geopolitischen Diskurses ermittelt werden, die immer wieder zu Fixpunkten der Argumentation werden:

- *The Territorial Trap*:

Die Form einer reduktionistischen Raum-Reifikation wird generell beibehalten und nur dahin gehend variiert, dass der Nationalstaat durch den Begriff der „Weltgesellschaft“ bei Fukuyama bzw. durch die „Kulturräume“ bei Huntington ersetzt wird, ohne dass beide an der prinzipiellen Konstruktionsweise etwas ändern. Die Kritik an der Basisprämisse des „methodologischen Nationalismus“ (Smith 1979, zit. nach Beck 1997) führt zwar zu einer neuen Grenzdefinition, die Konzeptionalisierung im Sinne eines „Containerraumes“ und die damit einhergehende Pauschalisierung und Verkoppelung soziokultureller Eigenschaften mit geographischen Territorien bleibt aber bestehen. Auf dieser Grundlage funktioniert das Containerkonzept des Nationalstaats wie das Containerkonzept der Weltgesellschaft/Kulturen nur durch eine Dichotomisierung entlang des Freund-/Feindschemas.

- *The West is the best*:

Der klassische imperiale Blick teilt die Welt erneut in „Gut und Böse“. Dies funktioniert sowohl auf Basis der Idee *einer* Weltgesellschaft westlichen Zuschnitts bei Fukuyama und *einer* Welt globaler kultureller Konflikte bei Huntington. Verschiebungen gibt es nur bezüglich der Verortung des Eigenen und des Fremden, der Dazugehörenden und der Feinde.

- *The West against the rest*:

Die Dichotomisierung des Selbst gegenüber den Anderen, sprich des Westens gegen den Rest, wird beibehalten.

3.6 Ausblick

Der Anfang des 21. Jahrhunderts ist gekennzeichnet durch eine Geopolitik der kulturellen Pauschalierung auf allen Seiten. Vor dem Hintergrund der derzeit kursierenden Leitbilder wundert es wenig, wenn gegenwärtig wieder eine massive territoriale Schließung bei der neuen Lokalisierung von Eigenen und Fremden, von Feinden und Freunden, von Guten und Bösen bemüht wird. Mit Fukuyamas Sirenengesang im Ohr, dass die USA „den richtigen" Weg gefunden haben und die „richtige" und „endgültige" Form von Zivilisation, Politik und Wirtschaft besitzen, fällt es westlichen Geostrategen leicht, zu fordern, dass alle anderen Staaten ein solches ökonomisches und politisches Modell anstreben sollten. „Once again, geographical uniqueness is overridden by idealized universals, this time the divide beween the 'historical' and the 'post-historical'. The end of History thesis does not mark the beginning of geography in geopolitical discourse" (Ó Tuathail 1998: 195).

Im Gegensatz zu Fukuyamas Universalismus passt Huntingtons Konfliktrhetorik nicht nur in die Begründungsdiskurse amerikanischer Militärstrategen und Politiker, sondern auch in die Saga vom Heiligen Krieg der Gegenseite. So bietet das Leitbild vom Kampf der Kulturen einen Diskurs an, dem sich auch Antagonisten wie Osama Bin Laden problemlos anschließen würden. „Bin Laden is the Samuel Huntington of the Arab world … He is a prophet and organizer of inter-civilizational conflict. Bin Laden is the modern Arab geopolitician par excellence" (Agnew 2001).

Mit Hilfe einer wissenschaftlichen Dekonstruktion gelingt ein *anderer*, kritischer Blick auf solche geopolitischen Regionalisierungsformen. Auf diese Weise kann die postmoderne Politische Geographie deutlich machen, wie sich geographische Zusammenhangs- und Trennungs-Argumentationen aufbauen und wie sie als diskursive Handlungsstrategie in der politischen Auseinandersetzung verwendet werden.

Die politische Aufgabe von Wissenschaft ist in dieser Lesart eindeutig: Je mehr Transparenz durch eine Dekonstruktion für die Relativität und den strategischen Charakter politisch-geographischer Sprachspiele, kartographischer Repräsentationen und Regionalisierungen entsteht, desto weniger können sie – sowohl im politischen Diskurs selbst, als auch bei einer Polarisierung und Instrumentalisierung der Öffentlichkeit – ihre manipulative Rolle erfüllen.

Literatur

Agnew JA (1994) The Territorial Trap: The Geographical Assumptions of International Relations Theory. Review of International Political Economy (1), 53–80

Agnew JA (2001) Not The Wretched Of The Earth: Osama Bin Laden And The "Clash Of Civilizations". In: The Arab World Geographer. Online unter: http://www.frw.uva.nl/ggct/awg/, Stand: 23.01.2002 (15:00 Uhr)

Beck U (1997) Die Eröffnung des Welthorizontes. Soziale Welt 48 (1), 1–15

Brisard JC, Dasquié G (2002) Die verbotene Wahrheit. Die Verstrickungen der USA mit Osama Bin Laden, Zürich

Bröckers M (2002) Verschwörungen, Verschwörungstheorien und Geheimnisse des 11.9. Frankfurt a. M.

Brzezinski Z (1999) Die einzige Weltmacht. Amerikas Strategie der Vorherrschaft. Frankfurt a. M.

Castells M (2001) Das Informationszeitalter Bd.1: Die Netzwerkgesellschaft. Leverkusen

Chomsky N, Galeano N, Roy A (2001) Angriff auf die Freiheit? Die Anschläge in den USA und die Neue Weltordnung. Grafenau

Dalby S (1991) Critical geopolitics: discourse, difference and dissent. Environment and Planning D: Society and Space 9, 261–283

Dodds KJ, Sidaway JD (1994) Locating critical geopolitics. Environment and Planning D: Society and Space 12, 515–24

Foucault M (1988). Die Geburt der Klinik. Eine Ärchäologie des ärztlichen Blicks. Frankfurt a. M.

Fukuyama F (1998) The End of History and the Last Man. In: Ó Tuathail G, Dalby S, Routledge P (Hrsg.) Re-Thinking Geopolitics. Towards a critical geopolitics. London. Reprint from The National Interest (1989). 114–124

Gregory D (1994) Geographical imaginations. Cambridge

Hajer MA (1995) The Politics of Environmental Discourse. Ecological Modernization and the Policy Process. Oxford

Hall S (1999) Cultural Studies. Zwei Paradigmen. In: Bromley R et al. (Hrsg.) Cultural Studies. Grundlagentexte zur Einführung. Lüneburg

Hard M, Negri A (2001) Empire. Cambridge, London

Hartmann H (1998) Konflikt und Modernisierung: Schwerpunkte im Kampf der Kulturen. Soziologische Revue 21, 289–295

Huntington SP (1993) The Clash of Civilizations? Foreign Affairs 72 (3), 22–49

Huntington SP (1996) Kampf der Kulturen. The Clash of Civilizations. Die Neugestaltung der Weltpolitik im 21. Jahrhundert. 5. Aufl. München

Kreutzmann (1997) Kulturelle Plattentektonik im globalen Dickicht. Internationale Schulbuchforschung 19, 413–423

Kreutzmann H, Reuber P (2002) „Kulturerdteile" im Wandel? – Politische Konflikte und der „Clash of Civilizations". – In: Ehlers E, Leser H: Geographie – Mensch-Umwelt-Forschung für die Zukunft. Gotha

Latour B (1996) On actor-network theory. A few clarifications. Soziale Welt 4, 369–381

Lossau J (2002) Die Politik der Verortung – Eine postkoloniale Reise zu einer „anderen" Geographie der Welt. Bielefeld

Luttwak EN (1998) From Geopolitics to Geo-Economics: Logic of Conflict, Grammar of Commerce. In: Ó Tuathail G, Dalby S, Routledge P (Hrsg.) The Geopolitics Reader. Reprint from The National Interest (1990). 125–130

Müller H (1998) Das Zusammenleben der Kulturen. Ein Gegenentwurf zu Huntington. Frankfurt a. M.

Ó Tuathail G (1987) Beyond empiricist political geography: A comment on van der Wusten and O`Loughlin. Professional Geographer 39, 196–197

Ó Tuathail G (1992) The Bush Administration and the 'End" of the Cold War: a critical geopolitics of U.S. Foreign Policy in 1989. Geoforum 23 (4), 437–452

Ó Tuathail G (1996) Critical Geopolitics. The Politics of Writing Global Space. Minneapolis

Ó Tuathail G, Dalby S (1996) Editorial introduction. The critical geopolitics constellation: problematizing fusions of geographical knowledge and power. Political Geography 15 (6/7), 451–456

Ó Tuathail G, Dalby S (1998) Introduction. In: Ó Tuathail G, Dalby S (Hrsg.) Re-Thinking Geopolitics. Towards a critical geopolitics. London

Ó Tuathail G, Dalby S, Routledge P (1998) The Geopolitics Reader. London, New York

Paasi A (1999) Nationalizing Everyday Life: Individual and Collective Identities as Practice and Discourse. Geography Research Forum (19), 4–21

Redepenning M (1999) Die Konstruktion von Regionen in geopolitischen Diskursen. Das Beispiel „Bosnien-Herzegowina". (Unveröffentlichte Diplomarbeit am Geographischen Institut der Universität Münster)

Reuber P (2002) Die Politische Geographie nach dem Ende des Kalten Krieges – Neue Ansätze und aktuelle Forschungsfelder. Geographische Rundschau 54 (7-8), 4–9

Reuber P, Wolkersdorfer G (Hrsg.) (2001) Politische Geographie. Handlungsorientierte Ansätze und Critical Geopolitics. In: Heidelberger Geographische Arbeiten, Bd. 112, Heidelberg

Reuber P, Wolkersdorfer G (Hrsg.) (2002a) The Transformation of Europe and the German Contribution – Critical Geopolitics and Geopolitical Representations. *Geopolitics* 7 (3), 39–60

Reuber P, Wolkersdorfer G (Hrsg.) (2002b) Der Clash of Civilizations aus der Sicht der kritischen Geopolitik. – In: *Geographische Rundschau* 54 (7–8), 24–29

Said E (1978) Orientalism. New York

Sauermann E (2002) Neue Welt Kriegs Ordnung. Die Polarisierung nach dem 11. September 2001. Bremen

Schölzel A (Hrsg.) (2002) Das Schweigekartell. Berlin

Shiva V (1998) The Greening of Global Reach. In: In: Ó Tuathail G, Dalby S, Routledge P (Hrsg.) The Geopolitics Reader. Reprint from Global Ecology. A New Arena of Political Conflict (1993). 231–236

Van der Wusten H, O`Loughlin J (1987) Back to the future of political geography. A rejoinder to Ó Tuathail. *Professional Geographer* 39, 198–199

Wolkersdorfer G (2000) Raumbezogene Konflikte und die Konstruktion von Identität – die Umsiedlung des sorbischen Dorfes Horno. *Berichte zur deutschen Landeskunde* 74 (1), 55–74

Wolkersdorfer G (2001) Politische Geographie und Geopolitik zwischen Moderne und Postmoderne. In: Heidelberger Geographische Arbeiten, Bd. 111, Heidelberg

4 Verwundbarkeit, Sicherheit und Globalisierung

Michael Watts, Berkeley und Hans-Georg Bohle, Heidelberg

4.1 Globalisierung und Hunger

Während der letzten drei Jahrzehnte sind Hungerkrisen zum Gegenstand intensiver Untersuchungen geworden. Dies liegt zum einen an den geradezu apokalyptischen Bildern, die von Menschenrechtsgruppierungen und der Nothilfe-„Industrie" (de Waal 1997) verbreitet wurden, zum anderen an der Tatsache, dass Hungersnöte für die Paradigmen der neoklassischen Ökonomie ein Rätsel darstellen: denn warum sollten Nutzenmaximierer den Tod wählen? Vor dem Hintergrund weit verbreiteten Hungers und Massensterbens – zu dem Zeitpunkt, an dem dieser Beitrag verfasst wird, sind rund 14 Mio. Menschen im südlichen Afrika vom Hungertod bedroht – steht das Werk des Nobelpreisträgers Amartya Sen, einschließlich seines Buches „Development as Freedom" (1999), als ein Kontrapunkt sowohl in Hinblick auf malthusianische Lehren als auch hinsichtlich konventioneller Entwicklungsökonomie, und dabei speziell im Kontext utilitaristischer Annahmen über menschliches Verhalten.

4.2 Neue Gedanken über Verfügungsrechte und Risiko

Durch das Lehrgebäude von Sen über Verfügungsrechte ziehen sich eine ganze Reihe von ungelösten Spannungen, wobei Sen sich allerdings, im Gegensatz zu vielen seiner Kritiker, dieser Friktionen durchaus bewusst ist. Es gibt mindestens zwei Möglichkeiten, seine mikro-ökonomischen Perspektiven über Armut und Hunger voranzutreiben und zu erweitern. Eine Möglichkeit besteht darin, die intellektuelle Originalität des verfügungsrechtlichen Ansatzes (siehe hierzu u.a. Bohle 2002; Watts 2002) als mittelbare Ursache von Hunger und Hungersnöten anzuerkennen, diesen dann aber zu vertiefen und zu erweitern. Ein zweiter Weg besteht darin, den Schwerpunkt auf Klassenstrukturen und Produktionsweisen zu legen – also auf den Kern von politisch-ökonomischer Analyse – wodurch es möglich wird, die Mechanismen zu verstehen, durch die gesellschaftliche Kräfte im Kontext von Nahrungssystemen spezifische verfügungsrechtliche Resultate und Formen von „E-Mapping" hervorbringen. Zwar sagt Sen, dass Verfügungsrechte in der Realität ein „Netzwerk von verfügungsrechtlichen Beziehungen“ darstellen (1981: 159), und dass dieses von Klassenstrukturen und Produktionsweisen abhängt. Er zollt aber weder den Kräften nähere Beachtung, die Verfügungsrechte erzeugen oder verändern, noch der Frage, wie Verfügungsrechte eigentlich geschützt oder gefördert werden könnten. Diese beiden Erweiterungen in der Argumentation von Sen stehen in einem engen Zusammenhang mit den neuen Realitäten von Globalisierung und mit den Sicherheiten oder Verwundbarkeiten, die daraus resultieren können (Davis 2001).

Im Bezug auf Verfügungsrechte an sich hat der Geograph Charles Gore bemerkt, dass „command over food depends upon something more than legal rights“ (1993: 433). Und es ist in der Tat so, und darauf haben geographische Arbeiten über Hungersnöte und Nahrungssysteme immer wieder hingewiesen, dass es gerade die vielfältigen Formen sozialer Interaktion sind, eben die komplexen Muster von Verpflichtungen innerhalb von Gemeinschaften, Haushalten und anderen Kollektiven, durch die Verfügungsgewalt über Nahrung erst wirksam wird (z. B. redistributive Institutionen, Formen von Wohltätigkeit, das Verteilen von Geschenken usw.). Hinzu kommen noch die vielfältigen Formen von Lebenssicherungsstrategien, durch die Verfügung über Nahrungsmittel erreicht wird (Richards 1986; Swift 1993). Zum einen können damit verbundene Regeln und Normen Teil traditioneller Solidarnetzwerke sein (Watts 1983), zum anderen stellen sie auch bestimmte Formen von Vergesellschaftung dar, so wie sie innerhalb von zivilen und kooperativen Lebensformen liegen. Jedenfalls existieren diese auch außerhalb von eng gefassten juristischen Rahmenbedingungen, so wie Sen sie postuliert. Zwar ist er sich dieser „sozialen Verfügungsrechte“ durchaus bewusst, aber sein eigener empirischer Zugang zu Hungersnöten tendiert dazu, kulturgeographische oder ethnographische Einsichten über Haushalte, soziale Strukturen, kommunale Institutionen und kulturelle Praxis zu vernachlässigen, obwohl diese erst Verfügung über Nahrungsmittel schaffen. Was noch wichtiger ist: dieses erweiterte Verständnis von Verfügungsrechten als soziale Praxis gibt Anlass dazu, Sens individualistische und legalistische Definition von Verfügungsrechten grundsätzlich in Frage zu stellen. Die Einseitigkeit der legalistischen Argumentation in „Poverty and Famines“ (Sen 1981) lässt die Tatsache außer Acht, dass auch illegale Handlungen (z. B. Diebstahl von Nahrungsmitteln aus dem Getreidelager von Großgrundbesitzern) eine elementare Form von Ernährungssicherung sein können.

Vor diesem Hintergrund kann zusammenfassend festgestellt werden, dass Sens Definition von Nahrungskrisen nicht in der Lage ist, die folgenden Aspekte zu berücksichtigen:

- *gesellschaftlich bestimmte Verfügungsrechte* (z. B. traditionelle Solidaritätsnetzwerke und andere indigene Sicherungsmechanismen)

- *nicht-legale Verfügungsrechte* (z. B. Nahrungsaufstände, Demonstrationen, Diebstahl)

- Nahrungstransfers, die nicht auf Verfügungsrechten beruhen (z. B. Wohltätigkeit).

Bezieht man die genannten Aspekte in das Netzwerk von Verfügungsrechten ein – *extended entitlements* ist der Terminus, den Gore (1993) dafür verwendet – so wird eine grundsätzlich andere Denkweise über das „Kartieren" von Verfügungsrechten möglich. Erstens sind Verfügungsrechte soziale Konstrukte (sie werden nicht einfach individuell übertragen), sie sind Ausdruck sozialer Prozesse und gesellschaftlicher Repräsentationen. Zum zweiten sind Verfügungsrechte, so wie alle anderen Formen von Repräsentation, komplexe Gefüge kultureller, institutioneller und politischer Praxis, die grundsätzlich instabil sind: Verfügungsrechte werden durch Konflikt, Verhandlung und Streit immer wieder neu konstituiert und reproduziert. Insofern sind sie politische und soziale Errungenschaften, über die im Verlaufe des Modernisierungsprozesses immer wieder gestritten wird. Und drittens bestätigen so verstandene gesellschaftliche Verfügungsrechte die von Sen nicht weiter ausgeführte Beobachtung, dass das Verhältnis zwischen Menschen und Nahrungsmitteln als ein Netzwerk von verfügungsrechtlichen Beziehungen verstanden werden müsse (1981: 159). Insofern sind Ernährungssicherung und Hungerrisiko Ergebnisse von historisch-spezifischen Netzwerken sozialer Verfügungsrechte. Sollen solche Netzwerke „kartiert" werden, so erfordert dies allerdings eine Theorie von Verfügungsrechten. Welches sind eigentlich die Ursprünge von Verfügungsrechten, außer der Tatsache, dass sie auf „Ausstattungen" beruhen? Zieht man die Arbeit von de Gaay Fortmann (1990) hinzu, so lassen sich Verfügungsrechte in vereinfachter Weise anhand von vier Dimensionen darstellen:

- **Institutionen**: Zugehörigkeit zu semi-autonomen, selbstbestimmten gesellschaftlichen Einheiten, in denen soziale Netzwerke und Positionalität darüber bestimmen, ob bzw. welche Verfügungsrechte zugänglich sind
- **Direkter Zugang**: direkter Zugang zu legal erworbener Nahrung, beruhend auf Besitz und Kontrakt (Sen zufolge Eigentums- und Besitzrechte, Austauschbedingungen auf Arbeitsmärkten)
- **Staat**: verschiedene Formen staatlicher Gesetze (nach Sen verschiedene Formen von Sozialstaat), die Bedürfnisse von Armutsgruppen identifizieren (vgl. Frasers (1989) Diskussion über Diskurse von Bedürftigkeit oder Abhängigkeit im US-amerikanischen Wohlfahrtsstaat) und die ihrerseits in Bürgerrechten verankert sind, die einen Grundstein moderner Nationalstaaten bilden
- **Globale Rechtsordnung**: Formen humanitärer Hilfe, die im Diskurs über Menschenrechte und Freiheit angesprochen werden, z. B. Prinzipien von Freiheit, Gleichheit und Solidarität für alle Menschen, wie sie in der universellen Deklaration über Menschenrechte (vgl. Alston 1994; FAO 1998) und hinsichtlich des „Rechtes auf Nahrung" (vgl. Reiff 2002) festgelegt sind.

Welche Rahmenbedingungen auch immer angesprochen werden, das Netzwerk von Verfügungsrechten, so wie es Sen begreift, lässt sich graphisch darstellen (Abb. 3.1). Die Stärke, Tiefe und Dichte von Verfügungsrechten in jeder der vier Dimensionen variiert natürlich. Man könnte dies graphisch hinsichtlich der Größe oder der Gestalt des dreieckigen Bereiches darstellen, der jede große Kategorie von Verfügungsrechten umfasst. Und diese unterschiedlichen Muster von Verfügungsrechten bilden im Grunde genommen das ab, was als die „Architektur" des Ernährungssicherungssystems bezeichnet werden könnte. In anderen Worten, die Geometrie der verfügungsrechtlichen Netzwerke eines ländlichen Arbeiters im südindischen Kerala unterscheidet sich grundlegend von der eines Kleinbauern in Nord- Nigeria oder derjenigen eines kriegsbetroffenen Fischers in Sri Lanka. In Kerala sorgen ein regulierter ländlicher Arbeitsmarkt und verschiedene Formen institutionalisierter Verhandlungen zwischen Staat und Großbauern für Löhne, die Preisanstiege ausgleichen. Zusätzlich gibt es ein glaubwürdiges und verhältnismäßig transparentes öffentliches Verteilungssystem für Nahrungsmittel, das auch in ländlichen Gebieten effizient arbeitet. Und nicht zuletzt gibt es in Kerala eine Reihe regionaler und lokaler bürgerlicher Institutionen, die Kredit, Arbeitsbeschaffung und andere Formen von Hilfe bereitstellen (vgl. Mooij 1998a; Heller 1999). Für den nigerianischen Kleinbauern gibt es dagegen praktisch keine von staatlicher Seite bereitgestellten Verfügungsrechte. Der direkte Zugang zu Land wird durch die geringe Größe der Landparzellen beschränkt, die keine Selbstversorgung für Grundnahrungsmittel ermöglichen. Die lokale Ernährungssicherung hängt mehr oder weniger stark von der gesellschaftlichen Positionierung des Einzelnen ab, z. B. in Bezug auf Verschwandtschaftsbeziehungen, Großfamilien, dörfliche Mechanismen der Redistribution, islamische Spenden in Form von Almosen, Sozialkapital, dörfliche Solidarnetzwerke, usw. (Watts 1983, Abb. 4.1)

Indem sie die Grundpfeiler von Verfügungsrechten klassifiziert, wird in Abb. 3.1 ein besseres Verständnis sowohl der Entstehung von Ausstattungen (*endowment*) als auch des *E-Mapping* vermittelt. Ausstattungen umfassen nicht nur Aktiva (Land, Arbeitskraft, etc.), sondern auch staatsbürgerliche Rechte (z. B. das Anrecht auf staatliche Unterstützung), Zugehörigkeit zu lokalen Gruppen (Identitäten im Rahmen dörflicher oder anderer gemeinschaftlicher Verbände) sowie universelle Menschenrechte. Der Prozess des *E-Mapping* bezieht sich daher auf den tatsächlichen Transformationsprozess, durch den Aktiva, Bürgerrechte und andere Ansprüche in effektive Konfigurationen von Verfügungsrechten (*entitlement bundles*) transformiert werden. Anders ausgedrückt, die tatsächliche Unterstützung durch den Staat hängt von seiner Verantwortlichkeit und Transparenz ab (was Sen 1999 lediglich als „Demokratie" bezeichnet). Funktionierende Solidarnetzwerke beruhen auf verantwortungsvoller Regierungsführung – auch Sozialkapital genannt (vgl. Evans 1996) – und zwar innerhalb von sich selbst organisierenden Verbänden. Humanitäre Hilfe hängt ihrerseits vom Engage-

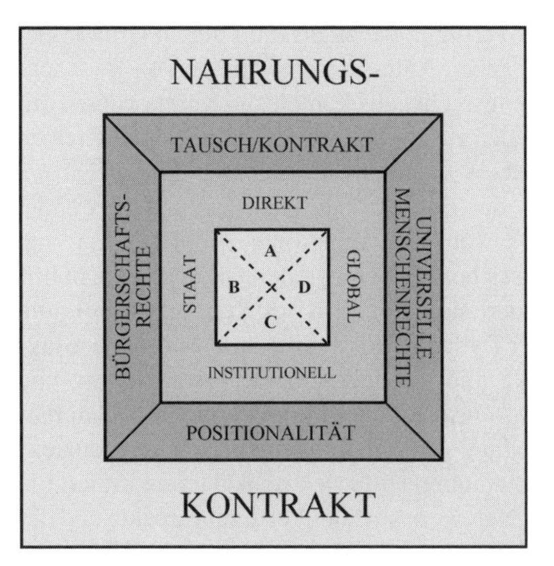

A Direkte Verfügungsrechte
B Staatliche Verfügungsrechte
C Institutionelle Verfügungsrechte
D Globale Verfügungsrechte

4.1 Verfügungsrechtliche Netzwerke und Nahrungskontrakt

ment der Staaten und, so wie de Waal (1997) gezeigt hat, von der Politik und der Transparenz von Hilfsorganisationen ab. Alle diese Dinge setzen Wissen und politische Aktion voraus und werden letztlich erst durch diese aktiviert. In diesem Sinne betont Sen zurecht die Schlüsselrolle einer freien Presse, aber tatsächlich ist es politische Aktion, die Bürgerrechte effektiv werden lässt, und erst dies ist wirklich von Bedeutung.

In der Praxis sind die genannten vier Grundpfeiler von Verfügungsrechten in komplexer Weise miteinander verbunden. So hat z. B. de Waal (1997) gezeigt, dass die internationale Gemeinschaft der Nothilfeorganisationen oft unverantwortlich handelt, weil lokale Staaten marode und korrupt sind. Große Mengen an Hungerhilfe werden dann durch staatliche Institutionen kanalisiert, deren Transparenz und Glaubwürdigkeit außerordentlich fraglich sein kann. Ob der direkte Zugang der Bedürftigen zu existentiellen Ressourcen gesichert und verlässlich ist, hängt auch in hohem Maße von der Rolle des Staates ab, der Funktion des Justizwesens, oder der Stärke ziviler Institutionen. In vielen Fällen sind Verfügungsrechte das Ergebnis staatlicher und ziviler Verbände; Peter Evans (1996) hat dies auch als öffentlich-private Synergien bezeichnet. Mit all dem soll hervorgehoben werden, dass das Netzwerk der tatsächlich existierenden Verfügungsrechte viel komplexer ist, als Abb. 4.1 es ausdrücken könnte. Aber indem man Verfügungsrechte auf diese Weise veranschaulicht, wird die Idee von Netzwerken als der Grundlage verfügungsrechtlicher Konfigurationen deutlich. Sie entstehen durch unterschiedlichste Formen von Macht, Autorität und Legitimität, und erst vor diesem Hintergrund lässt sich die eigentliche Praxis von *E-Mapping* verstehen.

Die vier großen Kategorien von Verfügungsrechten (und die zu Grunde liegenden sozialen „Ausstattungen") geben Anlass zu einer Reihe von Beobachtungen. Erstens setzen sich Verfügungsrechte aus komplexen Komponenten mit den unterschiedlichsten Hintergründen zusammen, aber sie repräsentieren doch in normativer Hinsicht, was de Waal (1997) einen *anti-famine political contract* genannt hat (wofür im Folgenden der Begriff Nahrungs-Kontrakt verwendet werden soll). Dieser Kontrakt ist sowohl eine funktionale Konfiguration von Verfügungsrechten, die Ernährungssicherung bereitstellen, als auch eine politische Errungenschaft. Zweitens ändert sich die Form des Kontraktes im Laufe der Zeit, und zwar als Ausdruck der Dynamik von Politischer Ökonomie. Stukturanpassungsprogramme in Afrika und die zunehmende Privatisierung von Hilfsorganisationen (*humanitarian industry*) haben zum Beispiel in vielen Fällen den schon zuvor minimalen Umfang staatlicher Verfügungsrechte reduziert, wodurch der ganze Bereich der humanitären Hilfe sich radikal transformiert (de Waal 1997). Drittens umfassen das Netzwerk sozialer Verfügungsrechte und der dadurch repräsentierte Nahrungs-Kontrakt ein komplexes Feld oder einen „sozialen Raum" von Ernährungssicherheit, oder wie es Watts und Bohle (1993) definiert haben, einen „Raum von Verwundbarkeit" (*space of vulnerability*). Verwundbarkeit wird hier verstanden als das Risiko, Schocks oder Krisen ausgesetzt zu sein, die Veränderungen bei Verfügungsrechten oder beim *E-Mapping* auslösen, sowie eine begrenzte Fähigkeit der Betroffenen, auf solche Schocks oder Krisen zu reagieren. Das Netzwerk von Verfügungsrechten ist mehr oder weniger umfassend, mehr oder weniger robust, mehr oder weniger zuverlässig, usw. Im Lichte spezifischer Störungen – Dürre, Rezession, Preisfluktuationen, Arbeitslosigkeit, usw. – stellt sich sehr schnell heraus, welche Gruppen eigentlich im Verhältnis zu den Netzwerken von Verfügungsrechten strukturell verwundbar sind und welche nicht.

Will man die Diskussion über Verfügungsrechte auf diese Weise konzeptionell voranbringen, stößt man in jedem Falle auf die Frage, wie eigentlich bestimmte Verfügungsrechte verteilt sind und wie sie unter spezifischen Bedingungen reproduziert werden. Wie lassen sich soziale Verfügungsrechte definieren, aushandeln, einfordern und gewinnen? Auf welche Weise lösen die strukturellen Eigenschaften der Politischen Ökonomie Transformationen bei den Ausstattungen und beim *E-Mapping* aus? Dies alles sind „klassische" Fragen der Politischen Ökonomie.

4.3 Brot und Butter in einer globalen Welt

Sen (1999, 1984) hat seine Konzeption des verfügungsrechtlichen Ansatzes stets mit der politischen Ebene verknüpft. Dies betrifft nicht nur seine Arbeiten über Haushalte, wenn er Fragen über die Zuteilung von Nahrungsmitteln innerhalb von Haushalten mit unterschiedlichen Wahrnehmungen von Haushaltsmitgliedern verbindet, aber auch seine generelle These über die Beziehungen zwischen Hungerkrisen und Demokratie. Doch die Sphären von Demokratie, die zum großen Teil unter dem Aspekt der Pressefreiheit oder, noch vager ausgedrückt, als „öffentlicher Druck“ verstanden werden (vgl. Dreze und Sen 1990), und überhaupt von Politik im weiteren Sinne werden bei Sen außerordentlich abstrakt und beziehungslos abgehandelt. Ein solcher Ansatz lässt zum Beispiel wenig Raum für die Diskussion von Nahrungsaufständen, von Kämpfen um soziale Sicherheitsnetze oder auch für eine nähere Betrachtung politischer Diskurse über das Recht auf Nahrung. Aus diesem Grunde sollen im Folgenden drei empirische Fallstudien über unterschiedliche Formen von Nahrungspolitik vorgestellt werden.

Das erste Beispiel bezieht sich auf einen Aspekt des indischen Nahrungssystems, nämlich auf das öffentliche Verteilungssystem von Nahrungsmitteln (Public Distribution System, PDS) und seine völlig unterschiedlichen Ausprägungen in zwei indischen Bundesstaaten, Bihar und Kerala (Mooij 1998a). Das öffentliche Verteilungssystem wurde ursprünglich als Reaktion auf die verheerende Hungersnot in Bengalen (1943) eingerichtet und erst 1964 als Teil der sozialistischen Visionen Nehrus institutionalisiert. Es handelt sich um ein groß angelegtes Programm von Nahrungsmittelsubventionen, das ungefähr 2,5 % der gesamten öffentlichen Ausgaben sowie 10–15 % der nationalen Nahrungsmittelproduktion umfasst. Grundnahrungsmittel werden in Überschussgebieten aufgekauft. Sie werden dann zu sog. „Fair-Price-Shops“ transportiert, dort gelagert und zu subventionierten Preisen an Armutsgruppen verkauft. In den 1980er Jahren waren rund 75 % der Fair-Price-Shops in ländlichen Gebieten gelegen, aber die Menge der tatsächlich durch das System zugeteilten Nahrungsmittel variiert ganz erheblich zwischen den einzelnen Bundestaaten: Kerala verteilt z. B. jährlich 63 kg/pro Kopf, während auf den Bundesstaat Punjab nur kümmerliche 1kg/pro Kopf entfallen. Auch das Versickern von staatlich subventionierten Nahrungsmitteln stellt sich im Vergleich der einzelnen Bundesstaaten unterschiedlich dar. Bei Reis gehen z. B. rund 70–80 % in den Staaten Bihar und Orissa verloren, dagegen nur etwa 18 % in Kerala.

Mooijs Arbeiten (1998a, 1998b) machen deutlich, dass die tatsächliche Leistungsfähigkeit des staatlichen Verteilungssystems für Nahrungsmittel weitestgehend davon abhängt, wie und ob Nahrungsmittel und speziell das öffentliche Verteilungssystem „politisiert“ sind. In Kerala hat eine lange Geschichte von Graswurzelaktivitäten und politischer Mobilisierung „von unten“ dazu geführt, dass die Versickerungsquote sehr gering ist (staatliche Verantwortlichkeit und öffentliche Mobilisierung verstärken sich hier gegenseitig), und dass die Verteilungsmechanismen auch die vorgesehenen Zielgruppen mit geringen Verlusten erreichen. Im Gegensatz dazu ist das Versickern von Nahrung in Bihar außerordentlich hoch, die Zahl der Empfänger ist gering und entsprechend ist auch der Grad der Ernährungssicherung niedrig. Mooijs Argumentation richtet sich auf die Art und Weise, wie in den einzelnen Staaten unterschiedliche Formen populistischer Politik betrieben werden. In Bihar benötigen Politiker Nahrungsmittel nicht, um ihre Popularität zu erhöhen, und sie können das öffentliche Verteilungssystem nicht nutzen, um daraus politisches Kapital für sich zu schlagen. Außerdem erbringt in Bihar das Abzweigen von Nahrungsmitteln aus dem öffentlichen Verteilungssektor in den Schwarzmarkt einen höheren Profit als die Nahrung an die eigentlichen Zielgruppen zu liefern. Schließlich ist ein erheblicher Anteil von Haushalten einfach zu arm, um selbst subventionierte Nahrungsmittel kaufen zu können. In beiden Fällen müssen die tatsächlich existierenden Formen von Demokratie – in Kerala eine Umverteilungspolitik, die mit marxistischen Parteien zusammenhängt, in Bihar eine heruntergekommene und korrupte Form autoritären Populismus – in all ihrer lokalen Komplexität erfasst werden, um die Wege zu identifizieren, über die Nahrungsmittel, plakativ ausgedrückt, in den sozialen Kontrakt eingebracht werden.

Das zweite Fallbeispiel bezieht sich auf Feldforschungen, die von Watts in Gambia durchgeführt wurden, speziell auf ein kleinbäuerliches Bewässerungsprojekt, das zum Ziel hatte, Ernährungssicherheit und landwirtschaftliche Produktivität zu erhöhen (Watts 1993, 1994). Diesem Projekt lag eine technologische Innovation zu Grunde (Hochertragssorten und kontrollierte Bewässerung), die im Bereich der Produktion eine Feldfrucht umfasste, nämlich Reis, für die es traditionell eine fest gefügte geschlechtliche Arbeitsteilung gab – Reis war fast gänzlich das Getreide der Frauen. Frauen besaßen in Gambia gewohnheitsmäßig direkten Zugang zu Reisland; dieses Recht bezog sich sowohl auf die Urbarmachung des Landes als auch auf Vererbungssysteme entlang der weiblichen Verwandtschaftslinie. Der nunmehr erhöhte Ertrag sowie das Einkommen aus Reis hatten jedoch die Wirkung, dass innerhalb von Haushalten Streit über Verfügungsrechte ausbrach. Da Reis nunmehr auch als Zweitfrucht angebaut wurde, was bis dahin bei den Mandinka Familien nie der Fall gewesen war, erhob sich auf der Ebene der eigentlichen Feldbesteller plötzlich die Frage, wer nunmehr auf den Feldern arbeiten sollte (länger, härter und mit neuen Methoden) und wer den Ertrag beanspruchen konnte. Da bei diesem Prozess Frauen in der Regel ihre traditionellen Reisländer verloren und der Status des verbesserten Bewässerungswesens umgedeutet wurde (durch Männer und durch lokale muslimische Institutionen), und zwar als männliche Domäne, erlangte die Frage nach Verfügungsrechten – über Land, über die Arbeit anderer – eine überwältigende Bedeutung. Die daraus resultierenden Kämpfe über Verfügungsrechte waren daher innerhalb von Haushalten angesiedelt und wurden in einer Form ausgetragen, bei der Frauen mit Männern (typischerweise ihren Ehegatten) über ihren Anteil an der Ernte feilschen mussten, ebenso über Besitzrechte (welche Anrechte z. B. Frauen über verbessertes Land hatten) und über den Austausch von Ressourcen innerhalb ihrer ehelichen Beziehung; es ging also letztlich um eine Neudefinition des traditionellen Ehevertrages. Der Haushalt als eine politische Arena wechselseitiger Verpflichtungen, Verantwortlichkeiten und Verfügungsrechte wurde in ein Terrain von Konflikten, Verhandlungen und Streitigkeiten verwandelt. In welcher Form und ob überhaupt zunehmende Reiserträge auf Haushaltsebene tatsächlich die Ernährungssicherung des Einzelnen in Mandinka-Haushalten erhöhten, war in hohem Maße abhängig von der Art und Weise, wie Frauen ihre Rechte von ihren Ehemännern in einer patriarchalen Sozialstruktur einfordern konnten.

Das dritte Fallbeispiel ist eine Studie von Bohle über Ernährungssicherung in der bürgerkriegsbetroffenen Ostprovinz von Sri Lanka, wo verfügungsrechtliche Netzwerke z. T. zusammenbrachen und z. T. unter dem Einfluss des ethnischen Konfliktes transformiert wurden, wobei völlig neue Konfigurationen von Verwundbarkeit (Bohle 2003) entstanden. Der Bürgerkrieg auf Sri Lanka entstand hauptsächlich vor dem Hintergrund zweier großer Streitfragen, die im Laufe der frühen Jahre der srilankischen Unabhängigkeit virulent wurden (Kloos 2001: 180). Beide Konfliktbereiche müssen als eine Verkettung vorkolonialer gesellschaftlicher Unterschiede und ihrer Transformation während der Kolonialzeit verstanden werden, nämlich Verschiebungen zwischen den beiden großen Bevölkerungsgruppen, den Singhalesen (die Mehrheit) und den Tamilen (die Minderheit), und nicht zuletzt der neu definierten Beziehung zwischen der einheimischen spätkolonialen Elite (überwiegend Tamilen) und der neu entstehenden, sich während der Unabhängigkeit formierenden singhalesischen Mehrheit (Kloos 1997). Die Eskalation kolonialzeitlicher Machtstrukturen, die auf das engste mit kulturellen Differenzen verbunden waren, in einen überaus gewalttätigen ethnischen Konflikt ist ein klassisches Beispiel dafür, wie nationalistische Ausgrenzung und „ethnische“ Konflikte im Verlaufe der Herausbildung von Nationalstaaten entstehen können (Wimmer 2002). Dabei ermöglichten die modernen Prinzipien von Demokratie, Bürgerrechten und mehrheitlicher Repräsentation es der großen Mehrheit der Singhalesen, voll an dem neuen Nationalstaat zu partizipieren, nachdem sie vor der Unabhängigkeit eher den Status von untergeordneten Gruppen eingenommen hatten. Auf der anderen, der „Schattenseite“ dieses Prozesses, erfuhren die tamilischen Bevölkerungsgruppen ganz neue Formen des Ausschlusses, die nunmehr auf „ethnischen“ Kriterien aufbauten. Die Zugehörigkeit zu einer spezifischen nationalen oder ethnischen Gruppe bestimmte jetzt über den Zugang zu oder den Ausschluss von den Rechten und Möglichkeiten, die ein moderner Nationalstaat zu bieten vermag. Die grundlegenden Errungenschaften von Modernität – politische Partizipation, Gleichberechtigung vor dem Gesetz und Schutz vor staatlicher Willkür, Würde für die Armen und Schwachen sowie soziale Gerechtigkeit – all diese Errungenschaften konnten nur von denjenigen voll realisiert werden, die als die „wahren“ Mitglieder der neuen Nation anzusehen waren (die Singhalesen). Die modernen Prinzipien von Inklusion sind insofern auf das Engste mit ethnischen und nationalistischen Formen von Exklusion (für die Tamilen) verbunden.

Der daraus hervorgehende Bürgerkrieg in Sri Lanka war von heftigen Gewaltausbrüchen begleitet, speziell in den von Tamilen bewohnten nördlichen und östlichen Provinzen. Seit 1983 wurde der Bürgerkrieg hauptsächlich zwischen der srilankischen Armee und der Rebellenorganisation der Tamil Tigers

(LTTE), die für ein eigenständiges tamilisches „Heimatland" kämpften, ausgetragen. Feldforschungen in der Ostprovinz von Batticaloa konnten zeigen, dass das Netzwerk von Verfügungsrechten, das durch den srilankischen „Wohlfahrtsstaat" bereitgestellt wurde (Jayasuriya 2000), sehr schnell erodierte, und dass die menschlichen Grundbedürfnisse (*basic human needs*) in Form von Sicherheit, Wohlfahrt, Identität und Freiheit (Galtung 1990: 309) für die große Mehrheit der tamilischen Bevölkerung nicht mehr bereitstanden. Während einige grundlegende Umverteilungsmechanismen des srilankischen Wohlfahrtsstaates wie zum Beispiel Nahrungsverteilungsprogramme, Samurdhi (Geldtransfers an die Armen), PAMA (Sozialhilfe für die allerärmsten Bevölkerungsgruppen) und Unterstützungen für Wiederansiedlung (als Kompensation für kriegszerstörte Häuser) in den von der Regierung kontrollierten Gebieten der Ostküste immer noch teilweise funktionierten, brach der Nahrungs-Kontrakt in den so genannten „unkontrollierten" (von der LTTE beherrschten) Gebieten der Ostküste völlig zusammen. In der Folge veränderte sich die Grundarchitektur des Nahrungs-Kontraktes im gesamten Distrikt drastisch, und es entstanden völlig neue Räume von Verwundbarkeit.

Fischergemeinschaften in der Grenzregion zwischen „kontrollierten" und „unkontrollierten" Gebieten der Ostküste, wo die Feldforschung durchgeführt wurde, waren fast andauernd von Gewalt bedroht, sowohl von Seiten der srilankischen Armee als auch von Seiten der LTTE. Auf der einen Seite fanden, oftmals direkt vor den Augen der srilankischen Armee, brutale „ethnische Säuberungen" zwischen muslimischen und tamilischen Gemeinschaften statt. Auf der anderen Seite verübte die LTTE Bombenattentate, die z. T. Hunderte von Zivilisten töteten. Menschenansammlungen auf muslimischen Märkten oder Moscheen während der Gebetszeiten stellten die bevorzugten Ziele solcher Anschläge dar. Im Verlaufe des gewaltsamen Konfliktes wurden die verfügungsrechtlichen Netzwerke der betroffenen Fischergemeinschaften gravierend geschwächt und tiefgreifend verändert. Staatlich bereitgestellte Verfügungsrechte wie z. B. Sicherheit, Bildung, Mobilität, Freiheit, Menschenrechte und Identität wurden den meisten Menschen auf Dauer verwehrt. In gleicher Weise wurde auch der Zugang zu umweltbezogenen Verfügungsrechten (*environmental entitlements*, vgl. Leach/Mearns/Scoones 1999), wie z. B. Fischgründe in den Lagunen oder in den küstennahen Ozeanbereichen, durch militärische Restriktionen stark eingeschränkt. Zusätzlich wurden noch traditionelle Verfügungsrechte über Fischgründe, die zuvor exklusiv der Fischereigemeinschaft zugestanden hatten, von Seiten der verarmten städtischen Bevölkerung beansprucht, die im Laufe des Bürgerkrieges mit subsistenzorientierter Fischerei begonnen hatte. Die lokale Ernährungssicherung wurde auch durch die staatlichen Sicherheitsorgane geschwächt, wenn diese z. B. bei der Anlandung der Fänge, oftmals mit Waffengewalt, beträchtliche Anteile für sich beanspruchten. Darüber hinaus wurden ganze Dörfer durch Kriegshandlungen zerstört und verlassen, und die vertriebenen Menschen zogen auf der Suche nach Land, Nahrung, Raum, Unterkunft und Sicherheit durch das Land.

In den „unkontrollierten“ Gebieten kassierten LTTE-Kader lokale Steuern und rekrutierten mit Gewalt Kämpfer, wovon auch Kinder und junge Frauen betroffen waren. Diese Situation führte zu einer ganz neuen geschlechtsspezifischen Arbeitsteilung, indem junge Männer zu Hause blieben, um entweder der Rekrutierung durch die LTTE zu entgehen oder die weit verbreitete willkürliche Gefangennahme und oft Internierung durch die staatlichen Sicherheitskräfte zu vermeiden, wenn diese wahllos LTTE-Verdächtige aufgriffen. In aller Regel übernahmen nunmehr ältere Frauen ihre Rolle in der öffentlichen Sphäre. Auch wandten Fischer in zunehmendem Maße illegale Praktiken des Fischens an (bei Nacht; in Verbotszonen), ihre Frauen sammelten in Sperrgebieten Viehfutter und Feuerholz, und alte Menschen, die mehr oder weniger vor Armee und LTTE sicher waren, betätigten sich als mobile Kleinsthändler für Fisch. Schließlich brach auch die politische Unterstützung der tamilischen Bevölkerung zusammen, da tamilische Politiker, die in der Regel direkt angesprochen wurden, nach der Ermordung eines tamilischen Parlamentariers durch die LTTE nicht mehr persönlich in die Ostdistrikte kamen.

Andere Elemente des Nahrungs-Kontraktes gewannen dagegen an Bedeutung, wobei die ganze Kreativität und Flexibilität von Bewältigungsstrategien durch die Fischereibevölkerung deutlich wurde. Gemeinschafts- und kastenbezogene Solidarnetzwerke wurden z. T. wieder eingeführt, z. T. auch ganz neu geschaffen, wobei sich diese in aller Regel um Familien gruppierten. Im Gegensatz zu dem Beispiel aus Gambia fungierten die tamilischen Haushalte an der srilankischen Ostküste nunmehr als eine Art Sicherheitsnetz, sie reagierten auf Bedrohungen von außen, indem sie ihre Fischfänge und Einkommen zusammentaten, den Konsum miteinander teilten und gemeinschaftlich Häuser wieder aufbauten und dann gemeinsam bewohnten. Ganz typischerweise waren es die ärmsten Haushalte – wie es z. B. Caroline Moser (1998) in ihrem „Asset Vulnerability Framework“ herausstellt – die unter Bedingungen von Stress, Risiko und Gewalt ihre Ressourcen zusammenlegten, wie z. B. Nahrung, Raum, Arbeit, Unterkunft und Kinderbetreuung. Andere Institutionen, die „Sozialkapital“ (Woolcock und Sweeetser 2002; kritisch: Harriss 2002) bereitstellten, waren z. B. Freundesnetzwerke, Fischereigenossenschaften, Jugendclubs, Frauenverbände und Unterstützungsnetzwerke für Kriegswitwen. Auch hinduistische Tempel und christliche Kirchen wurden zu wichtigen Elementen von Redistribution innerhalb der Fischerdörfer. Intern vertriebene Menschen, die meist in provisorischen Hütten am Strand lebten und Arbeit als Tagelöhner für die Fischer suchten, bildeten dagegen die verwundbarsten Gruppen, vor allem weil sie aus diesen sich neu formierenden verfügungsrechtlichen Netzwerken ausgeschlossen waren. Lokale Ernährungssicherung wurde insgesamt mehr und mehr von der Positionierung einzelner Menschen innerhalb dörflicher Solidarnetzwerke bestimmt.

Das Fallbeispiel aus Sri Lanka verdeutlicht die Vielfalt und Komplexität sozialer Interaktionen zwischen und innerhalb von Gemeinschaften, durch die

Verfügungsgewalt über Nahrungsmittel wirksam wird. Dabei werden Zugang zu Ressourcen und Aktiva, Lebenssicherungsstrategien, Umverteilungsmechanismen, Solidarnetzwerke und andere Formen der Vergesellschaftung, die nicht in den eigentlichen legalen Rahmen eingebettet sind, von entscheidender Bedeutung. Neue Formen von verfügungsrechtlichen Netzwerken entstanden als Resultat sich komplex verändernder sozialer und institutioneller Praktiken. Diese Netzwerke sind nicht nur instabil, sie werden nicht nur dauernd durch Aushandlungsprozesse produziert und reproduziert; in ganz neuen Räumen von Verwundbarkeit sind sie auch in höchstem Maße umstritten und umkämpft. In letzter Konsequenz stellen solche neuen „Geometrien der Macht" (Wimmer 2002:1) „die Schattenseite der Modernität" dar.

4.4 Überlegungen zu einer Kulturgeographie von Unsicherheit

Allen drei Fallbeispielen ist gemeinsam, dass sie darlegen, wie soziale Verfügungsrechte in unterschiedlichen Formen politischer Diskurse und Praktiken aufgegriffen werden. Eines richtete sich auf geschlechtsbezogene und häusliche Politik, ein zweites auf verschiedene Formen von staatlichem Populismus und ein drittes auf Lebenssicherungsstrategien im Kontext ethnischer Gewalt. Jede einzelne Fallstudie zeigt, dass Sen zwar Recht hat, wenn er Demokratie und Hungerkrisen in direkte Beziehung zueinander setzt. Es wird aber auch deutlich, dass Politik eine überaus große Spannbreite von Ausdrucksformen in zahlreichen „Arenen" (dem Staat, dem Arbeitsplatz, der Familie) hat. Die Beispiele zeigen darüber hinaus, wie Verfügungsrechte errungen werden müssen, wie umstritten und erkämpft sie sind, und dass diese Kämpfe letztlich auf der Existenz und Durchsetzung bürgerlicher und politischer Freiheiten beruhen. Solche politischen Arenen und die sich daraus ergebenden Kämpfe um Verfügungsrechte sind tief in den Sphären gesellschaftlicher Macht verwurzelt (z. B. Hindu-Populismus; Mandinka-Patriarchat; ethnische Gewalt). Gleichzeitig sind sie in spezifischen Produktionsweisen verankert (z. B. kleinbäuerliche Lebenssicherung in Gambia; sozialdemokratisch regulierter Kapitalismus in Kerala; Wohlfahrtsstaat in Sri Lanka). Derartige Kämpfe und Streitigkeiten deuten an, dass es zwei grundlegend unterschiedliche Arten von „Politiken" gibt, durch die ein Anti-Hunger-Kontrakt entstehen kann, und dass beide das ausmachen, was Sen „Freiheit" nennt. Nancy Fraser (1995) zufolge gibt es zum einen eine Politik der Umverteilung (in der staatliche Redistribution und politische Parteien oft eine Schlüsselrolle spielen), und es gibt zweitens eine Politik der Anerkennung (oft, aber nicht ausschließlich, eine Domäne bürgerlichen und gesellschaftlichen Lebens). Die Verbindung von Demokratie und Ernährungssicherung muss notwendigerweise auf einer Verknüpfung von Anerkennung und Umverteilung aufbauen, so wie es auch die drei Fallstudien in den unterschiedlichsten Kontexten deutlich gemacht haben.

Eine Schlüsselfrage besteht allerdings darin, in welchen Formen derartige Verknüpfungen in der Praxis an einem geschichtlichen Zeitpunkt auftreten, den man „fundamentalistische" Globalisierung nennen könnte: nämlich in einer Zeit islamistischen Terrors und dem Triumphzug neoliberaler Marktwirtschaft. Die tragischen und verheerenden „Verbrechen gegen die Menschheit" des 11. September 2001 in New York und Washington D.C., die gegen eine hochdifferenzierte, multikulturelle Gesellschaft verübt wurden, hat die Art und Weise, wie wir über Risiko, Sicherheit und Verwundbarkeit nachdenken, für immer grundlegend geändert. In ihrer Geschichte waren Amerikaner in aller Regel von allen möglichen Unsicherheiten und Gewaltakten verschont gewesen – auch von verheerender Armut, die das Alltagsleben großer Teile der Menschheit in Entwicklungsländern begleitet. Die unauslöschlichen Bilder von Flugzeugen, die in die Zwillingstürme einschlagen, und deren entsetzlicher, schwindelerregender Zusammenbruch, hat die schrecklichen Realitäten etwa der Westbank und des Balkans mitten in das amerikanische Kernland hineingetragen. Dies aber unter furchterregenden Umständen: nämlich militantem Islamismus als einer Widerstandsbewegung gegen Globalisierung und Imperialismus, ausgestattet mit all dem Wissen und den Waffen einer „Cyber-Kultur" der Modernität des 21. Jahrhunderts.

Der Islamismus, so könnte man sagen, hat die Vorstellungswelt von Teilen einer jugendlichen Stadtbevölkerung erfasst, die sodann den Fehdehandschuh eines anti-imperialistischen populistischen Nationalismus aufgenommen hat: es ist dies, was Immanuel Wallerstein eine „antisystemische" Bewegung gegen die von den USA angeführte Globalisierung genannt hat. Es ist zugleich eine andere Form der Anti-Globalisierungsbewegungen nach dem Muster von Seattle oder Genf. Will man die Anziehungskraft und die Dynamik des Islamismus begreifen, so benötigt man ein Verständnis der Krise der säkularen nationalistischen Entwicklung in der islamischen Welt, und speziell im Mittleren Osten. Unserer Ansicht nach lassen sich in diesem Zusammenhang vier übergreifende Entwicklungen identifizieren. Zum ersten die Politische Ökonomie des Ölbooms, die einen Rentenkapitalismus schlimmster Ausprägung und gleichzeitig ein Gefühl moralischen Niederganges und Legitimationsverlustes des Staates hervorgebracht hat, erzeugt durch eine boomende Warenwirtschaft und die Schockwellen des „Unbekannten". Zweitens haben die riesigen finanziellen Ressourcen, die in die Golfstaaten geflossen sind, die dort tätigen Gastarbeiter den verschiedensten islamistischen Doktrinen ausgesetzt, was zu globalen islamistischen Netzwerken führte. Drittens hat die Verknüpfung von Ölboom und Strukturanpassungsprogrammen des Internationalen Währungsfonds und der Weltbank zu neoliberalen Reformen geführt, die einen bereits schwachen Staat weiter demontiert haben, wodurch Millionen Menschen in Armut gerieten und auch die staatlichen Dienste und Wohlfahrtsleistungen verloren gingen, als sich der Staat aus seinen Verpflichtungen zurückzog. Zivile muslimische Organisationen hatten in diesen Bereichen immer eine bedeutende Rolle gespielt. Und viertens haben geopolitische Dynamiken – die Auswirkungen des Kalten Krieges in Afghanistan, die Unterstützung Israels und der Siedlungspolitik der Westbank durch USA, und der Zusammenbruch des Sowjetreiches – einen Hintergrund bereitet, bei dem islamistische Ideen ein willkommenes Bollwerk gegen hegemoniale Ansprüche der USA boten. Der spezifische Zusammenfluss dieser vier machtvollen Kräfte – alle gesättigt mit einer allumfassenden amerikanischen Präsenz in Form von Ölgesellschaften, Internationalem Währungsfonds, Auslandsinvestitionen, und außenpolitischen Interessen – ließ das säkulare nationalistische Projekt verkrüppeln, das in dieser Region ohnehin nur flache Wurzeln hatte. Und in dem Ausmaße, wie „Terrorismus" neue Risiken und Verwundbarkeiten hervorbringt, muss jede Diskussion darüber, wie Sicherheit verbessert werden könnte, von den zentralen Mechanismen globaler Verwundbarkeit ausgehen: kapitalistische Modernität, der Weltmarkt, Islam, US-Hegemonie und die Krise des säkularen nationalistischen Projektes.

Ein weiterer Ausdruck globaler Unsicherheit wurde kürzlich von Michael Davis in seinem Buch „Late Victorian Holocausts" (2001) aufgegriffen. In diesem Buch hat Davis eine vehemente Attacke gegen den viktorianischen Kapitalismus des späten 19. Jahrhunderts geritten und dabei die horrenden Kosten – die Holocausts – des viktorianischen Markt-Utopismus aufgedeckt. „Late Victorian Holocausts" ist ein authentisches Schwarzbuch des liberalen Kapitalismus, eine bitterböse Anklage gegen das sog. Goldene Zeitalter des Imperialismus, und eine radikale Enthüllung der massiven Brutalität, die allesamt die Entwicklung eines globalen Marktes und eines Dritte-Welt-Proletariats begleitet haben.

Davis präsentiert eine, wie er es nennt, Politische Ökologie der spätviktorianischen Hungersnöte, die gleichzeitig in Indien, China und Brasilien (seine drei Fallstudien) als Folge einer unheilvollen Interaktion zwischen klimatischen und weltwirtschaftlichen Prozessen auftraten. Eine ganze Folge synchroner klimatischer Störungen zwischen 1876 und 1902 schuf die ökologischen Ausgangsbedingungen für eine Serie von drei weltweiten Subsistenzkrisen zwischen 1876–79, 1889–91 und 1896–1902. Es ist das Anliegen von „Late Victorian Holocausts" aufzuzeigen, dass das Schicksal der tropischen Menschheit zwischen 1870 und 1940 nicht allein von Naturkatastrophen oder dem ganzen Spektrum malthusianischer Nahrungsmittelengpässe bestimmt war, sondern vielmehr, so wie es Alfred Russell Wallace dargelegt hat, „von den schrecklichsten Fehlern des Jahrhunderts" (zitiert in Davis 2001: 56). Aus der Perspektive von Davis muss dieser tragische Fehlschlag, der unnötige Tod von Millionen, am „Ground Zero" der späten imperialen Ordnung angesiedelt werden, nämlich einer London-zentrierten Weltwirtschaft. Subsistenzkrisen haben soziale Ursachen, so argumentiert Davis, die sich am besten durch eine Art kausaler Triangulation erfassen lassen: den Verlust ökologischer Verfügungsrechte, eine radikale Verschärfung von Armut, und den Niedergang des Staates, wobei jeder dieser drei Prozesse eine unheilvolle Verzahnung zwischen Marktwirtschaft und dem Neodarwinismus einer neuen imperialen Ordnung darstellt. Diese Hungerkatastrophen waren keineswegs eine Zufallserscheinung der Klimageschichte, sie waren vielmehr, so Davis, Artefakte aus der „Werkstatt" des liberalen Kapitalismus im 19. Jahrhundert, geschaffen aus einer Allianz von Profitstreben, Akkumulationsdynamik und ungezügelten Märkten. Die Parallelen zwischen dem letzten Viertel des 19. Jahrhunderts und der augenblicklichen Situation erfordern keine weitere Erörterung. Insofern ergibt es Sinn, dass die drei Illustrationen über lokale Kämpfe um Nahrungsmittel – letztlich um Nahrung und Demokratie – das ganze Spektrum globaler Kräfte und ihrer Folgen ansprechen, und so in direkter Linie zu den Zwillingstürmen des World Trade Center und zu den spätviktorianischen Hungerkatastrophen hinführen.

Literatur

Alston P (1994) International law and the right to food. In: Harriss-White B, Hoffenberg R (Hrsg.) Food. Oxford, 205–216

Bohle H-G et al (1991) Famine and food security in Africa and Asia. Bayreuther Geowissenschaftliche Arbeiten 15. Bayreuth

Bohle H-G et al (Hrsg.) (1993a) Coping with vulnerability and criticality. Case studies on food-insecure people and places. Freiburg Studies in Development Geography 1. Saarbrücken

Bohle H-G (Hrsg)(1993b) Worlds of pain and hunger. Geographical perspectives on disaster vulnerability and food security. Freiburg Studies in Development Geography 5. Saarbrücken

Bohle H-G (2002) Vulnerability. Editorial to the Special Issue. Geographica Helvetica, 57: 2–4

Bohle H-G (2003, in Vorbereitung) Der Bürgerkrieg auf Sri Lanka. Politisch-geographische Analyse eines ethnischen Konflikts

Bohle H-G, Adhikari J (1999) Food Crisis in Nepal. Delhi

Daniel E V (1996) Charred lullabies. Chapters in an anthropology of violence. Princeton

Davis M (2001) Late Victorian holocausts. London

De Gaay Fortmann B (1990) Entitlement and development. Working Paper Series 87. The Hague: Institute of Social Studies

Dreze J, Sen A (1990) Hunger and public action. Oxford

Evans P (1996) Development strategies across the public-private divide. World Development 24, 1033–37

FAO (1998) The right to food. United Nations. Rom

Fine B (1997) Entitlement failure? Development and Change 28, 617–647

Fraser N (1989) Unruly practices. Minneapolis

Fraser N (1995) Justice interruptus. London

Galtung J (1990) International development in human perspective. In: Burton J (Hrsg.): Conflict: human needs theory. Basingstoke and London, 301–35

Gore C (1993) Entitlement relations and 'unruly' social practices. Journal of Development Studies 29, 429–460

Harriss J (2002) Depoliticizing development. The World Bank and social capital. London

HDR (Human Development Report) (1994) UNDP. Washington

Heller P (1999) The labor of development. Ithaca

IDS (Institute of Development Studies) (2001) Structural conflict in the new global disorder. Insecurity and Development 32 (1)

Jayasuriya L (2000) Welfarism and politics in Sri Lanka. Experience of a third world welfare state. Perth

Keene D (1994) The benefits of famine. Princeton

Kloos P (1997) The struggle between the tiger and the lion. In: Govers C, Vermeulen H (Hrsg.) The politics of ethnic consciousness. London, 223–249

Kloos P (2001) A turning point? From civil struggle to civil war in Sri Lanka. In: Schmidt B E, Schröder E W (Hrsg) Anthropology of violence and conflict. London, New York, 176–196

Leach M, Mearnes R, Scoones I (1999) Environmental entitlements: Dynamics and institutions in community-based natural resource management. World Development 27, 225–247

Mooij J (1998a) Real targeting: The case of food distribution in India. Working Paper Series 276. The Hague: Institute of Social Studies

Mooij J (1998b) Food policy and politics. Journal of Peasant Studies 25, 77–111

Moser C (1998) Asset vulnerability framework: reassessing urban poverty reduction strategies. World Development 26 (1)

Nolan P (1993) The causation and prevention of famines. Journal of Peasant Studies 21, 1–28

Reiff D (2002) A bed for the night. New York

Richards P (1986) Coping with hunger. London

Rösel J (1997) Der Bürgerkrieg auf Sri Lanka. Gesellschaft und Bildung 13. Baden-Baden

Sen A (1981) Poverty and famines. Oxford

Sen A (1984) Resources, values and development. Oxford

Sen A (1993) Capability and well being. In: Nussbaum M, Sen A (Hrsg) The quality of life. Oxford, 30–53

Sen A (1999) Development as freedom. New York

SLE (Seminar für Ländliche Entwicklung) (2001) Conflict - threat or opportunity. Land use and coping strategies of war-affected communities in Trincomalee, Sri Lanka. Berlin

Spittler G (1989) Handeln in einer Hungerkrise. Tuaregnomaden und die große Dürre von 1984. Wiesbaden

Swift J (Hrsg.) (1993) New approaches to famine. IDS Bulletin 24

Von Braun J et al.(1999) Famine in Africa. Baltimore

De Waal A (1997) Famine crimes. London: International African Institute

Watts M (1983) Silent Violence. Berkeley

Watts M (1993) Life under contract. In: Pred A, Watts M: Reworking modernity. New Brunswick

Watts M, Bohle H-G (1993) The space vulnerability: the causal structure of hunger and famine. Progress in Human Geography 17 (1), 43–67

Watts M (1994) What difference does difference make. Review of International Political Economy 1/3, 563–571

Watts M (2002) Hour of Darkness: Vulnerability, security and globalization. Geographica Helvetica 57, 5–18

Wimmer A (2002) Nationalist exclusion and ethnic conflict. Shadows of modernity. Cambridge

Woolcock M, Sweetser A T (2002) Social capital. The bonds that connect. ADB-Review (3/4). Manila, 26–27

5 Kultur? Macht und Profit! – Zu Kultur, Ökonomie und Politik im öffentlichen Raum und in der *Radical Geography*

Bernd Belina, Bremen

5.1 Einleitung: Diskussionen um den öffentlichen Raum und Kulturgeographie

Wer schon mal in einer auch nur einigermaßen als Großstadt zu bezeichnenden Ansiedlung war, kennt die Szenerie, vielleicht auch die dazugehörigen öffentlichen Debatten: Irgendwo in Bahnhofsnähe oder in der Gegend des zentralen Kneipenviertels hat sich eine offene Drogenszene etabliert, treffen sich Junkies und AlkoholikerInnen, z. T. obdachlos, einige prostituieren sich, viele betteln oder verkaufen Obdachlosenzeitungen. Die individuellen Reaktionen auf dieses Phänomen sind unterschiedlich: Viele stören sich an der Szenerie nicht, sei es, weil sie keinen Anlass haben, die jeweiligen Gegenden aufzusuchen, sei es, weil sie an ihr unbeteiligt vorübergehen; andere geben den Bettelnden etwas Kleingeld oder engagieren sich in freiwilligen sozialen Diensten wie Suppenküchen, medizinischen oder Drogenhilfseinrichtungen; wieder andere schließlich fühlen sich von der Existenz von Obdachlosen, Bettlern und Drogenabhängigen gestört, angewidert oder bedroht und nehmen Umwege in Kauf, um ihrem Anblick nicht ausgesetzt zu sein. Manche fordern gar von Seiten der Politik die Beseitigung des Quells ihres Unwohlseins. Während die ersten Varianten eher im Stillen vor sich gehen und weitgehend unbeachtet bleiben, zielt die letzte darauf ab, das Thema in die öffentlichen Debatten zu tragen – und zwar als ein Problem der öffentlichen Sicherheit und Ordnung, und nicht etwa als eines von Armut oder Wohnungsnot. Bei den Zuständigen in der Politik treffen die Forderungen auf offene Ohren, ist doch schon seit längerem eine Umorientierung im politischen Umgang mit derartigen Problemen zu beobachten: Galt zuvor, dass zu ihrer Lösung die grundsätzlichen Probleme von Armut und Sucht angegangen werden müssen, wird nun zunehmend Strafe und – im Fall offener Drogenszenen und Obdachloser – die Vertreibung aus bestimmten Gegenden propagiert und praktiziert (grundsätzlich dazu Garland 2001; Belina 2000). Es werden also nicht etwa Sucht und Armut bekämpft, sondern Süchtige und Arme. An deren Elend wird lediglich ausgesetzt, dass sie es öffentlich zur Schau stellen und damit anständige Bürgerinnen und Bürger verunsichern[1]. Diese Neuorientierung in der Politik ist in Deutschland seit Mitte der 1990er Jahren, in den USA bereits seit Beginn der 1980er Jahre zu beobachten. Da sowohl die Folgen dieser Politik als auch die sie begleitende Rhetorik jenseits des Atlantik deutlich stärker ausgeprägt sind als hierzulande, wird im folgenden vor allem die Entwicklung in den USA näher betrachtet.

Ein Schlüsselbegriff in den politischen und wissenschaftlichen Debatten, die den Vertreibungsprozess begleiten, ist der „öffentliche Raum". So argumentiert etwa der Soziologe Richard Sennett (1990), ein Gegner der Vertreibungspolitik, dass die Qualität öffentlicher Räume gerade in ihrer Unordnung, Unvorhersehbarkeit und Buntheit liege. Der Historiker Fred Siegel, ein Befürworter der Vertreibungspolitik, kontert in einer Philippika wider die aus seiner Sicht katastrophalen Folgen liberaler Stadtpolitik in New York: „Was einst als ‚funky' und ‚freakig' galt, wird nunmehr immer häufiger – auch von Kindern der Sechziger – als abstoßend empfunden" (1995: 382). Der Streit der beiden Autoren entbrennt also um die Frage, welche Verhaltensweisen im öffentlichen Raum erlaubt sein und als kulturell angemessen gelten sollen. Als Maßstab dient ihnen dabei ihre jeweilige Vorstellung urbaner Kultur, die bei einem Linksliberalen und einem Konservativen entsprechend unterschiedlich ausfallen. Damit steht ihr Zwist exemplarisch für die Auseinandersetzungen zwischen diesen beiden Lagern, die in den USA als *culture wars* firmieren. Sie entzünden sich an Fragen wie Abtreibung, Sexualität, Lehrpläne öffentlicher Schulen, Drogenpolitik u. v. a. m. Es geht also um Themen, bei denen Werturteile gefragt sind, die scheinbar ausschließlich in der Sphäre von Moral und Kultur gefällt werden und mit Politik und Ökonomie nichts zu tun haben. Einen anderen Weg beschreitet der Geograph Don Mitchell (2000), der diesen Typus von Auseinandersetzungen ins Zentrum seines Lehrbuchs „Cultural Geography" stellt, um an ihnen zu untersuchen, welche Rolle „Kultur" in der Gesellschaft spielt – dass sie nämlich, so seine These, eingesetzt wird „im Namen von Macht und Profit" (2000: 75).

In diesem Kapitel soll gezeigt werden, warum ein derartiger Zugang zur Kulturgeographie sinnvoll ist. Dazu ist zu klären, in welchem Zusammenhang Politik und Ökonomie (also Macht und Profit) mit Kultur stehen und was es mit diesem Begriff auf sich hat. In Abschnitt 5.2 wird dazu zunächst das Verhältnis zur Ökonomie anhand der Verwurzelung von Kultur in der Sphäre der Produktion entwickelt (Abschn. 5.2.1). Anschließend geht es um die politische Funktion von Kultur als Ideologie (Abschn. 5.2.2). Schließlich werden diese Zusammenhänge exemplarisch am eingangs beschriebenen Streit um das angemessene Verhalten im öffentlichen Raum aufgezeigt (Abschn. 5.3).

1 Als eine Erklärung des Zusammenhangs von Verwahrlosung einer Gegend und Verbrechen erlangte die Broken Windows-These der US-amerikanischen Kriminologen James Q. Wilson und George L. Kelling gewisse Prominenz. Sie behauptet: „serious street crime flourishes in areas in which disorderly behavior goes unchecked" (1982: 34). Dies wird sowohl von WissenschaftlerInnen wie auch von PolizeipraktikerInnen als falsch und populistisch kritisiert (Belina 2000: 129–134).

Als theoretischer Zugang wird die neuere angloamerikanische Kulturgeographie im Mittelpunkt stehen. Das Aufkommen dieser *New Cultural Geography* in den 1980er Jahren ist der deutlichste Ausdruck des *Cultural Turn* der Geographie, mit dem ein neues Interesse an Fragen der Kultur innerhalb des Faches insgesamt bezeichnet wird (vgl. Cook et. al. 2000). In diesem Kapitel soll insbesondere auf die Tradition der *Radical Geography* zurückgegriffen werden, in der seit den späten 1960er Jahren Marxismus und kritische Theorie für geographische Fragestellungen fruchtbar gemacht werden. Da diese Richtung in der deutschsprachigen Geographie bislang wenig rezipiert wurde, sollen in diesem Kapitel auch einige ihrer Grundkategorien entwickelt werden. Im anglophonen Raum war die *Radical Geography* von Mitte der 1970er bis Mitte der 1980er Jahre die dominierende Schule und spielt dort nach wie vor eine entscheidende Rolle (Smith 2001). Während sie sich zu Beginn hauptsächlich (wenn auch nicht ausschließlich) mit Fragen der Wirtschafts- und Stadtgeographie beschäftigte, werden seit den 1980er Jahren, vor allem durch die Rezeption der britischen *Cultural Studies* (vgl. Jackson 1989: 33–43; Mitchell 2000: 42–57), auch verstärkt Fragen der Kulturgeographie bearbeitet (Cosgrove 1983; Jackson 1989).

5.2 Was ist Kultur bzw. was hat sie mit Ökonomie und Politik zu tun?

Innerhalb des weiten Feldes der *New Cultural Geography* können grob zwei Richtungen unterschieden werden: eine marxistische bzw. polit-ökonomische und ein postmoderne bzw. kulturalistische. Während zu Beginn der *New Cultural Geography* erstere (anfangs als *Radical Cultural Geography*; Cosgrove 1983) im Vordergrund stand, dominiert seit Ende der 1980er Jahre letztere. Ein Interesse an der Klärung des Verhältnisses von Kultur zu Ökonomie und Politik hat dabei (wie der Name schon andeutet) vor allem der polit-ökonomische Ansatz. Dies geht auf einen grundsätzlichen Unterschied der beiden Herangehensweisen zurück: Während der marxistisch orientierte Ansatz kulturgeographische Phänomene *erklären* will (und dabei auf „Macht und Profit" kommt), begnügt sich der postmoderne damit, ihre Bedeutung zu *interpretieren* (da er eine Erklärung für unmöglich hält). Ein Grund dafür ist die Neigung mancher postmoderner Ansätze, *alles* zu Kultur zu erklären (also auch die politische Ökonomie; vgl. Smith 2000; Mitchell 2000) und damit unerklärlich zu machen. Denn wenn Kultur alles ist, womit soll sie dann noch erklärt werden? – außer mit Kultur selbst, eine Tautologie, auf die noch näher einzugehen ist.

Nach einer Phase der Postmodernisierung der Kulturgeographie scheint das Interesse an (polit-ökonomischen) Erklärungen innerhalb des Faches wieder stärker zu werden (vgl. die entsprechenden Plädoyers bei Nash 2002; Philo 2000; Smith 2000). Um zu zeigen, wie solche Erklärungen aussehen, wird nun zunächst auf ökonomische, anschließend auf politische Aspekte von Kultur eingegangen[2].

5.2.1 Kultur als das Andere der Natur

Der Frage nach dem Verhältnis von Kultur und Ökonomie widmet sich eine Vielzahl von Ansätzen und AutorInnen. An dieser Stelle kann es lediglich darum gehen, einige Grundgedanken darzustellen. Dies wird zunächst abstrakt für alle Formen der Produktion geschehen, anschließend für die jüngste Phase kapitalistischer Entwicklung.

Hinweise auf die Verwurzelung von „Kultur" in der Sphäre der materiellen Produktion liefert ein Blick auf die Herkunft des Wortes: Es leitet sich ab vom Lateinischen *cultura*, das ursprünglich Ackerbau bedeutet und i. w. S. einen Prozess der Auseinandersetzung mit der Natur bezeichnet. Dieser etymologische Ursprung verweist darauf, dass das dialektische Andere der Kultur die Natur ist: beide hängen voneinander ab und sind wechselseitig bestimmt. Verbunden sind sie, wie es bei Karl Marx heißt, durch die zweckmäßige, praktische Auseinandersetzung des Menschen mit der Natur, durch konkrete Arbeit: „Die Arbeit ist zunächst ein Prozeß zwischen Mensch und Natur, ein Prozeß, worin der Mensch seinen Stoffwechsel mit der Natur durch seine eigne Tat vermittelt, regelt und kontrolliert" (1988: 192). Wie Marx betont, findet dieser Stoffwechsel als „ewige Naturnotwendigkeit" (ebd.: 57) unabhängig von der Produktionsweise statt: alle Gebrauchswerte (also Lebensmittel i.w.S.) sind „durch Formveränderung menschlichen Bedürfnissen angeeigneter Naturstoff" (ebd.: 195)[3]. Damit werden zum einen die Bedingungen für alle anderen menschlichen Aktivitäten geschaffen, d. h. deren materielle Grundlagen (Essen, Wohnung, Kleidung etc.). Zum anderen ist die Produktion selbst bewusste, willentliche Praxis, in der nicht nur Dinge, sondern auch Bedeutungen produziert werden: „Am Ende des Arbeitsprozesses kommt ein Resultat heraus, das beim Beginn desselben schon in der Vorstellung des Arbeiters, also schon ideell vorhanden war. Nicht dass er nur eine Formveränderung des Natürlichen bewirkt; er verwirklicht im Nützlichen zugleich seinen Zweck" (ebd.: 193). Das heißt, dass er (bzw. sie) sich zuvor von der zu bearbeitenden Natur eine ideelle Vorstellung macht, ihr also Bedeutung zuschreibt. Während in der postmodernen Variante der *New Cultural Geography* dieser Aspekt der Bedeutungszuschreibung hervorgehoben wird, erinnert

[2] Aus dieser getrennten Darstellung darf allerdings nicht geschlossen werden, dass das Politische vom Ökonomischen unabhängig wäre – immerhin ist mit dem Begriff „politische Ökonomie" angedeutet, dass beides zusammengehört. Ohne hier näher darauf eingehen zu wollen, sei erwähnt, dass die Grundlage des Wirtschaftens im Kapitalismus das Privateigentum ist, das vom Staat, also politisch, mit Gewalt garantiert wird.

[3] In einem dialektischen Prozess wirkt der Mensch dabei zugleich auf die Natur zurück und verändert diese. Der Geograph Neil Smith bezeichnet dies als die „Produktion der Natur" (1984).

etwa der britische Literatur- und Kulturwissenschaftler Terry Eagleton an den hier skizzierten Gesamtprozess, der ohne die Grundlage einer materiellen Natur nicht vorstellbar wäre: „Ist Natur stets in einem bestimmten Sinn kulturell, dann sind Kulturen auf dem unablässigen Umgang mit der Natur errichtet, den wir Arbeit nennen“ (2000: 4). Weder bestimmt also die Natur den Menschen, wie der Geodeterminismus der traditionellen Geographie behauptet, noch kann sich der Mensch von den natürlichen und materiellen Grundlagen seines Daseins komplett lösen, wie es in konstruktivistischen Ansätzen mitunter anklingt. Dieses Verhältnis gilt für alle Typen menschlicher Produktion, d. h. es ist weder auf den Bereich der Lohnarbeit noch der materiellen Produktion beschränkt[4].

Der britische Kulturwissenschaftler und Gründungsvater der *Cultural Studies*, Raymond Williams (1988), hat die Wandlungen der Bedeutung des englischen Wortes *culture* in seiner Geschichte untersucht. Die ursprüngliche Bedeutung als Bearbeitung der Natur wird seit dem frühen 16. Jahrhundert auch auf die Bearbeitung des Menschen und seine Entwicklung übertragen. Auf dieser Grundlage und im Austausch mit dem Französischen und Deutschen entstehen im späten 18. Jahrhundert die drei heute wichtigsten Bedeutungen, die sich auch im Deutschen wiederfinden. Erstens werden die konkreten Errungenschaften der Entwicklung ihrer materiellen Grundlage (Auseinandersetzung mit der Natur) beraubt und unter „Kultur“ subsummiert zu einem abstrakten Begriff, der für einen „generellen Prozess intellektueller, geistiger und ästhetischer Entwicklung“ (ebd.: 90) steht. „Kultur“ wird so zu etwas rein Geistigem und steht damit im Gegensatz zur „Ökonomie“. Zweitens erhält das Wort (jetzt im Plural) durch Johann Gottfried Herder eine weitere Bedeutung, mit der die spezifische Lebensweise einer Gruppe, sei sie räumlich oder sozial abgegrenzt, bezeichnet wird (wie in „englische Kultur“ oder „Arbeiterkultur“) (ebd.: 89). In seiner dritten Bedeutung schließlich, laut Williams die im Alltag am weitesten verbreitete, steht „Kultur“ für „die Werke und Praktiken intellektueller und v. a. künstlerischer Aktivität“ (ebd.: 90), also für Musik, bildende Kunst oder Literatur (wie in „Kulturstaatsministerin“ oder „Standortfaktor Kultur“).

Auf eine Gemeinsamkeit dieser drei Bedeutungen verweist Eagleton: Er sieht in ihnen gleichermaßen eine Reaktion auf das „Scheitern von Kultur als wirklicher Zivilisation, als menschliche Selbstvervollkommnung“ (2000: 20). Das heißt, die ursprüngliche Idee von Kultur (als dem Versprechen des guten Lebens für alle dank zweckmäßiger Bearbeitung der Natur) verliert in dem Moment an Bedeutung, in dem deutlich wird, dass dieses Versprechen nicht würde eingehalten werden können: mit der Durchsetzung der kapitalistischen Produktionsweise, in der Dinge nicht produziert werden, weil sie nützlich sind, sondern weil man sie verkaufen will (theoretisch formuliert: „Gebrauchswerte werden hier

[4] Ein Beispiel für immaterielle Produktion, die nicht für Lohn stattfindet, wären Diskussionen um ein Flugblatt politischen Inhalts (die mit viel Arbeit verbunden sein können und ohne materielle Grundlage unmöglich wären).

5.1 Die einfache Tatsache, die der „Linksrumdenker“ (Tucholsky) Karl Valentin in seinen bekannten Ausspruch fasst, dass nämlich alle künstlerische Produktion mit Arbeit einhergeht, trifft auch auf diese Abbildung zu: die Bildvorlage musste aufgespürt, die Rechte geklärt und das Bild bearbeitet werden (Bildbearbeitung: Martin Krämer)

überhaupt nur produziert, weil und sofern sie materielles Substrat, Träger des Tauschwerts sind“; Marx 1988: 201). Deshalb, so Eagleton, wird der Begriff „Kultur“ nur mehr für Phänomene verwandt, die mit der Produktion von Gebrauchswerten nichts zu tun haben. Besonders deutlich wird dies bei künstlerischer und wissenschaftlicher Produktion (der dritten von Williams genannte Bedeutung von *culture*), bei der im dominierenden Diskurs ebenfalls davon abgesehen wird, dass sie mit Arbeit verbunden ist (vgl. Abb. 5.1)

Diese Annahme, nach der die „Kultur“ nichts mit Arbeit und damit mit den Produktionsverhältnissen zu tun habe, wurde von marxistisch orientierten Kulturtheoretikern seit jeher kritisiert. Der Philosoph Walter Benjamin hat diese Kritik in den 1930er Jahren in sein berühmtes Diktum gekleidet: „Es ist niemals

5.2 Walter Benjamin nahm sich, auf der Flucht vor der Gestapo und an der französisch-spanischen Grenze festsitzend, 1940 das Leben. Der auf seinem Grabstein im Grenzort Portbou zitierte Ausspruch kann auch auf das vor dem Friedhof entstandene „*Environment*" des Künstlers Dani Karavan zur Erinnerung an die Opfer des Holocaust angewandt werden: Um die Erinnerung an den Wahnsinn der Vernichtung in einer Konstruktion aus Eisen und Glas zu materialisieren, waren viele Stunden an Lohnarbeit notwendig, die für Benjamin ein Teil der herrschenden „Barbarei" der Produktionsverhältnisse war

ein Dokument der Kultur, ohne zugleich ein solches der Barbarei zu sein" (1963 [1937]: 79; vgl. Abb. 5.2). Mit „Barbarei" verweist er auf die Produktionsverhältnisse, denen die Dokumente der Kultur entstammen, also auf die Art und Weise, in der die Umwandlung von Natur in Pyramiden (Sklaverei), Kathedralen (Frondienst) oder Weltausstellungen (Lohnarbeit) gesellschaftlich organisiert ist.

Beispiel: flexible Akkumulation und postmoderne Ästhetik

Das Verhältnis von Ökonomie und kultureller Produktion wird auch in der *Radical Geography* explizit thematisiert. Hier hat insbesondere David Harvey in seinem Bestseller „The Condition of Postmodernity" (1989) untersucht, wie neue kulturelle Phänomene i.w.S. mit Veränderungen der Produktionsverhältnisse zusammenhängen, ohne dabei von ihnen determiniert zu sein. Er zeigt anhand verschiedener Bereiche kultureller Produktion (Architektur, Städtebau, Spielfilm, Belletristik), dass das Aufkommen „flexibler Akkumulation" seit Anfang der 1970er Jahre einhergeht mit „all der Unruhe, Instabilität und flüchtigen Qualität einer postmodernen Ästhetik, die Differenz, Kurzlebigkeit, Spektakel, Mode und die Kommodifizierung kultureller Formen feiert" (ebd.: 156). Ausgangspunkt ist für Harvey eine Zunahme der Flexibilität in Produktion (zum Zweck der Kostensenkung, u. a. durch Ausnutzung geographischer Unterschiede) und Zirkulation (zum Zweck der Beschleunigung des Kapitalumschlags[5], u. a. durch *just-in-time*-Produktion). Diese Flexibilisierung führt nach Harvey zu einer „Raum-Zeit-Verdichtung", die wiederum zu einer generellen Verunsicherung und damit zu einer Betonung des Flüchtigen und Kurzlebigen auch in anderen Lebensbereichen führt. Mit anderen Worten: Die postmoderne Ästhetik passt zu den aktuellen Veränderungen im globalen Kapitalismus und setzt sich deshalb durch. Dabei leitet sie sich aber nicht automatisch aus den Veränderungen in Produktion und Zirkulation ab, sondern ist vielmehr umkämpft (wie alles in dieser Gesellschaft, die gekennzeichnet ist von allgemeiner Konkurrenz).

Womit wir wieder bei den eingangs angeführten *culture wars* und ihrer Rolle im Kampf um „Macht und Profit" wären: Wenn kulturelle Formen derart in Zusammenhang stehen mit kapitalistischer Produktion und der Zirkulation des Kapitals, dann sind die *culture wars* Ausdruck und Schlachtfeld von Auseinandersetzungen, die nicht auf „Kultur" im Sinne einer Sphäre des rein Geistigen beschränkt sind; dann wird in ihnen eben auch um „Macht und Profit" (s. o.) gerungen. Bezogen auf seinen Ansatz zur Kulturgeographie formuliert Mitchell dieses Verhältnis deshalb folgendermaßen: „Um Kultur zu verstehen, [...] müssen wir die Kämpfe um sie betrachten. Um diese Kämpfe zu verstehen jedoch, müssen wir die materiellen Bedingungen betrachten, in denen diese Kämpfe stattfinden – die Veränderungen der politischen Ökonomie, der Technologie und – im Wortsinn – der *Form* der Welt" (2000: 11)[6]. Denn auch wenn diese veränderten Bedingungen nicht *automatisch* zu bestimmten Konflikten um Fragen der Kultur führen, so sind die Konflikte doch nicht ohne diese Bedingungen verständlich. Ein Beispiel wird weiter unten die Frage der Nutzung öffentlicher Räume in der Stadt liefern.

[5] Das heißt: Verkürzung der Dauer des Geldkapitalkreislaufes, in dem mit vorgeschossenem Kapital Produktionsmittel und Arbeitskraft eingekauft werden, um Waren zu produzieren, deren Verkauf einen Überschuss an Geld einbringen soll, der größer ist, als der Vorschuss; also Profit.

[6] Mit der Betonung der Form verweist Mitchell auf die geographische Dimension dieser Bedingungen, die Formen der produzierten Umwelt.

5.2.2 Kultur als Ideologie

Auch das Verhältnis von Kultur und Politik ist zu vielschichtig, um hier erschöpfend dargestellt werden zu können. Hier soll, einem Vorschlag Don Mitchells folgend, betrachtet werden, wie die „Idee der Kultur" als ideologisches Mittel in den *culture wars* benutzt wird. Es geht dabei also nicht um bestimmte kulturelle Phänomene, sondern um die abstrakte Vorstellung davon, dass so etwas wie Kultur eigenständig existiert. Wie gesehen, handelt es sich bei der „Idee der Kultur" um ein von seiner Grundlage in der materiellen Produktion abstrahiertes, ideelles Konstrukt. Indem dieses ideelle Konstrukt reifiziert[7] wird, indem ihm also eine unabhängige und wirkmächtige Existenz zugeschrieben wird, kann es mit allerlei verschiedenen Bedeutungen „aufgeladen" werden, denen wiederum bestimmte Interessen zugrunde liegen.

Damit gelangt man zum Begriff der *Ideologie*. Mittels ihrer versuchen Gruppen oder Klassen, wie es Marx und Engels in ihrer Schrift „Die deutsche Ideologie" von 1846 formulieren, „ihr Interesse als das gemeinschaftliche Interesse aller Mitglieder der Gesellschaft darzustellen, d. h. ideell ausgedrückt: ihren Gedanken die Form der Allgemeinheit zu geben, sie als die einzig vernünftigen, allgemein gültigen darzustellen" (Marx und Engels 1969: 47). Die Leistung der Ideologie besteht also darin, Aussagen oder gesellschaftliche Verhältnisse, mit denen ein partikulares Interesse verfolgt wird, so erscheinen zu lassen, als seinen sie normal, vernünftig oder natürlich und deshalb im allgemeinen Interesse. Ideologie ist dabei aber nicht schlichte Lüge der Herrschenden, die nur von den (dummen) Beherrschten geglaubt wird. Ideologische Urteile sind vielmehr um so wirkmächtiger und überzeugender, wenn auch ihre Nutznießer fest von ihrer Richtigkeit überzeugt sind. Die Aufgabe der Ideologiekritik besteht darin, zu zeigen, dass diese Urteile zum einen falsch und zum anderen interessensgeleitet sind (Belina 2000: 18–41). Wenn z. B. in den USA zur Zeit der Sklaverei behauptet wurde, dass Sklaven auf Grund ihrer Hautfarbe geistig unterlegen seien, dann gilt es erstens zu kritisieren, dass es für diese Aussage keinerlei Begründung gibt (dass sie also falsch ist), und zweitens, dass damit ein ökonomisches System der Ausbeutung legitimiert werden soll (dass sie also interessensgeleitet ist). Die Aussage ist dann nicht nur Unfug, den es einfach richtig zu stellen gilt. Sie ist *Ideologie*, da sie einer bestimmten Gruppe (hier: den Sklavenhaltern) den Dienst leistet, ihr Interesse (an kostenloser Arbeitskraft) als etwas normales, natürliches und deshalb eben im Interesse aller stehendes darzustellen. Dass auch viele Sklavenhalter von der Richtigkeit der ideologischen Legitimation der Sklaverei zutiefst überzeugt gewesen sein mögen, ändert nichts daran, dass diese Legitimation falsch und zu ihrem ökonomischen Vorteil war.

[7] Reifizierung bezeichnet die Vergegenständlichung einer abstrakten Idee, durch die dieser kausale (verursachende) Wirkung zugeschrieben wird.

Um zu beschreiben, wie aus verschiedenen derartigen Ideologien, die z. T. wenig miteinander zu tun haben und sich mitunter auch widersprechen, ein mehr oder weniger kohärentes Ganzes wird, hat der italienische Philosoph und Gründer der kommunistischen Partei Italiens, Antonio Gramsci, den Begriff der Hegemonie geprägt[8]. Ausgangspunkt für Gramscis Überlegungen zu Staat, Ideologie und revolutionärer Politik ist – vereinfacht – die Frage, wie es kommt, dass die Beherrschten sich beherrschen lassen. Dies geschieht, so Gramsci, durch eine Mischung aus Zwang und Zustimmung. Denn vollständiger Zwang würde zur Revolution führen und vollständige Zustimmung könne wegen der ökonomischen Verhältnisse nicht vorliegen und liegt angesichts der vorfindbaren Unzufriedenheit (die aber nicht in Revolution mündet) offenbar auch nicht vor. Dem Staat kommt eine zentrale Rolle in zweifacher Hinsicht zu: Als Staat im engeren Sinn (*società politica*, in Gramsci 1991 ff. übersetzt mit „politische Gesellschaft"), zu dem etwa Polizei, Rechtssystem und Militär zählen, sichert er mit Zwang und dem Gewaltmonopol in der Hinterhand die bestehenden Verhältnisse ab. Als Staat im weiteren Sinne (*società civile* in Gramsci 1991 ff. übersetzt mit „Zivilgesellschaft"), zu dem allen voran die Schulen gehören, zudem auch der „private Hegemonieapparat" (Gramsci 1991 ff: 816) mit etwa Kirchen und Medien, organisiert er durch Ideologieproduktion die „politische und kulturelle Hegemonie einer gesellschaftlichen Gruppe über die ganze Gesellschaft" (ebd.: 729). Kurz gefasst formuliert er an anderer Stelle: „Staat = politische Gesellschaft + Zivilgesellschaft, das heißt Hegemonie gepanzert mit Zwang" (ebd.: 783). Je besser dabei die Herstellung kultureller Hegemonie gelingt, desto unwidersprochener kann die Entwicklung im Interesse der herrschenden Gruppen und Klassen vonstatten gehen, und desto weniger muss auf die Zwangsgewalt des Staates i. e. S. zurückgegriffen werden. Dabei gilt, dass die Hegemonie, da sie ja gegen zahlreiche Interessen durchgesetzt werden muss, umkämpft ist „wie das System der Schützengräben im modernen Krieg" (ebd.: 868).

In diesem Sinne sind die *culture wars* Ausdruck des Kampfes um die Hegemonie. Die „Idee der Kultur" leistet dabei ideologische Dienste: Mit ihr werden Aussagen, Verhaltensweisen oder Verhältnisse entweder als zur Kultur gehörig dargestellt oder als im Gegenteil kulturell unangemessen. In den *culture wars* geht es also darum, „zu definieren, was in einer Gesellschaft legitim ist, wer dazugehört und wer nicht" (Mitchell 2000: 5). Diese Grundfigur lässt sich in allen Auseinandersetzungen wiederfinden, in denen mit „Kultur" argumentiert wird, egal ob es z. B. um städtische Armut, die Aufnahme der Türkei in die EU, die Einrichtung von Druckräumen oder Sexualkundeunterricht an staatlichen Schulen geht. Immer wird behauptet, dass kulturelle Gründe für oder gegen et-

[8] Gramscis Hauptwerk findet sich in den „Gefängnisheften", die 1929–1935 in Haft entstanden. Sie bestehen aus einer großen Zahl mehr oder weniger ausgearbeiteter Notizen zu sehr unterschiedlichen Themen und liefern deshalb kein vollständiges Theoriegebäude. Zitiert wird hier nach der deutschen Gesamtausgabe, die zwischen 1991 und 2002 erschienen ist und deren Seiten durchgehend nummeriert sind.

was sprechen. Damit wird zugleich behauptet, dass „Kultur“ bzw. „kulturelle Unterschiede“ auch der Grund des Streits seien, dass also z. B. der EU-Beitritt der Türkei nichts mit ökonomischen oder (geo-)politischen Überlegungen zu tun hat. Warum ist das Ideologie? Derartige Aussagen sind erstens falsch. Sie tun so, als würden sie eine Erklärung liefern („Wegen kultureller Unterschiede kann ein moslemisches Land nicht Teil der christlich geprägten EU werden.“), doch sind in Wirklichkeit nur tautologisch (d. h. sie werden mit sich selbst begründet). Sie sind zweitens interessensgeleitet, da sich bei näherer Betrachtung zeigt, dass es kein Zufall ist, dass mit eben diesen falschen Aussagen Politik gemacht wird. Dies lässt sich an einem Beispiel erläutern:

Beispiel: Kultur der Armut und *urban underclass*

Um die Armut von AfroamerikanerInnen in den Ghettos der Städte zu erklären, erfreut sich in den USA die These von der „Kultur der Armut“ großer Beliebtheit. In ihrer heute dominierenden Variante behauptet sie, dass es zur Kultur dieser Armen gehört, sich lieber auf staatliche Hilfeleistungen zu verlassen, als selbst die Initiative zu ergreifen und Lohnarbeit nachzugehen. Um ihnen zu helfen, müsse man deshalb jegliche Hilfen abschaffen (wie 1996 mit der *Aid to Families with Dependent Children*, der bis dato größten staatlichen Transferleistung, geschehen). Diese Politik wird also mit „Kultur“ begründet: Die Kultur der Ghettobewohner widerspräche der Kultur der Mehrheit, in der Lohnarbeit einen hohen Stellenwert besäße. Näher betrachtet wird allerdings nur behauptet, diese Leute seien arm, weil das ihre Kultur ist; und dass es ihre Kultur ist, sehe man daran, dass sie arm sind. Diese Aussage, die ja als Erklärung von Armut angeboten wird, erklärt also gar nichts, sie ist tautologisch und damit falsch. Dass sie sich großer Beliebtheit erfreut, liegt aber nicht daran, dass dieser Fehler noch niemandem aufgefallen wäre. Es ist vielmehr zu bezweifeln, dass PolitikerInnen wirklich glauben, den Armen sei am besten dadurch geholfen, dass man ihnen die staatliche Unterstützung streicht. Offenbar liegt ein anderer Grund vor. Eine Erklärung wäre etwa, dass in Phasen, in denen weder Arbeitskräftemangel noch die Gefahr sozialer Unruhe vorliegt, die Hilfeleistungen des Staates für Bedürftige abgebaut werden, um Geld zu sparen[9] (Piven und Cloward 1993). Dieses staatliche Interesse wird aber nicht als solches dargestellt, sondern ganz anders (und zwar falsch) begründet – also ideologisch. Die Rede von der „Kultur der Armut“ erweist sich damit als Ideologie, mit deren Hilfe eine Grenze gezogen wird zwischen denen, die dazu gehören (der „arbeitsamen“ Mehrheit) und denen, die ausgeschlossen werden (den „faulen“ Armen). Zusammen mit zahlreichen anderen Ideologien (die z. B. besagen, dass AfroamerikanerInnen außerdem auch kriminell, promiskuitiv und dumm sind) hat

[9] Die positive Wendung dieser Erklärung verweist auf den Zweck des Sozialstaates: für eine ausreichende Zahl an genügend qualifizierten Arbeitskräften zu sorgen und soziale Unruhen zu verhindern.

die These von der „Kultur der Armut“ in den USA kulturelle Hegemonie erreicht, was sich in der Rede von der „städtischen Unterklasse“ (*urban underclass*) zeigt. Mit diesem Label wird unterstellt, dass die Bewohner der Armenghettos „sich nicht benehmen wie der *mainstream* der [...] amerikanischen Mittelklasse“ (Gans 1995: 2).

Wie alle Ideologien, ist auch diese nicht vom Himmel gefallen, sondern das Ergebnis von Ideologieproduktion innerhalb der *società civile*. Wie der Soziologe Herbert Gans in „The War Against The Poor“ (1995) zeigt, wurde das Label *urban underclass* in den USA zu Beginn der 1980er Jahre von AkademikerInnen und ForscherInnen geprägt und kurz darauf in Politik und Medien aufgegriffen (ebd.: 27–57). Auch zeigt er, dass der Begriff – ebenfalls wie alle Ideologie – von Anfang an umkämpft war. Neben dem beschriebenen „kulturellen Ansatz“ existiert auch ein „struktureller Ansatz“, in dem die Entstehung der Ghettos durch polit-ökonomische Prozesse erklärt wird. Diese Variante konnte sich in den öffentlichen Debatten jedoch nicht durchsetzen. Die Niederlage seiner Vertreter zeigt sich daran, dass diese zu Beginn der 1990er Jahre damit anfingen, den Begriff *urban underclass* nicht mehr zu benutzen und z. B. durch *ghetto poor* zu ersetzen (ebd.: 48 f.). Dass der Begriff auch nach dieser Niederlage weiter umkämpft ist, zeigt jedoch die Existenz des Buches von Gans und vergleichbarer Veröffentlichung (wie auch dieses Textes).

Wie das Beispiel zeigt, kommt WissenschaftlerInnen, JournalistInnen und PolitikerInnen in den *culture wars* eine entscheidende Rolle zu. Für eine Kulturgeographie, in der die Rolle der „Idee der Kultur“ in den *culture wars* untersucht wird, ist deshalb eine Schlüsselfrage: „Wer reifiziert und zu welchem Zweck?“ (Mitchell 2000: 78). Aufgabe einer ideologiekritischen Kulturgeographie ist demnach die aktive Teilnahme an den Kämpfen, aber eben nicht auf der Ebene der leeren Abstraktion Kultur, sondern als Kritik dieser.

5.3 Kämpfe um Macht und Profit im öffentlichen Raum

Was bedeutet diese Forderung für die eingangs gestellte Frage nach den angemessenen Verhaltensweisen im öffentlichen Raum? In dieser Debatte wird das Phänomen, wie gezeigt, als ein kulturelles Problem behandelt: Der Aufenthalt von Bettlern, Obdachlosen und Drogensüchtigen in diesen Räumen wird wahlweise als an sich störend (Siegel) oder als zum urbanen Leben dazugehörend (Sennett) bezeichnet. Damit wird das Phänomen jedoch in keiner Weise erklärt. Denn zu behaupten, dass Bettler, Obdachlose und Drogensüchtige sich auf Straßen, Plätzen und in Parks aufhalten und dort anders benehmen als Büroangestellte oder HochschullehrerInnen, sei Teil ihrer Kultur sagt nicht als: Dass sie sich dort aufhalten, liegt daran, dass sie Bettler, Obdachlose und Drogensüchtige *sind*. Und: dass sie sich benehmen wie Bettler, Obdachlose und Drogensüchtige liegt ebenfalls genau daran. Das ist offenbar eine Tautologie.

Mit keinem Wort wird in dieser Debatte danach gefragt, *warum* diese Leute kein Geld und keine Bleibe haben oder illegalisierte Substanzen zu sich nehmen. Es wird nicht untersucht, warum in der aktuellen Politik Betteln, Obdachlosigkeit und Drogensucht bekämpft werden, indem Bettler, Obdachlose und Drogensüchtige aus öffentlichen Räumen vertrieben werden. Indem sich die Kontrahenten in diesem *culture war* auf die Rahmenbedingungen der Debatte einlassen (d. h.: es gibt immer mehr Arme in öffentlichen Räumen, und da muss etwas geschehen) und nur noch das Pro und Contra ihrer Vertreibung diskutieren, abstrahieren sie von allen ökonomischen und politischen *Gründen* sowohl des Phänomens selbst als auch der verfolgten Politik.

Eine ideologiekritische Kulturgeographie, die danach fragt, wer hier „Kultur" zu welchen Zwecken benutzt und welche Rahmenbedingungen das ermöglichen, würde sich auf diese Debatte erst gar nicht einlassen. Stattdessen würde sie auf ganz andere Zusammenhänge hinweisen, die zur *Erklärung* dieses *culture wars* in den USA – und ähnlichen, hierzulande zu beobachtbaren Tendenzen – beitragen könnten.

Was die Zunahme sichtbaren Elends in den Städten angeht, würde sie daran erinnern,

- dass der ärmste Teil der Bevölkerung der USA seit Jahren mit immer weniger Geld auskommen muss;
- dass die Hilfeleistungen durch den Staat seit Jahren abgebaut werden;
- dass bezahlbarer Wohnraum im Rahmen von „Stadterneuerung" zerstört wird;
- dass sich deshalb selbst Menschen mit einem festen Arbeitsplatz z. T. keine Wohnung mehr leisten können;
- dass geistig Verwirrte in den 1980er Jahren massenhaft aus den Heilanstalten auf die Straßen entlassen wurden[10];
- dass Zahl und Qualität der Nachtquartiere für Obdachlose ungenügend sind;
- dass in den Ghettos für junge Männer der Drogenhandel und für junge Frauen die Prostitution häufig die einzige Möglichkeit sind, um überhaupt an Geld zu kommen;
- dass es zu wenige Plätze in Entzugs- und Aussteigerprogrammen gibt und der Zugang zu ihnen schwer ist;
- dass also, theoretisch formuliert, die aktuelle Phase kapitalistischer Entwicklung durch eine Zunahme der Reichtumsunterschiede bei gleichzeitigem Abbau staatlicher Hilfsleistungen geprägt ist.

[10] Damit soll nicht gefordert werden, diese Menschen wieder einzusperren, sondern es ist ein Hinweis darauf, warum sie in so großer Zahl auf der Straße leben. Damit ist aber noch nicht erklärt, warum es so viele Menschen gibt, die mit dem Leben nicht mehr klar kommen. Diese Logik, dass eine (zudem nur partielle) Erklärung nicht mit der Forderung nach dem Gegenteil verwechselt werden darf, gilt für zahlreiche hier angeführte Punkte.

Was die ökonomische Seite der Vertreibungspolitik angeht, würde sie darauf verweisen,

- dass im Kampf um Investitionen, Konsum und Tourismus ein ordentliches Erscheinungsbild ohne störende Gestalten zu den Konkurrenzmitteln der Städte gehört;
- dass die Werte von Immobilien unter sichtbarer Verelendung in ihrer Nähe leiden;
- dass der innerstädtische Einzelhandel und die Vergnügungsindustrie sich von weniger Bettlern mehr Kundschaft versprechen;
- dass private Sicherheitsdienste, die dazu eingestellt werden, gutes Geld damit verdienen;
- dass also, theoretisch formuliert, die Produktion eines städtischen Erscheinungsbildes im Interesse ökonomischer Prosperität die Vertreibung aller Störenden notwendig macht.

Was die politische Seite und die Ideologieproduktion angeht, würde sie in Erinnerung rufen,

- dass ohne Arbeitskräftemangel und Umsturzgefahr das Interesse des Staates an einer Wiedereingliederung der Gestrandeten in die Gesellschaft deutlich nachgelassen hat;
- dass deshalb die Ideologie von der Resozialisierung der Ausgegrenzten abgelöst wurde von ihrer Kriminalisierung;
- dass es genau diese Panikmache seitens der Politik war und ist, die diese Leute als Bedrohungen erscheinen lässt;
- dass es einen Unterschied gibt zwischen privatem Ekel vor dem Elend auf der Straße und einer staatlichen Politik, die diesen benutzt, um damit ganz andere Zwecke zu verfolgen;
- dass also, theoretisch formuliert, die Ansicht, dass Obdachlose, Bettler und Drogensüchtige zu nichts benötigt werden, selber schuld und deshalb zu kontrollieren und zu bestrafen sind, hegemonial geworden ist, weil für das Gegenteil kein Grund mehr zu bestehen scheint.

Schließlich würde es zu einer solchen Kulturgeographie gehören, sich ihrer Rolle in den Kämpfen um die kulturelle Hegemonie bewusst zu sein und an ihnen aktiv teilzunehmen; nicht, indem einer anderen „Kultur“ das Wort geredet wird, sondern indem sie aufzeigt, wie „Kultur“ hier eingesetzt wird im Namen von „Macht und Profit“. Für die Diskussion um die öffentlichen Räume würde das also bedeuten, weder die Vertreibung zu legitimieren noch sie aus moralischen Gründen anzuprangern und zu fordern, dass Menschen auch im öffentlichen Raum verarmen und verelenden dürfen sollten, sondern auf die Ursachen von Armut, Elend und repressiver Politik zu verweisen.

Literatur

Belina B (2000) Kriminelle Räume. Kassel (= Urbs et Regio 71)

Benjamin W (1963) Eduard Fuchs, der Sammler und Historiker. In: Das Kunstwerk im Zeitalter einer technischen Reproduzierbarkeit. Frankfurt a.M. [1937], 65–107

Cook I, Crouch D, Taylor S (2000)(Hrsg.) Cultural Turns/Geographical Turns. Harlow

Cosgrove D (1983) Towards a Radical Cultural Geography: Problems of Theory. Antipode 15, 1–11

Eagleton T (2000) The Idea of Culture. Oxford

Gans H (1995) The War Against The Poor. New York

Garland D (2001) The Culture of Control. Oxford

Gramsci A (1991ff.) Gefängnishefte. 10 Bände. Hamburg

Harvey D (1989) The Condition of Postmodernity. Oxford

Jackson P (1989) Maps of Meaning. London und New York

Marx K (1988) Das Kapital. Erster Band. Berlin [1867] (= Marx-Engels-Werke 23)

Marx K, Engels F (1969) Die deutsche Ideologie. Berlin [1846] (= Marx-Engels-Werke 3)

Mitchell D (2000) Cultural Geography. Oxford

Nash K (2002) Cultural Geography in Crisis. Antipode 34, 321–325

Philo C (2000) More words, more worlds: reflections on the „cultural turn“ and human geography. In: Cook et al., 26–53

Piven F, Cloward R (1993) Regulating the Poor. New York [1971]

Sennett R (1990) The Conscience of the Eye. London und Boston

Siegel F (1995) Reclaiming Our Public Spaces. In: Kasinitz, P. (Hrsg.) Metropolis. New York, 369–383 [1992]

Smith N (2001) Marxism and Geography in the Anglophone World. Geographische Revue 3, 5–21

Smith N (2000) Socializing culture, radicalizing the social. Social & Cultural Geography 1, 25–28

Smith N (1984) Uneven Development. Oxford

Williams R (1988) Keywords. London [1976]

Wilson J, Kelling G (1982) Broken Windows. Atlantic Monthly 3, 29–38

Teil II
Kultur und Identität

- Ein dilettantisches stumpfsinniges, oder gedankenarmes Herumphilosophieren

von jeder Verankerung d. eigenen Blickes meilenweit entfernt

6 Geographische Repräsentationen: Skizze einer *anderen* Geographie

Julia Lossau, Heidelberg

6.1 Einleitung

Im Herbst wird nicht nur in München gefeiert. Auch in Hot Springs, Arkansas, gibt es ein Oktoberfest mit deutschen Bräuchen und bayrischer Folklore. Im obligatorischen *German Bier Garten* ist, so der Werbetext für das Oktoberfest 2002, neben den entsprechenden Gaumenfreuden auch für Bands gesorgt, die „original Oktoberfest-Musik" spielen: „Alpenfest's origins date back to 1970 to the German Restaurant Hofbraugarten in Dickinson, Texas, with thousands of performances along the Gulf Coast. (…) The Waterloo German Band from Ohio has become an Arkansas Oktoberfest favorite playing everything from the grand march to the chicken dance" (The Greater Hot Springs Chamber of Commerce 2001).

Während es in Hot Springs nur im Oktober so „typisch deutsch" zugeht, stehen die Zeichen nahe Melide im Schweizer Kanton Tessin von Frühjahr bis Herbst auf „typisch schweizerisch". Dies liegt weniger daran, dass Melide selbst in der Schweiz liegt. „Schuld daran" hat eher der Park Swissminiatur, der „über 120 Modelle von Patrizierhäusern, Burgen, Domkirchen und anderen Bauten der Schweiz" (Swissminiatur S. A., o. J.) im Maßstab 1:25 ausstellt. Die Sammlung wird laufend ergänzt; zum Park gehören zusätzlich ein Restaurant und ein Geschäft, in dem die Besucherinnen und Besucher neben den üblichen Souvenirs auch „charakteristisch schweizerische" Dinge erwerben können.

Themenorte wie Swissminiatur und Themenfestivals wie das Oktoberfest in Hot Springs erfreuen sich, das „nötige Kleingeld" vorausgesetzt, großer Beliebtheit. Gleiches gilt für Themenparties – seien es nun mehr oder weniger extravagante „Türkische (Indische, Karibische, Mexikanische etc.) Nächte" oder gewöhnliche Abende im *Irish Pub* um die Ecke. Bei solchen Anlässen werden, für eine bestimmte Zeit und mit mehr oder weniger großem Aufwand, bestimmte Orte auf eine bestimmte Art und Weise repräsentiert. Diese „Repräsentations-Arbeit" setzt freilich nicht voraus, dass die jeweiligen Teilnehmerinnen und Teilnehmer davon ausgehen müssen, für die Zeit ihrer Teilnahme in der Türkei oder in Irland zu sein. Ebensowenig werden wohl nur die wenigsten Besucherinnen und Besucher des Oktoberfestes in Hot Springs glauben, sie hielten sich für die Zeit ihres Besuchs tatsächlich in München auf. Und auch die Be-

6.1 Auch in „Zinzinnati" gibt es ein Oktoberfest

treibergesellschaft der Swissminiatur weiß, dass sie die Schweiz lediglich repräsentiert, d. h. „irgendwie symbolisch und zusammenfassend" darstellt: „In der Swissminiatur, ähnlich wie in einem Bühnenbild, kann (...) ein Berg als Symbol sowohl für die Alpen wie für die Voralpen angesehen werden; einen See können Sie sich als den Genfer- oder auch den Bodensee vorstellen, und einen Fluss kann man beispielsweise als den Rhein oder die Rhone betrachten" (Swissminiatur S. A., o. J.).

Dennoch werden in all diesen Fällen Räume repräsentiert, und diese Repräsentationen wirken in gewisser Weise auf ihre Originale zurück. Denn es stellt sich die Frage, was eigentlich den Unterschied zwischen den Repräsentationen und ihren Vor-Bildern (sic) ausmacht. Anders gefragt: Wäre es nicht möglich, dass nicht bloß die Burgen und Domkirchen von Swissminiatur oder der *German Bier Garten* in Hot Springs Konstruktionen darstellen, die nicht authentisch sind, sondern nachempfunden wurden? Wurden und werden nicht auch deren Originale immer wieder aufs Neue nachempfunden, oder besser, erfunden? Anders gefragt: Stellen nicht auch das „richtige" Irland und die „richtige" Türkei geographische Repräsentationen dar, die insofern durch ihre Bezeichnung bedingt sind, als schlicht nichts gedacht werden kann, was vor seiner Bezeichnung von Bedeutung wäre?

Diese Frage stellt die Leitfrage der vorliegenden Skizze einer *anderen* Geographie dar. Letztere geht gerade nicht davon aus, dass die vermeintlich natürliche geographische Wirklichkeit per se existiert, sondern untersucht die Prozesse, in deren Verlauf diese Wirklichkeit als repräsentierte Wirklichkeit erst konstruiert wird. Das entscheidende Moment dieser Prozesse wird gemeinhin in der Trennung des „eigenen“ Raums von dem der jeweils „Anderen“ gesehen – „its political function being to incorporate and regulate ‘us‘ or the ‘same‘ by distinguishing ‘us’ from ‘them’, the same from the ‘other’“ (Dalby 1991: 274). Während dabei eine Vielzahl vermeintlich essentieller Demarkationslinien in den Blick genommen werden kann (u. a. solche, die die Klasse bzw. Schicht, das Geschlecht oder das Alter betreffen), zielen die folgenden Bemerkungen auf eine Betrachtung der geographischen Repräsentationen im postkolonialen Bereich der kulturellen Identität ab.

Vor dem Hintergrund dieses Fokus besteht der Beitrag aus zwei Teilen. Zunächst sollen die theoretisch-praktischen Grundlagen einer *anderen* Geographie näher betrachtet werden. Sie bestehen in einer „Verstörung“ zweier grundlegender Setzungen der modernen Rationalität: dem Subjekt als (logozentrischem) *Jedermann* einerseits und dem Subjekt als (egozentrischem) *Jemand* andererseits. Diese Verstörung wird im zweiten Teil auf die vermeintlich natürliche geographische Wirklichkeit bezogen. Während dies zunächst in abstrakt-theoretischer Art und Weise geschieht, kommt der zweite Teil dieses Kapitels auf die Frage nach dem Unterschied zwischen den Themenorten und ihren Originalen zurück. Am Beispiel der „richtigen“ Türkei soll schließlich die Leitfrage beantwortet werden; d. h. es soll aufgezeigt werden, dass die vermeintlich unumstößlich gegebene geographische Realität auch ganz anders möglich sein könnte und dass die Vielfalt der Möglichkeiten erst durch Prozesse der Repräsentation, u. a. auf dem Feld der kulturellen Identität, auf die *eine*, mehr oder weniger überschaubare geographische Wirklichkeit reduziert wird.

6.2 Theoretisch-praktische Grundlagen

Die theoretisch-praktischen Grundlagen einer *anderen* Geographie speisen sich insbesondere aus zwei Forschungsbereichen: demjenigen des Postkolonialismus und demjenigen des (Post-)Feminismus. Diese beiden Ansätze können als explizit politische Varianten des postmodernen/poststrukturalistischen Denkens betrachtet werden (vgl. Hall 2000). Sie zielen auf eine Verstörung der modernen Rationalität ab, die auf ihrer traditionellen Suche nach der Einheit von Einheit und Vielheit unweigerlich die Einheit privilegiert – oder anders formuliert: der auf ihrer Suche nach Einheit unweigerlich die Vielheit aus dem Blickfeld gerät, sodass sich „von irreduzibler Verschiedenheit und Vielheit (…) kaum eine Spur“ (Waldenfels 1990: 44–45) findet.

Im Folgenden soll nachvollzogen werden, wie – mit welchen theoretisch-praktischen Mitteln – und vor allem warum – aus welchen theoretisch-praktischen Gründen – die genannten Ansätze versuchen, Vielheit und Verschiedenheit geltend zu machen. Zu diesem Zweck wird die (Dekonstruktions-)Arbeit dargestellt, die auf den beiden zentralen „Terrains der Verstörung" (Höller 1996) geleistet wurde. Dabei handelt es sich zum einen um die Verstörung desjenigen Aspektes der neuzeitlichen Vernunft, der auf objektive Weltordnung und -aneignung durch den logozentrischen *Jedermann* abzielt. Zum anderen handelt es sich um die Bearbeitung des Statthalters bzw. der Statthalterin dieser Vernunft: des stabilen, selbst-identischen Subjekts in der Gestalt des egozentrischen *Jemands*. Die Bezeichnungen *Jedermann* und *Jemand*, die im Anschluss an Waldenfels (1990) in ironisierender Absicht gezielt gewählt sind, machen auf den patriarchalischen Charakter der Moderne aufmerksam. Dennoch wird es im Folgenden, dem Fokus dieser Skizze entsprechend, vornehmlich um die postkoloniale Kritik gehen.

6.2.1 Jedermann oder „Das Eine und das Andere"

Die Kritik an der Logozentrik des erkennenden *Jedermann* rührt daher, dass der Postkolonialismus vor dem Hintergrund der Kontingenz operiert, d.h. davon ausgeht, dass alles auch ganz anders sein könnte. Vor diesem Hintergrund kann gesellschaftliche Wirklichkeit – wie alle anderen Gegenstände (inner- und außer-)wissenschaftlicher Beobachtung auch – nicht unabhängig von ihrer Beobachtung und Beschreibung vorliegen. Die daraus resultierende Unmöglichkeit eines direkten, unmittelbaren Zugriffs auf eine vorgängige Wirklichkeit wird auch als Krise der Repräsentation bezeichnet: Weder wohnen Bedeutungen in den Dingen, noch sind die Beziehungen zwischen den Dingen und „ihren" Bedeutungen natürlich oder gar gottgegeben. Die Wirklichkeit entsteht vielmehr erst durch kontinuierliche Bedeutungszuweisungen, durch Sprechen oder Schreiben, Denken oder Fühlen im Rahmen kultureller Konventionen. Mit anderen Worten: Die Wirklichkeit stellt eine Konstruktion dar, die im Rahmen von Repräsentationsprozessen (re-)produziert wird.

Wenn es aber die Wirklichkeit per se nicht gibt, wenn sie also kulturell je anders konstruiert ist, dann stellt sich „politisch die Frage nach den Geltungsansprüchen und der Autorisierung" (Meier 1998: 107): „*Wer* hat das Recht, in *wessen* Namen ‚Wahrheiten' zu verbreiten (…)" (ebd.) oder „Wer spricht hier von welchem Ort aus über was und für wen" (Reuber und Wolkersdorfer 2001: 7)? Gerade vor dem Hintergrund der Kontingenz wird es folglich möglich, nicht nur die realen Effekte von Konstruktionen zu beobachten, sondern auch zu sehen, dass Repräsentationen der Wirklichkeit immer in Fragen nach Macht und Herrschaft eingelassen sind. Der immer wieder geäußerte Vorwurf, der Postkolonialismus rede (wie der Postmodernismus) einem nihilistischen Relativismus das Wort, zielt demnach ins Leere. Eine Absage an die Möglichkeit objektiver Erkenntnis durch den weltordnenden *Jedermann* kann vielmehr als Vorbedingung für eine politisch-engagierte Kritik betrachtet werden (vgl. Butler 1993: 34).

Zwar unterscheiden sich die postkolonialen Beiträge in der Schärfe ihrer Kritik. Aber sie zielen alle darauf ab, jenen Wahrheiten und Identitäten zu ihrem Recht zu verhelfen, die sich im „blinden Fleck“ des objektivistischen *Jedermann* befinden. Während der (Post-)Feminismus dabei auf die besonderen Erfahrungen von Frauen abzielt (vgl. Benhabib et al. 1993; Wobbe und Lindemann 1994), geht es der postkolonialen Kritik um die vielfältigen Erfahrungen marginalisierter Identitäten, wie sie auch nach der formalen Entkolonialisierung noch längst nicht der Vergangenheit angehören (vgl. Gandhi 1998; Williams und Chrisman 1994).

6.2.2 Jemand oder „Das Eigene und das Andere“

Was aber sind das für Identitäten? Anders gefragt: Was passiert mit dem *Jemand*, dem egozentrischen Alter Ego des *Jedermann*, wenn letzterer von seinem freischwebenden Aussichtspunkt gestoßen und damit seines vermeintlich objektiven Panoramablicks beraubt wird? Dieser Positionswechsel hat zwangsläufig Folgen für die Stabilität des *Jemand*. Und in der Tat wendet sich die postkoloniale Kritik ganz grundsätzlich gegen die neuzeitliche Ableitung eines allgemeinen Wesens des Menschen, das als gleichmachende Eigenschaft jedem *Jemand* innewohnt. Denn im theoretischen Konzept des unteilbaren sowie unterscheidbaren Subjekts geht der Blick für Vielheit ebenso verloren wie die empirische Feststellung, dass sich das westliche (weiße, männliche und besitzende) Subjekt mit seiner vermeintlich universellen und selbstgenügsamen Identität nur hat erfinden können durch die Spiegelung in seinen vermeintlichen Anderen, auf die es zwar angewiesen war, aber die es gleichzeitig ausschließen musste. Daher wird dem autonomen, sich selbst bewussten Subjekt die Vorstellung hybrider Subjektpositionen entgegengesetzt, die, als jeweils vorläufige Produkte permanenter Differenzierungsprozesse, in einen umkämpften und nicht endenden Prozess der Identifikation verwickelt sind.

Doch so gewinnbringend diese Dezentrierung des Subjekts auch sein mag – sie kann nicht überall als Gewinn betrachtet werden. Nur wenige Mitglieder sogenannter „Randgruppen“ haben Positionen inne, von denen aus sie den Luxus einer solchen Verstörung überhaupt genießen könnten (vgl. Berg 1993: 494). Vor dem Hintergrund krasser Ungleichheiten im Kampf um Repräsentation aber gerät eine emanzipatorische, produktive Dimension von Identität ins Blickfeld. Sie ermöglicht es marginalisierten und subalternen Subjektpositionen, ihre Identitäten und Repräsentationen von den „Rändern“ her zu artikulieren. Entscheidend ist allerdings, dass die dabei „entstehenden kulturellen Identifikationen (…) als Schwellenerfahrungen der Identität [begriffen werden], bei der so etwas wie eine ‚Einheit nur in Anführungszeichen‘ (Hall) gedacht werden kann“ (Bhabha 1996: 350). Letzteres schließt eine glorifizierende „Romantik der Ränder“ ebenso aus wie jede homogenisierende Vorstellung von „wahren subalternen Gemeinschaften“ (in bezug auf die „wahre schwarze Gemeinschaft“ vgl. West 1997). Folglich beschäftigt sich die postkoloniale Kritik nicht mit den vermeintlich natürlichen, essentialistischen Kategorien der Kultur, der Rasse oder der Ethnie. Sie verhandelt vielmehr vorläufige Identitäten in Anführungszeichen, die im Lauf langer Kämpfe um Repräsentation konstruiert worden sind, und rekonstruiert so parzielle, fragmentierte Identitäten jenseits des essentialistisch gedachten Gegensatzes vom „Eigenen“ und „Anderen“ (vgl. Hall 1994).

6.3 Die Politik der Verortung

„What I find myself doing (...) is rethinking geography“. Dieses Zitat stammt nicht, wie man vielleicht vermuten könnte, aus dem Kontext der geographischen *Scientific Community*. Vielmehr war es der Literaturwissenschaftler Edward Said, der von sich behauptete, die Geographie neu/umzudenken (Said zitiert in Gregory 1995: 447). Und in der Tat können seine Schriften als ein sehr weitgehender Versuch gelesen werden, die Geographie auf Grundlage der beiden skizzierten „Terrains der Verstörung“ neu zu verhandeln. Im Zuge dieser Verhandlung entwickelte sich in den letzten zehn Jahren auch eine *andere* Geographie. In ihrem Zentrum steht die Auseinandersetzung mit den Weltbildern (wissenschaftlicher und populärer) geographischer Diskurse (vgl. Gregory 1994: 11), die, vom Klassenzimmer bis zum Kanzleramt, in unzählige Topographien von Macht und Wissen eingelassen sind.

6.3.1 Geographische Repräsentationen

In seinem Klassiker „Orientalism“ (Said 1978) zeigt Said in Anlehnung an Michel Foucaults Untersuchungen zum Diskursbegriff und insbesondere dessen „Archäologie des Wissens“ (Foucault 1977; 1981), wie die geographische Repräsentation „Orient“ in den Diskursen des französischen und britischen Imperialismus zum „Anderen“ der geographischen Repräsentation „Europa“ wurde. Dadurch beraubt er den traditionellen geographischen Blick, d. h. den Blick auf die vermeintlich natürliche geographische Wirklichkeit, seines Status als Prophet einer gleichsam naturgegebenen Wahrheit. Er fasst ihn umgekehrt als Bestandteil einer diskursiven Praxis, mit deren Hilfe diese Wirklichkeit erst produziert wird. Dahinter steckt die (in Anlehnung an Claude Lévi-Strauss formulierte) Überlegung, dass die Konstruktion einer bestimmten Wirklichkeit immer auch eine Verortung der Objekte und Identitäten beinhaltet, die wiederum die geographische „Ordnung der Dinge“ natürlich erscheinen lässt. Mit anderen Worten: Die Produktion einer bestimmten Wirklichkeit beinhaltet immer auch eine Verortung der Objekte, und erst der Prozess des Ordnens/Verortens vermag die Überzeugung herzustellen, die verorteten Objekte und Identitäten existierten in einem objektiven Sinn. Dieser Prozess der Objektivierung bleibt aber nicht auf die einzelnen „Dinge" beschränkt. Denn zusammen mit den verorteten und damit objektivierten Objekten und Identitäten erscheint auch die gesamte Ordnung als eine Ordnung, die so und nicht anders ist.

Insofern er die vermeintlich natürlichen geographischen Wirklichkeiten auf diese Weise als fiktionale Repräsentationen oder, in seiner eigenen Terminologie, imaginative Geographien entlarvt, bezieht Said Stellung gegen eine Haltung, die man als „geographischen Essentialismus" (Driver 1992: 31) bezeichnen kann – „the notion that there are geographical spaces with indigenous, radically 'different' inhabitants who can be defined on the basis of some religion, culture, or racial essence proper to that geographical space" (Said 1978: 322). Und auch eine andere Geographie wendet sich gegen die Verortung essentialistischer Entitäten auf vermeintlich natürlicher Grundlage. Denn diese Verortung führt dazu, dass die Vielfalt möglicher Wirklichkeiten in eine ganz bestimmte Ordnung gebracht und auf die eine, vermeintlich natürliche Wirklichkeit reduziert wird. Dadurch werden andere mögliche Wirklichkeiten zwangsläufig ausgeschlossen und andere Identitäten zwangsläufig marginalisiert.

6.3.2 Noch einmal: Zur Konstruiertheit von Themenorten und (anderen) Räumen

Vor dem theoretisch-praktischen Hintergrund einer *anderen* Geographie kann die eingangs gestellte Leitfrage beantwortet werden. Denn vor ihrem Hintergrund wird deutlich, dass nicht bloß die Burgen und Domkirchen von Swissminiatur oder der *German Bier Garten* in Hot Springs Konstruktionen darstellen. Tatsächlich existieren auch die entsprechenden Originale, d.h. die Schweiz und München, ebenso wenig per se wie die Vor-Bilder der „Türkischen Nächte" oder des *Irish Pub*, sondern werden immer wieder aufs Neue „lediglich" (re-)konstruiert. Dies soll nun am Beispiel der geographischen Repräsentationen der „richtigen" Türkei durch die deutsche (Außen-)Politik nachvollzogen werden.

Auch vierzig Jahre nach dem Abschluss des Assoziationsabkommen der Türkei mit der damaligen EWG aus dem Jahr 1963 ist noch immer nicht geklärt, wohin die Türkei eigentlich gehört. Zwar wurde sie 1999 offiziell zur Beitrittskandidatin der Europäischen Union erklärt und erhielt auf dem Kopenhagener EU-Erweiterungsgipfel Ende 2002 auch eine „echte Beitrittsperspektive". Dennoch gibt es nach wie vor Diskussionen darüber, ob die Türkei nun zu Europa gehört oder nicht. Dabei scheint eine Verortung der Türkei in Europa aus deutscher Sicht nicht nur aufgrund der guten wirtschaftlichen Beziehungen denkbar. Immer wieder wird auch darauf verwiesen, dass die Bundesrepublik „mit der Türkei durch über zwei Millionen von dort stammender Mitbürger unauflöslich verbunden [ist]“ (Steinbach 1997: 33). Dem entsprechenden Bild der „europäischen Türkei“ stehen jedoch zwei andere machtvolle geographische Repräsentationen entgegen. Während die erste dieser Repräsentationen die Türkei als neoosmanisches Zentrum einer neuen Turkregion sieht, verhandelt die zweite, gegenwärtig machtvollere, eine islamische Türkei als Teil des Nahen Ostens und des Mittelmeerraums. Alle drei Repräsentationen, die europäische, die neoosmanische und die islamische Türkei, basieren auf einer binären Logik, die auf ebensolchen Gegensätzen beruht und letztlich auch die Türkei immer wieder aufs Neue hervorbringt (für eine ausführlichere Darstellung vgl. Lossau 2000; 2002).

Damit beantwortet sich letztlich die Frage nach dem Platz der Türkei in der internationalen Staatenwelt – wenn auch aus einer anderen, postkolonialen Perspektive. Da sie weder im „eigenen“, d. h. europäischen, Raum verortet, noch als vollkommen „anders“ repräsentiert wird, wird sie zu einer kultur-räumlichen Entität zwischen jeweils binären Oppositionen, einem hybriden Dazwischen, das sich zeitlich „zwischen Vergangenheit und Gegenwart“ (Steinbach 1989: 40) und geographisch „zwischen Orient und Okzident“ befindet. Dieser Status des Dazwischen kann nicht einschließend wirken oder gar, wie es das postkoloniale Konzept der Hybridität impliziert, einen Weg zu einer Politik der Entgrenzung bzw. Dezentrierung aufzeigen (vgl. Bhabha 1994; Hall 1994). Denn die deutsche Identitätspolitik, deren Exklusivität beispielsweise in den Diskussionen um die doppelte Staatsbürgerschaft deutlich wurde (vgl. Özdemir 1999), bietet keinen Raum für kulturelle Entgrenzung. Oder besser: Sie kann keinen Raum für kulturelle Entgrenzung bieten, weil die „eigene“ Identität nur in der Ausgrenzung von „Anderen“ immer wieder normalisiert und fixiert werden kann. Die Position des „Dazwischen“ wird so auf eine negative Ambivalenz reduziert, die eine Aufnahme der Türkei in den Raum des „Eigenen“ letztlich unterminiert.

Daher besteht auch nur wenig Interesse an den vielen Wirklichkeiten der in der Türkei lebenden Menschen und, was nicht vergessen werden sollte, an den komplexen Realitäten türkischer Migrantinnen und Migranten in Deutschland. Denn imaginative Demarkationslinien, oft als „die Mauern in unseren Köpfen“ bezeichnet, sind selbst mit einer unbefristeten Aufenthaltsgenehmigung nicht vollständig zu überschreiten. Ihre exklusive Realität kommt u. a. in einer Metapher zum Ausdruck, deren Karriere der Erziehungswissenschaftler Thomas Kunz untersucht hat. Kunz (2000) zeigt auf, dass das Bild vom „Sitzen zwischen zwei Stühlen“, das die Situation der Türkinnen und Türken auf eine binäre Formel reduziert, zu einem festen Bestandteil deutscher Schulbücher avanciert ist. In dieser Festschreibung zeigt sich dieselbe negative Ambivalenz, mit der auch die „richtige“ Türkei ausgestattet wird: Selbst diejenigen, die die Grenzen der „Festung Europa“ überwunden haben, können nicht vollständig in Europa ankommen. Dennoch (oder gerade deshalb) werden sie implizit oder explizit vor die fragwürdige Wahl zwischen einer Assimilation bzw. Anpassung an eine „fremde“ Modernität und einer Rückkehr zur vermeintlichen Authentizität ethnischer oder religiöser Ursprünge gestellt.

Diese Wahl mag abstrakt als Dilemma erscheinen; konkret wird sie zum Drama alltäglicher Unterdrückung, Entmächtigung und Marginalisierung im Kampf um kulturelle Repräsentation. Daher versucht eine *andere* Geographie, dem Denken in essentialistischen Identitäten ein Denken in multiplen Differenzen entgegenzusetzen, das gleichwohl (oder gerade deshalb) an der oben erwähnten emanzipatorischen Dimension von Identität festhält. Dabei vermeidet sie es wohlweislich, marginale Identitäten zu glorifizieren, d. h. mit genau jenem autonomen Sein ausstatten, das, als inklusiv-exklusives Kennzeichen des *Jemand*, zur Dekonstruktion des modernen Subjektbegriffs Anlass gab. Zudem geht es „heute nicht darum, *ob* wir kulturelle Hybridität für erstrebenswert halten oder nicht, sondern einzig darum, *wie* wir mit ihr umgehen“ (Bronfen und Marius 1997: 18). Ganz ähnlich argumentiert Edward Said, wenn er in bezug auf jegliche Sozialromantik gegenüber postkolonialen Identitäten festhält, dass „die bloße Existenz als unabhängiger, postkolonialer Araber oder Schwarzer oder Indonesier weder ein Programm noch ein Prozess, noch eine Vision ist“ (Said 1997: 88). In seinen Augen markiert diese Existenz nichts weiter als einen geeigneten „Ansatzpunkt, an dem die wirkliche Arbeit, die harte Arbeit, beginnen könnte“ (ebd.). Diese Arbeit besteht darin, das Wagnis eines Denkens in Differenzen einzugehen und nicht nur die in Deutschland lebenden Türkinnen und Türken als hybrid anzusehen – was in Anbetracht ihrer Verortung „zwischen Orient und Okzident“, „zwischen Vergangenheit und Gegenwart“ oder eben „zwischen zwei Stühlen“ keiner großen Anstrengungen bedarf. Anstrengender und „härter ist es, dies auch bei Westfalen, bei Bayern, bei Deutschen, Franzosen und Wallisern, bei Schotten, Andalusiern und Lombarden, bei Eidgenossen, Polen und Russen zu tun“ (Nassehi 1999: 352).

6.4 Fazit: Für eine Verunsicherung des geographischen Blicks

Die vermeintlich natürliche geographische Wirklichkeit ist nicht per se, sondern wird durch die Verhandlung geographischer Repräsentationen im Prozess der Verortung erst konstruiert. Dies bedeutet, dass die „richtige“ Türkei als solche ebensowenig existiert wie das „wahre“ München als Original des Oktoberfests von Hot Springs. Jede Geographie – sei sie lustiger Themenort oder umkämpfte Territorialgrenze – kann nicht mehr (aber auch nicht weniger) sein als eine geographische Imagination. Daher besteht das Kernanliegen einer *anderen* Geographie in einer Verunsicherung des traditionellen geographischen Blicks. Dessen Grundeinstellung besteht in einer objektivistischen Sicht der geographischen Ordnung der Dinge, in der die von *Jedermann* sichtbar gemachte Wirklichkeit als die einzig mögliche Wirklichkeit des selbst-identischen *Jemand* (im Plural gedacht) angesehen wird.

Demgegenüber versucht eine *andere* Geographie aufzuzeigen, dass es den freischwebenden Aussichtspunkt des *Jedermann* ebenso wenig geben kann wie die *eine* geographische Wirklichkeit. Damit fordert sie dazu auf, sich weniger auf die Betrachtung der Gegenstände als darauf zu konzentrieren, auf welche Art und Weise diese Gegenstände – notwendigerweise auch innerhalb des eigenen Arbeitens – betrachtet und damit (re-)produziert werden (vgl. Nassehi 1999: 359). Mit anderen Worten: Eine *andere* Geographie fordert dazu auf, vertraute Ordnungen (auch die eigenen) in Frage zu stellen und gewohnte Denkschemata (auch die eigenen) zu hinterfragen. Dass eine solche Haltung weder Sprachlosigkeit noch Nihilismus implizieren muss, sollte diese Skizze gezeigt haben. Die Praxis der Verunsicherung (insbesondere auch des eigenen Blicks) ist vielmehr als Kennzeichen einer Wissenschaft zu betrachten, die damit rechnet, in die Produktion ihrer Gegenstände verwickelt zu sein und die sich folglich um ein Verhältnis zur eigenen Kontingenz bemüht, „in dem sie Zirkularität nicht mehr ausschließt" (Luhmann 1992: 95).

Literatur

Benhabib S et al. (Hrsg.) (1993) Der Streit um Differenz. Feminismus und Postmoderne in der Gegenwart. Frankfurt a. M.

Berg LD (1993) Between modernism and postmodernism. Progress in Human Geography 17, 490–407

Bhabha HK (1994) The postcolonial and the postmodern: The question of agency. In: ders.: The location of culture. London/New York, 171–197

Bhabha HK (1996) Postkoloniale Kritik. Vom Überleben der Kultur. Das Argument 215, 345–359

Bronfen E, Marius B (1997) Hybride Kulturen. Einleitung zur anglo-amerikanischen Multikulturalismusdebatte. In: Bronfen E, Marius B, Steffen T (Hrsg.) Hybride Kulturen. Beiträge zur anglo-amerikanischen Multikulturalismusdebatte. Tübingen, 1–29

Butler J (1993) Kontingente Grundlagen. Der Feminismus und die Frage der „Postmoderne". In: Benhabib S et al. (Hrsg.) Der Streit um Differenz. Feminismus und Postmoderne in der Gegenwart. Frankfurt a. M., 31–58

Dalby S (1991) Critical geopolitics: discourse, difference, and dissent. Environment and Planning D: Society and Space 9, 261–283

Driver F (1992) Geography's empire: histories of geographical knowledge. Environment and Planning D: Society and Space 10, 23–40

Foucault M (1977) Überwachen und Strafen. Frankfurt a. M.

Foucault M (1981) Archäologie des Wissens. Frankfurt a. M.

Gandhi L (1998) Postcolonial theory. A critical introduction. New York

Gregory D (1994) Geographical imaginations. Cambridge

Gregory D (1995) Imaginative geographies. In: Progress in Human Geography 19, 447–485

Hall S (1994) Rassismus und kulturelle Identität. Ausgewählte Schriften 2. Hamburg

Hall S (2000) Cultural Studies. Ein politisches Theorieprojekt. Ausgewählte Schriften 3. Hamburg

Höller C (1996) Terrains der Verstörung. Interview mit Stuart Hall. Texte zur Kunst 6 (24), 47–57

Kunz T (2000) Zwischen zwei Stühlen. Zur Karriere einer Metapher. In: Jäger S, Schobert A (Hrsg.) Weiter auf unsicherem Grund. Faschismus, Rechtsextremismus, Rassismus. Kontinuitäten und Brüche. Duisburg, 229–252

Lossau J (2000) Für eine Verunsicherung des geographischen Blicks: Bemerkungen aus dem Zwischen-Raum. Geographica Helvetica 55, 23–30

Lossau J (2002) Die Politik der Verortung. Eine postkoloniale Reise zu einer anderen Geographie der Welt. Bielefeld

Luhmann N (1992) Kontingenz als Eigenwert der modernen Gesellschaft. In: ders.: Beobachtungen der Moderne. Opladen.,93–128

Meier V (1998) Jene machtgeladene soziale Beziehung der „Konversation"... Geographica Helvetica 53, 107–112

Nassehi A (1999) Die Paradoxie der Sichtbarkeit. Für eine epistemologische Verunsicherung der (Kultur-) Soziologie. Soziale Welt 50, 349–362

Özdemir C (1999) Der Anfang ist gemacht. Die überfällige Normalisierung des deutschen Staatsangehörigkeitsrechts. Internationale Politik 4/99, 45–46

Reuber P, Wolkersdorfer G (2001) Die neuen Geographien des Politischen und die neue Politische Geographie – eine Einführung. In: dies. (Hrsg.) Politische Geographie. Handlungsorientierte Ansätze und Critical Geopolitics. = Heidelberger Geographische Arbeiten 112. Heidelberg, 1–16

Said E (1978) Orientalism. New York

Said E (1997) Die Politik der Erkenntnis. In: Bronfen E, Marius B, Steffen T (Hrsg.) Hybride Kulturen. Beiträge zur anglo-amerikanischen Multikulturalismusdebatte. Tübingen, 81–95

Steinbach U (1989) Die Türkei zwischen Vergangenheit und Gegenwart. Informationen zur politischen Bildung 223, 40–44

Steinbach U (1997) Außenpolitik am Wendepunkt? Ankara sucht seinen Standort im internationalen System. Aus Politik und Zeitgeschichte B 12/97, 24–32

Swissminiatur S.A., (o.J.) Swissminiatur. Unter: http://www.swissminiatur.ch/deutsch/index.htm (Stand: Dezember 2002)

The Greater Hot Springs Chamber of Commerce (2001) The 28th Annual Arkansas Oktoberfest. Unter: http://www.hschamber.com (Stand: Dezember 2002)

Waldenfels B (1990) Der Stachel des Fremden. Frankfurt a. M.

West C (1997) Die neue Politik kultureller Differenz. In: Bronfen E, Marius B, Steffen T (Hrsg.) Hybride Kulturen. Beiträge zur anglo-amerikanischen Multikulturalismusdebatte. Tübingen, 247–265

Williams P, Chrisman L (1994) Colonial discourse and post-colonial theory: An Introduction. In: dies. (Hrsg.) Colonial discourse and post-colonial theory. A reader. New York, 1–26

Wobbe T, Lindemann G (Hrsg.) (1994) Denkachsen. Zur theoretischen und institutionellen Rede von Geschlecht. Frankfurt a. M.

7 „Das duale System“: Wer bin ich – und wenn ja, wie viele? Identitätskonstruktionen aus feministisch-poststrukturalistischer Perspektive

Anke Strüver, Nijmegen

Jede und jeder kennt sicherlich das Gefühl, „zur falschen Zeit am falschen Ort“ zu sein, sich an einem Ort zu befinden, aber nicht dorthin und „dazu“ zu gehören, de-platziert zu sein – im wahrsten Sinne des Wortes. Die Gründe für dieses Gefühl der De-Platziertheit bzw. De-Platzierung sind vielfältig und oft banal. So kann es z. B. schlicht und einfach „nur“ die falsche Zeit oder der falsche Ort für ein (anders) vereinbartes Treffen sein, der eben jenes nicht platzfinden und somit platz-en lässt. Dieses Gefühl kann sich aber beispielsweise auch einstellen, wenn eine Frau in einer Behörde bei der Suche nach einer Toilette zwischen „Personal“ und „Besucher“ entscheiden darf bzw. muss – und sich ggf. in beiden Räumen „falsch“ fühlt. Beide Szenarien verweisen auf ein Phänomen, das mit „Platz nehmen“, mit Platzierung und De-Platzierung zu tun hat sowie auf die Vorstellung (und gesellschaftliche Umsetzung), bestimmte Personen „gehörten“ an bestimmte Orte – und andere eben nicht.

Nun ist das Fehlen der „richtigen“ Toilette zwar erwähnenswert, aber in den meisten Fällen nicht elementar oder gar beängstigend (und vielen Menschen wird die fehlende Toilette für Besucherinnen gar nicht auffallen). Anders verhält es sich aber mit dem etwas allgemeineren Beispiel der „falschen“ Zeit-Ort-Konstellation: Als alleine wartende Frau fühle ich mich bspw. in einem Wald, einer Tiefgarage oder einem Gewerbegebiet vormittags um 11 Uhr wahrscheinlich unbekümmerter und „sicherer“ als nachts um 23 Uhr. Dass das so ist kann allerdings nicht alleine auf die nachts höhere Wahrscheinlichkeit für Gewalttaten und/oder weibliche Ängstlichkeit in der Dunkelheit, in menschenleeren Wäldern, Tiefgaragen oder Gewerbegebieten zurückgeführt werden. Vielmehr geht es darum, dass Orte und Räume für unterschiedliche Menschen und zu wechselnden (Tages-) Zeiten unterschiedliche Vorstellungen symbolisieren und Bedeutungen generieren, die wiederum Gefühle hervorrufen. Doch sind die Wahrnehmungen dieser Bedeutungen weder individuell noch „natürlich weiblich“ (bzw. männlich).

Die folgenden Überlegungen nehmen die (symbolischen) Bedeutungen von Räumen und ihre Nutzung durch verschiedene gesellschaftliche Personengruppen zum Ausgangspunkt, um sich insbesondere letzteren, der Konstruktion von verschiedenen Personengruppen, ihren Identitäts- und Rollenzuschreibungen sowie den dahinter stehenden Prinzipien zu nähern. Sie stehen somit im Zentrum dessen, was Linda McDowell (1994:147) als Nexus der „neuen Kulturgeographie" ausmacht, die „Beziehungen zwischen Identitäten, Bedeutungen und Raum". „Kultur" wird in dieser Geographie sehr breit als System verstanden, das Bedeutungen in der gesellschaftlichen Praxis generiert und wahrnehmbar macht und dadurch soziales Leben organisiert und reguliert. D. h. Kultur als gesellschaftliches Werte- und Normensystem konstruiert und differenziert die Bedeutungen verschiedener Räume und ihrer Beziehungen zueinander (z. B. öffentlicher/privater Raum, Stadt/Land, „sichere/gefährliche" Orte etc.) sowie die von verschiedenen Menschen, einschließlich ihrer Zuordnung zu bestimmten Identitätskategorien. Dabei sind sowohl die Bedeutungen von Räumen als auch die von Identitäten abhängig von gesellschaftlichen Machtverhältnissen, sie sind in ihren Beziehungen unter- und zueinander durch *power-geometries* (Massey 1994, 1999) bestimmt. Insbesondere von feministisch-poststrukturalistisch arbeitenden GeographInnen wird dargelegt, dass sich Identitätskategorien wie Geschlecht sowie Räume und ihre jeweiligen Bedeutungen „co-konstituieren", dass Räumen durch die Nutzung bestimmter Personengruppen Bedeutungen zugeschrieben werden – aber auch umgekehrt, dass die Bedeutungen von Räumen wichtiger Bestandteil im Prozess von Identitätskonstruktionen sind (vgl. stellvertretend Massey sowie Jones/Nast/Roberts 1997, Natter und Jones 1997).

Identitätskonstruktionen haben sich in sozialwissenschaftlichen und sexualpolitischen Kontexten in den letzten Jahren zu einem Dauerbrenner entwickelt, für den das Thema „Geschlecht" zu einer immer beliebteren wie bedeutsameren (Identitäts-) Kategorie geworden ist. Gleichzeitig werden die Abgrenzungen der Kategorie sowie die verschiedenen, sie konstituierenden „Geschlechts-Identitäten" immer schwieriger – ohne jedoch (bisher) ihren dualistischen Logiken wie Zweigeschlechtlichkeit und Heteronormativität entkommen bzw. als Thema in der Geographie wirklich angekommen zu sein. Allgemein bestimmen Fragen von Identitätszuweisungen, -kategorien und -konstruktionen seit einiger Zeit viele (gesellschafts-)wissenschaftliche Auseinandersetzungen. Insbesondere im feministischen Kontext wurde und wird das Phänomen (Geschlechts-) Identität diskutiert – und mit ähnlichen theoretischen Hintergründen und politischen Ambitionen in bezug auf kulturelle/ethnische Identität in den *Cultural Studies*. Unmittelbar mit Identität verbunden ist immer der Aspekt der „Differenz": die Frage nach der Konstruktion von Identitäten geht direkt mit der Differenz einher, nach dem Anderen, dem Außen der Identität, und damit nach Grenzziehungen, nach Ab-, Ein- und Ausgrenzungen.

Feministisch-akademische Zusammenhänge haben in den letzten zwei Dekaden als Impulsgeber für viele der aktuellen Diskussionen um Identität fungiert – und auch dieser Beitrag thematisiert die Konstruktion von Identitäten am Beispiel der Kategorie Geschlecht. Die Ausführungen basieren überwiegend auf der Erörterung konzeptioneller Überlegungen und ziehen dabei zur Verdeutlichung Beispiele heran, die größtenteils ebenfalls feministischen Kontexten entstammen. Dennoch – oder gerade deswegen – soll damit dargelegt werden, dass erstens die Kategorie Geschlecht jeden und jede „betrifft“ (und nicht etwa nur Frauen, wie es oftmals suggeriert wird), dass zweitens die Prinzipien von Identitätszuschreibungen und -kategorien sowie ihre Konstruktionsmechanismen dieselben sind (denn auch Firmen, Unis, Städte, Parteien, Nationen, Fußballclubs ... suchen, werben und verwerfen „Identität“), und dass drittens Konstruktionen von Gruppen- und Subjektidentitäten einerseits und Räumen andererseits wechselseitig aufeinander bezogen sind.

Nach einer kurzen Herleitung des Identitätsdiskurses innerhalb feministischer Auseinandersetzungen stehen semiotische und diskurstheoretische Ansätze zur Bedeutungs- und Identitätskonstruktion im Mittelpunkt der Ausführungen. Anschließend wird erneut auf feministische Theorieentwicklungen zurückgegriffen, um Identitätskonstruktionen als Phänomen und Problem nicht nur zu erklären, sondern auch zu destabilisieren und um (kultur-)geographische Perspektiven anhand von Identitätsfragen wie bspw. der Kategorie Geschlecht kritisch weiter zu entwickeln.

7.1 „Ich bin meine eigene Frau“[1]

Der Begriff „Identität“ ging lange Zeit auf Erik Eriksons sozialpsychologische Begriffsbestimmung zurück, deren Voraussetzung ein kohärent-kontinuierliches und bewusst handlungsfähiges Subjekt ist (Erikson 2001). Feministische Identitätsdiskurse beziehen sich hingegen selten auf diese theoretische Perspektive, sondern (mittlerweile) größtenteils auf psychoanalytische und/oder poststrukturalistische Ansätze. Diese stellen „Differenz(en)“ in den Mittelpunkt, und zwar in Bezug auf die diskursive Konstruktion von Subjektidentitäten als dezentriert, fragmentiert und inkohärent. Als Grundlage für dieses Identitätsverständnis und die weiteren Ausführungen werden im Folgenden zunächst kurz vorangegangene feministische Konzeptualisierungen von „Geschlecht“ sowie die (post)strukturalistischen Prinzipien der Bedeutungs- und Identitätskonstruktion vorgestellt.

Der feministische Identitätsdiskurs hat seinen Ursprung in der Untersuchung gesellschafts- und geschlechtsspezifischer Unterdrückungsmechanismen, für die seit den 1970er Jahren im anglo-amerikanischen Sprachraum die Kategorie „Geschlecht“ analytisch in Sex (biologisches Geschlecht) und Gender (kulturelles Geschlecht bzw. Geschlechtsidentität) getrennt wurde. Diese Trennung

[1] Mahlsdorf 1993. Charlotte von Mahlsdorf wurde „als Junge geboren“, lebt aber eine weibliche Geschlechtsidentität.

widerlegt zum einen die Annahme, dass die Diskriminierung von Frauen ihre Ursache im körperlich-biologischen Unterschied hat und untermauert damit die Forderung nach sozialer Gleichberechtigung. Zum anderen beruht diese Trennung aber auf einem essentialistischen Subjektkonzept, da Geschlechtsidentität als kausales und naturgegebenes Resultat des biologischen Geschlechts dargestellt und als etwas Unveränderliches sowie exklusiv binär, *zwei*geschlechtlich strukturiertes verstanden wird (vgl. Heintz 1993). Demnach ist jeder Mensch entweder ein Mann oder eine Frau.

Aus der *Hinterfragung* der natürlichen Zweigeschlechtlichkeit und dem feministischen Anliegen der Denaturalisierung der Geschlechterdifferenz resultierten schließlich zahlreiche Studien, die belegen, dass der menschliche Körper und das Geschlecht weder naturgegeben, noch geschichtslos sind. Wie beispielsweise Duden (1991), Foucault (1977), Lacqueur (1992) und Maihofer (1995) zeigen, sind Körper- und Geschlechtswahrnehmung gesellschaftlich bedingt. Männer bzw. Frauen werden bspw. erst seit dem 18. Jahrhundert sozial als solche klassifiziert (und letztere degradiert), weil sie *biologisch* männlichen bzw. weiblichen Geschlechts sind; d. h. die Unterscheidung in Frauen und Männer wird an körperlichen Merkmalen festgemacht und diese binäre und hierarchische Geschlechterordnung als „natürlich“ bzw. naturgegeben hingenommen.

Weite Teile der aktuellen feministisch-poststrukturalistischen Diskussion konzentrieren sich auf die Ent- bzw. Denaturalisierung und De-Essentialisierung der Geschlechtsidentitäten und der ihnen zugrunde liegenden (Geschlechter-)Differenz (vgl. bspw. Butler 1991, 1997, Haraway 1995, Grosz 1995, Paulus 2001). Geschlecht, Geschlechtsidentität und Zweigeschlechtlichkeit werden als Produkte der soziokulturellen, ökonomischen und politischen Verhältnisse begriffen. Und auch die Wahrnehmungen der eigenen Subjektidentität(en) sind Produkte der gesellschaftlichen Verhältnisse, die sich in/auf Subjekte einschreiben, sie formen und bilden und diese gleichzeitig widerspiegeln.

7.2 Die Differenz der *différance*

Wie bereits eingangs angedeutet, sind die hier zentral stehenden Ausführungen zur (Geschlechts-)Identität Teil einer Kulturgeographie, die die Bedeutungen und Beziehungen von Identität und Raum thematisiert. Konkreter noch, und wie ebenfalls bereits erwähnt, stützen sie sich auf den feministischen Poststrukturalismus, der als theoretischer Ansatz gesellschaftliche Machtverhältnisse mit persönlichen Erfahrungen verbindet, um die Konstitution von Subjektidentitäten und ihre Bedeutungen darzulegen. Er bezieht sich dabei auf das der Semiotik entstammende Prinzip, dass Sprache der „Konstrukteur“ gesellschaftlicher Bedeutungsorganisation und Ordnung ist, dass Bedeutungen innerhalb von Sprache als System *hergestellt* und nicht nur von ihr wiedergegeben werden.[2]

Poststrukturalistische Ansätze zur Bedeutungskonstruktion gehen hauptsächlich auf das dem linguistischen Strukturalismus bzw. der Semiotik entstammende Prinzip der Bedeutungszuschreibung zurück. Dieses versteht Sprache als ein Zeichensystem, das aus Bezeichnendem („Text“ im weiteren Sinne, z. B. auch Namen oder Identitätskategorien) und Bezeichnetem (z. B. Subjekt bzw. Subjektidentität) besteht. Das Verhältnis zwischen beiden ist dabei nicht vorgegeben, sondern gesellschaftlich (vgl. Culler 1990, de Saussure 2001). Zum Beispiel entstammt die (bildliche) Vorstellung von „Frau“ gesellschaftlichen Konventionen und Gewohnheiten – und ist nicht durch eine vorgegebene Beziehung an die Lautfolge F-R-A-U gebunden.

Wichtiger Teil der Semiotik ist der Grundgedanke der Differenz als Bezeichnungsbedingung; Bedeutungszuschreibungen basieren demnach auf Unterschieden: Jeder Begriff ist in ein System von Differenzen eingeschrieben, in dem er auf etwas anderes als sich selbst verweist und in dem Bedeutungen erst durch das, was sie nicht sind, produziert werden. Dieses semiotische Prinzip kann auf alle Begriffe angewandt werden, und auch Subjekte können nur bedeutend werden, wenn sie in das System von Differenzen eingeschrieben sind. Die Bezeichnung „Frau“ beispielsweise bedarf dann der Abgrenzung von einem Entgegengesetztem, „Mann“; und eine Frau ist eine Frau, weil sie kein Mann ist. Umgekehrt ist auch „Mann“ dem Bezeichnungsprozess nicht vorgängig, sondern von der Abgrenzung abhängig; d. h. *beide* Begriffe einer binären Differenz verweisen auf- und sind abhängig voneinander.

Soweit könnten derartige Differenzen oder Dualismen jedoch immer noch als „natürlich“ durchgehen, und es bedarf einer Erweiterung, die Vielfalt und Wandel berücksichtigt und gesellschaftliche Bedeutungen in *festgelegten* Zeichen infragestellt. Mit dem Konzept der *différance* erklärt Jacques Derrida, dass Bedeutungen grundsätzlich einen veränderbaren Charakter besitzen – und somit nur partiell gültig und festgelegt sind.[3] Die *différance* ist für Derrida ein Bündel von Widersprüchen und Gegensätzen, die die Verwobenheit unterschiedlichster Verhältnisse darstellen. Durch das Zusammendenken von Vielfalt und Wandel

[2] Insbesondere die US-amerikanische Kulturgeographie hatte sich seit der Nachkriegszeit auf die Semiotik und die Anwendung ihrer Prinzipien auf die Konstitution der Bedeutungen von Räumen (*landscapes*) gestützt, während sich die britische Variante eher auf die diskursive Konstruktion gesellschaftlicher Machtbeziehungen im Raum konzentrierte. Spätestens seit den 1990er Jahren sind diese beiden Stränge aber zusammengeführt worden und resultieren in einer Kulturgeographie, die die Praktiken der Bedeutungsproduktion von Räumen und Subjektidentitäten sowie die ihnen zugrundeliegenden Machtbeziehungen untersucht (für die US-amerikanische Richtung siehe (stellvertretend) Barnes u. Duncan 1992, für die britische Tradition (stellvertretend) Jackson 1989 und für die Zusammenführung beispielsweise Massey 1994).

[3] *Différance* ist ein vom französischen Verb *différer* abgeleitetes Kunstwort, das zwei Bedeutungen umfasst: zum einen die zeitliche und/oder räumliche Verschiebung, zum anderen die des Nichtidentisch sein, des Anders sein (vgl. Derrida 1976).

werden für Derrida Dualismen bzw. hierarchische Gegensätze zu Differenzen, zu differentiellen Verweisungen, die nicht länger in einem hierarchischen Verhältnis stehen. Es wird anerkannt, dass jeder Begriff eines Gegensatzpaares die konstituierende Bedingung für den anderen darstellt; dass bspw. Frauen Männern nicht per se unterlegen sind, sondern dass erst die Existenz von Frauen auch die von Männern ermöglicht – und zwar als gleichwertige Menschen.

Damit ist die *différance* Vorbedingung zur Dekonstruktion, zur Hinterfragung und Auflösung gesellschaftlicher Hierarchien und Ausgrenzungen. Darüber hinaus umfasst Derridas *différance* aber auch Veränderungen: das dynamische, da verschiebende Prinzip der *différance* steht für den grundsätzlich offenen und prozesshaften Charakter von Bedeutungskonstitutionen, wie es Identitätskonstruktionen sind (vgl. Derrida 1976, 1986).

Im poststrukturalistischen Verständnis ist Sprache somit ein System, das tatsächliche und mögliche Formen der gesellschaftlichen Organisation und ihre sozialen und politischen Konsequenzen definiert und in Frage stellt sowie Eigen- und Fremdwahrnehmung sowie Subjektidentitäten konstituiert. Die eigene Identität bzw. die anderer Menschen sowie die Wahrnehmungen von und Vorstellungen über Identitäten sind demnach nicht immer schon vorhanden, angeboren, „selbst-verständlich“ oder unveränderbar. Vielmehr sind sie Bestandteil gesellschaftlicher Bedeutungs- und Repräsentationssysteme, die nicht aus individuellen Bedeutungszuschreibungen bestehen, sondern aus einem interaktiv-kommunikativen Prozess, in dem erst durch Sprache Bedeutungen konstruiert werden. Identitäten werden Subjekten in Bezeichnungspraktiken zugeschrieben und durch Subjekte angeeignet (zum Zusammenhang von Bezeichnungspraxis und Subjektivierungsprozessen, vgl. Wucherpfennig/Strüver/Bauriedl 2003).

Subjektivitäts- und Identitätsfindung befinden sich allgemein in einem ständigen Prozess von Bestätigung oder Neudefinition des Selbst durch Erfahrung. Erfahrungen als solchen wohnen jedoch auch keine individuellen Bedeutungen inne, sondern sie sind ebenfalls gesellschaftlich. Und auch Bewusstsein ist in diesem Denkrahmen zwar die Selbst-Wahrnehmung der Gegenwart, der subjektiven Existenz – aber eines Subjekts, das kein absolut Seiendes, sondern Produkt eines raumzeitlichen und kulturell spezifischen Zusammenhangs ist.

Während sich die Semiotik überwiegend mit dieser allgemeinen gesellschaftlichen *Art* der Bedeutungs- und Identitätskonstruktion beschäftigt, hat Michel Foucault sich in seiner Diskurstheorie insbesondere mit gesellschaftlichen (Macht-)Verhältnissen und insofern mit den *Effekten* von Sprache auf Subjekte bzw. ihre Subjektidentitäten beschäftigt. Sprache ist auch für ihn ein gesellschaftliches Organisationsprinzip, durch das soziale Realitäten, wie z. B. Normen und Werte einer Gesellschaft, in historisch spezifischen Diskursen produziert werden.

Diskurse wiederum sind gesellschaftliche Praktiken, die das „herstellen“ wovon sie „sprechen“, die die *Wirkungen* von Sprache definieren und dadurch Realitäten konstruieren. Diese Diskurse produzieren auch Subjekte, d. h. Subjekte sind für Foucault Ergebnis eines komplexen historischen Konstitutionsprozesses, in dem Subjekte „gemacht“ werden. Ihre Identitäten sind niemals abgeschlossen, sie sind weder unveränderbar noch prinzipiell jedem Individuum eigen. Vielmehr befindet sich die Identitätsbildung in einem fortwährenden Prozess, in dem diskursive Praktiken Identität (re)produzieren und transformieren. Die diskursiven Praktiken konstituieren die Bedeutungen des physischen Körpers, der Gefühle und des Begehrens, das bewusste und unbewusste Denken sowie die „eigene“ Subjektivität und Identität (vgl. Foucault 1987).

Anhand seiner Studien über die Disziplinargesellschaft kam Foucault zu dem Ergebnis, dass Machtausübung menschliche Körper, Identitäten und ihre Bedeutungen produziert. Der menschliche Körper ist demzufolge der Ort, an dem sich gesellschaftliche Mikropraktiken mit den Makrostrukturen der Macht verbinden. Der Körper ist nicht natürliche Basis des Selbst, der Selbsterkenntnis und der Identität. Körper, Sexualität, Geschlecht und Gefühle sind diskursiv erzeugte Effekte eines historisch spezifischen Macht-Wissen-Komplexes. In engem Zusammenhang damit stehen auch die gesellschaftlichen Mechanismen von Ein- und Ausschlüssen, die Einteilung von Menschen bzw. Identitäten in „normal“ und „abweichend“, in bspw. hetero- und homosexuell, gesund und krank etc. (vgl. Foucault 1976 und 1977). Dem voraus geht natürlich die machtvolle Festlegung einer (körperlichen) Norm, von Normalität und ihrer Gleichsetzung mit „gut“ bzw. der Abgrenzung von „anders“ und deren Gleichsetzung mit „schlecht“. Körperliche Merkmale werden zum Kriterium gesellschaftlicher Ausgrenzungen, denn es gilt „nur ein normaler Körper ist ein guter Körper“. Damit wird deutlich, dass verkörperte Identität etwas Politisches ist, sie wird von Machtverhältnissen markiert und „dressiert“ und fungiert zugleich als bedeutungskonstituierendes Zeichen.

Foucault und viele andere PoststrukturalistInnen (bspw. Butler 1991, 1997, 1998, de Certeau 1988, Grosz 1995, Haraway 1995, Natter und Jones 1997, Weedon 1999) verstehen den menschlichen Körper bzw. verkörperte Identität als einen Text, der von anderen „gelesen“, „entziffert“ und einer bestimmten Gruppe zugeordnet wird. Ein Subjekt erhält seine Bedeutungen daher durch das es umgebende soziale System (und seine Raumstrukturen!), d. h. gesellschaftliche (Raum-)Strukturen konstruieren spezielle Arten von Körpern und Subjekten mit jeweils eigenen Bedürfnissen durch die Vermittlung von Normen. Subjektidentitäten werden primär als *Effekte* diskursiver Praktiken, als Produkte ihrer Einschreibung gesehen, in die Werte und soziale Normen einwirken und die sie zugleich abbilden. Subjektivität und Identität als gesellschaftliche Verhältnisse zu begreifen bedeutet, dass es keine „reine“, „neutrale“ Identität geben kann, noch eine originär „gute“ oder „schlechte“ bzw. „wahre“ oder „falsche“.

Die Konstitution von Subjektidentitäten und (normierten) Körpern fasst Michel de Certeau (1988) folgendermaßen zusammen: Verkörperte Subjekte sind Zeichen, die sich durch gesellschaftliche Diskurse in eine Sinneinheit, eine Identität verwandeln. Diese Verwandlungen beschreibt er als Inkorporierung normativer Diskurse, die als Realitäten gelten. Für de Certeau gibt es am menschlichen Körper nichts, was nicht gesellschaftlich ist und somit repräsentieren verkörperte Subjektidentitäten die Gesellschaft, die sie hervorbringt.

Die ständig erzwungene Identifikation mit idealen, normativen Vorgaben bedingt aber auch automatisch Abweichungen, die Konstruktion und Existenz „nicht-normaler", *anderer* Identitäten. Wie oben dargelegt, versteht die Semiotik Bedeutungs- und Identitätskonstruktionen als differentielle Verweisungen, in denen jeder Begriff und jede Identitätskategorie die notwendige Konstitutionsbedingung für eine Differenz darstellt. Die Differenz als solche trennt in „Norm(-alität)" und „Abweichung", sie grenzt Zugehörigkeit von Anderssein ab und aus, z. B. aufgrund eines körperlichen Erscheinungsbildes (von z. B. „männlich" und „weiblich" oder „gesund" und „krank"), Auftretens oder auch Platznehmens.

Der gerade erwähnte Einfluss von Raumstrukturen auf die Konstitution von Subjektidentitäten verweist darauf, dass Raumstrukturen ebenso wenig „natürlich" und vorgegeben sind wie Identitätskategorien. Auch Räume sind als Teil gesellschaftlicher Bedeutungssysteme, als Texte zu verstehen, die „gelesen", interpretiert und dadurch Bedeutungskategorien zugeordnet werden. Ihre Bedeutungen sind ebenfalls als Zeichen codiert und konstituieren so ihre Wirklichkeit. D. h. im Anschluss an die Überlegungen zur Konstruktion von (Geschlechts-) Identitäten können auch Räume bzw. Raumstrukturen als materialisierte Effekte gesellschaftlicher (Macht-)Verhältnisse, als Bedeutungsträger verstanden werden. Genauso wie die Konstruktion von Identitäten basieren auch Raumstrukturen auf dem Differenz-Prinzip (öffentliche – private Räume, „sichere" – „gefährliche" Orte etc.). Sie spiegeln gesellschaftliche *power-geometries,* Organisationsprinzipien und Machtverteilungen wider, so dass Subjekt- und Gruppenidentitäten einerseits und Raumstrukturen andererseits miteinander verschränkt sind. Massey (1994) hat in diesem Zusammenhang dargelegt, dass Orte und Räume ihre Bedeutungen („Identitäten") erst durch verschiedene soziale Gruppen und damit gesellschaftlicher (Macht-) Verhältnisse zugeschrieben bekommen, die sowohl innerhalb wie außerhalb dieser Räume „verortet" bzw. platziert sind. Die Unterscheidung und Kategorisierung von unterschiedlichen Räumen erfordert somit ihre Nutzung durch verschiedene Personengruppen. So genannte öffentliche Räume bedürfen bspw. der Nutzung durch „normale" Subjekte – in Abgrenzung zu „Abweichenden" (Frauen, Obdachlose, Schwule, Junkies ... – mit denen *andere* Räume assoziiert werden; weiterführend vgl. Strüver 2003). Diese „Co-Konstitutionen" von Identitäten und Räumen sind dabei weitaus vielfältiger, subtiler und umfassender als Assoziationen wie „öffentlicher Raum – Männer" und „privater Raum – Frauen". Sie umfassen die De-Platziertheit aufgrund falscher Zeit-Ort-Konstellationen aber auch die oftmals unhinterfragte Vorstellung bestimmte Personen „gehörten" aufgrund symbolischer Zuschreibungen an bestimmte Orte und andere nicht.

Ein weniger klassisches Beispiel hierfür ist die allgemeine Wahrnehmung von so genannten öffentlichen Räumen als asexuell (Plätze und Straßen, aber auch Geschäfte, kulturelle Zentren etc.). Sexualität und Gefühle sind hier scheinbar nicht sichtbar und wirken de-platziert – denn sie werden mit dem Privatraum assoziiert. Gleichwohl sind diese Räume alles andere als asexuell: Einkaufsstraßen zum Beispiel sind in Angebot und Nachfrage übersexualisiert, sie sind mit sexistischer Werbung dekoriert und werden von „knutschenden" Pärchen und Familien belebt. Doch ist all dies aufgrund der Norm bzw. „Normalität" von Heterosexualität unsichtbar. De-platziert hingegen wirken zwei sich küssende Frauen – und sie sind mehr als sichtbar. Homosexualität gilt (immer noch) als „abweichend", wird gedanklich mit anderen, nämlich mit Privat-Räumen verknüpft und folglich sind öffentliche Räume heterosexuell besetzt (von ihrer Bedeutung *und* Belebung). Das öffentlich sichtbare und dominante „Zeichen" Heterosexualität ist somit *so* „offensichtlich", dass es unsichtbar ist und im allgemeinen nicht als bedeutungskonstituierend wahrgenommen wird. Von Schwulen und Lesben hingegen wird der öffentliche Raum als extrem heterosexuell besetzt empfunden, und sie fühlen sich häufig überdeutlich sichtbar, deplatziert, verbannt oder „zur falschen Zeit am falschen Ort".[4]

Anhand dieser Beispiele lässt sich darstellen, dass erstens die Auf- und Abwertung bestimmter Identitätskategorien und Raumvorstellungen niemals natürlich, noch unveränderbar, sondern insbesondere in Gruppenzusammenhängen interessengeleitet ist (und auf die Aufwertung des „Eigenen" gerichtet) und dass zweitens *alle* Identitätskategorien und Raumvorstellungen auf Abgrenzungen verweisen. Doch da Abgrenzungen grundlegendes Moment der Bedeutungskonstitution sind, ist es sehr schwer, sie zu durchkreuzen oder aufzulösen.

7.3 Verwischte Grenzen?

Anknüpfend an die vorangegangenen Überlegungen zur semiotischen und diskursiven Konstruktion von Identitätskategorien und Abgrenzungsmechanismen sowie deren Auflösungen hat sich auch Donna Haraway (1995) mit der De-essentialisierung des Geschlechts beschäftigt und Identitäten als materiell-semiotische Produkte gesellschaftlicher Verhältnisse und Interaktionen bezeichnet. Als gedankliches Gegengewicht zu herkömmlichen Identitätskonstruktionen hat sie in diesem Rahmen die Grenzfigur des Cyborgs als Hybrid an der Grenze von Organismus und Maschine entwickelt – eine Figur, die widersprüchliche „Selbst-Konstruktionen" symbolisiert und die weniger auf Identität, denn auf grenzüberschreitender Affinität basiert.

[4] Letzteres kann jedoch auch in Bedeutung und Belebung temporär „durchkreuzt" werden, nämlich während Demonstrationen und Paraden wie beispielsweise denen des Christopher Street Day.

Wiederfinden lässt sich die Cyborg-Idee auch in der Figur Jod aus dem utopischen Roman „Er, Sie und Es" von Marge Piercy (1993 [1991]). In dieser Erzählung wird im Jahr 2058 ein Cyborg namens Jod „geboren", ein Computer mit menschlichen Implantaten. Das Cyborg ist eine Mischung aus maschinellen und biologischen Bestandteilen, das denken und fühlen kann, auf Berührungen reagiert, eine eigene Persönlichkeit entwickelt sowie Lust, Schmerz und Langeweile empfinden kann. Jod ist eine „Maschine mit Bewusstsein", ein „Wesen anatomisch männlichen Geschlechts", das von einem Mann konstruiert und von einer Frau programmiert und auf Alltagstauglichkeit trainiert wird. Trotz der hier bereits angedeuteten doppelten Durchkreuzung der bekannten Geschlechter-Dualismen und ihren Codierungen – zum einen stellt das Cyborg ein körperlich starkes und geistig überlegenes männliches Wesen dar, ist aber weiblich-emotional programmiert und zum anderen ist „eigentlich" die Frau die Gebärende und der Mann der Programmierende – ist Jod (natürlich?, wiederum?) binär programmiert und verliebt sich, klassisch heterosexuell und -normativ, in seine Trainerin.

Neben der Frage, inwieweit beispielsweise ein Herzschrittmacher bereits eine Annäherung an einen Cyborg von menschlicher Seite aus darstellt, ein Mensch mit maschinellen Implantaten, regt diese Erzählung an, über die Verwischung der Grenzen zwischen Mensch und Maschine sowie die Auflösung des Mann-Frau-Dualismus nachzudenken bzw. mit Donna Haraways Cyborg-Metaphorik in Verbindung zu bringen. Doch sowohl Piercys als auch Haraways Cyborg-Metaphern sollen wohl weniger erklären, als zum Denken anregen und beide lassen in vielerlei Hinsicht den Eindruck entstehen, dass das Überkommen eines Denkens in Dualismen und „grenzen-losen" Lebens wirklich (zu?) schwierig erscheint.

7.4 „Niemand weiß, was Geschlecht wirklich ist. Es gibt immer nur die Kopie der Kopie der Kopie."[5]

Ebenfalls von der Semiotik sowie der Foucaultschen Diskurstheorie ausgehend hat sich Judith Butler (1991, 1997, 1998) mit Geschlechtsidentitäten und -kategorien beschäftigt, dabei aber nicht nach den Ursprüngen der Kategorien Geschlecht und Geschlechtsidentität gesucht, sondern sie als *Effekte* spezifischer Machtformationen konzeptualisiert. Anhand der Kategorie Geschlecht verdeutlicht Butler, dass die Geschlechterdifferenz häufig mit biologischen, vordiskursiven Unterschieden begründet wird und dabei der normative Charakter der Kategorie Geschlecht unberücksichtigt bleibt. Dadurch wird die Kategorie in den Worten Foucaults zu einem „regulierenden Ideal", d. h. das Geschlecht ist nicht nur eine Norm, sondern Teil einer regulierenden Praxis, die Geschlecht und

[5] Franzen u. Beger 2002, 66.

Identität herstellt. Für Butler ist das Subjekt weder Ausdruck von Individualität noch originärer Identität. An die Stelle einer Wesens-Identität stellt Butler das Konzept des Geschlechts als kulturelle Performanz, das auf der Annahme aufbaut, dass Geschlechtsidentitäten eine wiederholte Inszenierung (Performanz) derselben erfordern. Normierte Geschlechtsidentitäten wiederum „kopieren“, d. h. re-inszenieren, reproduzieren und regulieren bereits etablierte und naturalisierte Bedeutungen von Männlich-, Weiblich- und Zweigeschlechtlichkeit. Derartige kulturelle Inszenierungen sind dabei so wirkungsmächtig, dass die regulierenden Normen von den Wirkungen nicht zu unterscheiden sind. Das heißt, „die Performanz wird mit dem strategischen Ziel aufgeführt, die Geschlechtsidentität in ihrem binären Rahmen zu halten – ein Ziel, das (...) das Subjekt begründet und festigt“ (Butler 1991:206). In diesem Verständnis sind die „Merk-Male“ der Geschlechtsidentität nicht expressiv, sondern performativ und die Identität, die sie ausdrücken sollen, erweist sich als eben durch diese Merkmale konstruiert. Dies bedeutet auch, dass es weder vordiskursive, ursprünglich existierende Identitäten gibt noch richtige oder falsche. Letztendlich zeigt diese Annahme, dass das Postulat der geschlechtlich bestimmten Identität eine regulierende Fiktion ist, die u. a. auch die Begriffe einer wesenhaften und „wahren“ Männlich- bzw. Weiblichkeit konstituiert.

Geschlecht ist für Butler somit nicht etwas biologisch Gegebenes, dem die Geschlechtsidentität auferlegt ist, sondern eine kulturelle Norm, die die Materialisierung der Körper regiert. Der Prozess, durch den eine körperliche Norm angenommen wird, ist durch die Sprache der Subjekte und ihre Bedeutungen konstituiert und mit der Frage der Identifizierung verbunden. Die Identitätsbildung wiederum geschieht, wie bereits oben beschrieben, durch ein dualistisches System von Ein- und Ausschluss, in dem das Subjekt entweder das Eine oder das Andere wird, z. B. entweder ein Mann oder eine Frau.

Verkörperte Subjektidentität wird nach Butler durch Benennung und Anrufung geschaffen, d. h. durch performative Bezeichnungsakte hervorgebracht, die auch Subjekte, körperliche Wahrnehmungen und Erfahrungen beeinflussen. Einen Namen (bspw. Vornamen) zu erhalten gehört z. B. zu den Bedingungen, durch die sich eine Subjektidentität sprachlich konstituiert. „Sprache erhält den Körper nicht, indem sie ihn im wörtlichen Sinne ins Dasein bringt oder ernährt. Vielmehr wird eine bestimmte gesellschaftliche Existenz des Körpers erst dadurch ermöglicht, daß er sprachlich angerufen wird.“ (Butler 1998: 14) Die Anrufung, das „Beim-Namen-nennen“ ist kein rein sprachlicher Akt, sondern immer auch eine Auferlegung von Normen und die Übernahme von körperlichen Bewusstseinsformen. Wenn z. B. ein Subjekt mit einem weiblichen Vornamen angesprochen und ihm immer wieder gesagt wird, es sei eine Frau, so nimmt es höchstwahrscheinlich seinen Körper und sein Geschlecht auch als weiblich wahr.[6]

[6] Dazu gibt es auch Ausnahmen, die – im wahrsten Sinne des Sprichwortes – die Regel(n) bestätigen: siehe den nachfolgenden Abschnitt zu Trans- und Intersexualität.

Auf die eingangs erwähnte „falsche" Zeit-Ort-Konstellation zurückkommend wird deutlich, dass derartige Inkorporierungen auch im bzw. über den Raum stattfinden: Eine abends oder nachts alleine im Wald joggende Frau fühlt sich mit ziemlicher Sicherheit gerade das nicht, nämlich sicher. Frauen haben in unserer Gesellschaft die Gefahr von potentiellen Gewalttaten und damit die Angst in und Meidung von bestimmten Räumen (zu bestimmten Tageszeiten) verinnerlicht. Viele Frauen sind sich zwar bewusst, dass sie nachts nicht gefährdeter sind als tagsüber und zuhause nicht sicherer als im Wald, haben aber trotzdem diese Angst. Denn sie ist nicht das individuelle Problem von einzelnen Frauen oder vornehmlich durch das Frausein begründet, sondern wird durch die dominante Bedeutungszuschreibung „dunkle Abgeschiedenheit ist nachts für Frauen gefährlich" gesellschaftlich begründet. Und diese Zuschreibung wiederum wirkt über den Raum im Sinne einer „Anrufung" und Inkorporierung auch auf Identitäten, d. h. durch die zugeschriebene De-Platziertheit von Frauen nachts allein im Wald wird einer einzelnen Frau u. a. dort ihr Frausein besonders bewusst.

Gleichwohl sind Inkorporierung und verkörperte Identität keine festgelegten Effekte von Sprechakten. Ein Effekt zu sein bedeutet für Subjektidentitäten nicht, schicksalhaft determiniert zu sein. Durch die Wiederholung der gesellschaftlichen Bezeichnungs- und Bedeutungskomplexe besteht für Subjekte die Möglichkeit, Bezeichnungen aktiv zu variieren. Denn wenn der Körper durch die wiederholte Kopie von Normen gebildet wird, besteht die Möglichkeit zur Resignifikation, zu Wiederholungen der Bezeichnungspraxen und performativen Veränderungen.[7] Geschlecht, Geschlechtsidentität und andere Formen der Subjektidentität stellen vor diesem Hintergrund zwar „nur" gesellschaftliche Konstruktionen dar, aber diese Konstruktionen sind wirklich und real. Indem Butler von einer diskursiv erzeugten Wirklichkeit spricht, geht sie von der Sprache als Bezeichnungs- und Bedeutungspraxis sowie deren performativem Charakter aus. Performativität ist in diesem Sinne die diskursive Praxis, die Identitäten (von sowohl Subjekten als auch Räumen) „real" werden lässt, und erst durch den Bezeichnungsprozess entsteht der Effekt des Natürlichen.

7.5 Trans & Inter – Sex & Gender ... noch mehr Schubladen?

„Freilich kann der Verlust des Normalitätsgefühls selbst zum Anlaß des Gelächters genommen werden, besonders wenn sich das ‚normale' oder das ‚Original' als ‚Kopie' erweist, und zwar als eine unvermeidlich verfehlte, ein Ideal, das niemand verkörpern kann. In diesem Sinne bricht das Gelächter aus, sobald man Gewahr wird, daß das Original immer schon abgeleitet war" (Butler 1991: 204).

[7] Unter „Performanz" wird hier die Gleichzeitigkeit von Handlung und dazugehöriger sprachlicher Äußerung verstanden; der Begriff umfasst somit mehr als „Aufführung" und steht beispielsweise auch für eine oftmals persiflierende und politisch motivierte Aktionsform.

Ein solches Gelächter bei der ergebnislosen Suche nach Original und Täuschung kann einerseits als äußerst befreiend empfunden werden, andererseits aber auch im Halse stecken bleiben. Und zwar genau dann, wenn es – abseits der Theorie – um „Abweichungen" von der konstruierten Norm geht. Denn tatsächlich gibt es in unserer Gesellschaft viele Menschen, deren Geschlechtsidentität nicht ihrem biologischen Geschlecht „entspricht", die ihr Geschlecht und/oder ihre Geschlechtsidentität wechseln, die keinem der beiden anerkannten Geschlechter eindeutig zugeordnet werden können und die sich nahezu überall de-platziert fühlen. So genannte Transgender, Menschen, die ihr biologisches Geschlecht ablehnen und eine „entgegengesetzte" Geschlechtsidentität leben (und teilweise eine hormonelle und/oder operationelle Geschlechtsumwandlung ihres Körpers vollziehen) sprengen den Rahmen der dominanten dualen Geschlechter- und Sexualitätslogik.

Transgender steht als (neuer) Identitätsbegriff für Menschen, die der zweigeschlechtlichen und heterosexuellen Logik nicht entsprechen. Er umfasst vor allem Transsexuelle, Menschen, die aus eigenem Willen eine hormonelle und/oder operationelle Geschlechtsumwandlung vollziehen, und Intersexuelle, Menschen, die mit geschlechtlichen Uneindeutigkeiten geboren werden und deren innere und äußere Geschlechtsmerkmale in den ersten Wochen nach der Geburt an weibliche oder männliche „Norm(al)maße" angeglichen werden.[8] Während Intersexuelle als medizinische Notfälle behandelt werden, an denen geschlechtszuweisende Eingriffe und anschließende Hormonkuren als Behebung eines „Fehlers" und als Leidenslinderung gerechtfertigt werden, gelten Transsexuelle häufig als Kranke mit individueller Störung. In beiden Fällen be-„gut"-achten hauptsächlich MedizinerInnen, ob eine Person eindeutig uneindeutige Geschlechtsmerkmale aufweist bzw. im „falschen" Körper lebt. An ersteren wird die „Abweichung" ungefragt operiert, letztere müssen ihre „Falschheit", ein Störungsbild und starken Leidensdruck beglaubigen lassen, um Hormone und Operationen zu erhalten (Franzen und Beger 2002, Klöppel 2002, Schröter 2002).

So unterschiedlich der gesellschaftliche Umgang mit Inter- und Transsexuellen erscheinen mag, die zugrunde liegende Logik ist dieselbe: Als Orientierung gelten binäre Geschlechterstereotype, von denen Abweichungen als „Störungen" verstanden werden. Dabei bleibt unbeachtet, dass erst durch die Etablierung und gesellschaftliche Legitimierung der zweigeschlechtlichen Norm Abweichungen inszeniert werden; dass Norm/Normierung und Abweichung sich zwar gegenseitig bedingen, ihr Verhältnis aber nicht in Frage gestellt wird. Vor diesem Hintergrund handelt es sich bei Trans- und Intersexuellen nicht um individuelle bzw. medizinische Probleme, sondern um einen gesamtgesellschaftlichen „Ausnahme"-Zustand.

[8] Intersexuelle können mit diesen „Anpassungen" oftmals später schwer leben; versuchen teilweise Eingriffe rückgängig zu machen und kämpfen für die Anerkennung eines Status und Personenstandes jenseits der Kategorien Frau/Mann (vgl. Reiter 1998).

Im (sexual-)politischen wie akademischen Diskurs werden derartige Geschlechterrollenüberschreitungen, d. h. das Verschieben oder Verwischen der Geschlechtergrenzen und Lebensentwürfe jenseits von normierten Männlich- und Weiblichkeitsstereotypen, häufig als Auflösung der Kategorie Geschlecht, als „Dazwischensein" zelebriert (vgl. Franzen u. Beger 2002, Schröter 2002). Gleichzeitig wird der Status von Transgender in unserer Gesellschaft meistens als illegitim betrachtet; er ist ein Sonderstatus, der die dominante Geschlechterlogik nicht akzeptiert und in der so genannten Öffentlichkeit irritiert und provoziert.

7.6 Ausblick: Identi-Täter ... Sind wir alle Opfer?

Weniger selbstbewusst und -bestimmt als die anfangs zitierte Charlotte von Mahlsdorf, die ihr „eigenes Frausein" selbst konstruiert hat, fühlen sich viele Transgender nicht als ihre „eigene Frau" (bzw. Mann), sondern eher als eine „andere Frau" (bzw. Mann bzw. Dazwischen-Sein), da sie erstens als „abweichend" und „anders" stigmatisiert werden und zweitens (teilweise erzwungen, teilweise selbst gewählt) eine „andere", „widersprüchliche" Geschlechtsidentität zum Geschlecht leben. Durch diese gesellschaftlichen Realitäten ist die angenommene Kausalität zwischen Sex und Gender, zwischen Geschlecht und Geschlechtsidentität in Frage gestellt.

Menschen mit uneindeutigem Geschlecht – aus welchen Gründen auch immer – destabilisieren die normierte und normalisierte zweigeschlechtliche Gesellschaftsordnung und machen nicht nur die Schwierigkeit, sondern vor allem die Unsinnigkeit von Schubladendenken deutlich. Analog dazu wird aber am Beispiel Inter- und Transsexualität auch offensichtlich, dass Zweigeschlechtlichkeit und der Mann-Frau-Dualismus keine naturgegebenen Grundwahrheiten, sondern gesellschaftlich gewollte Realitäten sind. *Alle* Geschlechterkonstruktionen und -identitäten sind weder authentisch und originär, noch willkürlich – aber von großer Bedeutung im gesellschaftlichen Mit- und Gegeneinander.

„Das duale System organisiert die Sammlung und Sortierung gebrauchter Verpackungen ...".[9] Die Existenz Trans- und Intersexueller „beweist", dass das Verwischen, Verschieben und Überschreiten von Identitätskategorien und -grenzen möglich und erforderlich ist – da es bereits gelebt wird. Anders als beim dualen Prinzip der Identitätskonstruktion im Allgemeinen und beim dualen System der Zweigeschlechtlichkeit im Besonderen, existieren im dualen Abfall-System jedoch viele so genannte Verbund- oder Mischmaterialien, die sich weder leicht identifizieren noch trennen lassen. Außerdem gibt es – unhinterfragt – immer wieder neue Verpackungen und Materialien und ganz im Gegensatz

[9] http://www.duales-system.de

zum Schubladendenken der Identitätssortiererei sortiert kaum jemand seinen Müll!

Vor dem Hintergrund dieses vor allem begrifflich stimmigen Vergleichs sei abschließend noch einmal auf das eingangs angesprochene oft vernachlässigte Verhältnis von Identität und Raum eingegangen: Anhand der Semiotik und der Diskurstheorie als konzeptionelle Grundlagen sowie ihren feministischen Weiterentwicklungen in Bezug auf die Kategorie Geschlecht haben die obigen Ausführungen dargelegt, dass Identitäten sprechen ohne zu reden – da sie als bedeutungskonstituierende Zeichen codiert sind. Solche Bezeichnungsprozesse konstituieren auch die Bedeutungen und Besetzungen von Räumen, so dass vereinfacht der Eindruck entsteht, für jede Identitätskategorie gäbe es einen „richtigen“ Müll- bzw. Raum-Container. Identitätskategorien und Raumkonstruktionen haben durch den Prozess der Bezeichnung entlang gesellschaftlicher Normen eine Wichtig-, Mächtig- und Gefährlichkeit, die oftmals naturalisiert und unterschätzt wird. Zugleich beinhalten diese Konstruktionen aber auch Veränderungspotentiale durch subversiv-performative Wiederholungen – die platzieren und de-platzieren – und die uns gleichermaßen zu Identitätern wie Opfern machen.

Literatur

Barnes T, Duncan J (Hrsg.)(1992) Writing Worlds: Discourse, Text and Metaphor in the Representation of Landscape. London

Butler J (1991) Das Unbehagen der Geschlechter. Frankfurt a. M.

Butler J (1997) Körper von Gewicht. Frankfurt a. M.

Butler J (1998) Hass spricht. Zur Politik des Performativen. Berlin

De Certeau M (1988) Kunst des Handelns. Berlin

Culler J (1990) Saussure. 7. ed. Fontana, London

Derrida J (1976) Die différance. In: Ders.: Randgänge der Philosophie. Frankfurt a. M., 6–37

Derrida J (1986) Positionen. In: Ders.: Positionen. Gespräche mit Henri Rose, Julia Kristeva, Jean-Louis Houdebine, Guy Scarpetta. Wien, 83–184

Duden B (1991) Geschichte unter der Haut. Ein Eisenacher Arzt und seine Patientinnen um 1730. Stuttgart

Erikson E (2001) Identität und Lebenszyklus. 19. Aufl. Frankfurt a. M.

Foucault M (1976) Überwachen und Strafen: die Geburt des Gefängnisses. 2 Aufl. Frankfurt a. M.

Foucault M (1977) Der Wille zum Wissen. Sexualität und Wahrheit I. Frankfurt a. M.

Foucault M (1987) Das Subjekt und die Macht. In: Dreyfus H, Rabinow P (Hrsg.) Michel Foucault. Jenseits von Strukturalismus und Hermeneutik. Frankfurt a. M., 243–261

Franzen J, Beger N (2002) „Zwischen die Stühle gefallen“. Ein Gespräch über queere Politik und Geschlechterentwürfe. In: polymorph (Hrsg.) (K)ein Geschlecht oder viele? Transgender in politischer Perspektive. Berlin, 53–68

Grosz EA (1995) Space, Time and Perversion: Essays on the Politics of Bodies. London

Haraway D (1995) Die Neuerfindung der Natur. Primaten, Cyborgs und Frauen. Frankfurt a. M.

Heintz B (1993) Die Auflösung der Geschlechterdifferenz. Entwicklungstendenzen in der Theorie der Geschlechter. In: Bühler E, Meyer H, Reichert D, Scheller A (Hrsg.) Ortssuche. Zur Geographie der Geschlechterdifferenz. Zürich, 17–48

Jackson P (1989) Maps of Meanings. London

Jones JP, Nast H, Roberts S (1997) Thresholds of Feminist Geography. Lanham

Klöppel U (2002) XX0XY ungelöst. Störungsszenarien in der Dramaturgie der zweigeschlechtlichen Ordnung. In: polymorph (Hrsg.) (K)ein Geschlecht oder viele? Transgender in politischer Perspektive. Berlin, 153–180

Laqueur T (1992) Auf den Leib geschrieben: die Inszenierung der Geschlechter von der Antike bis Freud. Frankfurt a. M.

Von Mahlsdorf C (1993) Ich bin meine eigene Frau. Ein Leben. St. Gallen

Maihofer A (1995) Geschlecht als Existenzweise. Macht, Moral, Recht und Geschlechterdifferenz. Frankfurt a. M.

Massey D (1994) Space, Place and Gender. Cambridge

Massey D (1999) Power-geometries and the politics of space-time. Department of Geography, University of Heidelberg

McDowell L (1994) The Transformation of Cultural Geography. In: Gregory D, Martin R, Smith G (Hrsg.) Human Geography. Society, Space and Social Science. London, 146–173

Natter W, Jones JP (1997) Identity, Space, and other Uncertainties. In: Benko G, Strohmayer U (Hrsg.) Space and Social Theory. Oxford, 141–161

Paulus S (2001) Identität ausser Kontrolle. Handlungsfähigkeit und Identitätspolitik jenseits des autonomen Subjekts. Münster

Piercy M (1993) Er, Sie und Es. Hamburg

Reiter M (1998) Was hätten Sie denn gerne, einen Jungen oder ein Mädchen? In: Arranca 14. (http://www.nadir.org/nadir/periodika/arranca/14/herma.htm)

De Saussure F (2001) Grundfragen der allgemeinen Sprachwissenschaft. 3 Aufl. Berlin

Schröter S (2002) FeMale. Über Grenzverläufe zwischen den Geschlechtern. Frankfurt a. M.

Strüver A (2003) Macht Körper Wissen Raum? Ansätze für eine Geographie der Differenzen. Beiträge zur Bevölkerungs- und Sozialgeographie, Bd. 9. Wien (Im Erscheinen)

Weedon C (1999) Feminism, Theory, and the Politics of Difference. Oxford

Wucherpfennig C, Strüver A, Bauriedl S (2003) Wesens- und Wissenswelten – Eine Exkursion in die Praxis der Repräsentation. In: Hasse J, Helbrecht I (Hrsg.) Die Frage nach den Menschenbildern – Grundlagen der Humangeographie. Wahrnehmungsgeographische Studien, Bd. 21. Oldenburg, 55–87

Teil III
Kultur – Stadt – Ökonomie

8 Die postmoderne Stadt: Neue Formen der Urbanität im Übergang vom zweiten ins dritte Jahrtausend

Gerald Wood, Münster[1]

Der Übergang vom zweiten in das dritte Jahrtausend ist geprägt durch einen tiefgreifenden globalen Wandel in den politischen, ökonomischen und sozialen Verhältnissen, der folgenschwere Spuren hinterlassen hat, auch und gerade in den Städten und Städtesystemen der Erde. Mit den Veränderungen in den empirisch fassbaren Phänomenen ging eine Veränderung der Diskurse darüber einher, wie sich sozialer Wandel und seine räumlichen Ausdrucksformen bzw. Implikationen konzeptionell fassen lassen. Diese Zusammenhänge bilden den Kern des vorliegenden Beitrags, fokussiert auf das Themenfeld „Stadtentwicklung". Ehe jedoch hierauf eingegangen werden soll, erscheint eine Auseinandersetzung mit der (gewandelten) gesellschaftlichen Rolle neuzeitlicher Wissenschaften und ihres gesellschaftlichen Rahmens, wie sie im Zusammenhang mit der so genannten Postmoderne-Debatte erörtert werden, sinnvoll und notwendig. Erst vor diesem Hintergrund nämlich ist ein angemessenes Verständnis gegenwärtiger Formen des Städtischen und der jüngeren Versuche ihrer theoretisch-konzeptionellen Einordnung möglich.

8.1 Postmoderne-Debatte

Seit der Aufklärung kommt den Wissenschaften – zunächst im Zuge des Erfolges der Natur- und Ingenieurwissenschaften – zunehmend die Rolle einer kulturellen Autorität zu, die den Menschen ein „Weltbild" vermittelt und damit Orientierung im Denken, Fühlen und Handeln. Damit traten die neuzeitlichen Wissenschaften in Konkurrenz zum etablierten Wertesystem der Kirche. Weitere Denk- und Aussagesysteme kamen hinzu: so vor allem die Wirtschaftsordnung der Marktwirtschaft („Kapitalismus") sowie der Marxismus/Sozialismus. Die Denk- und Aussagesysteme von Wissenschaft, Kapitalismus und Marxismus werden auch als „Meta-Erzählungen" der Moderne bezeichnet. In ihnen wird der Mensch als „Held der Freiheit" charakterisiert, der sich zunehmend

[1] Der vorliegende Beitrag orientiert sich in Teilen an Wood (2003). Für Anregungen danken möchte ich vor allem H. H. Blotevogel, dem ich diesen Beitrag anlässlich der Vollendung seines 60. Lebensjahres widmen möchte.

von den ihn fesselnden Zwängen befreit: von der Kirche/Religion, dem „Naturzwang“, der „kapitalistischen Ausbeutung“ etc. Durch Vernunftgebrauch, d. h. durch die systematische Gewinnung von wissenschaftlicher Erkenntnis ist der Mensch, der Meta-Erzählung der neuzeitlichen Wissenschaften folgend, imstande, den großen Herausforderungen der Menschheit zu begegnen.

Nun zeigen die Erfahrungen des 20. Jahrhunderts, dass die Meta-Erzählungen der Moderne an kultureller Autorität eingebüßt haben; Anhaltspunkte hierfür liefern das Verschwinden zahlreicher marxistisch/sozialistisch geprägter Staaten und damit die Auflösung des Ost-West-Gegensatzes, die von Menschen geschaffenen bzw. verschärften Umweltprobleme, die zahlreichen und z. T. verheerenden (Welt-)Kriege, Hungersnöte und andere Krisen. Gerade auch die Wissenschaften sind von diesen Entwicklungen tangiert, da sie die Krisen des 20. Jahrhunderts nicht nur nicht verhindert, sondern häufig zu deren Verschärfung beigetragen haben (z. B. durch die Entdeckung der Kernenergie und die Entwicklung ihrer zivilen und militärischen Anwendungen).

Eine Folge dieser Entwicklungen war eine tiefgreifende Kritik an den großen Erzählungen der Moderne und damit deren Infragestellung. Da die Meta-Erzählungen nicht mehr das angemessen repräsentierten, was sich in der Welt ereignete, und da sie auch keinen Ausweg aus den Problemen der „Spät-Moderne“ (mehr) weisen konnten, war ihre Funktion als kulturelle Leitbilder weitgehend fragwürdig geworden. Diese „Krise der Repräsentation“ bildet den zentralen, verbindenden Aspekt der Postmoderne-Debatte, die in z. T. sehr unterschiedlichen Kontexten geführt wurde und wird. Sie traf insbesondere das zentrale Motiv und den Ausgangspunkt moderner Meta-Erzählungen: das mit Vernunft begabte und intentional-reflexiv handelnde Subjekt als Träger des Aufklärungsgedankens der Moderne. Aus der Zurückweisung hegemonialer Ansprüche überkommener (Meta-)Erzählungen resultierte eine weitgehende Akzeptanz der Unausweichlichkeit der Pluralität von Perspektiven. Auch die neuzeitlichen Wissenschaften waren von dieser Entwicklung massiv berührt. So stellte sich die alte erkenntnistheoretische Frage nach der Bedeutung bzw. der Relativität wissenschaftlicher Erkenntnis in neuer, verschärfter Form. Vor allem in den Geistes-, Kultur- und Sozialwissenschaften traten neben die „alten“ neue Deutungsangebote, überkommene Gewissheiten und Überzeugungen machten Platz für Pluralität und eine damit einhergehende „Unübersichtlichkeit“. Offen bzw. strittig blieb allerdings die Frage, ob wissenschaftliche Diskurse eher ein (beliebiges) „Plaudern“ darstellen (Lyotard 1982), oder ob über einen „postmodern gewendeten“ Vernunftbegriff der Versuch unternommen werde könne, zwischen den verschiedenen Diskursen Übergänge und damit Verständigung sicherzustellen (Welsch 1988).

Der hier skizzierte gesellschaftliche Wandel in seinen Folgen für die neuzeitlichen Wissenschaften hatte auch in der (Stadt-)Geographie einen nachhaltigen Effekt. Das dokumentieren u. a. die Beiträge des vorliegenden Sammelbandes, und das wird auch im Schrifttum, gerade des englischsprachigen Auslands, deutlich[2]. Auch in der Stadtgeographie haben diese Entwicklungen tiefgreifende Spuren hinterlassen, von denen in den folgenden Überlegungen den wichtigsten nachgegangen werden soll.

8.2 Neue Formen von Urbanität – eine neue Form von Stadtgeographie

Das ausgehende 20. Jahrhundert hat nicht nur neue bzw. gewandelte Formen von Urbanität hervorgebracht (insbesondere in den fortgeschrittenen Volkswirtschaften), sondern darüber hinaus auch eine veränderte Konzeptionalisierung sozialen – und damit städtischen – Wandels. Gerade im Zusammenhang mit der Entwicklung nordamerikanischer Städte wird in jüngeren konzeptionellen Beiträgen zur Stadtentwicklung explizit auf die Zusammenhänge zwischen „neuer Urbanität" und einer allgemeinen postmodernen Gesellschaftsentwicklung sowie auf die Notwendigkeit einer veränderten Theoretisierung städtischen Wandels hingewiesen. Zu den exponiertesten Vertretern einer postmodernen Stadtentwicklungstheorie gehören Dear (2000) und Soja (1995, 1996, 2000), die vor allem am Beispiel der Stadt Los Angeles exemplarisch die aktuellen Entwicklungstendenzen nordamerikanischer Städte aufzeigen, da sich diese Trends nach Meinung der genannten Autoren in Los Angeles geradezu idealtypisch ausbildeten. Als hervorstechendes Merkmal postmoderner Urbanisierung wird insbesondere die Fragmentierung metropolitaner Strukturen in unabhängige Siedlungsbereiche, städtische Ökonomien, Gesellschaften und Kulturen identifiziert („Heteropolis"). Das Auseinanderbrechen dieser Strukturen wird von Dear und Soja vor dem Hintergrund der so genannten Regulationstheorie als Ausdruck einer spezifischen Entwicklungsphase kapitalistischer Staaten gedeutet. Im Kontext dieses globalen ökonomischen Wandels veränderten sich auch die Formen der politischen Steuerung städtischer Entwicklung sowie die symbolischen Bedeutungsgehalte städtischer Räume.

Die hier skizzierten zentralen Themen einer postmodernen Theoretisierung städtischer Entwicklung werden in den nachfolgenden Überlegungen weiter ausgeführt; damit soll ein Einblick in die aktuelle Debatte zu neuen Formen von Urbanität gegeben werden. Eine postmoderne Theoretisierung städtischen Wandels lässt sich jedoch keineswegs umstandslos auf alle Teilräume der Erde übertragen. Und auch mit Blick auf die Entwicklungen in den fortgeschrittenen Volkswirtschaften ist eine generelle Übertragbarkeit kaum möglich. Zum Abschluss des Beitrags soll daher der Frage nach der Generalisierbarkeit bzw., allgemeiner, nach der Bedeutung einer postmodernen Konzeptionalisierung städtischen Wandels nachgegangen werden. Die Überlegungen in den folgenden

[2] Neuere deutschsprachige Beiträge in den Raumwissenschaften liegen u. a. vor von Lanz (1996), Blotevogel (1998), Wolkersdorfer (2001) und Zierhofer (2000).

Tab 8.1: Überblick über die zentralen Diskussionsstränge in der Moderne/Postmoderne-Debatte zur Stadtentwicklung. (Nach Moulaert und Swyngedouw 1989: 336 f., Mayer 1990, Short 1996: 32 ff., Hall 1998: 82–84 und Blotevogel 1999: 25.)

<table>
<tr><th colspan="2"></th><th>Moderne</th><th>Postmoderne</th></tr>
<tr><td colspan="2">Stadtstrukturen</td><td>• homogene funktionale Bereiche
• dominierendes kommerzielles Zentrum
• kontinuierlicher Abfall der Lagerenten vom Zentrum</td><td>• chaotische multizentrische Strukturen („Heteropolis“)
• hochgradig spektakuläre Zentren
• weite durch Armut gekennzeichnete Bereiche (z. B. inner cities)
• post-suburbane Entwicklungen (edge cities)
• „Einhegungen“ (gated communities)
• High-Tech-Korridore</td></tr>
<tr><td colspan="2">Architektur</td><td>• funktionale Architektur
• Massenproduktion
• sozialreformerischer Anspruch</td><td>• eklektische Architektur
• „Stilcollagen“
• „Bunker“-Architektur
• spielerische, ironische Architektur
• Einbezug/Zitat von Stil-Traditionen
• hergestellt für spezialisierte Märkte</td></tr>
<tr><td colspan="2">Kultur und Gesellschaft</td><td>• Klassengesellschaft
• hohes Maß an interner Homogenität innerhalb von sozialen Gruppen
• Arbeit als zentrales gesellschaftliches Integrationsmoment</td><td>• hochgradig fragmentierte städtische Gesellschaft(en)
• Differenzierung nach Lebensstilen
• Gruppenunterscheidungen aufgrund unterschiedlicher Konsummuster
• hohes Maß an sozialer Polarisierung
• Bedeutung von Symbolen (Planung, Lebensstil- und Konsumorientierung)
• Konsum als zentrales soziales Integrationsmoment</td></tr>
<tr><td rowspan="2">Staatliche Steuerung</td><td>Stadtpolitik</td><td>• Bereitstellung wesentlicher Dienstleistungen durch öffentliche Einrichtungen
• Stadtpolitik als Management zur Umverteilung von Ressourcen zu sozialen Zwecken</td><td>• marktförmige Bereitstellung von Dienstleistungen
• „Quersubventionierung“ von Einrichtungen für die Öffentlichkeit im Rahmen großer Projekte
• „Unternehmerische“ Stadt: Ressourceneinsatz zum Anlocken von mobilem, internationalen Kapital und Investitionen
• public-private-partnership</td></tr>
<tr><td>Räumliche Planung</td><td>• Planung der Städte als Ganzheiten
• städtischer Raum wird zu sozialen Zwecken beplant</td><td>• planerischer Inkrementalismus
• räumliche „Fragmente“, die eher aus ästhetischen Motiven als zu sozialen Zwecken geplant werden</td></tr>
</table>

Teilkapiteln beziehen sich im Wesentlichen auf die in Tabelle 1 synoptisch aufgeführten Merkmale moderner und postmoderner Formen der Stadtentwicklung.

8.2.1 Der *new look* postmoderner Urbanität

Ein zentrales Merkmal postmoderner Stadtentwicklung ist die „Lesbarkeit" gesellschaftlicher Entwicklungen im „Text" der gebauten urbanen Umwelten. Short (1996: 30 ff.) spricht im Zusammenhang mit der postmodernen Stadt auch vom *new look*, einer unverwechselbaren baulich-räumlichen Gestalt postmoderner Urbanität. Das neue Aussehen ist sowohl an den Grundriss- als auch an den Aufrissformen der Städte erkennbar. Besonders sinnfällig wird der *new look* im Zusammenhang mit der postmodernen Architektur, die in vielfältiger Weise Einzug in die Städte gehalten hat. Dieser Punkt wird weiter unten gesondert betrachtet. An dieser Stelle interessieren eher die anderen an der Oberfläche zu lokalisierenden Erscheinungen der Stadtentwicklung, die sich z. T. tiefgreifend von den aus der Moderne überkommenen Stadtstrukturen unterscheiden.

Die Gestalt der *modernen* Stadt ist insbesondere durch Merkmale wie homogene funktionale Bereiche, ein dominierendes kommerzielles Zentrum sowie durch einen kontinuierlichen Abfall der Lagerenten vom Zentrum gekennzeichnet (Hall 1998: 82). Diese Strukturmerkmale werden häufig mit humanökologischen Modellen der Chicagoer Schule, z. B. dem Modell der konzentrischen Kreise, wie es Burgess entwickelt hat, in Verbindung gebracht. Diese Abstraktionen räumlicher Strukturen werden von Vertretern postmoderner Stadttheorie als überholt betrachtet. Da nicht mehr die konzentrische Ordnung oder die Homogenisierung städtischer Teilräume auf der Grundlage ihrer Funktionen die prägenden Merkmale von Stadtstrukturen seien, sondern Chaos und Fragmentierung in multizentrische Strukturen, sei es nur folgerichtig, wenn auch die Diskussion diese Veränderungen nachvollziehe. In der Theoretisierung postmoderner Stadtentwicklung hebt beispielsweise Dear (2000: 157) hervor, dass Stadtstrukturen nach wie vor durch die kapitalistische Ökonomie geprägt werden, doch dass diese Ökonomie einen tiefgreifenden Wandel durchlaufen hat, der sich nun auch in der Gestalt der Städte niederschlägt. Ein Ausdruck dieser veränderten räumlichen Konstellationen sei die Tatsache, dass Städte nicht mehr um einen zentralen, organisierenden Kern herum gegliedert sind (wenn sie das, als allgemein gültiges Muster der Stadtentwicklung fortgeschrittener Volkswirtschaften, überhaupt je waren), sondern dass nun vielmehr das Zentrum im Kontext des global agierenden Kapitalismus immer mehr von der städtischen Peripherie organisiert werde (z. B. von den *edge cities*, siehe Diskussion weiter unten).

Herausragende Kennzeichen der postmodernen Stadt innerhalb ihrer multizentrischen Strukturen sind „hochgradig spektakuläre Zentren", in denen Stadtentwicklung häufig über Großprojekte erfolgt. Eine der zentralen Funktionen solcher Großprojekte ist symbolischer Art: damit soll vor dem Hintergrund der eingeschränkten Handlungsfähigkeit des (lokalen) Staates der politische Gestaltungswille zum Ausdruck gebracht werden und gleichzeitig sollen die ansonsten auseinanderstrebenden Partikularinteressen einer zunehmend fragmentierten Gesellschaft zusammengeführt werden.

Zur postmodernen Stadt gehören auch solche, z. T. extensiven Bereiche (z. B. die *inner cities*), die infolge ökonomischer und sozioökonomischer Restrukturierung verarmt sind, und die im scharfen Kontrast stehen zu anderen Orten von Wohlstand, Überfluss und Konsumtion. Bei den letzteren handelt sich sowohl um Viertel innerhalb der Stadt, häufig an deren Peripherie gelegen („Suburbia"), als auch um so genannte post-suburbane Entwicklungen (*edge cities*). Im Zusammenhang mit solchen gegenläufigen Entwicklungen wird häufig die Metapher der *dual city* benutzt (Short 1989) (alternativ auch: *two speed city*, „Modell der dreigeteilten Stadt", *quartered city* = „vielfach geteilte Stadt"). Bei diesen Entwicklungstendenzen handelt es sich um Formen sozioökonomischer und sozialräumlicher Polarisierung, die einhergeht mit einer soziodemografischen Entdifferenzierung, d. h. einer Homogenisierung der Stadtviertel; die Räume der (Post-)Modernisierungsgewinner grenzen sich ab von den „Räumen der Verlierer" (Heitmeyer/Dollase/Backes 1998: 9; Smith 1996).

Die beschriebenen sozialräumlichen Tendenzen einer Heterogenisierung bzw. eines Auseinanderfallens des Stadtraumes in ein Mosaik vieler, durch innere Homogenität gekennzeichnete Bereiche wird begleitet von einer neuen „Einhegungsbewegung" (Short 1996: 32). Hiermit ist eine Aneignung öffentlichen Raumes zu privaten Zwecken gemeint. In Nordamerika vollzieht sich dieser Prozess schon seit längerem, und er lässt sich sowohl im Einzelhandel bzw. im Freizeitbereich als Form umfassend geplanter städtischer Räume beobachten (*Shopping Malls*, *Urban Entertainment Center* etc.), als auch im Bereich des Wohnungsbaus. Hier sind es insbesondere die *Gated Communities*, bei denen der Zugang zu bestimmten Teilräumen der Stadt reglementiert wird. Private Sicherheitsunternehmen, Mauern, Elektrozäune und Tore sind Ausdruck einer wachsenden Angst der in den *Gated Communities* lebenden Menschen vor Gewalt und Kriminalität – bzw. vor dem Rest der Stadt (Short 1996: 33). Diese Einhegungsbewegung steht, wie Zehner (2001: 168) treffend hervorhebt, in einem befremdenden Gegensatz zur Rhetorik „einer liberalen und deregulierten Gesellschaft."

Ein weiteres Merkmal postmoderner Stadtstrukturen schließlich sind die so genannten „High-Tech-Korridore", die sich ab den 70er und frühen 80er Jahren im Zusammenhang mit einer „Neo-Industrialisierung" um wachstums- und zukunftsfähige Produkte herum herausgebildet haben. Soja (1989: 210) bezeichnet die Entwicklung in Orange County (Kalifornien) als eine „dramatische und polarisierende" Form der Zentrenbildung, zu der im Wesentlichen die über 1500 Hochtechnologieunternehmen, die sich seit den späten 60er Jahren hier niederließen, beigetragen haben. Nach Soja ist Orange County, ebenso wie das Silicon Valley und die Route 128, die repräsentativste und symptomatischste urbane Landschaft des Postfordismus. Diese High-Tech-Industrialisierung hat, in Verbindung mit anderen tiefgreifenden Veränderungen, zu einer „Urbanisierung an der Peripherie“ geführt. Zu diesen Veränderungen gehören neue Wohnquartiere für Bezieher hoher Einkommen, riesige regionale Einkaufszentren und künstliche Erlebniswelten (z. B. Disneyland in Anaheim). Andererseits etablieren sich Enklaven billiger Arbeit, die sowohl durch zugewanderte Fremde als auch durch einheimische Arbeitslose versorgt werden.

Architektur

Im „Text“ der gebauten Stadt spielt die Architektur eine herausragende Rolle. Sie gibt Hinweise darauf, wie eine Stadt „gelesen“ werden kann, da sie Träger ökonomischer, sozialer, kultureller und politischer Bedeutungen bzw. Veränderungen ist. Im Zusammenhang mit postmoderner Stadtentwicklung ist der Umstand, dass auch die Architektur einen tiefgreifenden Wandel durchlaufen hat, von besonderer Relevanz. Wofür steht der Bruch mit den Traditionen des architektonischen Mainstream der Moderne? Welche Tendenzen gesellschaftlicher Entwicklung lassen sich aus der Polyvalenz mehrfach kodierter Gebäude ableiten, und welche aus dem spielerischen und oftmals ironischen Umgang mit Materialien, Oberflächen und zitierten Architekturstilen? Wovon künden die Docklands in London, die neue Stuttgarter Nationalgalerie oder aber das von Daniel Libeskind entworfene Jüdische Museum in Berlin? Wie ist, andererseits, der Umstand zu werten, dass postmoderne Architektur auch dazu benutzt wird, Exklusion sicherzustellen?

Diese hier stichwortartig angerissenen Fragen markieren ein weitgespanntes Diskussionsfeld[3] postmoderner Architektur, das im Folgenden vor dem Hintergrund der Artikulation gesellschaftlichen Wandels schlaglichtartig betrachtet werden soll.

Ein ganz zentrales Erklärungsmoment für den Stellenwert postmoderner Architektur in der Stadtentwicklung liefern die (globalen) ökonomischen Veränderungstendenzen der letzten Dekaden. Nach Short (1996: 32 f.) ist die Orientierung sowohl öffentlicher als auch privater Bauträger auf eine postmoderne Gestaltung neuer Bauvorhaben der Versuch einer Distinktion gegenüber anderen Städten in einer Zeit wachsenden globalen Wettbewerbs, mit dem unterstrichen werden soll, dass diese Orte immer noch mit der „weltumspannenden Kultur des Kapitals“ verbunden sind und nicht, wie eben die „Verlierer“, aus diesem Kulturkreis ausgeschieden sind. Im Zusammenhang hiermit steht darüber hinaus der Aspekt, durch die Schaffung von symbolischem Kapital – und dazu trägt postmoderne Architektur ja u. a. bei – Standortvorteile gegenüber anderen Orten geltend zu machen. Das Image, auch in architektonischer Hinsicht an vor-

[3] Siehe hierzu u. a. Jencks (1980), Breuer (1998) und Dear (2000).

derster Front der Entwicklung zu stehen, lässt sich als Teil eines umfassenden Stadtmarketings im Konkurrenzkampf der Standorte als wichtiger Trumpf ausspielen. Natürlich bildet die Architektur in diesem Zusammenhang nur einen Baustein einer auf die generelle Ausweitung des Kulturangebotes ausgerichteten Stadtpolitik.

Die Kulturalisierung der Ökonomie bzw. die Ökonomisierung der Kultur ist jedoch nicht nur im Zusammenhang mit der Anwerbung von weltweit operierendem Investitionskapital relevant, sondern sie zielt auch auf andere Trends gesellschaftlicher Entwicklung. Und auch hier spielt die baulich-ästhetische Gestaltung eine wichtige Rolle. Einer dieser Trends ist die generelle Zunahme der Bedeutung von Kultur und Freizeit in der Stadtökonomie, wie sie sich beispielsweise in einer starken Ausweitung des Städtetourismus niederschlägt. Die These ist, dass auch eine architektonische bzw. gestalterische Distinktion der Orte des Kulturkonsums (Musical-Theater, Museen, „Erlebniswelten" etc.) sicherzustellen vermag, dass dieses spezielle Segment städtischer Ökonomie mittelfristig konkurrenzfähig bleibt.

Ein anderer Trend gesellschaftlicher Entwicklung ist die von Bauman (1995) diagnostizierte allmähliche Etablierung eines neuen Gesellschaftssystems in der Nachkriegszeit, das Bauman als „Konsumismus" bezeichnet und folgendermaßen charakterisiert: „In der heutigen Gesellschaft wird das Konsumentenverhalten (die auf den Konsumgütermarkt ausgerichtete Konsumfreiheit) zum kognitiven wie moralischen Brennpunkt des Lebens, zum Band, das die Gesellschaft zusammenhält und zum zentralen Gegenstand des Systemmanagements" (ebd.: 79). Dieses neue Gesellschaftssystem artikuliert sich u. a. im Vorhandensein unterschiedlicher Lebensstilgruppen und in der damit im Zusammenhang stehenden Bedeutung einer ästhetisierenden Symbolik der Warenwelt als Mittel persönlicher Distinktion und sozialer Integration. Die Bedeutung der Ware als Zeichen (personaler und sozialer Identität) hat auch baulich-architektonische Korrelate, die, ebenso wie der Besitz der Ware selbst, ein Zugehörigkeitsgefühl signalisieren. Als Orte der symbolischen Aneignung geraten, theoretisch betrachtet, eine ganze Reihe von Stadträumen in das Blickfeld, so z. B. die „künstlichen Erlebniswelten" von Shopping Malls und Urban Entertainment Centern.

Der gesellschaftliche Wandel zum Konsumismus und damit die zunehmende Kulturalisierung der Ökonomie (sowie auch die Ökonomisierung der Kultur) wird erst verständlich, wenn man sich die Ausweitung von Freizeit, allgemeinem Wohlstand und einer hohen generellen horizontalen Mobilität im Verbund mit einem tiefgreifenden Wertewandel, der sich u. a. in einer verstärkten „Lustorientierung" und individuellen Selbstinszenierung ausdrückt, vergegenwärtigt. Diese sozio-ökonomischen und sozio-kulturellen Veränderungen bilden den zentralen Erklärungsrahmen der als Konsumismus konzeptionalisierten gesellschaftlichen Postmoderne nach Bauman.

Die Kehrseite dieser Entwicklungen liegt nun im Wesentlichen darin, dass es in der Postmoderne zu einer Verschärfung sozialer Polarisierungen kommt, die sich zum einen aus den ökonomischen Restrukturierungen ergeben, zum anderen aber auch aus dem durch den Umbau sozialstaatlicher Arrangements resultierenden Verlust von Partizipationsmöglichkeiten (z. B. beim Konsum und in der Planung). Doch gerade hier eröffne postmoderne Architektur, so Hasse (1988), neue Formen der Kompensation. Wie Hasse (ebd.: 35 f.) nicht ohne zynische Anspielung anmerkt, beinhalte postmoderne Architektur über die bereits angesprochenen Formen des symbolischen Kapitals hinaus einen systemintegrativen Mechanismus, der darin bestehe, „auf die sozial absteigenden mittleren Schichten der Bevölkerung zumindest im Ansatz symbolisch entschädigend für materielle Einschränkungen und (objektive) Problemlagen" zu wirken. Defiziterfahrungen, wie sie die Postmoderne mitbringe, könnten so symbolisch aufgehoben werden, auch wenn sich die Widersprüche selbst natürlich nicht erledigt haben.

8.2.2 Stadtentwicklung unter den Bedingungen globaler ökonomischer Strukturveränderungen

Eine wesentliche Voraussetzung zum Verständnis von Stadtentwicklung ist eine angemessene Würdigung ihrer ökonomischen Bedingungsfaktoren. In der Literatur finden sich verschiedene Ansätze, die diese Zusammenhänge beleuchten, darunter die so genannte Regulationstheorie und die *Global-City*-Debatte. Beiden Diskussionssträngen soll in den folgenden Überlegungen nachgegangen werden.

Regulationstheoretische Deutung von Stadtentwicklung

Die „Theorie der Regulation", die zunächst in Frankreich (s. insbes. Aglietta 1979), dann im angelsächsischen (z. B. von Harvey 1989 und Jessop 1992), und mit zeitlicher Verzögerung im deutschen Sprachraum (Danielzyk und Oßenbrügge 1993, Bathelt 1994, Helbrecht 1994 sowie Krätke 1995) entfaltet bzw. rezipiert worden ist, lässt sich als eine „krisentheoretische" Konzeptionalisierung gesellschaftlichen Wandels bezeichnen, die vor dem Hintergrund des tiefgreifenden sozioökonomischen Wandels westlicher Industrieländer ab den 70er Jahren des 20. Jahrhunderts entstanden ist. Aus einer polit-ökonomischen, vor allem materialistischen Denktradition heraus entwickelt, stellt die Regulationstheorie den Versuch dar, das historisch überkommene Regelsystem der Wirtschaft (in der Regulationstheorie als „Akkumulationsregime" bezeichnet) mit dem gleichfalls historisch entwickelten sozialen Regelsystem („Regulationsweise") zu verknüpfen. Als Merkmale einer „modernen" (fordistischen) Ökonomie lassen sich in der regulationstheoretischen Diskussion – schlagwortartig – folgende Punkte identifizieren: industrielle Produktion, Massenproduktion, hohe Beschäftigtenzahlen und *Economies of Scale*. Als Elemente einer postfordistischen Ökonomie werden genannt: Dienstleistungsorientierung (Finanzwirtschaft, produktionsorientierte Dienstleistungen), Globalisierung, Telekommunikationsorientierung, Konsumorientierung, flexible industrielle Produktion für Nischenmärkte, *Economies of Scope*.

Aus der Sicht der Raumwissenschaften ist die regulationstheoretische Debatte nicht zuletzt deswegen von Bedeutung, weil betont wird, dass die Krise des Fordismus (als gesamtgesellschaftlichem Entwicklungsmodell fortgeschrittener Volkswirtschaften in der zweiten Hälfte des 20. Jahrhunderts) ihre Ursachen auch in der räumlichen Organisation des fordistischen Produktionsprozesses hatte. Die für den Fordismus identifizierten prägenden raumstrukturellen Merkmale waren einerseits eine funktionale Hierarchisierung der Städte untereinander und andererseits eine Zentrum-Peripherie-Polarisierung. Als Zentren der fordistischen Produktion gelten die Industrieregionen der fortgeschrittenen Volkswirtschaften, in denen sich insbesondere in der Nachkriegszeit Produktionssysteme herausbildeten, die auf vielfältige Weise miteinander verknüpft waren (Moulaert und Swyngedouw 1989: 332 ff.). Gleichzeitig waren diese – urbanen – Räume des Fordismus auch die Räume des Massenkonsums, der Standardisierung von Räumen (durch funktionale Zonierung) sowie einer Standardisierung von privater Lebensführung (Kleinfamilie, geschlechtsspezifische Verhaltensmuster etc.).

Die Krise des Fordismus, die im Wesentlichen als innerer Widerspruch dieser gesellschaftlichen Formation identifiziert wird (z. B. als Widerspruch zwischen der Notwendigkeit von Produktivitätssteigerungen einerseits und notwendigen Marktausweitungen andererseits), hatte ein räumliches Pendant; auch in räumlicher Hinsicht gab es Widersprüche, die sich hauptsächlich in Form von Persistenzen auf unterschiedlichen Maßstabsebenen (auf lokaler Ebene z. B. in Form großer Industrieanlagen) äußerten, die für eine flexible Umgestaltung des bisherigen Akkumulationsregimes hinderlich waren.

Aufgrund dieser räumlichen Persistenzen und infolge des *global scans* der multinationalen Unternehmen auf der Suche nach „geografischem Mehrwert" (Moulaert und Swyngedouw 1989: 333) kommt es zu einer räumlichen Reorganisation der Produktion, z. B. in Form von Standortverlagerungen in sog. Billiglohnländer. Allerdings ist es nicht umstandslos möglich, eindeutige bzw. allgemeingültige raumstrukturelle Merkmale des Postfordismus zu benennen (Danielzyk 1998: 136 ff.).

Für die urbanen Zentren des Fordismus hatten die zur Lösung der Krise des Fordismus angewendeten „räumlichen Strategien" gravierende Auswirkungen. Hierzu gehören vor allen Dingen der Rückzug der Großunternehmen bis hin zur Schließung von Betrieben bzw. ganzen Unternehmen („Deindustrialisierung"), eine z. T. massive Arbeitslosigkeit sowie Formen sozialer Desintegration. Verbunden mit dem sozialstaatlichen Rückzug, der in einigen Ländern besonders gravierend war, induzierte der ökonomische Wandel tief greifende und lang andauernde sozioökonomische Polarisierungstendenzen in den Zentren der fortgeschrittenen Volkswirtschaften. Besonders augenfällig waren diese Polarisierungstendenzen zunächst in den *inner cities*, später traten sie dann auch in den peripher gelegenen Wohngebieten (des staatlichen Wohnungsbaus) in Erscheinung, so z. B. in Großbritannien in den so genannten *outer council estates*.

Global-City-Debatte

Bedingt durch den Übergang vom Fordismus zum Postfordismus wird, nach Ansicht von Moulaert und Swyngedouw (1989: 334), die Städtehierarchie des Fordismus, die auf dem sekundären Sektor sowie – hauptsächlich – auf sozialen und persönlichen Dienstleistungen gegründet war, zunehmend abgelöst von einer Hierarchie, die im Wesentlichen von den Standorten der produktionsorientierten Dienstleistungen (Bankwesen, Versicherungswirtschaft, Immobilienhandel sowie professionelle Dienstleistungen) bestimmt wird.

Diese Überlegung bildet einen der Ausgangspunkte der *Global-City*-Debatte. Autoren wie beispielsweise Sassen (1994) oder Parkinson (1994) unterstreichen, dass die im Postfordismus stattfindende territoriale Reorganisation ökonomischer Aktivitäten (insbesondere die in globalem Maßstab ablaufende Umverteilung der industriellen Produktion) dazu geführt habe, dass die strategischen bzw. dispositiven Aktivitäten transnationaler Industrieunternehmen räumlich konzentriert worden sind. Interessanterweise tragen gerade die Informationstechnologien, denen ja häufig nachgesagt wird, sie „vernichteten" den Raum, zu dieser Entwicklung bei, da sie eine räumliche Streuung und die gleichzeitige Integration vieler Aktivitäten, gesteuert über die „Kommandozentralen" der Unternehmen, ermöglichen (Sassen 1994). Die Zentralisierung der Kontrolle und die damit verbundene Steuerung räumlich gestreuter ökonomischer Aktivitäten entstehen allerdings nicht zufällig bzw. unausweichlich als Teil eines „Weltsystems", sondern sie sind gebunden an das Vorhandensein bestimmter Standortmerkmale. Dazu gehören insbesondere hochrangige produktionsorientierte Dienstleistungen, optimale Fernverkehrsanschlüsse sowie eine hochwertige Telekommunikationsinfrastruktur. Vor diesem Hintergrund hat sich eine neue globale Städtehierarchie herausgebildet, die von London, New York und Tokio angeführt wird. „Verlierer" dieser Entwicklung sind insbesondere die urbanen Zentren des Fordismus, die nicht nur massiv deindustrialisiert worden sind, sondern zudem einen Großteil der dispositiven Funktionen der Großunternehmen verloren haben.

Die hier skizzierte territoriale Reorganisation ökonomischer Aktivitäten hat nach Sassen (1994) eine neue Geographie von Zentralität und Marginalität hervorgebracht. Die „Verlierer" der jüngeren ökonomischen Trends, die urbanen Zentren des Fordismus, sind, mit Blick auf ihre Position in der Städtehierarchie, vom Zentrum in die Peripherie gerutscht. Peripherisierung findet, so Sassen, aber auch auf anderen Maßstabsebenen statt. So deutet das Vorhandensein von *inner cities* darauf hin, dass auch *innerhalb* der Städte Formen der Peripherisierung greifen, interessanterweise gerade auch in den *global cities*. Die Ursachen der Peripherisierung innerhalb der Städte sind unterschiedlicher Natur. Einige Gründe liegen unmittelbar in der Entwicklung des Dienstleistungssektors selbst begründet. So werden beispielsweise in den produktionsorientierten Dienstleistungen z. T. zwar „Superprofite" erzielt und damit auch ausgesprochen hohe Erwerbseinkommen, doch gleichzeitig kommen relativ wenige Personen in den Genuss dieser hohen Einkommen (Hall 1998: 48f.). Viele Tätigkeiten in diesem Wirtschaftszweig sind schlecht bezahlt und setzen eine geringe Qualifikation voraus (Reinigungsdienste, Sicherheitsdienste etc.). Hierdurch werden die durch den produzierenden Sektor hervorgerufenen Polarisierungstendenzen auf dem Arbeitsmarkt weiter verschärft, insbesondere für die Bewohner der *inner cities*.

Auf diese Weise wirken sich die Restrukturierungstendenzen des produzierenden Sektors und die des Dienstleistungssektors, vor allem des für die ökonomische Entwicklung so wichtigen Zweigs der produktionsorientierten Dienstleistungen, in wechselseitig verstärkender Weise auf den Umbau des Städtesystems und auf die Umgestaltung innerhalb der Städte aus.

8.2.3 Stadtpolitik und Stadtplanung

Die beschriebenen ökonomischen Umstrukturierungsprozesse sind Teil weitreichender und tiefgreifender gesellschaftlicher Entwicklungstrends, die sich u. a. in den Formen planerischer und politischer Steuerung in den fortgeschrittenen Volkswirtschaften niederschlugen. Zu diesen Entwicklungstrends lassen sich zählen:

- die durch den ökonomischen Umbau in den Zentren der fordistischen Produktion ausgelöste fiskalische Krise, die den Handlungsspielraum staatlicher Akteure stark einschränkte;
- der Bedeutungsverlust des Nationalstaates bei gleichzeitiger Aufwertung der regionalen und lokalen Ebenen als Orte der nach-fordistischen Regulation (vor dem Hintergrund einer zunehmenden Globalisierung ökonomischer Aktivitäten);
- die zunehmende Ausdifferenzierung und Pluralisierung von Lebensstilen, sozialen Werten und Normen, die die großen gesellschaftlichen Kollektive und damit deren Gestaltungsanspruch schwächte (Rommelspacher 1999: 157); das mündete u. a. in den Verzicht des Wohlfahrtsstaates auf den Anspruch, gewissermaßen als gesamtgesellschaftlich verantwortliches Subjekt stellvertretend für alle handeln zu können;
- im Zusammenhang mit dem letzten Punkt die „Krise der Raumplanung" als Ausdruck einer fundamentalen Krise des ihr zu Grunde liegenden Rationalitätsbegriffs; die Krise eines rationalistisch verkürzten Vernunftbegriffs als

zentrales Kennzeichen der Postmoderne musste in der Raumplanung tiefe Spuren hinterlassen, weil Raumplanung in den Wohlfahrtstaaten auf einem naturwissenschaftlich verkürzten Rationalitätsbegriff und damit auf naturwissenschaftlich basierten Modellen einer „optimalen Raumordnung" gegründet war (Blotevogel 1999).

Diese grob skizzierten veränderten Rahmenbedingungen zogen eine ganze Reihe wichtiger planerischer und politischer Veränderungen nach sich. Sie hatten, nach Mayer (1996), z. B. zur Folge, dass der umverteilende keynesianische Wohlfahrtsstaat abgelöst wurde durch einen „neoliberalen, minimalistischen Staat, der mehr und mehr Funktionen zur Sicherung der gesellschaftlichen Reproduktion auf die regionale und lokale Ebene überträgt" (ebd.: 23). Der neoliberale Kurs des Zentralstaates, der sich vor allem darin ausdrückt, eine stärker marktförmig orientierte Aushandlung gesellschaftlicher Entwicklungsprozesse zu etablieren, hält auch Einzug auf der lokalen Ebene. Dieser Trend wird an mehreren Aspekten deutlich, so z. B. an einer stärker marktförmigen Bereitstellung von Dienstleistungen, einer „Quersubventionierung" von Einrichtungen für die Öffentlichkeit im Rahmen großer privatwirtschaftlicher Entwicklungsprojekte, an der Umorientierung öffentlicher Ressourcen zur Initiierung und Stimulierung von privaten Investitionen („unternehmerische Stadt") sowie, im Zusammenhang hiermit, an der Etablierung bzw. Ausweitung so genannter *public-private-partnerships*, bei denen verstärkt privatwirtschaftliche Akteure in Entscheidungsprozesse zur Stadtentwicklung einbezogen werden.

Dieser letzte Punkt deutet hin auf eine Veränderung im Selbstverständnis staatlicher Akteure in der Folge beziehungsweise als Ausdruck der beschriebenen allgemeinen gesellschaftlichen Veränderungstendenzen. So wird traditionelle staatliche Steuerung in Form von hierarchischen, herrschaftlichen Beziehungen abgelöst von bzw. ergänzt durch pluralistische Formen, in die verstärkt nichtstaatliche Akteure, d. h. insbesondere Akteure aus der Wirtschaft, organisierte Interessenvertretungen (wie Naturschutzverbände u.ä.) oder bürgerschaftliche Interessengruppen integriert werden (Kilper 1999: 317 f.).

Als Reaktion auf den beschriebenen Trend zur Ökonomisierung der Stadtplanung und Stadtpolitik, bei dem die Verschärfung sozialer Polarisierungen bewusst in Kauf genommen worden war, wird in der deutschen Stadtplanung ab den 90er Jahren verstärkt ein neues Leitbild diskutiert: die „soziale Stadt" (so z. B. in Nordrhein-Westfalen ab dem Jahr 1993 mit dem „integrierten Handlungskonzept für Stadtteile mit besonderem Erneuerungsbedarf" oder aber ab dem Jahre 1999 mit dem Bund-Länder-Programm „Stadtteile mit besonderem Erneuerungsbedarf – die soziale Stadt", s. a. Renner und Walther 2000).

Angesichts der bestehenden Polarisierungen und mit Blick auf die Überlegungen Dangschats (2000: 153), dass „die Spaltung der Stadt ... ein gewollter, mindestens aber gebilligter Effekt einseitiger Stadtentwicklungspolitik unter dem Vorzeichen globaler Herausforderung [ist, G. W.], die nicht die soziale Integration anstrebt, sondern die gesamte Stadt der globalen Konkurrenz ausliefert", ist zu fragen, ob mit dem Leitbild der sozialen Stadt tatsächlich ein Paradigmenwechsel in der Stadtplanung verbunden ist oder ob es sich hierbei nicht eher um eine Form symbolischer Kompensation der weiter voranschreitenden Ökonomisierung von Stadtplanung und Stadtpolitik handelt. Vieles deutet darauf hin, dass eher die letzte Überlegung zutrifft. Von daher bekommen die von Mayer (1996) unterbreiteten Vorstellungen zu einer stärkeren Aktivierung von „progressiven Kräften" in der Stadt im Rahmen einer postfordistischen Stadtpolitik eine besondere Relevanz. Möglicherweise liegt hierin der wirksamste Schlüssel, sozialer Polarisierung und sozialräumlicher Segregation in den Städten nachhaltig entgegenzuwirken.

8.3 Postmoderne Konzeptionalisierungen des Städtischen – ein Resümee

In den hier diskutierten „postmodernen" Interpretationen des (weltweiten) gesellschaftlichen Wandels in der jüngeren Vergangenheit in seinen Auswirkungen auf Städte und Städtesysteme drückt sich eine veränderte stadtgeographische bzw. raumwissenschaftliche Sichtweise aus. Das gilt nicht nur, wie oben ausgeführt, für die Konzeptionalisierung der inneren Struktur der Stadt, sondern gleichermaßen für die Frage nach der globalen Gliederung des Städtewesens, wie sie beispielsweise in der *Global-City*-Debatte zum Ausdruck kommt. Dabei bestehen zwischen den einzelnen Strängen der Theorie-Debatte vielfache Verbindungen. So ist das Interpretationsangebot einer „neuen postmodernen Urbanität" (vor allem in Form des ökonomischen, sozio-ökonomischen und siedlungsstrukturellen Auseinanderbrechens der Städte – „Heteropolis") eng rückgekoppelt an die *Global-City*-Debatte, die ja nicht nur den Aufbau und die Dynamik des globalen Städtesystems analysiert, sondern gleichermaßen die sich daraus ergebenden inneren Strukturen und Dynamiken in den Städten.

Doch trotz dieser und anderer Verbindungen zwischen den verschiedenen Theorie-Strängen einer „postmodernen Stadtgeographie" kann man nicht von einer kohärenten, noch weniger von einer in der wissenschaftlichen Geographie weitgehend akzeptierten Theorieofferte sprechen. Hinzu kommt, dass die hier vorgestellten Diskussionszusammenhänge einer z. T. erheblichen Kritik ausgesetzt sind. Geltend gemacht wird insbesondere, dass die Beobachtungen und die aus ihnen gezogenen theoretischen Schlussfolgerungen mit Blick auf andere Erdteile und Kulturkreise nur sehr bedingt übertragbar bzw. generalisierbar sind. Gerade vor dem Hintergrund der Debatte über die wachsende Bedeutung (groß-)kultureller Differenz, wie sie etwa Huntington (1996) thematisiert, stellt sich die Frage, ob das im Wesentlichen an fortgeschrittenen Volkswirtschaften entwickelte „Modell" einer Postmodernisierung des Städtischen für die Teile der Erde greift, die dabei sind, sich gegen westliche Einflüsse abzuschotten und von daher ganz eigene Wege der (städtischen) Entwicklung beschreiten. Und selbst in den fortgeschrittenen Volkswirtschaften träfen die Überlegungen nicht generell, sondern eher auf bestimmte Räume in Nordamerika zu, vor allem auf solche, die im Mittelpunkt der Analyse stehen (Hall 1998: 116).

Die hier angerissenen Relativierungen und kritischen Positionen gegenüber einer postmodern gefassten Konzeptionalisierung städtischer Entwicklung werfen die Frage nach deren Erklärungsgehalt auf. Dazu ist zunächst zu sagen, dass eine postmoderne Konzeption des Städtischen wie jede Theoriebildung notwendigerweise komplexitätsreduzierend ist. Ihr Erkenntniswert ist daher zunächst einmal heuristischer Natur. Damit liefert sie Anhaltspunkte bzw. „Suchscheinwerfer" für empirische Untersuchungen. In diesem Sinne wären die „generalisierbaren Besonderheiten" von Los Angeles zu verstehen, die Soja (2000) als Ausgangspunkt der Analyse anderer *cityspaces* betrachtet. Dear (2000) hebt hervor, dass eine Diskussion postmoderner Stadtentwicklung an irgendeinem (ganz wörtlich zu verstehenden) Punkt ansetzen müsse und dass Los Angeles aufgrund seiner spezifischen Entwicklung dafür ein geeigneter Kandidat sei.

Mit Blick auf die kontroverse Debatte, ob sich im globalen Maßstab in Zukunft eher eine Abkoppelung von Kulturerdteilen oder aber eine hierarchische Integration (z. B. im Sinne der *Global-City*-Debatte) durchsetzt, bleibt abzuwarten, inwiefern die hier diskutierten Entwicklungstrends greifen.

Abschließend, und auf einer grundlegenderen Ebene, sei auf die Überlegungen vom Anfang dieses Beitrags verwiesen, in denen die Pluralisierung von Deutungsangeboten in der Folge der Auflösung der „großen Erzählungen" der Moderne als Kennzeichen der Postmoderne hervorgehoben wurde. Auch wissenschaftliche Deutungsangebote im Sinne einer „großen Theorie" sind in der Postmoderne weitgehend obsolet, weil sie das, was sie erklären wollen, aus *einer* Perspektive heraus angehen und weil eine solche Sichtweise als nicht mehr adäquate Repräsentation empirischer Phänomene angesehen wird. Die mangelnde Kohärenz postmoderner Konzeptionalisierungen städtischer Entwicklung kann, vor diesem Hintergrund betrachtet, auch als Stärke einer multiperspektivischen Sichtweise angesehen werden, die der „postmodernen Stadt" vermutlich mehr Facetten abgewinnt, als es eine einzige Zugangsweise – in Form einer „großen Theorie" – je könnte.

Literatur

Aglietta M (1979) A Theory of Capitalist Regulation: The US Experience. London

Bathelt H (1994) Die Bedeutung der Regulationstheorie in der wirtschaftsgeographischen Forschung. Geographische Zeitschrift 82, 63–90

Bauman Z (1995) Ansichten der Postmoderne. Hamburg (= Argument-Sonderband Neue Folge AS 239)

Blotevogel HH (1998) Geographische Erzählungen zwischen Moderne und Postmoderne – Thesen zur Theoriediskussion in der Geographie am Ende des 20. Jahrhunderts. Duisburg (= Department of Geography Discussion Paper 1)

Blotevogel HH (1999) Rationality and Discourse in (Post)Modern Spatial Planning. Duisburg (= Department of Geography Discussion Paper 5)

Breuer G (1998) Déjà vu – „Künstliche Paradiese“ und postmoderne Themen-Architektur. In: Müller S, Hennings G (Hrsg.) Kunstwelten. Künstliche Erlebniswelten und Planung. Institut für Raumplanung Universität Dortmund, Dortmund, 213–234

Dangschat J (2000) Sozialräumliche Differenzierung in Städten: Pro und Contra. In: Harth A, Scheller G, Tessin W (Hrsg.) Stadt und soziale Ungleichheit. Opladen, 141–159

Danielzyk R (1998) Zur Neuorientierung der Regionalforschung. Oldenburg (= Wahrnehmungsgeographische Studien zur Regionalentwicklung 17)

Danielzyk R, Oßenbrügge J (1993) Perspektiven geographischer Regionalforschung. „Locality studies“ und regulationstheoretische Ansätze. Geographische Rundschau 45, 210–217

Dear MJ (2000) The Postmodern Urban Condition. Malden, Mass.

Hall T (1998) Urban geography. Routledge, London (= Routledge Contemporary Human Geography Series)

Harvey D (1989) The Condition of Postmodernity. An Enquiry into the Origins of Cultural Change. Oxford

Hasse J (1988) Die räumliche Vergesellschaftung des Menschen in der Postmoderne. Karlsruhe (= Karlsruher Manuskripte zur Mathematischen und Theoretischen Wirtschafts- und Sozialgeographie 91)

Heitmeyer W, Dollase R, Backes O (1998) Einleitung: die städtische Dimension ethnischer und kultureller Konflikte. In: Heitmeyer W, Dollase R, Backes O (Hrsg.) Die Krise der Städte. Frankfurt a. M., 9–20

Helbrecht I (1994) Stadtmarketing. Konturen einer kommunikativen Stadtentwicklungspolitik. Basel (= Stadtforschung aktuell 44)

Hudson R (1989) Yacht havens in a sea of despair. Times Higher Education Supplement (20.1.1989), 18

Huntington SP (1996) Der Kampf der Kulturen. Die Neugestaltung der Weltpolitik im 21. Jahrhundert. München

Jencks C (1980) Die Sprache der postmodernen Architektur. Die Entstehung einer alternativen Tradition. Stuttgart

Jessop B (1992) Regulation und Politik. In: Demirovic A, Krebs HP, Sablowski T (Hrsg.) Hegemonie und Staat. Kapitalistische Regulation als Projekt und Prozeß. Münster, 232–262

Kilper H (1999) Die Internationale Bauausstellung Emscher Park. Eine Studie zur Steuerungsproblematik komplexer Erneuerungsprozesse in einer alten Industrieregion. Opladen

Krätke S (1995) Stadt – Raum – Ökonomie: Einführung in aktuelle Problemfelder der Stadtökonomie und Wirtschaftsgeographie. Basel, Boston, Berlin (= Stadtforschung aktuell 53)

Lanz S (1996) Demokratische Stadtplanung in der Postmoderne. Oldenburg (= Wahrnehmungsgeographische Studien zur Regionalentwicklung 15)

Lyotard JF (1982) Das postmoderne Wissen. Bremen

Mayer M (1990) Lokale Politik in der unternehmerischen Stadt. In: Borst R, Krätke S, Meyer M, Roth R, Schmoll F (Hrsg.) Das neue Gesicht der Städte. Basel (= Stadtforschung aktuell 29), 190–208

Mayer M (1996) Postfordistische Stadtpolitik. Neue Regulationsweisen in der lokalen Politik und Planung. Zeitschrift für Wirtschaftsgeographie 40 (1/2), 20–27

Moulaert F, Swyngedouw EA (1989) A regulation approach to the geography of flexible production systems. Environment and Planning D: Society and Space 7, 327–345

Parkinson M (1994) European cities towards 2000: the new age of entrepreneurialism? European Institute for Urban Affairs, Liverpool

Renner M, Walther UJ (2000) Perspektiven einer sozialen Stadtentwicklung. Raumforschung und Raumordnung 58 (4), 326–336

Rommelspacher T (1999) Das Politikmodell der IBA Emscher Park. Informationen zur Raumentwicklung, Heft 3/4.1999, 157–162

Sassen S (1994) Cities in a Global Economy. Thousand Oaks, CA

Short JR (1996) The Urban Order. Cambridge, Mass., Oxford

Smith N (1996) The New Urban Frontier. Gentrification and the revanchist city. London

Soja EW (1989) Postmodern Geographies. The Reassertion of Space in Critical Social Theory. London, New York

Soja EW (1995) Postmodern Urbanization: the six restructurings of Los Angeles. In: Watson S, Gibson K (Hrsg.) Postmodern Cities and Spaces. Oxford, 125–137

Soja EW (1996) Thirdspace: Journeys to Los Angeles and Other Real-and-Imagined Places. Oxford

Soja EW (2000) Postmetropolis, Oxford

Sudjic D (1993) The 100 Mile City. London

Welsch W (1988) Unsere postmoderne Moderne. VCH, Acta Humaniora, Weinheim

Wolkersdorfer G (2001) Politische Geographie und Geopolitik zwischen Moderne und Postmoderne. Institut für Geographie der Universität Heidelberg, Heidelberg (= Heidelberger Geographische Arbeiten 111)

Wood G (2003, im Druck) Wahrnehmung städtischen Wandels in der Postmoderne. Untersucht am Beispiel der Stadt Oberhausen. Opladen (= Stadtforschung aktuell 88)

Zehner K (2001) Stadtgeographie. Gotha, Stuttgart

Zierhofer W (2000) A priori ohne Apriori. A-moderne, Sprachpragmatik und Geographie. Geographica Helvetica 55 (2), 108–118

9 Der Wille zur „totalen Gestaltung“: Zur Kulturgeographie der Dinge

Ilse Helbrecht, Bremen

9.1 Einleitung

Wissenschaft beginnt, wo das Denken an Grenzen stößt. Wo die Regeln methodischer Raffinesse nicht mehr tragen, wo nicht mehr verstanden wird, trotz allen technischen Aufwands, allem Geld, allem Forschungsbemühen, allem Nachdenken und neunmalkluger Vieldeuterei – genau dort beginnt Forschung: Erforschung, die konsequente Anwendung des schöpferischen Prinzips der Neugier.

Ideen gebären, Gedankenzusammenhänge produzieren, Wahrheiten suchen und (er)finden sind jedoch nicht nur Kerngeschäft der Wissenschaft. Vielmehr ist auch für jede menschliche Gesellschaft und jedes Individuum konstitutiv, dass sie Bedeutungen schaffen, schöpfen, produzieren – indem sie Wirklichkeiten konstruieren. Soziale Gruppen konstruieren ihren Wirklichkeits- und Wahrheitssinn. Sie leben in einem Netz von Bedeutungen, das sie selber spinnen. Das Netz der Bedeutungen, das sie weben, nennt man „Kultur“ (vgl. Geertz 1973: 5). Mit ihrer Hilfe werden soziale Ordnungen hergestellt, kommuniziert, reproduziert, erfahren und verändert. Ohne Kultur, dieses Bedeutungsnetz, das Menschen über die Dinge, die Ereignisse und das Leben werfen, wären Menschen miteinander kaum kommunikationsbereit. Ohne die Auseinandersetzung und den Diskurs sozialer Gruppen über die Netze gemeinsam geteilter wie widersprochener Werte, ohne kollektive Sinnfäden und (sub)kulturell gebrochene Überzeugungen sind Gesellschaften nicht funktionsfähig. Clifford Geertz, ein amerikanischer Anthropologe, betont deshalb zurecht, dass Kultur und Gesellschaft nicht als getrennte Einheiten betrachtet werden dürfen; sie sind zwei Seiten des selben Phänomens. Während unter dem Begriff soziale Systeme die strukturellen Gegebenheiten und Muster sozialer Interaktion untersucht werden, meint Kultur das dazugehörige Regelwerk der Bedeutungen und Symbole, innerhalb derer soziale Interaktionen stattfinden (Geertz 1973: 144f). Kultur ist Element und Medium sozialer Auseinandersetzung, Begegnung und Differenzierung. Sie ist so verbreitet und durchdringt den Menschen wie die Luft zum Atmen.

Die Einsicht, dass (Um)Welten nicht objektiv gegeben sind, sondern ihre Bedeutungen kulturell produziert werden, ist heute wissenschaftlich gewöhnlich. Wenn Kulturgeographen über Städte, Dörfer oder Kulturlandschaften reden, sind sie sich der doppelten Konstruiertheit ihrer Untersuchungsgegenstände meist bewusst. Gesellschaften bauen nicht nur Wohnungen und Häuser, gründen Städte, trassieren Verkehrswege, pflügen Äcker und gestalten Regionen, Länder, Kontinente. Sie überziehen zudem die physisch gestaltete Umwelt mit einem kulturell konstruierten Gewebe von Sinn und Bedeutung. Die Stadt als Artefakt wird physisch durch den Einsatz von Zement, Holz, Stahl, Ziegel, Schweiß und Beton produziert. Gleichzeitig wird ihre Bedeutung mit, durch und über ihre reine Materialität hinaus kulturell konstruiert. Bewohner, Besucher und Betrachter des Städtischen lesen die Botschaften von Paris, Rom, München, Bremen oder Wien. Sie konstruieren Sinn durch die Interpretation der physischen Realität der Städte und ihre kulturelle Verdichtung zu Stadtbildern, Stadtimages oder Stadtidentitäten (Und irgendwo im Hintergrund erklingt im Radio „Ganz Paris träumt von der Liebe ...“).

Das schöpferische Verhältnis menschlicher Gesellschaften zu ihrer Umwelt ist also ein doppeltes. Der zweifach konstruktive Bezug zur Umwelt als zugleich physisch und kulturell gestalteter beschreibt eine Relation, die einerseits so grundlegend ist, dass sie als überhistorisch und damit unveränderlich erscheint. Andererseits jedoch hat sie in den letzten Jahrzehnten eine so tiefgreifende Wandlung erfahren, dass sie noch einmal neu zu durchdenken – und auch in ihrer politischen Folgenhaftigkeit anders zu konzeptionalisieren – ist. Denn vielleicht erstmalig in der Geschichte haben sich im 20. Jahrhundert herausgehobene gesellschaftliche Interessengruppen den Doppelcharakter der Umweltkonstruktion (als physische und kulturelle Gestaltung zugleich) derart bewusst zu Nutze gemacht, dass dabei ein besonderes, einzigartiges kulturelles Verhältnis im Umgang mit der räumlichen Umwelt und den Dingen entstanden ist: der „Wille zur totalen Gestaltung“, wie ich es nennen würde.

Was ist damit gemeint? Von einer „*totalen* Architektur“ spricht Walter Gropius (1967: 15) als einer, „die die gesamte sichtbare Umwelt, vom einfachen Hausgerät bis zur komplizierten Stadt, umfaßt“. Totale Architektur lässt in ihrem Anspruch, die Umwelt zu gestalten, nichts aus zwischen dem ganz Kleinräumigen und dem Großmaßstäblichen. Das Bauhaus – dessen langjähriger Leiter Walter Gropius war – ist die wegbereitende Schule für modernes Umweltdesign von der Teetasse über die Architektur eines Hauses und Stadtteils bis hin zur Gestaltung der ganzen Stadt. Im Bauhaus hat Design, wie wir es heute kennen bei der Gestaltung von Möbeln, Stoffen, Teppichen, der Mode bis hin zum Automobil (Industriedesign) seinen wichtigsten Vorläufer gefunden. Was Gropius noch als Vision, als Ideal und damit erst noch zu verwirklichendes Ziel formuliert, hat heute – auf andere Weise – fast vollständig Raum gegriffen: die ästhetische Durchdringung aller Güter der Warenwelt, das komplette Styling unserer täglichen Gebrauchsgegenstände und baulichen Umwelten von der Gabel bis zum Gartenstuhl, vom Hosenanzug bis zu der Autoausstattung, von der Inneneinrichtung bis zum Stadtmobiliar und der ästhetischen Aufhübschung von Fassaden, Straßen, Plätzen. Wir leben in einer durch und durch ästhetisierten Umwelt, die gänzlich eine gestaltete ist. Von Menschenhand geschaffen, mit menschlichem Augenmaß entworfen und für menschliche Zwecke konstruiert, spricht unsere Umwelt eine eigene Designsprache, die vor allem kulturell auszulegen ist, weil sie auch kulturellen Zwecken dient.

Aufgabe der Kulturgeographie der Dinge ist nun, die Bedeutung materieller Umwelten für das menschliche Zusammenleben zu verstehen. Bei dem praktischen Versuch, die Bedeutungen der räumlichen Umwelten, in denen wir leben, zu verstehen, stellt sich Kulturgeographen zuvorderst ein Problem. Menschen sprechen. Menschen kann man fragen, wie es ihnen geht, was ihnen Freude bereitet, und wo es schmerzt. Selbst Tiere können noch im Gesang oder Gejaule, mit Flügelschlag, wedelndem Schwanz oder gefletschten Zähnen darauf verweisen, was ihnen gefällt, missfällt, ihren Zorn erregt. In diesem Sinne sprechen Häuser, Tische, Straßen, Plätze, Löffel, Städte nicht. Die Welt der Dinge, der (toten) Stofflichkeit, der betastbaren Welt, erweist sich dem Menschen als ein Gegenüber, das auf andere Weise einnimmt, ein anderes Miteinander bewirkt und fordert, als es Lebewesen tun. Wie also bezieht die Kulturgeographie die stumme Welt der Dinge methodisch in ihre Untersuchungsansätze ein?

Ein zweiter großer Fragebereich der Kulturgeographie taucht sofort auf beim Nachdenken über die Relation des Menschen zur dinglichen Welt: Wenn Gesellschaften zunehmend ihre Umwelt bewusst gestalten, kunstvoll durchstylen und ästhetisieren, dann stellt sich die Frage nach den ökonomischen, kulturellen, sozialen oder politischen Gründen für diese Ästhetisierung der räumlichen Lebensform. Warum kommt es zu solch einer ästhetischen Durchgestaltung der Welt? Wer hat Interesse an der „totalen Gestaltung“? Und nach welchen Kriterien, für welche Zwecke wird Umweltdesign von welchen gesellschaftlichen Gruppen konstruiert? Ist das nur Zuckerguss und Puderstaub, der sich als süße Schicht der Verklärung oberflächlich wie eine Glasur über die Dinge legt? Oder gibt es tiefere Motive, die auch gesellschaftlich weiter tragen als der reine schöne Schein, und deshalb die Verbreitung von gestalterischem Umweltdesign von der kleinsten räumlichen Maßstabsebene, den Türgriffen in den Wohnstuben und der häuslichen Inneneinrichtung bis zur Gesamtstadt, zur Gesamtregion grundlegender rechtfertigen?

9.2 Ästhetisierung: Der Wille zur Gestaltung

Zwei Lesarten von Ästhetisierungsprozessen lassen sich unterscheiden. Man kann sie als klassische Denkweisen bezeichnen, weil ihre unterschiedlichen Einschätzungen nahezu seit Beginn des 20. Jahrhunderts schon miteinander ringen und im Widerstreit sind. Der große Gegensatz ruht auf einem fundamentalen Unterschied in der Interpretation des Mensch-Ding-Verhältnisses, nämlich zwischen hoffnungsvollem, kulturoptimistischem Aufbruch und endzeitgestimmtem, kulturpessimistischem Abgesang.

9.2.1 Der Aufbruch: Moderner Städtebau

Große Hoffnung und sehnsüchtigste Utopie braucht manchmal einen großen Auftakt, zuweilen sogar den eines Jahrhunderts, um zu werden. So bot der Anbeginn des 20. Jahrhunderts die Chance einer neuen Zeit mit neuem eigenem Zukunftsmaß. Zu Beginn des letzten Jahrhunderts entstand, was als das „Neue Bauen" beschrieben wird (vgl. Hilpert 1984). Eine Avantgarde in Architektur und Stadtplanung erfand, was heute noch als der moderne Städtebau gilt. Geboren aus Not und Krise und auf der Basis der politischen, technologischen und sozialen Verunsicherungen eines ganzen Zeitalters entwickelt eine beherzte Gruppe von Ästheten, Künstlern, Architekten, Malern, Stadtplanern, Industriedesignern einen eigenen Ansatz des schöpferischen Umgangs mit den Gestaltungsaufgaben der baulichen und zu bauenden Welt.

„Wir haben die Aufgabe, uns unserer Zeit anzupassen. Wie wir die Kleider von heute tragen, so müssen wir auch in der Umwelt uns Dinge schaffen, die zu unserer Zeit gehören". Die so formulierte Aufgabe spricht Walter Gropius 1924/25 (zitiert als Gropius 1988b: 110) in eine Situation hinein, in der Stadtplaner, Architekten und Wohnungsbauer vor dringlichen Gestaltungsaufgaben stehen. Vor dem Ersten Weltkrieg sind Städtebau, Wohnungswesen und Regionalplanung in einer Krisen- und Umbruchsituation. Die planlosen Stadterweiterungen des 19. Jahrhunderts sind reine „Notdurftgebilde" (Scheffler 1913: 11). Sie bilden nur das Extrem des allgemeinen Phänomens der „inneren und äußeren Formlosigkeit der Großstadt von heute" (ebd.: 13). Diese „Formlosigkeit" ist Folge der ungeordneten, hitzigen Verstädterungsprozesse der sich rapide industrialisierenden Gesellschaften im 19. Jahrhundert. In Deutschland wie andernorts hat die Baukunst des 19. Jahrhunderts es kaum vermocht, eine den wirtschaftlichen, politischen, kulturellen und sozialen Verhältnissen der Industriegesellschaft angemessene Ordnungs- und Gestaltungsvorstellung zu entwerfen (vgl. Joedicke 1958: 9). Weite Teile der Architektur und des Städtebaus beschäftigen sich immer noch mit den Problemen der vorindustriellen Baukunst und beschränken ihre Rolle auf die monarchistischen Züge einer adeligen Repräsentationskultur. Die Krise der baulichen Umwelt, der Stadt, manifestiert sich in Chaos, Konkurrenz, Vereinzelung. Nicht nur die enge Blockbebauung mit den ungesunden Licht-, Belüftungs- und Hygieneverhältnissen lassen viele gründerzeitliche Gebäude und Arbeiterviertel als architektonisch unausgegoren und sozialpolitisch verantwortungslos erscheinen. Auch kommt in den mit Ornamenten verzierten Gebäuden, die noch klar in der Designsprache feudaler Verhältnisse vorhergehender Jahrhunderte gebildet sind, ein rückwärtsgewandter, historistischer Zug zum Ausdruck. Dieser wird von den Vertretern einer modernen Umweltgestaltung und Befürwortern der Industriegesellschaft als „Geistesarmut", als „tiefe Unfähigkeit und Unfreiheit" und „reaktionär" kritisiert (Scheffler 1907: 145–148).

9.1 Die Lehrer am Bauhaus (Meister) auf dem Dach des Bauhausgebäudes in Dessau, von links: Josef Albers, Hinnerk Scheper, Georg Muche, László Moholy-Nagy, Herber Bayer, Joost Schmidt, Walter Gropius, Marcel Breuer, Wassily Kandinsky, Paul Klee, Lyonel Feininger, Gunta Stölzl, Oskar Schlemmer (Quelle: Centre Geirges Pompidou Paris, Centre national d'art moderne, société Kandinsky)

In dieser städtebaulich und sozialpolitisch fatalen Situation, befördert und provoziert durch die radikale Zäsur des Ersten Weltkriegs, entsteht ein neuer Zeitgeist, der kulturell-geistige Aufbruch einer ganzen Generation von Gestaltern in ein neues Zeitalter: die städtebauliche Moderne. Kulturoptimistisch befürworten ihre Vertreter die Möglichkeiten und Auswirkungen der Technik. Industrialisierung soll nicht nur als Verbreitung der Fabrikarbeit, der Massenproduktion und technischen Fertigung aller möglichen Konsumgüter und Warenwelten am Fließband verstanden werden. Vielmehr soll auch und gerade mit den organisatorischen, technischen, finanziellen und schöpferischen Mitteln der Industrialisierung eine neue Architektur, eine neue Stadtplanung, eine neue Gestaltung des gesamten Umweltdesigns möglich werden. Deshalb ist es die vordringlichste Aufgabe der modernen Architektur und des Industriedesigns, Ausdrucksformen, Formensprachen und Gestaltungsmittel zu entdecken, die den Geist der Zeit angemessen ausdrücken. Die moderne Architektur will „raumgefasster Zeitwille“ sein, schreibt Mies van der Rohe 1923 (zitiert als 1964: 70). Die angestrebte visuelle Ordnung in der Welt der Dinge (vom Geschirr über das Haus bis zu Stadt und Region), die „totale Architektur“ will – so das Verständnis der modernen Avantgarde der 1920er und 1930er Jahre – eng mit einer demokratischen und humanen Gesellschaftsordnung verbunden sein (vgl. Gropius 1988b). Durch die bewusste Gestaltung, die gute Form, soll auf das Bewusstsein, die Lebensverhältnisse und -weisen der Menschen eingewirkt werden. Möbeldesign, Architektur, Städtebau sollen nicht exklusive Aufgabe einzelner erlesener Baumeister zu Diensten des (für die Masse unerreichbaren) Privilegs Adeliger am Fürstenhofe sein, sondern zu einer „Lebensangelegenheit des ganzen Volkes“ werden (Gropius 1965: 30).

Dabei ist für das Bauhaus die „Erkenntnis der Einheit aller Dinge" (Gropius 1965: 28) und die Suche nach den Zusammenhängen von baulicher, ästhetischer und kultureller Gestaltung von Bedeutung. Insbesondere für Walter Gropius war die Einheitlichkeit ein Charakteristikum von Kultur. „Seine Idee war die einer Wiedergeburt der Kultur aus dem Geist der Architektur" (Claussen 1986: 23). Die moderne Gestaltung als totale Architektur will auf allen Wegen des Ausdrucks die Bevölkerung erreichen, sie sogar erziehen, bilden, demokratisieren. Da Architektur und Städtebau als räumliche Umwelt für ihre Bewohner und Nutzer, für alle Gesellschaftsmitglieder ein „zweiter Leib" sind (Argan 1983: 26), immer gegenwärtig, der sie ständig umgibt, unterstellen die Bauhäusler – in Anlehnung an damals weit verbreitete sozialökologische Vorstellungen – der räumlichen Umwelt eine Prägekraft auf das Verhalten und die Einstellungen der Bevölkerung. Durch und mit Städtebau, Industriedesign und Umweltgestaltung, durch Innenarchitektur und Kleidermoden sollten Haltung und Aussehen, Befindlichkeit und Zeitgeist, Orientierung und Werte, Einstellungen und Wahrnehmungen Aller bewusst gestaltet werden – die gestaltete Umwelt als Prägestock des Menschen. Im Bauhaus selbst wurde sie auf vielen Wegen – durch Fotografie (z. B. Feininger), Malerei (z. B. Klee, Kandinsky), Möbeldesign (z. B. Breuer), Lichtdesign (z. B. Wagenfels), Architektur (z. B. Mies van der Rohe), Städtebau (z. B. Gropius) – gesucht, hergestellt und befördert.

Damit ist das Bauhaus und sind die Architekten, Städtebauer und Designer der Moderne die frühen Vorreiter einer umfassenden Welle der Gestaltung, wie wir sie heute, am Beginn des 21. Jahrhunderts, nur noch bunter und vielfältiger, noch ausufernder und andauernder in allen Dingen und auf allen Maßstabsebenen erleben. Nichts Äußeres, keine Erscheinung von der Zahnpastatube bis zum Automobil wird heute mehr in Form, Farbe oder Gestalt dem Zufall überlassen.

9.2 Bauhausgebäude in Dessau

Wir Heutige sind Zeitzeugen eines Design-Kults, einer Design-Flut. Wir bewohnen eine ästhetisierte Welt, von der wohl selbst die Bauhäusler so umfassend nie geträumt haben.

Entscheidend für unsere kulturgeographische Fragestellung nach den Motiven und Folgen der Ästhetisierung der räumlichen Umwelt ist: in der Moderne, im Aufbruch, im frühen 20. Jahrhundert erscheint Design als visuelles Mittel umfassender gesellschaftlicher Demokratisierung und Befreiung. Und dies in einem doppelten Sinne: Der Zugang zum Design wird demokratisiert und das Design selbst wirkt demokratisierend. Keine Schöne-Schein-Ästhetik als Puderzucker wird von den Avantgardisten den Bürgern in die Augen gestreut. Vielmehr sollen jenen Herz, Hirn und Augen erst richtig aufgehen durch die Erziehung zum Besseren durch eine besser gestaltete Welt. Noch vierzig Jahre später plädiert Walter Gropius, der 1937 ins Exil ging und Architektur-Professor in Harvard wurde, engagiert für eine Art visuelle Alphabetisierung der Welt: „In einem langen Leben ist mir immer stärker bewußt geworden, daß die Liebe zum Schönen für den Menschen nicht nur in hohem Maße glücksbereichernd ist, sondern auch ethische Kräfte in ihm hervorbringt“ (Gropius 1967: 11). Deshalb fordert Gropius eine visuelle Ausbildung der gesamten Bevölkerung, die in der Schule schon beginnt. „Der Mensch kommt zwar mit Augen auf die Welt, aber erst in langsamer Schulung lernt er sehen“ (s. o.: 11). So besteht seiner Auffassung nach die Notwendigkeit der Schulung des einfachen Bürgers, seiner Erziehung zum Schönen. Die verfolgte Ästhetik ist dabei deckungsgleich mit einer – emanzipatorischen – Ethik.

Die moralisch anspruchsvollen Ideen zur Umweltgestaltung kulminieren in den Jahren zwischen 1928 und 1933 in den Kongressen zum modernen Städtebau (CIAM) und der Entwicklung der Charta von Athen (vgl. Hilpert 1984). Die stadtgestalterischen Vorstellungen der Moderne entfalten jedoch aufgrund der Schließung des Bauhauses durch nationalsozialistischen Druck im Jahr 1933 erst in der Nachkriegszeit ihre volle Wirkung. Insbesondere die stadtgestalterische Periode von Mitte der 1950er Jahre bis ca. 1975 ist in vielen europäischen Ländern, aber auch in Nordamerika, Australien und Neuseeland durch die Leitvorstellungen des modernen Städtebaus geprägt. In Deutschland versuchten Stadtplaner unter dem städtebaulichen Leitbild „Urbanität durch Dichte“ mit dichten baulichen Gebilden (Wohnhochhäuser) dichte soziale Kommunikationsstrukturen in modernen Nachbarschaften zu erzwingen. In dieser Zeit gebaute Großwohnsiedlungen an den Rändern der Städte wie etwa Köln-Chorweiler, München-Neuperlach, Frankfurt-Nordweststadt oder die Gropiusstadt in Berlin zeugen von dem bewussten gestalterischen Versuch, mit den Mitteln des Umweltdesigns (Dichte) auch bestimmte Lebensformen (Urbanität) zu erschaffen (vgl. Düwel und Gutschow 2001: 189 ff.). Dieses Experiment des modernen Städtebaus ist jedoch gründlich gescheitert. Ein vermeintlich urbanes Verhalten der Menschen lässt sich nicht durch eine vermeintlich urbane Stadtgestalt erzwingen. Schon nach kurzer Zeit gerieten die Großwohnsiedlungen als unwirtlich in Verruf (Mitscherlich 1965). Der Fehlschlag der modernen Architektur und des funktionalistischen Stadt-Designs hat in der Folge das Bauhaus und seine gedanklichen Mitstreiter nahezu gänzlich in Verruf gebracht. Die städtebauliche Moderne, die hoffnungsvoll und euphorisch als Aufbruch in ein neues Design-Zeitalter begann, endete in den 1970er Jahren abrupt mit der lauter werdenden Kritik an den städtebaulichen Großsünden, den realen, in Beton gegossenen Folgen ihrer eigenen weitreichenden designtheoretischen Visionen.

Gestaltung als Schreckgespenst und die Sorge um die mögliche fatale Wirkung von Ästhetik hatten zuvor schon die Widerstreiter der Kulturoptimisten, die Kulturpessimisten formuliert. Wie anders ist und war die Einschätzung der Rolle des Designs bei diesen! Statt Aufbruch reden sie von Untergang, statt Hoffnung auf Befreiung durch die gute Form sprechen sie von Verführung durch Ästhetik und Verblendung. Was meinen sie? Und worauf gründet ihre Position?

9.2.2 Der Abgesang: Aurazertrümmerung

Zwei Fassungen hat der Text, doch eine Botschaft. Im Jahr 1935 schreibt der in Berlin groß gewordene, kritische Denker Walter Benjamin im Pariser Exil in erster Fassung ein Manuskript, dessen Gedankenstränge zu den berühmtesten wurden, die je über das veränderte Verhältnis von Ästhetik und Politik, Kunst, Technik und die Rolle des Designs formuliert worden sind. Eindringlich beschreibt Benjamin in dem Aufsatz „Das Kunstwerk im Zeitalter seiner technischen Reproduzierbarkeit“ die Veränderung der künstlerischen Welt durch neu gewonnene Mittel der Gestaltung in Zeiten der Industrialisierung.

Was dem Bauhaus als Möglichkeit der Verbreitung der guten Form durch die Standardisierung und technische Möglichkeit der Massenproduktion erschien – man könnte dies durchaus ein frühes Vertrauen auf den Ikea-Effekt nennen, nämlich die Hoffnung, dass massenhafte Produktion gut designter Güter zu deren kostengünstiger Verbreitung führt und dadurch einen Großteil der Bevölkerung frühzeitig und rechtzeitig dem Stilbruch, Stilraub und den Stilvergewaltigungen kurzlebiger Geschmacksverirrungen (z. B. Gelsenkirchener Barock) entzieht – ist für Benjamin der Verlust der „Aura“. Kunst und Ästhetik, die gelungene gute Form, waren früher, vor der Industrialisierung etwas einmaliges. Auf das Original angewiesen – denn etwas anderes gab es kaum, weder in der alltagspraktischen noch in der künstlerischen Welt – war jedes gemalte Bild, jeder geschneiderte Anzug, jeder fabrizierte Schuh, jedes getischlerte Möbelstück, jedes gebaute Haus, jede gewachsene Stadt ein Original. Vorindustriell ist die Herstellung des Schönen im Prozess gesellschaftlicher Ästhetisierung stets auf handwerkliches Können (z. B. Holzschnitzerei) und die künstlerische Einzeltat (z. B. Malerei) verwiesen. In Zeiten technisierter Güterproduktion wird auch das Schöne noch zur Massenware.

Am deutlichsten wird der Wandel in Dynamik und Verbreitung schöner Dinge vielleicht im Vergleich von Malerei und Fotografie. Ein Bild, gemalt von einem mittelalterlichen Meister mit Pinsel und Palette wie zum Beispiel Albrecht Dürers berühmtes „Selbstbildnis im Pelzrock“ aus dem Jahre 1500 ist nur einmal da auf dieser einen, originalen Leinwand. Es hat das Haus des Künstlers in Nürnberg zu seinen Lebzeiten nie verlassen (vgl. Goldberg/Heimberg/Schawe 1998: 340) und hängt heute als große Kostbarkeit im Museum, in der Münchner Alten Pinakothek. Die Fotografie hingegen oder auch die Filmkunst erstellen Bilder, die leichterdings reproduzierbar und als Konsumprodukte schnell überall verbreitet sind. Fotos, Filme existieren als digitalisierte Pixel-Dateien im Internet, weltweit in identischer Qualität verfügbar zu jeder Zeit an jedem Ort.

Genau diesen Unterschied zwischen Einmaligkeit und Reproduktion, Echtheit des Originals und Kopie der Kopie nimmt Walter Benjamin zum Ausgangspunkt seiner Gedankenreise in die veränderte Rolle von Kunst, Ästhetik und Authentizität. Zwar gab es früher schon – in der Antike beispielsweise durch Münzprägung oder später den mittelalterlichen Holzschnitt, Kupferstiche und Radierung – Möglichkeiten der Vervielfältigung (Benjamin 1974: 436). Die technischen Möglichkeiten der Reproduktion waren jedoch sehr begrenzt. So verlieren Graphiken, die mit der Technik des Holzschnittes reproduzierbar gemacht werden, im 16. Jahrhundert zu Zeiten Albrecht Dürers (der seinen europaweiten Ruhm schon zu Lebzeiten zum Teil vorausschauend auch darauf begründete, seine Kunstwerke zu verbreiten durch Holzschnitte und Kupferstiche) schon nach wenigen hundert Exemplaren an Schärfe und damit an Ausdruck. Erst mit der Verbesserung der Reproduktionstechniken in der Industrialisierung kann Kunst massenhaft verbreitet werden. Dies ist für die Qualität, die Aussage und den Charakter von Kunst nicht folgenlos. Benjamin nennt den Qualitätsunterschied, die Minderung, die Kunstwerke in industrieller Massen(re)produktion erleiden, den Verlust, ja, mehr noch „die Zertrümmerung der Aura“ (Benjamin 1974: 440). Damit aber, mit der massenhaften Verbreitung technisch reproduzierter Kunstwerke, zum Teil als (Umwelt)Design, verändert sich der Charakter und auch Gebrauch solch „schöner Objekte“. Was einst ein Kunstwerk war, wird zum Ausstellungsstück. Der „Ausstellungswert“ und damit die gesellschaftlich-repräsentative Zeigefunktion der schönen Dinge wird bedeutender als der „Kultwert“ früher Werke der Kunst (s. o.: 444 f.). Einzigartige Kunstwerke, wie etwa die antike Statue der Venus von Milos, waren in Traditionen wie etwa Kulthandlungen eingebettet, sie wurden oft rituell verwendet und wirken teils magisch-religiös (s. o.: 441).

Mit der Verbreitung technisch reproduzierter Kunstformen wie z. B. Graphik-Design in Zeitschriften und Illustrierten, Fotografien auf den Reklametafeln oder des Hollywood-Kinos und der Lucky-Strike-Werbespots wird Kunst zunehmend herausgenommen aus dem Bereich des Besonderen, des Echten, der Seltenheit und des oft auch sakral-originalen. In der Moderne stellen vielmehr Schönheit und Ästhetik sich zunehmend in den Dienst allgemeiner gesellschaftlicher Interessen; diese können wirtschaftlicher und politischer Natur sein oder auch reinen Unterhaltungswert haben und der Zerstreuung dienen. „Die technische Reproduzierbarkeit des Kunstwerks verändert das Verhältnis der Masse zur Kunst“ (Benjamin 1974: 459).

„Die Masse ist eine Matrix, aus der gegenwärtig alles gewohnte Verhalten Kunstwerken gegenüber neu geboren wird (...). Der vor dem Kunstwerk sich Sammelnde versenkt sich darein; er geht in dieses Werk ein, wie die Legende es von einem chinesischen Maler beim Anblick seines vollendeten Bildes erzählt. Dagegen versenkt die zerstreute Masse ihrerseits das Kunstwerk in sich; sie umspielt es mit ihrem Wellenschlag, sie umfängt es in ihrer Flut. So am sinnfälligsten die Bauten. Die Architektur bot von jeher den Prototyp eines Kunstwerks, dessen Rezeption in der Zerstreuung und durch das Kollektivum erfolgt. Die Gesetze ihrer Rezeption sind die lehrreichsten“ (s. o.: 465).

Was Benjamin hier anspricht, ist die in seinen Augen subtile Wirkung, die ästhetische Formen – gerade auch die Architektur, die Stadt, die bebaute, gestaltete Umwelt – auf das Befinden haben. Er hat den Hitler-Faschismus hier vor Augen. Dieser hat sich wie wenige politische Regimes zuvor durch Fahnen, Uniformen, Aufmarschplätze, Statuen und Prachtalleen wie zum Beispiel in München, ehemals der „Hauptstadt der Bewegung“, die Mittel der Ästhetik demagogisch ganz zu eigen gemacht. Wenn Adolf Hitler und die Reichszeugsmeisterei der NSDAP sich ihre SA-, SS- und HJ-Uniformen von Hugo Boss entwerfen und auch schneidern ließen (vgl. Timm 1999), so wussten sie warum. Sie suchten deren Wirkung, die Kraft des Designs.

Walter Benjamin schreibt über den Faschismus, seine Instrumente und Wege zur kontrollierten Begeisterung der Masse: „Er läuft folgerecht auf eine Ästhetisierung des politischen Lebens hinaus“ (Benjamin 1974: 467). Diese Art jedoch, die massenhafte Verbreitung der Ästhetik mit dem Auraverlust zu erkaufen und sie dann politisch zu missbrauchen, zeigt ein Maß der „Selbstentfremdung“ von Mensch und Menschheit durch missbräuchlichen Gebrauch der Ästhetik auf, das seit dem Ende des Nazi-Regimes weder in Deutschland noch im übrigen Europa in dieser Durchdringlichkeit, der Prägung intimer Verhältnisse in der Familie, Nachbarschaft wie der öffentlichen Stimmung im Volk so nicht wieder auftrat.

Dennoch: Dies heißt nicht, mit dem Faschismus wäre auch der Missbrauch der Macht der Ästhetik untergegangen. Walter Benjamin, am 15. Juli 1892 als deutscher Jude geboren, nahm sich am 27. September 1940 aus Furcht vor der Auslieferung an die Gestapo in Port Bou an der spanischen Grenze das Leben. In den Jahren zuvor hatte er mit seiner intellektuellen Pioniertat den Anbeginn einer Gedankenfährte markiert, der seit dem viele weiter gehend gefolgt sind. Tiefer noch hinein begibt sich die nachfolgende Generation der Kulturpessimisten in die Kritik der modernen Ästhetik als verabscheuungswürdigem Mittel der Verführung. Während Benjamin sein Essay (s. o.: 469) zum Verhältnis von Kunst, Ästhetik, Politik und Gesellschaft noch abschließt mit der kämpferischen Formel, dass, wenn der Faschismus die „Ästhetisierung der Politik“ betreibe, der Kommunismus antworte mit der „Politisierung der Kunst“, sind viele Spätere sehr viel skeptischer im abschließenden Urteil und misstönender im Schlussakkord. Ästhetik, die Verbreitung des Schönen in den Dingen wird von Benjamin noch nicht prinzipiell negativ beurteilt. Vielmehr, so fordert er, müsse eine bewusst aufklärerisch-politisierte Ästhetik versuchen, die gesellschaftliche Oberhand zu gewinnen. Dieser Gedanke ist im letzten nicht weit entfernt von dem hellen Lichte, in dem das Bauhaus die Rolle des guten Designs im Alltag der Bevölkerung sieht.

Jedoch während das Bauhaus die Verbreitung des Gebrauchs von Industriedesign gerade durch die Möglichkeit des Einführens von Standards der „guten Form“ strikt befürwortet (vgl. Gropius 1988a), beinhaltet nach Benjamin die technische Reproduzierbarkeit des Schönen einen Wandel im Charakter des Designs der Dinge nicht allein zum Guten. Walter Benjamin war jedoch noch voller Hoffnung und der Überzeugung, dass jede gesellschaftliche Epoche sich ihre Sicht der Dinge, ihre Wahrnehmungsweisen, Vorstellungen und Formen von Ästhetiken bilde. In diesem Sinn ist der von ihm attestierte Wandel zwar ein tiefgreifender Bruch mit allem vorher Gewesenen. Jedoch sieht Benjamin – und eben hierauf zielt seine Forderung nach der Politisierung der Kunst – hierin auch Möglichkeiten, neue schöpferische Qualitäten, die sich bieten. Und diese sucht er gedanklich und gesellschaftlich zu nutzen. In diesem Sinne ist er auch kein Kulturpessimist, sondern ein intellektueller Pionier, der kritisch, aber auch hoffnungsvoll auf die Veränderungen im Umweltdesign und die Rolle der Ästhetik blickte.

Anderes, ganz anderes geschah in den Köpfen und Herzen von jenen Theoretikern von Kunst, Kultur, Wirtschaft und Warenwelt, die sich ein halbes Jahrhundert später auf den Fährten Benjaminscher Auraverlust-Kritik bewegten. Sie trieben die Kritik der Ausbreitung der Kunst in die Alltagswelt weiter – und ausufernder, als es der erste Autor dieser Form der Kulturkritik, das Original Walter Benjamin, je intendierte.

Kritik der Postmoderne

Frederic Jameson ist Amerikaner. Er lebt in einer Welt, die wie kaum eine zweite in der nördlichen Hemisphäre von der Verbreitung der Popkultur, von Experimenten in der Popkunst wie etwa Andy Warhols Campbell-Tomatensuppendosen-Bildern oder den vielfarbigen Reproduktionen von Marilyn-Monroe-Fotos geprägt ist. Die USA sind das Eldorado einer Konsumkultur, die seit den 1980er Jahren oft als „postmodern“ beschrieben wird. Der märchenhafte Zauber Disneylands und die aufwändigen Spielhöllen von Las Vegas, das sonnige Plastiklebensgefühl Kaliforniens und der weltweite Erfolg der Hollywood-Filmindustrie können als Inbegriffe einer neuen Form und Phase der Durchdringung von Konsum- und Kaufverhalten mit Kultur- und Kunstgebrauch gelten.

Frederic Jameson ist Literaturwissenschaftler. 1984 veröffentlicht er einen Aufsatz über „Die kulturelle Logik des Spätkapitalismus“ (*The cultural logic of late capitalism*), der für die beiden folgenden Jahrzehnte – wenn nicht ebenso wie Benjamins Text weit darüber hinaus – zu einem Standard der Stadt-, Kultur- und Gesellschaftskritik wird. Dies auch und gerade in geographischen Kreisen. Denn Jameson argumentiert (auch hier ähnlich wie Benjamin), dass sich nirgendwo so deutlich die Gestalt einer unausweichlichen, durchgehenden Ästhetisierung der gesamten materiellen Umwelt beobachten ließe und in seiner Wirkung auf die Nutzer (also uns alle) erklärbar werde, wie in der Architektur und Physiognomie der Städte (Jameson 1984: 2). Gerade die amerikanischen Downtowns, die herauspolierten Stadtzentren und stadtgestalterisch bewusst inszenierten Innenstädte mit ihren neuen glitzernden Bürogebäuden und Luxushotels, den Einkaufszentren, repräsentativen Bankgebäuden, Mode- und Designdistrikten, Kleinkunstecken und Großbürgerplätzen würden am deutlichsten mit physisch-sinnlichem, verführerischem Glanze zeigen, wie die Wirtschaft sich die Rolle der Ästhetik zunutze macht, um noch mehr Profit aus den Rippen der Konsumenten zu schneiden.

Design und Dollar gehören eng zusammen; dies ist die zentrale These von Frederic Jameson. Wurde zuvor eine Funktionalisierung der Ästhetik für politische Zwecke attestiert, kritisiert Jameson in der Folge die im Spätkapitalismus zunehmende Funktionalisierung von Kunst und Kultur für ökonomische Motive. Postmoderne und Spätkapitalismus sind nach Jameson als historische Epoche dadurch charakterisiert, dass Wirtschaft und Kultur einander durchdringen, auf neue Weise. In intimer Umarmung sind die beiden früher oft als getrennt gedachten gesellschaftlichen Bereiche nun derart eng aufeinander angewiesen und symbiotisch miteinander verflochten, dass sie nur gemeinsam neue Wirtschafts- und Lebensformen ebenso wie neue Konsumgüter und Konsumbedürfnisse zeugen. In den Worten und der Sprache Frederic Jamesons:

„What has happened is that aesthetic production today has become integrated into commodity production generally: the frantic economic urgency of producing fresh waves of ever more novel-seeming goods (from clothing to airplanes), at ever greater rates of turnover, now assigns an increasingly essential structural function and position to aesthetic innovation and experimentation" (Jameson 1984: 4 f.).

Diese „Umarmung" von Wirtschaft und Kultur ist nach Jameson keineswegs politisch oder ethisch neutral. Vielmehr – und darauf fußt seine kulturpessimistische Sicht der Dinge – geht seiner Auffassung nach die Verbreitung der Ästhetik in alle Bereiche des Lebens mit einer Verflachung ihrer Inhalte und Qualitäten einher. Hatte das Bauhaus noch optimistisch auf die visuelle Alphabetisierung Aller gesetzt, so sieht Jameson in der neuen Phase des Spätkapitalismus seit den ausgehenden 1970er Jahren vor allem eine Kommodifizierung, ein Zur-Ware-Werden von Mensch und Ding (s. o.: 11). Die Waren, die man kauft, wie etwa Tische, Kugelschreiber oder Blusen, würden zu Fetischen werden. Ihr ästhetisches Styling sei rein oberflächlich. Eine neue „Tiefenlosigkeit" (*new depthlessness*, s. o.: 6) im Umgang der Menschen mit der Kunst wie mit dem Design in der Warenwelt würde alle Oberflächen und alle Gestaltung zu einer „schieren Dekoration" (*sheer decoration*, s. o.: 7) verkommen lassen. Die

Kultur der Postmoderne unterscheide sich von der noch hoffnungsvollen gestalterischen Moderne dadurch, dass allen Dingen (ob Kunstwerken, Häusern, Gebrauchsobjekten) ihre Tiefe, ihr Sinn und Bedeutung genommen sei. Statt dessen herrschten blanker Schein, Oberflächlichkeit, die Kultur der Verführung.

Das Verflüchtigen und Evaporisieren von Sinn macht Jameson dabei am meisten Sorge; ja, es ängstigt ihn. Die Welt der Waren im bunten Spätkapitalismus sei so sinnentleert, dass auch die Menschen, die sie kauften, die Konsumenten, kaum noch Subjekte und vollblütige menschliche Wesen seien. Der „Tod des Subjekts“ ist in der Postmoderne – nicht nur von Jameson – mehrfach ausgerufen worden, weil das uferlose Spiel mit oberflächlichen Bedeutungen, die zutiefst doch nur auf der Logik des Kapitals und des Profits, der Gewinnmaximierung durch den Verkauf von noch mehr Gütern und Dienstleistungen in einer ästhetisierten Warenwelt basierten, den Menschen schließlich geistig-emotional verarmt, wenn nicht gar seelisch verkümmert hinterließen. Wer nur mit sinnentleerten Gegenständen noch hantiert, die allein äußerlich über Design verfügen als schönem Schein, der müsse auch am sinnentleerten Leben leiden, blutleer im Herzen keinen Halt mehr finden in der Welt ästhetischer Beliebigkeit und postmoderner Effekthascherei.

Das Aussterben von Individuen, der Verfall der Werte, das Ende der Tiefendimension von Mensch, Ding, Stadt und Raum ist im Gefolge von Benjamin und Jameson sowie im Umkreis vieler weiterer Denker als Kritik an der Entwicklung von Wirtschaft, Kultur und Gesellschaft formuliert worden. Zur Bereicherung und aus Fairness gegenüber anderen Autoren, die hierzu Wesentliches und Wegbereitendes gedacht haben, seien einige theoretische Positionen noch genannt:

- Die beiden Frankfurter kritischen Theoretiker Max Horkheimer und Theodor W. Adorno (1986, Orig. von 1947) formulieren in den letzten Jahren des Zweiten Weltkriegs im amerikanischen Exil eine Analyse der „Kulturindustrie, Aufklärung als Massenbetrug“. Darin beschreiben sie den Siegeszug des amerikanischen Konsumkapitalismus in Form von z. B. Hollywood-Filmen und Donald Duck als „Amüsierbetrieb“. Dieser regiert die Massen nicht durch das „blanke Diktat“, sondern steuert sie subtiler mit Amusement und Verführung in die politische Apathie (s. o.: 144). Auf dem Weg der Zerstreuung durch das von der Kulturindustrie hergestellte Vergnügen (Film-, Musikindustrie, TV) würden Selbstständigkeit und Freiheit im Denken der Konsumenten mindestens vernebelt, wenn nicht gar ausradiert. Lust, Lachen, künstliche Glücksgefühle, Zirkuskunst, Unterhaltung und Vergnügungsindustrie führen die Massen in die Resignation. „Vergnügtsein heißt Einverstandensein“ (s. o.: 153) – Verlustierung also das Ende des aufklärerischen Traums von der Emanzipation.

- Der französische Soziologe Guy Debord publiziert 1967 inmitten der Studentenunruhen seine Studie über „Die Gesellschaft des Spektakels“ (*La so-*

ciété du spectacle). Darin kritisiert er, dass alles, was früher noch wirklich erfahren und gelebt wurde, heute ein reines Spektakel geworden sei, also nur um der Aufführung willen, der Dekoration und Repräsentation nach außen hin vollzogen würde. Spektakel sei die vorherrschende soziale Weise, wie wir leben, wie wir miteinander umgehen, wie wir die Dinge und Umwelten gestalten und betrachten, in denen wir leben. Alles wird Image. Und Kultur selbst werde als handelbares Gut zur bedeutendsten Ware in der Gesellschaft des Spektakels (Debord 1994: 137).

- Jean Baudrillard (1994) treibt schließlich Idee und Kritik der Ästhetisierung gesellschaftlicher Wirklichkeit so weit, dass in seiner postmodernen Analyse alles zur vordergründigen Simulation wird, ohne dass je noch etwas Echtes, Wahres, Substanzielles dahinter zu erkennen wäre. Zurückgreifend auf die schon von Plato formulierte Idee des Simulacrums sagt er, die Wirklichkeit selbst werde nicht mehr allein durch den schönen Schein maskiert, parodiert oder imitiert. Vielmehr sei das Wirkliche in dem Sinne hyperreal, als die Unterscheidung zwischen richtig und falsch, Realität und Imagination, Objekt und Image kollabiere. Das Simulacrum ist die Kopie einer Kopie, ohne dass es das Original je gegeben hätte. Disneyland ist das perfekte Modell einer solchen Imagewelt, die nach Auffassung Baudrillards als abgegrenzter Bereich nur existiert, um uns zu zeigen, dass es vermeintlich darüber hinaus noch ein „reales" Amerika gibt, während tatsächlich doch ganz Los Angeles und ganz Amerika ein Disneyland mit Disneykapitalismus und Disneylebensformen seien (s. o.: 12). Weshalb – dies sei am Rande für USA-Interessierte notiert – das von Baudrillard vorgelegte Buch „Amerika" (1995) zu einer der faszinierendsten Beschreibungen des *land of the free* gehört; sie ist eine aufregende regionale Geographie einer im Westen vorherrschenden Wirtschafts- und Lebenskultur.

Dieser vielseitige kulturpessimistische Blick auf die ästhetischen Strategien der Verführung hat auch die Wahrnehmung der deutschen wie der internationalen Stadtforschung im letzten Jahrzehnt geprägt. Ähnlich wie manche Gesellschaftstheoretiker haben auch Stadtforscher, Raumplaner, Einzelhandels- und Kulturgeographen den postmodernen Erlebniskonsum als Schein-Vergnügen kritisiert. In den Agglomerationen ist das Entstehen neuer „künstlicher Erlebniswelten" (Hennings und Müller 1998) kritisch beäugt worden, die zu den unübersehbaren Gegenwartselementen der städtischen Erlebnisinfrastruktur in Form von Großprojekten geworden sind: *Urban Entertainment Centers*, *Shopping Malls*, Center Parks, Freizeitparks, Musicaltheater, Multiplex-Kinos, der Umbau der Bahnhöfe zu Einkaufszentren. Neben den Hochglanz-Gebäuden, Event-Plätzen und spektakulären Fassaden wird die Festivalisierung des Stadtlebens insbesondere in den Innenstädten durch zahlreiche Inszenierungen aufgeführt: Weihnachtsmärkte, Roller Blade Nights, Love Parades, Jongleur-Festivals etc. Events, Erlebnisräume und Freizeiteinrichtungen pflastern den Weg postmoderner Stadtentwicklungspolitik (vgl. Helbrecht 2001). In der nordamerikanischen Diskussion werden solcherart Ästhetisierungen z. B. unter dem Stichwort „Stadt als Themenpark“ diskutiert (vgl. Sorkin 1992).

9.3 Konklusion: Design als Deutungsangebot

Die Welt, die uns umgibt, ist durchdrungen von Design und Ästhetik. So stellt sich für die Kulturgeographie die Frage, was sich daraus ergibt für ihre Arbeitsweise und ihre wissenschaftliche Art der Begegnung mit der Welt der Dinge. Genau um diesen Problemkreis, um die Bedeutung der Ästhetisierung der Warenwelt, des Städtebaus, des Umweltdesigns, ringen Kulturoptimisten und Kulturpessimisten intensiv. Sie tun dies zu Teilen unter Verwendung normativer Kategorien wie gut und böse, Aufklärung und Verschleierung, Emanzipation und Verführung. Aufgrund der politisch gegensätzlichen Bewertungen der Rolle des Designs wirken die vorgestellten theoretischen Positionen auf den ersten Blick unvereinbar. Doch dieser Eindruck täuscht (und ist vielleicht nur eine Wirkung des dialektischen Aufsatzdesigns). Tatsächlich ruhen beide Positionen auf vergleichbarem Fundament. Anhand der Darstellung von Gemeinsamkeiten und in wenigen kritischen Gedanken darüber hinaus möchte ich abschließend einige Fragen und Aufgaben formulieren zu einer zeitgemäßen Kulturgeographie der Dinge.

9.3.1 Kulturoptimisten und Kulturpessimisten: Gemeinsamkeiten

Eine konstruktive Synthese kulturoptimistischen und kulturpessimistischen Gedankenguts findet Versöhnlich-Gemeinsames in vier Bereichen:

1. **Design wirkt**: Die Welt der Dinge lässt den Menschen als Einzelnen wie auch im Sozialverbund nicht unberührt. Die materielle Form der Dinge, ihr Aussehen, ihr Design, ist für die kulturelle, soziale, politische, ökonomische Struktur und Funktionsweise von Gesellschaft nicht folgenlos. Die ästhetische Erscheinungsform der Dinge beeinflusst das gesellschaftliche Leben. Von dieser Position einer Beeinflussbarkeit gesellschaftlichen Verhaltens durch gestaltete Umwelten gehen Kulturoptimisten und Kulturpessimisten gleichermaßen aus. Der Streit und ihre größte Unterschiedlichkeit beginnt zumeist bei der politischen Bewertung der Richtung der gesellschaftlichen Wirkkraft von Ästhetik: wirkt sie positiv oder negativ auf die demokratische Verfasstheit von Individuum und Gesellschaft? Abseits der Normativität, die dieses Urteil in sich trägt, ist die hohe Einschätzung der Bedeutung des Umwelt-Designs für Kultur und Gesellschaft insgesamt der gemeinsam geteilte Grund beider Positionen. Design wirkt.

2. **Auf allen Maßstabsebenen**: Wirkungen der Ästhetik zeigen sich auf allen Maßstabsebenen, von der kleinsten räumlichen Einheit, den Türgriffen, Geschirr und Wohnzimmereinrichtungen bis hin zum Straßenzug, der Stadtgestaltung, Regionalentwicklung, nationalen Symbolen (Flagge, Uniformen) oder dem Erscheinungsbild weltweit agierender Konzerne (Logos). Umweltdesign ist ein räumlich durchgängiges Thema, das keine Maßstabsgrenzen kennt. So thematisieren Vertreter beider genannten Positionen Design stets parallel auf allen Ebenen und im Zusammenhang von groß und klein. Dies ist lehrreich für die Kulturgeographie. Auch sie untersucht den Einfluss und die Wirkung der Dinge im Mensch-Umwelt-Verhältnis auf allen Maßstabsebenen.

3. **Architektur ist beispielhaft**: Der römische Architekturtheoretiker Vitruv bezeichnet schon im 1. Jahrhundert v. Chr. die Architektur als „Mutter der Künste", u. a. weil sie die öffentlichste ist. Architektur und Städtebau, die bewusst gestaltete räumliche Umwelt des Menschen, ist „Praktische Ästhetik" (Führ 1991). Die Wahrnehmung der bebauten Umwelt ist mit der Rezeption der Kunst verwandt – und umgekehrt. An der Wahrnehmung und Bewertung von künstlerischer Ästhetik lässt sich etwas über die Wirkung und Rolle von Architektur und Umwelt-Design lernen. Diese Parallelsetzung bzw. analoge Betrachtung von Architektur/Städtebau/Umweltdesign und Kunst (Malerei, Bildhauerei, Fotografie usw.) vollziehen sowohl Jameson als auch Baudrillard, Gropius ebenso wie Benjamin. Ja deutlicher noch: Für die Kunsttheoretiker zeigt sich gerade an der bebauten Umwelt die Wirkung der Welt der Dinge auf das soziale Zusammenleben und den menschlichen Geist besonders eindrücklich. Der Umgang mit Häusern, Plätzen, städtischen Umwelten ist für Kulturoptimisten wie -pessimisten exemplarisch für das Verhältnis von Mensch und Ding. So schreibt Walter Benjamin zur Baukunst: „Bauten begleiten die Menschheit seit ihrer Urgeschichte (...). Ihre Geschichte (der Baukunst) ist länger als die jeder anderen Kunst und ihre Wirkung sich zu vergegenwärtigen von Bedeutung für jeden Versuch, das Verhältnis der Massen zum Kunstwerk nach seiner geschichtlichen Funktion zu erkennen" (1974: 465). Denn Architektur wirkt auf doppelte Weise: erstens durch die visuelle Wahrnehmung (wie jedes bildnerische Kunstwerk), zweitens noch subtiler weil alltäglicher durch den Gebrauch. Wohnungen, Häuser, Städte betrachtet der Mensch nicht nur (als Kunstwerk), er bewohnt sie. Deshalb ist Architektur ein besonders eindrückliches Beispiel für die nachhaltige Wirkung von Ästhetik und Design (vgl. Gadamer 1990: 160ff). So ist es auch aus kulturgeographischer Sicht sinnvoll, zum Verständnis der Mensch-Umwelt-Relation auf Ansätze zur Architektur- und Kunsttheorie zurückzugreifen. Denn auch für kulturgeographische Untersuchungsobjekte gilt: Architektur ist beispielhaft.

4. **Ästhetik ist Macht**: Da Design wirkt und das Verhalten und Bewusstsein der Menschen zu beeinflussen vermag, ist es für politische wie ökonomische Zwecke instrumentalisierbar. Der willentliche Gebrauch der Ästhetik ist eine große Quelle und ein gewaltiges Instrument der Macht. Dies gilt auf gesamtstaatlicher Ebene (z. B. Faschismus) ebenso wie in der Stadt (z. B. urbane Inszenierung), bei der Auseinandersetzung unterschiedlicher gesellschaftlicher Gruppen um Prestige und Ansehen (z. B. Konkurrenz der Lebensstilgruppen) ebenso wie im Rollenkampf der Individuen (z. B. in der Familie). Insbesondere in Zeiten der Stilisierung des Lebens und postmoderner Konsumkulturen sind Designer-Labels, Markennamen und Logos nicht unschuldig, sondern soziale Marker. Sie repräsentieren und sichern gesellschaftliches Ansehen, sie kommunizieren sozialen Status und ökonomisch-politischen Einfluss (vgl. Bourdieu 1989). Aufgabe der Kulturgeographie ist es, die machtpolitische Rolle von Ästhetik und Design in der Umweltgestaltung zu dechiffrieren. Denn: Ästhetik ist Macht.

Diese vier Einsichten lassen sich von den Pionieren der Designtheorie lernen. In einem weiteren Punkt sind sich Kulturoptimisten und -pessimisten darüber hinaus ebenfalls noch einig, dieser ist jedoch ausgesprochen problematisch: die angenommene Passivität der Nutzer. Für Walter Gropius und Frederic Jameson ist stets von vorneherein eindeutig, auf welche Weise welche ästhetische Form auf den Betrachter wirken wird. Beide Theorielager zehren gerade in ihrer politischen Deutung möglicher Wirkungen des Designs von einem festen (Vor)Urteil: nämlich der Vorstellung, sie könnten (als Design-Experten) für alle anderen schon im Vorhinein wissen, wie eine Möbelform, ein Gebäude oder ein städtebaulicher Entwurf auf den Betrachter und Benutzer Einfluss nehmen wird – ob demokratisierend oder demagogisch, ob aufklärerisch oder verführend. Kulturpessimisten wie Kulturoptimisten halten uns Gewöhnliche, die alltäglichen Bewohner der Welt der Dinge, für passive Opfer der Ästhetisierung. Nur deshalb kommen sie zu solch klaren Urteilen über „gutes“ und „böses“ Umweltdesign. Damit unterstellen beide Theoriepositionen, die Welt der Dinge spräche eine klare, eindeutige, von allen nur auf eine Weise zu verstehende Sprache. Dies aber ist eine Art Determinationsprämisse zur Wirkung von Ästhetik und Design. An dieser Stelle der Argumentation können Kulturgeographen weder von Kulturoptimisten noch von Kulturpessimisten lernen. Hier ist für eine zeitgemäße Kulturgeographie der Scheideweg zum bisher Vorgestellten. Und hier beginnt ein weitergehender Arbeitsauftrag der Kulturgeographie der Dinge: die Beziehung des Menschen zur gestalteten Welt als Interaktion, also als Begegnung wirklich zu begreifen.

9.3.2 Perspektiven der Kulturgeographie: der sozial- und geisteswissenschaftliche Ansatz

„Erst prägen wir unsere Städte, dann prägen unsere Städte uns" („First we shape our cities, then our cities shape us") – so lautet eine Erfahrungsweisheit amerikanischer Stadtplaner. Der Mensch verhält sich auf doppelte Weise zu seiner Umwelt: er kreiert *und* rezipiert sie. Er ist Gestalter und Beobachter, Produzent und Konsument, Täter und Opfer in seiner eigenen räumlichen Lebenswelt. Kulturgeographie untersucht deshalb die vielfältigen Wechselbeziehungen, Konstruktionsweisen und Dynamiken im Verhältnis des Menschen zur ihn umgebenden (Um)Welt. Dies geschieht heute zunehmend unter den Bedingungen einer weitreichend ästhetisierten, physisch wie kulturell willentlich durchgestalteten Welt. Um die Konstruktionsweisen in der Relation von Mensch und Ding, Gesellschaft und Ästhetik, Design und Betrachter zu verstehen (statt von einer Determination auszugehen), bedarf die Kulturgeographie zweier unterschiedlicher theoretischer wie methodischer Untersuchungsansätze: einer sozialwissenschaftlichen und einer geisteswissenschaftlichen Perspektive.

Die Sozialwissenschaften befinden sich in ihrem Metier, wenn sie nach der gesellschaftlichen Konstruktion und Bedeutung von Design und Ästhetik fragen. Im Rahmen einer solch sozialwissenschaftlichen Perspektive kommen auch die oben (Abschn. 9.3.1) anhand der Debatten der Kulturtheoretiker erarbeiteten vier Einsichten vollständig zum Tragen. Der sozialwissenschaftliche Flügel der Kulturgeographie der Dinge untersucht die gesellschaftlichen Wirkungen des Designs auf allen räumlichen Maßstabsebenen. Hierfür kann sie auf den Beispielcharakter der Architektur zurückgreifen und anhand von beobachtbaren Veränderungen in Stadtgestalt und Stadtentwicklung die politischen, ökonomischen, sozialen, kulturellen Motive und Interessen der Ästhetisierung und Durchgestaltung der Welt untersuchen. Als moderne Sozialwissenschaft fragt die Kulturgeographie zudem nach der Bedeutung, die Konsumgüter und Gebrauchsgegenstände für die räumliche und soziale Differenzierung, für die Ausbildung von Lebensstilen, die Wahl von Wohnstandorten und die Funktionsweise und den Aufbau regional unterschiedlicher Gesellschaften haben.

Ein solch sozialwissenschaftlicher Untersuchungsansatz ist weitreichend. Jedoch reicht er aus zwei Gründen alleine noch nicht aus, um die Komplexität der Mensch-Umwelt-Beziehungen ganz zu beschreiben. Der Mensch ist erstens nicht nur ein sozial eingebundener Akteur und geht als solcher, quasi als Sozialisationsprodukt, mit der Welt der Gegenstände und des Designs um. Er ist daneben auch wirklich Einzelner, eine Persönlichkeit und Produkt von Individuation. Diese subjektive, persönliche Erfahrung im Umgang mit der materiellen Welt bleibt in den Sozialwissenschaften zumeist außen vor (vgl. Helbrecht 2003). Zweitens ist es die Welt der Dinge, mit der die Sozialwissenschaften nur unzureichend fertig werden. Wohnzimmer, Häuser, Städte, Türgriffe sind mit den Methoden der empirischen Sozialforschung nicht zu befragen. Die Dinge sprechen weder Deutsch noch Englisch oder Französisch. Sie haben eine eigene, andere Ausdrucksweise. Um die „Eigen-Sprachlichkeit“ der physischen Welt zu erkunden, haben die Sozialwissenschaften wenig methodisches oder theoretisches Rüstzeug. Gerade die Seiten des Menschen, die in der Kunst aufleuchten und für den Bezug des Menschen zur sinnlich wahrnehmbaren Umwelt wesentlich sind, werden in den Sozialwissenschaften nicht reflektiert. Dies ist nicht weiter schlimm, herrscht doch auch in den Wissenschaften das Prinzip der funktionalen Differenzierung.

Dort, wo der Mensch sich als Mensch sucht, begegnet, ausdrückt und entwirft, beginnt in universitärer Tradition der Aufgabenteilung unter den Fakultäten das Gebiet der Geisteswissenschaften. Die Geisteswissenschaften nehmen „einen Begriff vom Eigenen des Menschen in Anspruch“ (Derrida 2001: 10). Kulturgeographie als Geisteswissenschaft zu betreiben, heißt, dieses „Eigene des Menschen“ im Umgang mit den Dingen zu suchen, bekräftigen, analysieren, zu erneuern und zu hinterfragen. Der geisteswissenschaftliche Flügel der Kulturgeographie fragt nicht primär nach der Bedeutung und den Konstruktionsweisen der Dinge für die Formen menschlichen Zusammenlebens, sondern direkter nach dem Menschen. Hier wie in den Künsten leuchten Bilder vom Menschen auf, die auf das Höchste zielen, was zivilisatorische Kräfte antreibt und regt. Im geisteswissenschaftlichen Umgang mit der Umwelt, mit der Welt der Dinge geht es um die Empfindung und Wahrnehmung, die Lebensbereicherung, die der Mensch im Umgang mit den Dingen erfährt. Hier ist der Beginn eines erweiterten und des vielleicht jüngsten Arbeitsauftrages einer Kulturgeographie der Dinge: die Untersuchung der Mensch-Umwelt-Relation als Konzipierung der Wege ästhetischer Rezeption.

An Kunst und Kunstwerken, an deren subjektiver Wahrnehmung, fachlicher Rezeption und gesellschaftlicher Bedeutung, können Kulturgeographen lernen. Denn die Bedeutung, die Subjekte, soziale Gruppen und Gesellschaften dem Design und der Ästhetik zusprechen, auch in der bebauten Umwelt zum Beispiel in der Bewertung der Postmoderne in den Städten oder der Stilisierung von Erlebniseinkaufsmalls, enthält stets ein grundsätzliches Urteil über das Schöne, über seine Wahrnehmung und seine Aufgabe in der Welt. Darüber hinaus und wesentlich ist die Rezeption der Kunst mit der Wahrnehmung der bebauten wie der natürlichen Umwelt eng verwandt. Wo immer dem Menschen stumme Gegenstände – seien es Landschaften, Bilder, Häuser, Untertassen oder Städte – als ein sinnliches, physisches Gegenüber begegnen, der Mensch also in seiner dinglichen Umwelt sich bewegt, findet Umwelt-Wahrnehmung statt. Die „Lehre von der Wahrnehmung, die bei den Griechen Ästhetik hieß“ (Benjamin 1974: 466), bedarf einer geisteswissenschaftlichen Interpretation des Geschehens. Um die ästhetische Rolle der Dinge, seien es Kunstwerke oder Gebrauchsgegenstände, in unserem Leben zu verstehen, ist keine menschliche Lebensäußerung so sprechend wie die Baukunst. Hans-Georg Gadamer verdeutlicht deshalb den hermeneutischen Umgang mit der Kunst am Beispiel der Baukunst:

„Es ist eine der großen Fälschungen, die durch die Reproduktionskunst unserer Zeit aufgekommen ist, daß wir die großen Bauwerke der menschlichen Kultur dann, wenn wir sie erstmals im Original sehen, oft mit einer gewissen Enttäuschung aufnehmen. So malerisch, wie sie aus den fotografischen Reproduktionen uns vertraut sind, sind sie dann gar nicht. In Wahrheit bedeutet diese Enttäuschung, daß man überhaupt noch nicht über die bloße malerische Anblicksqualität des Bauwerks hinaus zu ihm als Architektur, als Kunst hingelangt ist. Da muß man hingehen und hineingehen, da muß man heraustreten, da muß man herumgehen, muß sich allmählich erwandern und erwerben, was das Gebilde einem für das eigene Lebensgefühl und seine Erhöhung verheißt. So möchte ich in der Tat die Konsequenz dieser kurzen Überlegung zusammenfassen: Es geht in der Erfahrung der Kunst darum, daß wir am Kunstwerk eine spezifische Art des Verweilens lernen. Es ist ein Verweilen, das sich offenbar dadurch auszeichnet, daß es nicht langweilig wird. Je mehr wir verweilend uns darauf einlassen, desto sprechender, desto vielfältiger, desto reicher erscheint es. Das Wesen der Zeiterfahrung der Kunst ist, daß wir zu weilen lernen. Das ist vielleicht die uns zugemessene endliche Entsprechung zu dem, was man Ewigkeit nennt" (Gadamer 1998: 60).

Was Hans-Georg Gadamer hier für das Bauwerk – stellvertretend für alle Künste – beschreibt, nämlich dass man „hingehen und hineingehen", „heraustreten" und „herumgehen" muss, um seinen ästhetischen wie praktischen Gehalt zu verstehen, ist physische Voraussetzung und Pendant zur geistigen Tätigkeit des Verstehens. Die Welt der Dinge sich sinnlich und sinnhaft zu erschließen, bedarf einer besonderen Art hermeneutischer Verstehensleistung. Diese zehrt im Vergleich zu den Sozialwissenschaften wie auch zur klassischen Hermeneutik, die sich zumeist auf sprachliche Untersuchungsgegenstände (etwa Texte, Diskurse) oder sprachfähige Untersuchungssubjekte (Probanden, Interviewpartner) beziehen (vgl. Gadamer 1990), nicht nur von dem über das Wort vermittelten, rein logischen, vorwiegend verstandesmäßigen Auffassen des Gehalts einer Sache. Sondern hier bedarf es zudem einer anderen Weise der Erkenntnis, des Einsatzes eines außersprachlichen Mehr. Das „Verweilen" bei den Dingen ruht auch auf der menschlichen Fähigkeit, nicht-sprachlich mit der physisch-sinnlichen Präsenz der Dinge zu „kommunizieren". Der britische Philosoph Michael Polanyi nennt diesen Vorgang der Erkenntnisgewinnung durch die physische Aktivität des Hineingehens und Verweilens *indwelling* (Polanyi und Prosch 1977: 37). Andere Erkenntnistheoretiker wie etwa der französische Phänomenologe Merleau-Ponty oder der Kieler Philosoph Hermann Schmitz sprechen von leiblicher Wahrnehmung (vgl. Hasse 2003). Eben diese, die sinnliche Kommunikation mit den Dingen lässt sich veranschaulichen, erkunden und einüben an der Rezeption von Kunstwerken wie etwa Gemälden, Statuen, Symphonien, Fotografien oder der Aktionskunst. In diesem Sinne ist die Wahrnehmung der natürlichen wie der bebauten (Um)Welt nicht allein sozial konstruiert, sondern stets auch sinnlich erfahren und erlebt. Umweltwahrnehmung ist nicht nur Gegenstand gesellschaftlicher Diskurse sondern auch ein geisteswissenschaftlich zu untersuchender Prozess menschlicher Welterfahrung: Die materiell und kulturell konstruierte Umwelt als vom Menschen mit allen Sinnen wahrgenommene, gefühlte, erlebte, betrachtete, beobachtete, bewohnte, gestaltete und gedeutete Welt. Design ist so ein Deutungsangebot an den Menschen auch im geisteswissenschaftlichen Sinne. Die gesellschaftliche Funktion der Ästhetisierung ruht ebenso auf der Mächtigkeit dieser Art der Umweltwahrnehmung. Deshalb sind die sozialwissenschaftliche und geisteswissenschaftliche Betrachtung keine gegensätzlichen oder konkurrierenden Perspektiven, sondern sie ergänzen einander und sind eng miteinander zu verschränken.

Der Wille zur „totalen Gestaltung“ der Umwelt und seine Ästhetisierungs-Folgen beruhen auf zwei Weisen menschlicher Erfahrung und menschlichen Strebens: zum einen auf dem gesellschaftlichen Ringen um die Gestalt und Bedeutung von Design und Ästhetik; zum anderen auf der subjektiv-menschlichen Wahrnehmung der faszinativen Eigen-Sprachlichkeit der dinglichen Welt. Beide Seiten der Ästhetisierung im Mensch-Umwelt-Verhältnis untersucht die Kulturgeographie der Dinge: durch den Einsatz von Theorien und Methoden aus den sozialwissenschaftlichen und geisteswissenschaftlichen Bereichen – das Schwingen beider Flügel.

Literatur

Argan GC (1983) Gropius und das Bauhaus. Braunschweig (= Bauwelt Fundamente 69)

Baudrillard J (1994) Simulacra und Simulation. Ann Arbor

Baudrillard J (1995) Amerika. München

Benjamin W (1974) Das Kunstwerk im Zeitalter seiner technischen Reproduzierbarkeit. Erste Fassung. In: ders.: v Tiedemann R, Schweppenhäuser H (Hrsg.) Gesammelte Schriften. Frankfurt a. M., 431–469 (Original von 1935/1936)

Bourdieu P (1989) Die feinen Unterschiede. Kritik der gesellschaftlichen Urteilskraft. Frankfurt a. M.

Claussen H (1986) Walter Gropius. Grundzüge seines Denkens. Hildesheim, Zürich, New York

Debord G (1994) The Society of the Spectacle. New York (Orig. v. 1967)

Derrida J (2001) Die unbedingte Universität. Frankfurt a. M.

Düwel J, Gutschow N (2001) Städtebau in Deutschland im 20. Jahrhundert. Ideen – Projekte – Akteure. Stuttgart

Führ E (1991) Einige Anmerkungen zur „Praktischen Ästhetik“ in der Architektur. Wolkenkuckucksheim 1 (1), Internetzeitschrift: /fuehr1/kuhttp://www.theo.tu-cottbus.de/wolke/deu/Themen/961nst.html

Gadamer HG (1990) Wahrheit und Methode. Grundzüge einer philosophischen Hermeneutik. Tübingen

Gadamer HG (1998) Die Aktualität des Schönen. Kunst als Spiel, Symbol und Fest. Stuttgart

Geertz C (1973) The Interpretation of Cultures. New York

Goldberg G, Heimberg B, Schawe M (1998) Albrecht Dürer. Die Gemälde der Alten Pinakothek. Hrsg. von der Bayerischen Staatsgemäldesammlung München. München

Gropius W (1965) Idee und Aufbau des staatlichen Bauhauses. In: Gropius W Die neue Architektur und das Bauhaus. Grundzüge und Entwicklung einer Konzeption. Mainz, 28–60 (= Neue Bauhausbücher). (Original von 1923)

Gropius W (1967) Apollo in der Demokratie. Mainz (= Neue Bauhausbücher)

Gropius W (1988a) Erklärung wegen Meinungsverschiedenheiten am Bauhaus. In: Probst H, Schädlich C (Hrsg.) Walter Gropius, Bd. 3. Ausgewählte Schriften. Berlin, 80–82 (Original von 1922)

Gropius W (1988b) Totale Architektur. In: Probst H, Schädlich C (Hrsg.): Walter Gropius, Bd. 3. Ausgewählte Schriften. Berlin, 182–188 (Original von 1956)

Hasse J (2003) Die Frage nach den Menschenbildern – eine anthropologische Perspektive. In: Hasse J, Helbrecht I (Hrsg.) Menschenbilder in der Humangeographie. Oldenburg, 11–31 (= Wahrnehmungsgeographische Studien 21)

Helbrecht I (2001) Postmetropolis: Die Stadt als Sphinx. In: Geographica Helvetica 56 (3), 214–222

Helbrecht I (2003) Humangeographie und die Humanities – Unterwegs zur Geographie des Menschen. In: Hasse J, Helbrecht I (Hrsg.) Menschenbilder in der Humangeographie, Oldenburg. 169–179 (= Wahrnehmungsgeographische Studien 21)

Hennings G, Müller S (Hrsg.) (1998) Kunstwelten. Künstliche Erlebniswelten und Planung. Dortmund (= Dortmunder Beiträge zur Raumplanung 85)

Hilpert T (1984) Der Historismus und die Ästhetik der Moderne. Eine Einführung. In: Hilpert T (Hrsg.) Le Corbusiers „Charta von Athen“. Texte und Dokumente. Kritische Neuausgabe. Braunschweig, 9–79 (= Bauwelt Fundamente 56)

Horkheimer M, Adorno Th W (1986) Dialektik der Aufklärung. Philosophische Fragmente. Frankfurt a. M. (Orig. v. 1947)

Jameson F (1984) The Cultural Logic of Late Capitalism. In: Jameson F Postmodernism, or, The Cultural Logic of Late Capitalism. Durham, 1–54

Joedicke J (1958) Geschichte der modernen Architektur. Synthese aus Form, Funktion und Konstruktion. Stuttgart

Mies van der Rohe L (1964) Arbeitssthesen. In: Conrads U (Hrsg.) Programme und Manifeste zur Architektur des 20. Jahrhunderts. Gütersloh, Berlin, München. 76–77 (= Bauwelt Fundamente 1). (Original von 1923)

Mitscherlich A (1965) Die Unwirtlichkeit unserer Städte. Anstiftung zum Unfrieden. Frankfurt a. M.

Polanyi M, Prosch H (1977): Meaning. Chicago

Scheffler K (1907) Moderne Baukunst. Berlin

Scheffler K (1913) Die Architektur der Großstadt. Berlin

Sorkin M (Hrsg.) (1992) Variations on a Theme Park. The New American City and The End of Public Space. New York

Timm E (1999) Hugo Ferdinand Boss (1885-1948) und die Firma Hugo Boss. Eine Dokumentation. Metzingen

10 Relationale Wirtschaftsgeographie: Grundperspektive und Schlüsselkonzepte

Johannes Glückler, Frankfurt a. M. und Harald Bathelt, Marburg

10.1 Neue Wirtschaftsgeographien

Die Wirtschaftsgeographie richtet ihr Erkenntnisinteresse allgemein auf die Beziehung von Raum und Wirtschaft. Da jedoch Konzepte von Raum und von ökonomischem Handeln variieren können, begründen die verschiedenen Möglichkeiten ihrer Kombination unterschiedliche Konzepte dieser Beziehung und damit unterschiedliche Wirtschaftsgeographien. Ebenso wie andere Forschungsfelder der Geographie hat die Wirtschaftsgeographie seit Ende der 1980er Jahre eine theoretische Renaissance erfahren, in der zahlreiche Wenden wie etwa soziale oder kulturelle *Turns* gefordert und *neue* Positionen vorgeschlagen worden sind, um den Gegenstand und die Perspektive der Wirtschaftsgeographie zu verändern. In der angelsächsischen Literatur haben die Arbeiten von Scott (1988, 1998), Storper und Walker (1989), Storper und Scott (1992) und Storper (1995, 1997a, 1997b) sowie von Amin (1994), Gertler (1993, 1997), Lee und Wills (1997), Maskell und Malmberg (1999a,1999b), Barnes und Gertler (1999), Bryson et al. (1999), Sheppard und Barnes (2000) und Clark et al. (2000) entscheidende Beiträge für das Entstehen einer *New Economic Geography* geleistet. Im Unterschied zum traditionellen raumwirtschaftlichen Ansatz der Wirtschaftsgeographie stellen diese Ansätze noch kein geschlossenes Theoriegebäude dar, sondern definieren sich vor allem über ihre Kritik und eine erhöhte Komplexität in der Analyse ökonomischer und sozialer Prozesse gegenüber der traditionellen Raumwirtschaftslehre. Dennoch zeigen sie konzeptionelle Gemeinsamkeiten, die gegenüber der Raumwirtschaftslehre einen grundlegenden Perspektivenwechsel kennzeichnen. Beispielhafte Gegenüberstellungen und Diskussionen der Ansätze finden sich bei Massey (1985), Sayer (2000), Barnes (2001) und Bathelt und Glückler (2002a, 2002b). In diesem Beitrag werden zunächst die grundlegenden Gemeinsamkeiten dieser Arbeiten zu einer relationalen Grundperspektive integriert. Anschließend wird die Konzeption der *holy trinity* von Storper (1997a) als einer der zentralen Ansätze dieser *New Economic Geography* diskutiert. Aus der Diskussion dieses Ansatzes werden vier Ionen als Schlüsselkonzepte einer relationalen Wirtschaftsgeographie entwickelt, die in der Analyse wirtschaftlicher Beziehungen in räumlicher Perspektive eine zentrale Bedeutung haben.

10.2 Relationale Grundperspektive

Die Unterschiede der jüngeren wirtschaftsgeographischen Ansätze zur Raumwirtschaftslehre und der Übergang zu einem auch sozialtheoretisch informierten Programm liegen zunächst in unterschiedlichen Grundperspektiven begründet. In einer relationalen Grundperspektive bilden ökonomisches Handeln bzw. ökonomische Beziehungen zwischen Akteuren den Ausgangspunkt. Wirtschaftliches Handeln ist dabei stets auf andere Akteure und das gemeinsame institutionelle Umfeld bezogen und wird daher als kontextspezifisch anerkannt. Das Handeln und die (intendierten und nicht-intendierten) Folgen des Handelns werden als Ereignisse in einem offenen System gesehen, in dem Neuerungen möglich und Entwicklungen kontingent sind. Die Relationalität der Perspektive ermöglicht es, den Prozess des Handelns und Wirtschaftens als kontextspezifisch, pfadabhängig und kontingent anzuerkennen. Zentrale Aspekte dieser veränderten Rahmenkonzeption lassen sich gegenüber den etablierten Programmen der Länderkunde und Raumwirtschaftslehre auf zumindest fünf Ebenen darstellen.

Tab 10.1: Forschungsentwürfe in den geographischen Paradigmen der Wirtschaftsgeographie

Programmatische Dimension	Wirtschaftsgeographie in der Länderkunde	Raumwirtschaftslehre	Relationale Wirtschaftsgeographie
Forschungsgegenstand	Konkrete ökonomische Raumformationen eines Landes	Raummanifestierte Handlungsfolgen (Struktur)	Ökonomische Beziehungen im Kontext (Praxis, Prozess)
Handlungskonzept	Naturdeterministisch/ -probabilistisch	Atomistisch: methodologischer Individualismus	Relational: Netzwerktheorie, *embeddedness*-Perspektive
Raumkonzept	Raum als Objekt und Kausalfaktor	Raum als Objekt und Kausalfaktor	Räumliche Perspektive
Wissenschaftstheoretische Grundperspektive	Realismus/ Naturalismus	Neo-Positivismus, kritischer Rationalismus	Kritischer Realismus, Evolutionsperspektive
Forschungsziel	Idiographisches Verstehen der Totalregion	Raumgesetze ökonomischen Verhaltens	Prinzipien sozioökonomischen Austauschs in räumlicher Perspektive

10.2.1 Raumkonzept

Hinsichtlich des impliziten Verständnisses von Raum erfolgt in der neuen Perspektive eine Umkehr der Kausalbeziehung von Raum und Wirtschaft (Werlen 1995, 1997, 2000). Im Gegensatz zur Raumwirtschaftslehre bedingt nicht der Raum das Handeln, sondern durch Handeln verändern sich die materiellen und institutionellen Rahmenbedingungen des Handelns (Giddens 1995). Nicht die Region bestimmt die Entwicklung der Unternehmen, sondern umgekehrt reproduzieren und gestalten Unternehmen ihre regionale Umwelt (Storper und Walker 1989). Die Bedeutung räumlicher Kategorien oder regionaler Artefakte kann dabei jedoch nur aus dem wirtschaftlichen und sozialen Kontext erfasst werden. Da Raum sozial und ökonomisch unterbestimmt ist, können räumliche Kategorien je nach Kontext unterschiedliche Bedeutung haben: „‚Räumliche Näh' kann alles bewirken, einschließlich des jeweiligen Gegenteils, und damit nichts" (Bahrenberg 2002, 59). Raum kann letztlich weder als Explanans noch als Forschungsobjekt sinnvoll konzipiert werden und daher letztlich nicht im Rahmen von Theorien in Erscheinung treten (Sayer 1985; Saunders 1989; Hard 1993). Konsequenterweise können Raum oder Territorium nur schwerlich die zentrale Grunddimension der Wirtschaftsgeographie bilden.

Dem Raum als Gegenstand und Ursache kann vielmehr ein Verständnis von Raum als Perspektive entgegengestellt werden (Glückler 1999). Die räumliche Perspektive ist charakteristisch für den wirtschaftsgeographischen Zugang zu ökonomischem Handeln. Erst durch die Verwendung einer spezifischen Perspektive kann aus einem Forschungsgegenstand ein Forschungsproblem formuliert werden (Bathelt und Glückler 2002a, 2002b). In der relationalen Wirtschaftsgeographie stehen im Unterschied zur Raumwirtschaftslehre nicht mehr Raumtheorien, sondern Theorien lokalisierter ökonomischer Prozesse und ihrer Folgen im Mittelpunkt. Der Begriff impliziert hierbei keineswegs, dass ökonomisches Handeln regional begrenzt sei, sondern dass alles Handeln einen physischen Ort hat.

Box: Räumliche Perspektive

Die räumliche Perspektive bezieht sich auf die Fragen, die Geographen an die Erfahrungswelt richten und nicht auf die Antworten. Raum oder Distanz werden in dieser Konzeption nicht mehr als Erklärungsvariable verwendet. Vielmehr werden Problemstellungen erst in räumlicher Perspektive sichtbar: regionale Disparitäten, lokale Konzentrationen gleicher (Cluster) oder unterschiedlicher Aktivitäten (Metropolen), divergierende regionale Entwicklung, interregionale Verflechtungen und Austauschprozesse (Globalisierung) etc. All diese Phänomene werden durch die Sicht auf ihre geographische Verortung beobachtbar. Sie lassen sich aber nicht selbst aus räumlichen Kategorien erklären. Die räumliche Perspektive berücksichtigt, dass ökonomisches Handeln stets verortet ist. Dadurch kommt es automatisch zu Interaktionen zwischen unterschiedlichen ökonomischen und sozialen Prozessen, die an denselben Orten stattfinden. Das hängt damit zusammen, dass dieselben Akteure zeitgleich in verschiedenen Prozessen mitwirken. Dadurch werden nicht nur Personen an einigen Orten eingeschlossen und Personen an anderen Orten ausgeschlossen. Dies bedeutet zugleich, dass es nicht möglich ist, einen einzelnen Prozess isoliert zu betrachten und andere zu vernachlässigen. Prozesse sind notwendigerweise interdependent, weil sie an denselben Orten stattfinden oder genau deshalb, weil sie verschiedene Orte betreffen. Die räumliche Perspektive stellt somit einen Zugang zur komplexen Erfahrungswelt dar. So würden je nach gewählter Perspektive unterschiedliche Fragestellungen eröffnet werden. Dies lässt sich anhand des Beispiels der Veränderung der Arbeitsteilung eines Unternehmens im Zuge einer Strukturkrise erläutern: Während eine sozialwissenschaftliche Studie beispielsweise die Konsequenzen für die Verteilung von Zuständigkeiten und Kompetenzen in der Arbeitsorganisation oder den Grad der Hierarchisierung thematisieren würde, könnte eine ökonomische Studie eher auf die Folgen für die strategische Ausrichtung, das Produktionsprogramm oder neue Wettbewerbschancen fokussiert sein. Demgegenüber würde eine wirtschaftsgeographische Untersuchung etwa die lokalisierten Folgen für den Arbeitsmarkt, die Zulieferbeziehungen oder die Arbeitsorganisation zwischen einzelnen Standorten in den Mittelpunkt stellen. Dieses Beispiel zeigt zweierlei: Erstens ist jede Perspektive immer unvollständig und zweitens kann jede Beobachtung, die in einer bestimmten Perspektive gewonnen wurde, selbst wieder Ausgangspunkt einer neuen Fragestellung unter einer anderen fachlichen Perspektive werden. So könnte eine andere Fachperspektive die lokalisierten Folgen für den Arbeitsmarkt oder Zulieferbeziehungen selbst wieder als Ausgangspunkt einer sozial- oder wirtschaftswissenschaftlichen Problemstellung verwenden.

10.2.2 Forschungsgegenstand

Anders als in der Raumwirtschaftslehre wird die Untersuchung ökonomischer Raumsysteme auf verschiedenen Maßstabsebenen nicht mehr als das zentrale Forschungsgebiet der Wirtschaftsgeographie aufgefasst. Statt dessen bildet ökonomisches Handeln als situierter Prozess in Strukturen von Beziehungen den Gegenstand einer relationalen Wirtschaftsgeographie. Nicht räumliche Strukturen wie Wirtschaftsräume oder Funktionalregionen gelten als prinzipiell aufzuklärende Phänomene, sondern Prozesse wie etwa die des institutionellen Lernens, der ökonomischen Innovation und der unternehmensübergreifenden Organisation in jeweils räumlicher Perspektive. Ökonomische Beziehungen rücken in das Zentrum wirtschaftsgeographischer Analyse und bilden den Kern eines wirtschafts- und sozialtheoretischen Programms.

10.2.3 Handlungskonzept

Während in der neoklassischen Wirtschaftstheorie ebenso wie in der Raumwirtschaftslehre der ökonomisch Handelnde als isolierter Akteur scheinbar unbeeinflusst von seiner Umwelt ist und als *homo oeconomicus* agiert, stellt dieser Ansatz eine relationale Konzeption des Handelns in den Vordergrund. Sie ist insofern relational, als ökonomisches Handeln nicht abstrakt und isoliert betrachtet wird, sondern sich in konkreten Strukturen von Beziehungen und deshalb kontextspezifisch vollzieht (Granovetter 1985). Ökonomisches Handeln ist als soziales Handeln eingebettet in Strukturen zeitlich fortdauernder Beziehungen (Grabher 1993). Eine atomistische Betrachtung einzelner Akteure würde nur ein verkürztes Verständnis des Handlungszusammenhangs ermöglichen und den Blick für die Beziehung zwischen Handeln und Struktur verschließen. Erst durch die Einbeziehung des sozio-institutionellen Kontextes in die Analyse wirtschaftlichen Handelns können gesellschaftliche Mikro- und Makroperspektiven aufeinander bezogen werden. Analog zu strukturationstheoretischen Ansätzen (Bourdieu 1977; Giddens 1995) schaffen sozio-institutionelle Strukturen überhaupt erst die Möglichkeiten und Gelegenheiten zu sinnvollem Handeln und zur Festlegung von Handlungszielen. Zugleich werden die institutionalisierten Kontexte durch wirtschaftliches Handeln selbst reproduziert und verändert. Ökonomisches Handeln gilt als an gegebenem Ort und zu gegebener Zeit situiert (Philo 1989; Martin 1994, 1999; Giddens 1995; Sunley 1996; Bathelt und Glückler 2000; Glückler 2001). Die Aufmerksamkeit einer Perspektive relationalen Handelns richtet sich nunmehr stärker auf soziale Beziehungen, den Austausch in diesen Beziehungen und die Institutionalisierung von Handlungsmustern in Gestalt von Gewohnheiten, Konventionen, Regeln und Gesetzen.

10.2.4 Wissenschaftstheoretische Grundperspektive

Wenn Handeln als kontextspezifisch anerkannt wird, kann es nicht universell auf der Grundlage gesetzesartiger Erklärung beschrieben werden. Handeln in offenen Systemen ist nicht vorhersagbar, sodass das Ziel der Ermittlung allzeit gültiger Gesetze aufgegeben werden muss. Während die Raumwirtschaftslehre unter dem Einfluss gesetzesartiger Erklärung durch das Überprüfen von Hypothesen die Rolle des Universellen hervorhebt, findet sich im kritischen Realismus (Archer et al. 1998) eine Erkenntnisperspektive, die der Bedeutung von Kontext Rechnung trägt. Der kritische Realismus wurde als pragmatische erkenntnistheoretische Alternative zum logischen Empirismus vom britischen Philosophen Bhaskar (1975) begründet und von Sayer (1992, 2000) in die Geographie und Sozialwissenschaften eingeführt. Zwar hält der kritische Realismus an der Annahme einer unabhängig vom Individuum existierenden Wirklichkeit und damit auch an dem Ziel der ursächlichen Erklärung von allgemeinen Mechanismen fest. Allerdings verbindet der Ansatz den Nachweis dieser Wirklichkeit nicht mehr mit der Universalität der Phänomene.

Das konventionelle Kausalitätsverständnis der Raumwirtschaftslehre gründet in dem Regularitätsprinzip, das auf Hume (1758) zurückgeht. Demnach gilt als Ursache jenes Ereignis, dessen Eintreten immer bzw. ausnahmslos mit dem Eintreten des zu erklärenden Ereignisses zusammenhängt. Die Regelmäßigkeit gilt hier als Prinzip der Ursächlichkeit. Diese Erklärung ist eine Universalerklärung, da an jedem Ort zu jeder Zeit eine Ursache ihre Wirkung erzeugt. Demgegenüber begründet der kritische Realismus durch das Prinzip der Kontingenz eine kontextuelle Kausalerklärung. Hierbei treten zwei Arten von Relationen in das Zentrum der wissenschaftlichen Erklärung (Sayer 1992):

a) *Notwendige Beziehungen.* Beziehungen gelten als notwendig, wenn zwei Ereignisse unabhängig von spezifischen Bedingungen stets verknüpft sind. Allerdings sind allgemeine, kontextinvariante Beziehungen von Ereignissen, also allgemeingültige Gesetze, im Bereich gesellschaftlicher Phänomene kaum zu identifizieren.

b) *Kontingente Beziehungen.* Demgegenüber sind Beziehungen kontingent, wenn sie zwei Ereignisse nur unter spezifischen Bedingungen verknüpfen. Diese Beziehungen sind für die Analyse wirtschaftlicher Prozesse die häufigsten.

Das Prinzip der Kontingenz bedeutet, dass das Eintreten eines Ereignisses nicht immer das Eintreten eines anderen Ereignisses impliziert, sodass identische Ausgangsbedingungen nicht zwangsläufig zu demselben Ergebnis führen müssen. Damit besteht die erkenntnistheoretische Möglichkeit, Handlungsziele und Handlungsfolgen als kontextuell zu erklären und zugleich zukünftige Ereignisse als offen anzuerkennen. Dies bedeutet aber nicht, dass sich die in einer Fallstudie gewonnene kontextuelle Erkenntnis in ihrem konkreten Zusammenhang erschöpft. Vielmehr ist es möglich, auf dem Weg der *Dekontextualisierung* verallgemeinerbare Bedingungen und Prinzipien eines Kontexts zu identifizieren und diese gegebenenfalls auf andere Kontexte anzuwenden. Eine wissenschaftlich interessante Erkenntnis besteht somit in der Aufdeckung transkontextueller, mehr oder minder notwendiger Relationen.

10.2.5 Forschungsziel

Durch die Rekonzeptionalisierung des Raums als räumliche Perspektive, des Handelns als relationales Agieren in kontextspezifischen Strukturen sozialer Beziehungen sowie durch die erkenntnistheoretische Aufwertung von Kontext durch das Prinzip der Kontingenz stellt die relationale Wirtschaftsgeographie die wirtschafts- und sozialwissenschaftliche, sachtheoretisch begründete Erklärung in den Mittelpunkt ihres Erkenntnisinteresses. Ziel ist es, diejenigen Aspekte ökonomischen Handelns und ökonomischer Beziehungen zu untersuchen, die in räumlicher Perspektive gesellschaftlich relevante Fragen und Probleme aufwerfen. In diesem Perspektivenwechsel kommen drei grundlegende Konsequenzen zum Ausdruck:

1. *Kontextualität.* In struktureller Perspektive ist ökonomisches Handeln auf einen spezifischen Handlungszusammenhang bezogen, in dem konkrete

Strukturen von Beziehungen vorherrschen (Granovetter 1985, 1992). Damit ist das Handeln situiert und nicht durch universelle Kategorien oder Gesetze zu erklären.

2. *Pfadabhängigkeit.* Die Kontextspezifität ökonomischen Handelns überträgt sich in historischer Perspektive in eine Dynamik pfadabhängiger Entwicklung. Situierte Entscheidungen und Interaktionen in der Vergangenheit bedingen spezifische Handlungskontexte in der Gegenwart und richten somit Handlungsziele und -möglichkeiten entlang eines historischen Entwicklungspfads (Nelson und Winter 1982; Nelson 1995).

3. *Kontingenz.* Aufgrund der Kontextabhängigkeit unterliegt ökonomisches Handeln nicht allgemeinen Gesetzen. Daher kann die spezifische Geschichte eines Entwicklungspfads nicht als deterministisch für die Zukunft verstanden werden, sondern konkrete Handlungskontexte ermöglichen stets Abweichungen von bestehenden und den Wandel hin zu neuen Entwicklungspfaden (Sayer 1992, 2000; Bathelt und Glückler 2000).

Damit wird ein komplexeres Verständnis kontextspezifischen Handelns ermöglicht und Handeln zum Ausgangspunkt konzeptioneller und empirischer Aussagen. Die relationale Wirtschaftsgeographie fokussiert sich auf Unternehmen, die in ihnen wirkenden Personen und die von ökonomischen Handlungen betroffenen Menschen, nicht aber auf Regionen und Raumeinheiten als Akteure. Dabei rücken Unternehmensziele und Beziehungen zwischen Unternehmen in den Mittelpunkt der Betrachtung, und die Forschung bedient sich ökonomischer und sozialer Theorien, um den Gegenstandsbereich des ökonomischen Handelns und ökonomischer Beziehungen aus räumlicher Perspektive zu untersuchen. Eine kontextuelle, pfadabhängige und kontingente Grundperspektive steht im Widerspruch zu theoretischen Programmen, deren Konzepte auf universellen Gesetzen, linearen Entwicklungen und geschlossenen Systemen basieren. Der Perspektivenwandel von der Raumwirtschaftslehre zu einer relationalen Wirtschaftsgeographie erfordert deshalb eine Fokussierung auf Konzepte, die zur Erklärung ökonomischer Strukturen und Prozesse verwendet werden.

10.3 Storpers Konzeption der *holy trinity*

Den am weitesten entwickelten Versuch einer Neuformulierung der Ansatzpunkte und Ziele der Wirtschaftsgeographie unternimmt Storper (1997a, 1997b). Seine Konzeption der *holy trinity* bildet den Ausgangspunkt unserer Überlegungen. Storper (1997c) argumentiert, dass lokalisierte Produktionssysteme trotz revolutionärer Verbesserungen in der Kommunikationstechnik und im Verkehrswesen eine ungebrochen große Bedeutung besitzen. Er führt dies im

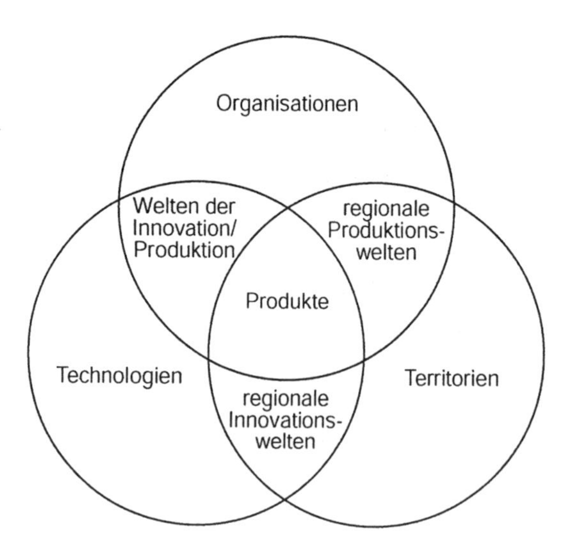

10.1 Storpers *holy trinity* (Quelle: Storper 1997a, S. 42 und 49)

wesentlichen auf die Vorteile zurück, die aus verringerten Transaktionskosten und der Möglichkeit zu organisatorischen und technologischen Lernprozessen in spezialisierten Ballungen resultieren. Hierbei spielen neben den *traded interdependencies* so genannte *untraded interdependencies* für die Abstimmungs-, Kommunikations- und Lernprozesse zwischen den ökonomischen Akteuren eine zentrale Rolle. Diese haben die Form von Konventionen, informellen Regeln und Gewohnheiten. Sie sind lokalisiert, d. h. an bestimmte Personen und Orte gebunden und können dort, wo sie auftreten, regionsspezifische Vorteile konstituieren (Maskell und Malmberg 1999a, 1999b). Die zugrundeliegenden sozialen und ökonomischen Prozesse erfasst Storper (1997a, 1997b) durch die Überlagerung von drei Säulen im Konzept der *holy trinity* (Abb. 10.1):

1. *Technologien.* Im Kern der ökonomischen Entwicklung steht der technologische Wandel. Technologische Innovationen bedingen den Aufstieg neuer und den Niedergang alter Produkte und Prozesse.

2. *Organisationen.* Diese Säule betont die Struktur der Organisation von Unternehmen und Unternehmensnetzwerken in einem Produktionssystem und deren Beeinflussung durch Institutionen.

3. *Territorien.* Auf der Ebene der Territorien lassen sich die Co-Entwicklungspfade von Organisationen und Technologien erfassen. Über regionale Materialverflechtungen, Wissenstransfers und Anpassungen zwischen Unternehmen kommt es zu *spillover*-Effekten und Lernprozessen, die die Wettbewerbsfähigkeit der in einer Region miteinander verbundenen Unternehmen kollektiv steigern. *Untraded interdependencies* haben eine zentrale

Rolle bei der Transformation technologischer und organisatorischer Welten in so genannte regionale Welten.

Die Leistung des Ansatzes von Storper (1995, 1997a) besteht insbesondere darin, dass er die Rolle kontextspezifischer Institutionen betont und soziale Interaktion als Prozess des Organisierens, Lernens und Innovierens in das Zentrum wirtschaftsgeographischer Forschung stellt. Er identifiziert Mechanismen, in denen sozio-institutionelle Kontexte die geographische Konzentration ökonomischen Handelns erst ermöglichen und gibt eine Erklärung, die bei den Akteuren und Akteursgruppen und nicht bei deren Rahmenbedingungen ansetzt.

Storpers (1997a) Konzeption greift allerdings hinsichtlich des impliziten Raumverständnisses in zweierlei Hinsicht zu kurz: Erstens ist es kaum nachzuvollziehen, dass das Territorium neben den konzeptionellen Dimensionen Organisation und Technologie eine separate Säule bildet. Denn während Organisation und Technologie zumindest analytisch eigenständig konzipierbar sind, bliebe eine Theorie des Territoriums ohne Bezugsgröße unterbestimmt und letztlich inhaltsleer. Obgleich dies so nicht Storpers (1997b) Absicht sein dürfte, ist die Konzeption der Säulen aus dieser Sicht unglücklich. Zweitens wird durch die Konzeption einer Territorialdimension die Analyse räumlicher Prozesse und Strukturen auf eine einzige Säule und deren Überlappungsbereiche beschränkt. Organisationen und Technologien werden damit zunächst als abstrakte Dimensionen charakterisiert und erst in den Schnittflächen der *holy trinity* verortet. Da jedoch ökonomische und soziale Prozesse in dem hier vertretenen Ansatz aus einer räumlichen Perspektive thematisiert werden müssen, kann das Territorium nur schwerlich als separate Größe in einer relationalen Wirtschaftsgeographie in Erscheinung treten.

10.4 Vier Ionen relationaler Wirtschaftsgeographie

Ausgehend von dieser Repositionierung schlagen wir in Anknüpfung an Storper (1997a, 1997b) einen fortentwickelten Bezugsrahmen für die Wirtschaftsgeographie vor, der die Grundkonzepte der Organisat*ion*, Evolut*ion*, Innovat*ion* und Interakt*ion* umfasst. Diese vier Kernkonzepte bezeichnen wir als Ionen einer relationalen Wirtschaftsgeographie. Sie gründen konzeptionell auf einer Grundperspektive relationalen Handelns. Vereinfacht könnte man sagen, dass Akteure innerhalb und zwischen Organisationen durch vielfältige Arten von Interaktionen in die Lage versetzt werden, Innovationen hervorzubringen und dass diese in einer evolutionären Dynamik durch Reflexivität auf die Bedingungen des Handelns in Organisationen rückwirken usw. Soziale Institutionen besitzen eine zentrale Bedeutung zur Analyse und Erklärung kontextspezifischen Handelns. Zahlreiche Konzepte, wie sie etwa in den institutionellen Ansätzen von Storper (1997a) und Schamp (2000) aufgenommen werden, dienen als grundlegendes Instrumentarium zur Entwicklung des wirtschaftsgeographischen Bezugsrahmens und informieren daher analytisch gleichermaßen alle Ionen. Der entscheidende Zugang der Rahmenkonzeption besteht darin, dass die hinter den vier Ionen stehenden wirtschaftlichen und sozialen Prozesse aus einer spezifisch räumlichen Perspektive analysiert und bewertet werden. In der nachfolgenden Diskussion sollen für die einzelnen Ionen wichtige Ansatzpunkte wirtschaftsgeographischen Arbeitens aufgezeigt und die wechselseitigen Bezüge der verschiedenen Dimensionen verdeutlicht werden. Es soll gezeigt werden, dass die vier Ionen durch die Anwendung einer räumlichen Perspektive systematisch ineinander übergreifen (Abb. 10.2). Das abgebildete Schema dient als Heuristik zur Systematisierung der Konsequenzen einer relationalen Perspektive für zentrale Theoriegegenstände der Wirtschaftsgeographie.

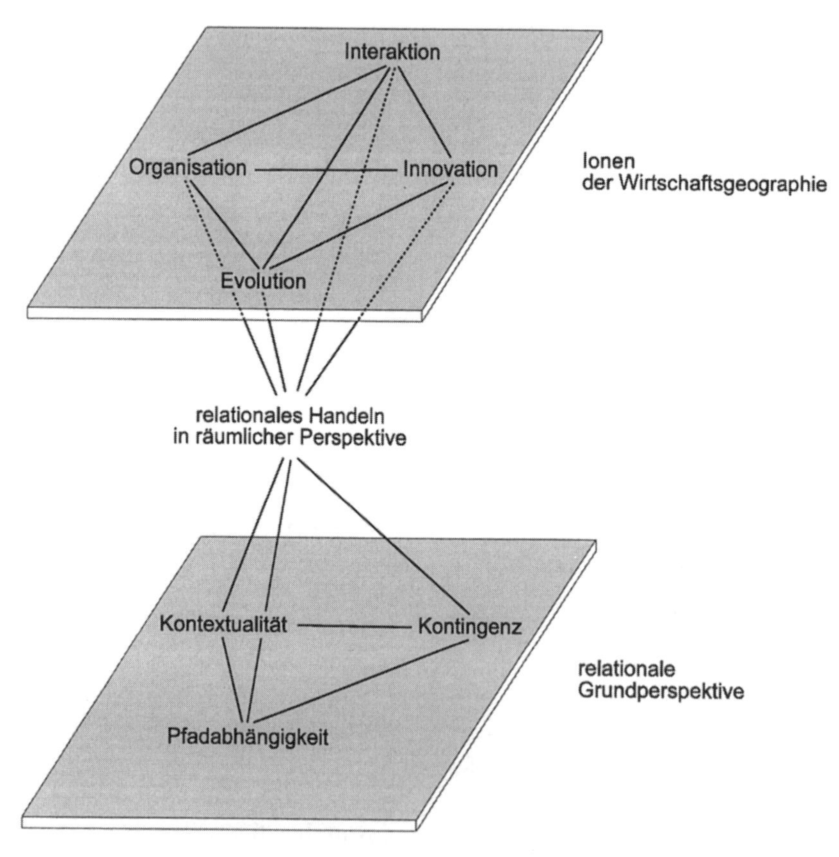

10.2 Relationale Grundperspektive und Ionen der Wirtschaftsgeographie

10.4.1 Organisation

Ein grundsätzliches Problem der Organisation industrieller Arbeits- und Produktionsprozesse besteht darin, Arbeitskräfte, Rohstoffe, Zwischenprodukte, Maschinen und Anlagen auf betriebsinterner und -externer Ebene so zusammenzubinden, dass unter Einbezug einer räumlichen Perspektive eine möglichst effiziente Teilung und Integration der Arbeit erfolgt (Sayer und Walker 1992). Dabei muss eine hinreichende Koordination und Kontrolle des Produktionsablaufs sichergestellt sein, um qualitativ hochwertige Produkte zuverlässig nach Kundenbedürfnissen anfertigen zu können (Bathelt 2000). So stellt sich die Frage, welche Vor- und Zwischenprodukte von einem Unternehmen selbst hergestellt und welche von Fremdfertigern zugekauft werden sollen, welche Prozesstechnologien einzusetzen sind und wie die verschiedenen Arbeits- und Produktionsschritte verknüpft werden sollen. Ferner ist zu entscheiden, wo welche Zulieferer in Anspruch genommen werden, wie diese in den Produktionsprozess integriert werden und an welchen Standorten regional, national und international welche Produktionsabschnitte angesiedelt werden sollen. Diese und ähnliche Aspekte lassen sich unter Einbeziehung institutionentheoretischer Konzeptionen wie etwa des ökonomischen Transaktionskosten-Ansatzes (Coase 1937; Williamson 1975, 1985) und des sozialwissenschaftlichen *embeddedness*-Ansatzes (Granovetter 1985, 1992) untersuchen.

Die Organisationsstruktur beeinflusst die Standortstruktur eines Unternehmens und die räumliche Organisation der Produktion. So haben beispielsweise die Standortverteilungen der Zulieferer und Abnehmer sowie das Verhalten und die räumliche Organisation der Konkurrenten große Bedeutung für die entstehende Arbeitsteilung. Das Organisationsproblem ist so komplex, dass es nicht möglich ist, räumliche Strukturen allein durch Standortfaktoren zu erklären. Räumliche und institutionelle Nähe können in bestimmten Kontexten zu einer Stabilisierung von Netzwerkbeziehungen zwischen spezialisierten Unternehmen führen, weil dadurch Kosten der Informationssuche reduziert und Kommunikationsvorteile genutzt werden (Scott 1988, 1998). Organisationsstrukturen sind eingebettet in soziale, kulturelle und institutionelle Strukturen und Beziehungen, die untrennbar mit den ökonomischen Entscheidungsprozessen verknüpft sind. Institutionen bilden hierbei einen gemeinsamen Handlungsrahmen für arbeitsteiliges Handeln (North 1990) und sind somit Grundlage für die Organisation von Innovationsprozessen. Ausgangspunkt für ökonomisches Handeln ist die konkret gewählte Organisationsstruktur. So wird die Unternehmensorganisation in ihrer Entwicklung von gesellschaftlich legitimierten Institutionen wie etwa staatlicher Regulation mit beeinflusst (Baum und Oliver 1992). Die räumliche Organisation der Produktion ist deshalb auch das Ergebnis komplexer Aushandlungsprozesse zwischen Unternehmen und formellen Institutionen und findet im Kontext spezifischer Machtkonstellationen statt (z. B. Berndt 1999). Eine evolutionäre Perspektive eignet sich besonders dazu, die Organisation von Unternehmen und Wertschöpfungsketten als Ausdruck sozio-institutioneller Beziehungsstrukturen zu verstehen (Nelson und Winter 1982; Swedberg und Granovetter 1992). Ob ein Unternehmen eine eigene integrierte Produktionsstruktur aufbaut oder Produktionsabschnitte an andere Unternehmen auslagert und welche Märkte und Standorte dabei erschlossen werden, hängt auch von bisher gesammelten Erfahrungen und in der Vergangenheit getroffenen Organisationsentscheidungen ab. Folge der dabei vollzogenen Lernprozesse ist eine erhöhte organisatorische Reflexivität.

10.4.2 Evolution

Welchen Einfluss haben historische Prozesse und Strukturen auf aktuelle Entscheidungen? Eine evolutionäre Konzeption von Wandel geht davon aus, dass soziale und ökonomische Prozesse pfadabhängig verlaufen und deshalb erfahrungsgebunden, kumulativ und durch Reflexivität geprägt sind. Diesbezüglich lässt sich seit den 1980er Jahren eine erstaunliche Konvergenz evolutionärer Perspektiven in der Ökonomie, den Sozialwissenschaften und der Wirtschaftsgeographie feststellen (Bathelt und Glückler 2000).

Evolutionsökonomische Konzeptionen gehen davon aus, dass die technisch-ökonomische Entwicklung einem abgesteckten Entwicklungspfad folgt und hierbei durch Routinen und Heuristiken geleitet wird (Nelson und Winter 1982; Dosi 1982, 1988). Eingesetzte Technologien beeinflussen die Möglichkeiten zukünftiger Innovationsprozesse, sodass Vergangenheitsentscheidungen unabhängig davon, wie gut oder wie schlecht sie waren, auf die Gegenwart nachwirken. Aus der Beurteilung des bisherigen Entwicklungsverlaufs werden dabei Mutations- und Selektionsprozesse ausgelöst, die technologische Innovationen zur Folge haben mit dem Ziel, die ökonomische Effizienz zu verbessern (Schamp 2000). Entwicklungspfade bieten immer wieder neue Entscheidungsmöglichkeiten, sind aber dadurch gekennzeichnet, dass vergangene Entscheidungen nicht ohne weiteres umkehrbar sind.

Die technisch-ökonomische Perspektive wird in neuen Ansätzen der Wirtschaftssoziologie durch den Aspekt der sozio-institutionellen *embeddedness* erweitert (Zukin und DiMaggio 1990). Hierin wird davon ausgegangen, dass ökonomisches Handeln in soziale Beziehungen und Strukturen eingebettet und untrennbar mit diesen Kontexten verbunden ist. Einzelne Unternehmen werden demnach nicht als isolierte Technologieproduzenten verstanden, sondern in ihrer Gesamtstruktur von Netzwerkbeziehungen mit Zulieferern, Abnehmern, Dienstleistern und staatlichen Organisationen untersucht (Grabher 1993). Hierbei spielen Institutionen eine zentrale Rolle. Sie erzeugen einen gemeinsamen Handlungsrahmen für Kommunikations-, Lern- und Innovationsprozesse, der arbeitsteiliges Handeln zwischen Akteuren überhaupt erst ermöglicht. Neben formellen Institutionen kommt informellen institutionellen Arrangements wie

z. B. gemeinsamen Regeln, Konventionen und Traditionen eine große Bedeutung zu, da sie auf verschiedenen räumlichen und nicht-räumlichen Ebenen Produktionszusammenhänge stärken. *Embeddedness* ist das Ergebnis eines erfahrungsabhängigen Evolutionsprozesses, in dem situierte ökonomische Beziehungen sowohl Ergebnis vorangegangener als auch Ausgangspunkt zukünftiger pfadabhängiger und kontextspezifischer Entwicklungen sind. In evolutionärer Perspektive können informelle Institutionen materialisiert und in formelle Institutionen wie etwa Gesetze überführt werden. Sie werden dadurch in einen Organisationszusammenhang (z. B. eine bestimmte staatliche Behörde) eingebunden und sind von diesem kaum mehr trennbar (Amin und Thrift 1994).

In der wirtschaftsgeographischen Konzeption industrieller Entwicklungspfade und der Entstehung neuer Industrieräume finden sich Erkenntnisse der Evolutionsökonomie und des *embeddedness*-Ansatzes integriert in eine spezifisch räumliche Perspektive (Scott 1988; Storper und Walker 1989). In dem Modell industrieller Entwicklungspfade wird davon ausgegangen, dass neu entstehende Industriesektoren in der Anfangsphase ihrer Entwicklung aufgrund des neuen Charakters der Technologien nirgendwo optimale Standortbedingungen vorfinden und damit relativ frei in ihrer Standortwahl sind. Wenn später an einigen Standorten einer sich entwickelnden Industrie hohes Wachstum entsteht, gelingt es den Unternehmen zunehmend, das Unternehmensumfeld ihren Bedürfnissen entsprechend zu prägen. Es bildet sich ein lokaler Zulieferersektor, Infrastruktur wird an die neuen Bedürfnisse angepasst und der Arbeitsmarkt stellt sich auf die erforderlichen Qualifikationen ein. Die betreffenden Regionen erlangen Wettbewerbsvorteile gegenüber anderen Regionen und es kommt zu sich selbstverstärkenden Ballungs- und Spezialisierungsprozessen (Bathelt und Glückler 2000). Durch die Einbeziehung von *localised capabilities* (Maskell und Malmberg 1999a, 1999b) und *untraded interdependencies* (Storper 1995, 1997a) lässt sich zudem eine sozio-institutionelle Kontextualisierung industrieller Entwicklungspfade erreichen.

10.4.3 Innovation

Innovationen sind eng mit den Aspekten der Entstehung neuer Technologien und den Auswirkungen des technischen Fortschritts verknüpft. In traditionellen ökonomischen und geographischen Konzeptionen wird der Aspekt der Generierung neuer Technologien und der Durchsetzung von Innovationen vernachlässigt. Technologischer Wandel wird entweder als modellextern angenommen oder als Ergebnis eines linearen, zielgerichteten Forschungsprozesses angesehen, der aus einer Abfolge kontrollierter Forschungs- und Entwicklungsschritte resultiert. In jüngeren evolutionstheoretischen Interpretationen (Dosi 1988; Storper 1997a) wird der Prozess der Generierung neuer Technologien genauer konzeptionalisiert. Die Schaffung neuer Technologien wird als arbeitsteiliger

Prozess zwischen verschiedenen Unternehmen sowie zwischen Unternehmen und anderen Organisationen wie etwa Universitäten und Forschungseinrichtungen angesehen. Dieser Prozess ist durch Rückkopplungsmechanismen zwischen unterschiedlichen Entwicklungsstufen sowie durch reflexive Verhaltensweisen und interaktive Lernprozesse der beteiligten Akteure gekennzeichnet. Innovationen sind mit der Entstehung neuen Wissens und der Modifikation vorhandenen Wissens verbunden. Die Generierung neuer Technologien und neuen Wissens ist erfahrungsabhängig und konzentriert sich auf einen begrenzten Bereich technisch-ökonomischer Problemlösungsmuster. Unternehmen folgen in ihren Innovationsprozessen bestimmten technologischen Entwicklungspfaden, wobei Routinen, Heuristiken und kognitive Skripte den Ausgangspunkt für Suchprozesse bilden (DiMaggio 1997).

Wie die konkrete räumliche Organisationsstruktur in einem Innovationsprozess aussieht, hängt unter anderem davon ab, wie arbeitsteilig die Produktion in dem betreffenden Technologiefeld organisiert ist, ob es potenzielle Partnerunternehmen im regionalen Umfeld gibt, welche Arten von Wissen für den Innovationsprozess von Bedeutung sind und welche Erfahrungen in der Vergangenheit gemacht wurden. Empirische Untersuchungen belegen, dass neue Technologien keineswegs immer in integrierten Forschungsprozessen innerhalb weltweit organisierter Großunternehmen entwickelt werden, sondern dass gerade spezialisierte Industrieballungen gute Voraussetzungen für die Etablierung arbeitsteiliger Innovationsprozesse bilden. Räumliche Nähe ermöglicht regelmäßige Interaktionen und Abstimmungen zwischen den Akteuren und erleichtert dadurch den Prozess der Wissensgenerierung. Dies ist um so ausgeprägter, je stärker die unternehmensübergreifende Arbeitsteilung in einer Region ist und je intensiver die Unternehmen in den lokalen sozio-institutionellen Kontext integriert sind. Neben den lokalen sind aber auch überregionale Austauschbeziehungen von zentraler Bedeutung, um kontinuierlichen Zugang zu neuen Informationen und somit dauerhafte Innovativität zu ermöglichen (Bathelt/Malmberg/Maskell 2003). Gerade die nationalstaatliche Ebene hat großen Einfluss auf den Prozess der Wissens- und Technologieerzeugung und bildet den institutionellen Rahmen für den Wirkungszusammenhang nationaler Innovationssysteme (Lundvall 1992; Nelson 1993), die durch unterschiedliche räumliche Organisationsmuster und regionsspezifische Anpassungen gekennzeichnet sind. Die Strukturen nationaler Innovationssysteme werden auf regionaler Ebene an spezifische Erfordernisse und Bedingungen sowie lokalisierte Institutionen angepasst und führen so zur Entstehung regionsspezifischer Innovationspfade.

10.4.4 Interaktion

Das Interagieren zwischen Akteuren und Akteursgruppen in ökonomischen Kontexten ist ein weiteres Grundelement des relationalen Ansatzes. Die vorstehenden Ausführungen zeigen, dass die Art der Organisation der Produktion und die Generierung von Innovationen sowohl Bedingung für als auch Ergebnis von Interaktionen der ökonomischen Akteure innerhalb und zwischen Unternehmen sowie zwischen Unternehmen und formellen Institutionen sind. Ein evolutionärer Ansatz eignet sich dabei zum Verständnis der Erfahrungsabhängigkeit der Inhalte und des Ablaufs von Interaktionen. In Prozessen interaktiven Lernens, Kreierens und der kollektiven Wissenserzeugung ist die konzeptionelle Verbindung zwischen den Ionen Organisation und Innovation zu sehen. Es sind Interaktionen auf unterschiedlichen Ebenen und zwischen verschiedenen Akteuren, die Unternehmen befähigen, technologische Entwicklungen entlang bestimmter Heuristiken oder durch die Beschreitung neuer Entwicklungspfade voranzutreiben. Interaktionen und Lernprozesse bilden den Kern der reflexiven Ökonomie, in der bereits getätigte Aktionen systematisch überprüft werden, um daraus Möglichkeiten zur Verbesserung für neue Aktionen abzuleiten (Lundvall und Johnson 1994). Mit der Erkenntnis, dass Produktions- und Innovationsprozesse arbeitsteilig organisiert sind und dass arbeitsteilige Organisationsformen mit wachsender Komplexität der Technologien und zunehmender Differenzierung der Gesellschaft an Bedeutung gewinnen, ist der Prozess des *learning by interacting* zunehmend in den Mittelpunkt des wirtschafts- und sozialwissenschaftlichen Interesses gerückt (Lundvall 1988; Gertler 1993, 1995). *Learning by interacting* bezeichnet einen Lernprozess, bei dem systematische Kommunikations- und Anpassungsvorgänge zwischen den in einer Wertschöpfungskette verbundenen Unternehmen zu einer schrittweisen Verbesserung von Produkt- und Verfahrenstechnologien sowie Organisationsformen führen.

Voraussetzung für das Interagieren ökonomischer Akteure ist neben formellen Institutionen die Existenz und Akzeptanz informeller Institutionen. Institutionelle Regeln und soziale Arrangements in Bezug auf die verwendeten Technologien und Ressourcen bzw. Produktionsfaktoren ermöglichen es den beteiligten Unternehmen und Akteuren überhaupt erst, in bestimmten Projekten zusammenzuarbeiten (Storper 1997a). Sie sind oftmals aufgrund ihrer Einbettung in Beziehungen, die auf co-präsenter Kommunikation basieren, räumlich lokalisiert und können nur schwer in andere Kontexte übertragen werden (Maskell und Malmberg 1999a, 1999b). Aufgrund von Nähevorteilen lassen sich bestimmte Informations- und Wissenstransfers innerhalb spezialisierter Agglomerationen besonders effizient durchführen. Wichtige Interaktionsprozesse sind deshalb trotz neuer globaler Organisationsformen der Produktion (z. B. Zeller 2001) nach wie vor auch in nationale und regionale Entwicklungszusammenhänge eingebettet.

10.5 Ausblick

Die seit Ende der 1980er Jahre vor allem in der angelsächsischen Debatte entwickelten Ansätze haben die konzeptionellen Grundlagen der Wirtschaftsgeographie nachhaltig verändert. Die Erweiterung der wirtschaftsgeographischen Theorien und Konzepte liegt auch in den Veränderungen ihres eigentlichen Gegenstands, der Wirtschaft selbst begründet. Durch die zunehmende Globalisierung der Produktions- und Konsumbeziehungen und den fortschreitenden technologischen Wandel nehmen Innovations- und Anpassungsdruck für Unternehmen weiter zu. Gleichzeitig steigen Komplexität, Unsicherheit und Dynamik der unternehmerischen Entscheidungsfelder und möglicher Entwicklungspfade. Dadurch verschiebt sich die Wettbewerbsfähigkeit von Unternehmen zusehends in Richtung Personen gebundener Ressourcen, d. h. auf Wissen, Lernen und die Organisation unternehmensinterner und -externer Beziehungen zur Realisierung von Innovationsprozessen. Bei der Analyse von Prozessen der Regionalisierung und globalen Vernetzung wirtschaftlichen Austauschs wird die Beachtung sozialer und institutioneller Kontexte immer wichtiger. Die Produktionsfaktoren Arbeit, Boden und Kapital und deren Integration in traditionellen wirtschaftsgeographischen Konzeptionen mittels Transportkostenüberlegungen reichen allein nicht mehr aus, um die gegenwärtigen Veränderungen und Wirkungszusammenhänge wirtschaftlichen Austauschs in räumlicher Perspektive zu erklären (Dicken 1998).

Der Ansatz der relationalen Wirtschaftsgeographie soll zu einer konzeptionellen Erneuerung beitragen, indem wirtschaftliches Handeln durch die Integration von wirtschafts- und sozialwissenschaftlichen Theorien analysiert wird. Die *Relationalität* der Perspektive besteht darin, die Kontextualität, Pfadabhängigkeit und Kontingenz ökonomischen Austauschs nicht mehr exogen als Störfaktoren oder unerklärte Varianzen den homogenen Verhaltensmodellen gegenüber zu stellen, sondern gerade endogen innerhalb der Konzepte zu thematisieren. Durch diese relationale Perspektive werden deterministische Erklärungsmuster vermieden und im Vergleich zu raumwirtschaftlichen Ansätzen der Anschluss an moderne sozialtheoretische Diskurse ermöglicht. So versprechen beispielsweise konstruktivistische Ansätze einen Beitrag zum Verständnis sozio-kultureller Konstruktionsweisen des Ökonomischen zu leisten: Denn die Anerkennung der Kontextualität ökonomischer Beziehungen verlangt zugleich ein kontextspezifisches Verständnis der sozialen Konstruktion von organisatorischen Routinen, Konventionen, Normen oder Werten – so etwa des opportunistischen, fairen oder kooperativen Handelns in kollektiven Strukturen von Beziehungen.

Fragen einer unternehmensorientierten Wirtschaftsgeographie, die sich aus dieser veränderten Perspektive ergeben, sind unter anderem: Wie interagieren Unternehmen und welche Konsequenzen ergeben sich daraus für lokalisierte Prozesse und Strukturen? Wie werden Unternehmen durch den institutionellen und sozio-kulturellen Kontext in ihrer Stammregion geprägt? Wie sind Unternehmen und Produktionssysteme organisiert, wie unterscheidet sich die Organisation von Ort zu Ort und welche territorial abbildbaren Folgen ergeben sich daraus? Wie kommt es zur Entstehung neuer Institutionen und wie sind diese verortet? Durch welche Kommunikations- und Abstimmungsprozesse können Unternehmen ihr Umfeld nach ihren Vorstellungen prägen, sodass ihre Wettbewerbsfähigkeit steigt und der technische Fortschritt beschleunigt wird? Wie wirken sich Veränderungen von Technologien, Nachfragewünschen und Wettbewerbsbedingungen auf die Organisation der Produktion aus und in welcher regionalen Variation äußert sich dies?

Zur Erforschung dieser Fragen bedarf es einer grundlegenden Erneuerung traditioneller Konzepte. Die Begründung einer relationalen Perspektive und die Entwicklung der vier Ionen als Schlüsselkonzepte stellen ein Angebot dafür da, den Fokus auf den wirtschaftenden Menschen zu richten und zur Analyse wirtschaftsgeographischer Probleme wirtschafts- ebenso wie sozialwissenschaftliche Konzepte heranzuziehen.

Literatur

Amin A (Hrsg.) (1994) Post-Fordism. Oxford, Cambridge (MA)

Amin A, Thrift N (1994) Living in the Global. In: Amin A, Thrift N (Hrsg.) Globalization, Institutions, and Regional Development in Europe. Oxford, New York, 1–22

Archer M, Bhaskar R, Collier A, Lawson T, Norrie A (Hrsg.) (1998) Critical Realism. Essential Readings. London, New York

Bahrenberg G (2002) Globalisierung und Regionalisierung. Die Enträumlichung der Region. Geographische Zeitschrift 90, 52–63

Barnes TJ (2001) Retheorizing Economic Geography: From the Quantitative Revolution to the 'Cultural Turn". Annals of the Association of American Geographers 91, 546–565

Barnes TJ, Gertler MS (Hrsg.) (1999) The New Industrial Geography: Regions, Regulation and Institutions. London, New York

Bathelt H (2000) Räumliche Produktions- und Marktbeziehungen zwischen Globalisierung und Regionalisierung – Konzeptioneller Überblick und ausgewählte Beispiele. Berichte zur deutschen Landeskunde 74, 97–124

Bathelt H, Glückler J (2000) Netzwerke, Lernen und evolutionäre Regionalentwicklung. Zeitschrift für Wirtschaftsgeographie 44, 167–182

Bathelt H, Glückler J (2002a) Wirtschaftsgeographie. Ökonomische Beziehungen in räumlicher Perspektive. Stuttgart

Bathelt H, Glückler J (2002b) Wirtschaftsgeographie in relationaler Perspektive: Das Argument der zweiten Transition. Geographische Zeitschrift 90, 20–39

Bathelt H, Malmberg A, Maskell P (2003) Clusters and Knowledge: Local Buzz, Global Pipelines and the Process of Knowledge Creation. Progress in Human Geography 27, forthcoming

Baum JA, Oliver C (1992) Institutional Embeddedness and the Dynamics of Organizational Populations. American Sociological Review 57, 540–559

Berndt C (1999) Institutionen, Regulation und Geographie. Erdkunde 53, 302–316

Bhaskar R (verwendet im Nachdruck der 1. Auflage von 1997) (1975) A Realist Theory of Science. London, New York

Bourdieu P (1977) Outline of a Theory of Practice. Cambridge

Bryson J, Henry N, Keeble D, Martin R (Hrsg.) (1999) The Economic Geography Reader. Producing and Consuming Global Capitalism. Chichester, New York

Clark GL, Feldman MP, Gertler MS (Hrsg.) (2000) The Oxford Handbook of Economic Geography. Oxford

Coase RH (1937) The Nature of the Firm. Economica 4, 386–405

Dicken P (1998) Global Shift: Transforming the World Economy. London

DiMaggio PJ (1997) Culture and Cognition. Annual Review of Sociology 23, 263–289

Dosi G (1982) Technological Paradigms and Technological Trajectories: A Suggested Reinterpretation of the Determinants and Directions of Technical Change. Research Policy 2, 147–162

Dosi G (1988) The Nature of the Innovative Process. In: Dosi G, Freeman C, Nelson RR, Silverberg G, Soete LLG (Hrsg.) Technical Change and Economic Theory. London, New York, 221–238

Gertler MS (1993) Implementing Advanced Manufacturing Technologies in Mature Industrial Regions: Towards a Social Model of Technology Production. Regional Studies 27, 665–680

Gertler MS (1995) 'Being There": Proximity, Organization, and Culture in the Development and Adoption of Advanced Manufacturing Technologies. Economic Geography 71, 1–26

Gertler MS (1997) The Invention of Regional Culture. In: Lee R, Wills J (Hrsg.) Geographies of Economies. London, New York, Sydney, 47–58

Giddens A (1995) Die Konstitution der Gesellschaft. Frankfurt a. M.

Glückler J (1999) Neue Wege geographischen Denkens? Eine Kritik gegenwärtiger Raumkonzepte und ihrer Programme in der Geographie. Frankfurt a. M.

Glückler J (2001) Zur Bedeutung von Embeddedness in der Wirtschaftsgeographie. Geographische Zeitschrift 89, 211–226

Grabher G (1993) Rediscovering the Social in the Economics of Interfirm Relations. In: Grabher G (Hrsg.) The Embedded Firm. On the Socioeconomics of Industrial Networks. London, New York, 1–31

Granovetter M (1985) Economic Action and Economic Structure: The Problem of Embeddedness. American Journal of Sociology 91, 481–510

Granovetter M (1992) Economic Institutions as Social Constructions: A Framework for Analysis. Acta Sociologica 35, 3–11

Hard G (1993) Über Räume reden. Zum Gebrauch des Wortes „Raum" in sozialwissenschaftlichem Zusammenhang. In: Mayer J (Hrsg.) Die aufgeräumte Welt. Raumbilder und Raumkonzepte im Zeitalter globaler Marktwirtschaft. Loccumer Protokolle – 74/92. Evangelische Akademie Loccum, Loccum, 53–78

Hume D (verwendet in der deutschen Ausgabe von 1982) (1758) Eine Untersuchung über den menschlichen Verstand. Stuttgart

Lee R, Wills J (Hrsg.) (1997) Geographies of Economies. London, New York, Sydney

Lundvall BÅ (Hrsg.) (1992) National Systems of Innovation: Towards a Theory of Innovation and Interactive Learning. London

Lundvall BÅ, Johnson B (1994): The Learning Economy. Journal of Industry Studies 1, 23–42

Martin R (1994) Economic Theory and Human Geography. In: Gregory D, Martin R, Smith G (Hrsg.) Human Geography. Society, Space and Social Science. Houndmills, 21–53

Martin R (1999) The 'New Economic Geography": Challenge or Irrelevance? Transactions of the Institute of British Geographers 24, 387–391

Maskell P, Malmberg A (1999a) The Competitiveness of Firms and Regions: 'Ubiquitification' and the Importance of Localized Learning. European Urban and Regional Studies 6, 9–25

Maskell P, Malmberg A (1999b) Localised Learning and Industrial Competitiveness. Cambridge Journal of Economics 23, 167–185

Massey D (1985) New Directions in Space. In: Gregory D, Urry J (Hrsg.) Social Relations and Spatial Structures. Basingstoke, 9–19

Nelson RR (1995) Evolutionary theorizing about economic change. Journal of Economic Literature 23, 48–90

Nelson RR (Hrsg.) (1993) National Innovation Systems: A Comparative Analysis. Oxford

Nelson RR, Winter SG (1982) An Evolutionary Theory of Economic Change. Cambridge (MA)

North DC (1990) Institutions, Institutional Change and Economic Performance. Cambridge

Philo C (1989) Contextuality. In: Bullock A, Stallybrass O, Trombly S (Hrsg.): The Fontana Dictionary of Modern Thought. London, 173

Saunders P (1989) Space, Urbanism and the Created Environment. In: Held D, Thompson JB (Hrsg.) Social Theory of Modern Societies: Anthony Giddens and his Critics. Cambridge, 215–234

Sayer A (1985) The Difference That Space Makes. In: Gregory D, Urry J (Hrsg.) Social Relations and Spatial Structures. Basingstoke, 49–66

Sayer A (1992) Method in Social Science. London

Sayer A (2000) Realism and Social Science. London

Sayer A, Walker R (1992) The New Social Economy: Reworking the Division of Labor. Cambridge (MA), Oxford

Schamp EW (2000) Vernetzte Produktion: Industriegeographie aus institutioneller Perspektive. Darmstadt

Scott AJ (1988) New Industrial Spaces: Flexible Production Organization and Regional Development in North America and Western Europe. London

Scott AJ (1998) Regions and the World Economy: The Coming Shape of Global Production, Competition, and Political Order. Oxford, New York

Sheppard E, Barnes TJ (Hrsg.) (2000) A Companion to Economic Geography. Oxford, Malden

Storper M (1995) The Resurgence of Regional Economics, Ten Years Later. European Urban and Regional Studies 2, 191–221

Storper M (1997a) The Regional World. Territorial Development in a Global Economy. New York, London

Storper M (1997b) Regional Economies as Relational Assets. In: Lee R, Wills J (Hrsg.): Geographies of Economies. London, New York, Sydney, 248–258

Storper M (1997c) Territories, Flows, and Hierarchies in the Global Economy. In: Cox KR (Hrsg.) Spaces of Globalization. Reasserting the Power of the Local. New York, London, 19–44

Storper M, Scott AJ (Hrsg.) (1992) Pathways to Industrialization and Regional Development. London, New York

Storper M, Walker R (1989) The Capitalist Imperative. Territory, Technology, and Industrial Growth. New York, Oxford

Sunley P (1996) Context in Economic Geography: The Relevance of Pragmatism. Progress in Human Geography 20, 338–355

Swedberg R, Granovetter M (1992) Introduction. In: Granovetter M, Swedberg R (Hrsg.) The Sociology of Economic Life. Oxford, 1–26

Werlen B (1995) Sozialgeographie alltäglicher Regionalisierungen. Band 1: Zur Ontologie von Gesellschaft und Raum. Erdkundliches Wissen – Heft 116. Stuttgart

Werlen B (1997) Sozialgeographie alltäglicher Regionalisierungen. Band 2: Globalisierung, Region und Regionalisierung. Erdkundliches Wissen – Heft 119. Stuttgart

Werlen B (2000) Sozialgeographie: Eine Einführung. Bern, Stuttgart

Williamson OE (1975) Markets and Hierarchies: Analysis and Anti-Trust Implications. New York

Williamson OE (1985) The Economic Institutions of Capitalism. Firms, Markets, Relational Contracting. Free Press, New York

Zeller C (2001) Globalisierungsstrategien – Der Weg von Novartis. Berlin, Heidelberg, New York

Zukin S, DiMaggio P (1990) Introduction. In: Zukin S, DiMaggio P (Hrsg.) Structures of Capital: The Social Organization of the Economy. New York, 1–36

Wolfgang Willnat © 1992 Egmont Franc Schneider Verlag, Runden

Teil IV
Kultur-Natur: Eine Neuverhandlung

11 Natur – das Andere der Kultur? Konturen einer nicht-essentialistischen Geographie

Wolfgang Zierhofer, Basel

„In dieselben Flüsse steigen wir und steigen wir nicht,
wir sind und wir sind nicht.“
(Heraklit, nach Brandt 2001: 30)

11.1 Natürlich „Natur“ – oder etwa nicht?

„Natur“ ist kaum auf einen einfachen Nenner zu bringen; es gibt kein natürliches Verständnis von Natur, sondern nur eine Geschichte dieses Begriffes und seiner Verwendungen. Dennoch lässt sich so etwas wie ein Kernbereich in der Vielfalt seiner Bedeutungen angeben. Mit „Natur“ verweisen Sprechende in der Regel auf etwas, das von ihnen aus gesehen aus sich selbst hervorgeht, also etwas, das autonom besteht und daher dem Beobachten der Welt und dem Eingreifen in die Welt vorausliegt. Auch wenn die „freie Natur“ eine über Jahrhunderte gestaltete Kulturlandschaft ist, meinen wir damit jene Aspekte, die uns urwüchsig und ungestaltet erscheinen. Und die Natur eines Problems ist für uns jener Zusammenhang von Sachverhalten, dem eigentlich (so meinen wir jedenfalls) jeder Beobachter zustimmen können sollte. Die Gesetze der Natur, welche die Naturwissenschaften formulieren (erfinden oder entdecken?), werden gemeinhin als etwas betrachtet, das unveränderlich und vollkommen für sich selbst besteht und sich daher jeder systematischen Beobachtung am Ende in derselben Weise darstellt. Dass schließlich Personen, die bei einer Verwaltungsstelle ihre Nationalität umschreiben lassen, dadurch „naturalisiert“ werden, sollte uns nicht nur hellhörig für die Natur des Nationenbegriffs stimmen, sondern auch für die politischen Seiten des Naturbegriffs!

Im Denken der westlichen Moderne spielt das Gegensatzpaar Natur und Kultur eine herausragende Rolle. Kultur ist die Sphäre in der sich der menschliche Schöpfergeist verwirklicht. Und die Natur dient der Kultur als Ausgangspunkt und Verbrauchsmaterial, um sich selbst zu vervollkommnen. In den letzten Jahrzehnten des 20. Jahrhunderts haben sich jedoch einige Debatten angebahnt, die auf verschiedene Weise die selbstverständliche Trennung und Gegenüberstellung von Natur und Kultur in der Moderne in Frage stellen. Die kräftigste Erschütterung wurde durch die Anerkennung von Umweltproblemen ausgelöst.

Wenn technologischer und sozialer Fortschritt statt von den Fesseln der Natur zu befreien, in eine globale ökologische Krise führen, dann ist mit dem Verständnis von Natur und Kultur wahrscheinlich nicht alles in Ordnung. Eine weitere, weniger breitenwirksame, dafür aber intellektuell tiefgreifendere Erschütterung ging vom Feminismus aus: Frauen hatten es satt, als naturnahe Wesen betrachtet zu werden. Denn dieser „Sachverhalt" war immer wieder zur Legitimation des Ausschlusses von Frauen aus zentralen Bereichen der Kultur, insbesondere aus Bildung, Politik und aus leitenden Positionen in der Wirtschaft behauptet und herangezogen worden. Die Frauenbewegung stellte der Naturalisierung von Geschlechterdifferenzen Konzepte kontextbezogener Identitäten entgegen. An dieser Stelle ergab sich ein Schulterschluss mit Erkenntnistheorien, die sich von eindeutigen Bestimmungen von Objekten oder Gegenständen abwandten und stattdessen von der wechselseitigen Konstitution des beobachtenden Subjekts und des beobachteten Objekts ausgingen. Damit wurden im Prinzip alle „natürlichen" Aspekte oder transzendentalen *a priori* aus der Erkenntnis verbannt.

Natur und Kultur bezeichneten in der Folge keine feststehenden Inhalte, die zusammen eine Dichotomie bilden, sondern kontingente Bedeutungen, die in verschiedenen Handlungszusammenhängen jeweils anders bestimmt werden und sich daher auch wechselseitig bedingen können. Somit lässt sich die Welt nicht mehr von vornherein und problemlos in Natur und Kultur aufteilen. Vielmehr ist davon auszugehen, dass sich die Welt als etwas Unbestimmtes darstellt, das im Hinblick auf die Unterscheidung von Natur und Kultur zunächst noch *hybrid* erscheint.

11.2 Natur und Kultur in der Geographie der Moderne

Geographie heißt heute meist entweder „physische Geographie" oder „Humangeographie" und ist je nach Land und Universitätssystem in einer natur- oder sozialwissenschaftlichen Fakultät angesiedelt. Das Fach leidet an methodologischer Schizophrenie und führt ein administratives Zwitterdasein. So stellen sich jedenfalls die Konsequenzen dar, die sich aus der akademischen Institutionalisierung des modernen Verständnisses von Natur und Kultur ergeben. Dieses ist jedoch kontingent, und tatsächlich war die Geographie nicht immer gespalten. Bis etwa in die 70er Jahre des 20. Jahrhunderts wurden zwischen physischer Geographie und Humangeographie nicht sehr scharfe Grenzen gezogen. Obwohl auf moderne Weise zwischen Natur und Kultur unterschieden wurde, operierte die Geographie mit Begriffen, in denen Natur und Kultur zugleich aufgehoben waren (siehe zum Folgenden z. B. Holt-Jensen 1999, Livingstone 1992, Werlen 2000).

Für Alexander von Humboldt und Carl Ritter, zwei Begründer der akademischen Geographie, stand die Erforschung der verschiedenen Weltgegenden, ihrer natürlichen Gegebenheiten und menschlichen Lebensweisen im Vordergrund. Natur und Kultur waren keineswegs begrifflich oder konzeptuell verschmolzen, aber ihre Unterscheidung zog keine besonderen methodologischen Konsequenzen nach sich, denn der Geograph musste primär Beobachtungen und Fundstücke aus der Fremde mitbringen und dieses Wissen ordnen, um es weitervermitteln zu können. Ihr kosmo-graphisches Interesse konnte ebenso inventarisierende Arbeiten, wie die Suche nach kausalen Gesetzen umfassen.

In Paul Vidal de la Blaches Geographie spielen natürliche Gegebenheiten von Landschaften eine spezifische Rolle hinsichtlich der räumlichen Kammerung von Kulturen. Regionen werden meist durch natürliche Grenzen gebildet, und die darin vorkommenden natürlichen Gegebenheiten bilden „Milieus", auf deren Grundlage sich regional unterschiedliche Lebensweisen, so genannte „Genres de vie", ausbilden. Milieus können zwar die Lebensweise von „Gruppen" nicht vorbestimmen, sie bieten ihnen aber auch nur begrenzte Möglichkeiten sich zu entfalten („Possibilismus"). Das Verhältnis von Natur und Kultur wird bei Vidal de la Blache und in der auf ihm aufbauenden regionalen Geographie durch die Aspekte der natürlichen Kammerung der Kultur und der natürlich vorgegebenen Möglichkeiten kultureller Entwicklung charakterisiert.

Einen wesentlich stärkeren Einfluss der Natur auf die Kultur finden wir bei Friedrich Ratzel. Ratzel interessiert das Leben der Menschen vor allem auf der Ebene der Völker, und er hat dabei insbesondere erdräumliche Unterschiede und Völkerbewegungen im Auge. Wenn Ratzel Rassen auf klimatische Bedingungen zurückführt, bleibt er noch im Bereich der Natur. Seine Auffassung vom Verhältnis zwischen Natur und Kultur wird hingegen in seiner politischen Geographie deutlich: er vergleicht Staaten mit Organismen die untereinander um Boden und Lebensraum im Wettbewerb stehen. Jedes Volk müsse seinen richtigen Boden finden und diesen Besitz auch behaupten können, ansonsten es zugrunde gehe. Vom Darwinismus inspiriert, sieht Ratzel die Geschichte der Menschheit und Staaten als Erfüllung eines in der Natur vorgezeichneten Auftrages. Somit wird die Natur zur normativen Instanz: Indem sie das Falsche ausmerzt, entscheidet sie, welches kollektive Handeln richtig ist.

Nach Alfred Hettner sollte die Geographie das Ziel verfolgen, die Gliederung der Erdoberfläche in Erdteile, Länder und Landschaften zu verstehen. Diese Gliederung hat Hettner als ein Zusammenwirken der unterschiedlichsten Naturreiche und ihrer Erscheinungsformen begriffen. Zur Erklärung von Ländern und Landschaften sollten die Geographen einem schematischen Aufbau folgen, der von der anorganischen über die organische Natur zur menschlichen Sphäre führt, damit diejenigen Phänomene, die eher Ursache sind, auch zuerst kommen, und diejenigen die eher Wirkung sind, darauf folgen. Indem Hettner kulturelle Differenzen der natürlichen Ausstattung von Erdräumen folgen lässt, bindet er gesellschaftliche Aktivitäten an deren physisch-materielle Voraussetzungen. Länder und Landschaften umfassen zugleich Natur und Kultur. Zwar wird die Kultur bei Hettner nicht durch die Natur bestimmt, doch gibt ihr die

Natur im Prinzip den Ort vor. Natur und Kultur beugen sich einer räumlichen Ordnungslogik.

Während die Französische Geographie im Wesentlichen den Vorgaben von Vidal de la Blache folgte und regionale Monographien produzierte, und während die Deutsche Geographie Hettners Länder- und Landschaftskunde weiterverfolgte, entwickelten sich in den USA zunächst zwei weitere Strömungen der Humangeographie, die hier aufgrund ihres spezifischen Verhältnisses von Natur und Kultur erwähnt werden sollen.

Zum Einen begründet Carl Otto Sauer unter dem Einfluss einer historischen Kulturanthropologie eine Schule der Kulturlandschaftsgeographie. Ähnlich wie Vidal de la Blache, betrachtet Sauer Kulturen als regional abgegrenzte Gebilde, die sich im Rahmen der ihnen verfügbaren Ressourcen entwickeln. Er betont nun aber weniger die Abhängigkeit der Menschen von der Natur, sondern stellt ihre Gestaltungsfähigkeit und Produktivkräfte in den Vordergrund. Für Sauer sind Landschaften vor allem ein Ausdruck menschlichen Wirtschaftens; es gebe auf der Welt praktisch nur noch Kulturlandschaften aber kaum mehr unberührte Natur. Bei Sauer tritt uns die Natur primär als kultivierte Natur und als Mittel für menschliche Zwecke entgegen.

Im Laufe des Zweiten Weltkrieges waren in den USA die Möglichkeiten der Luftbildinterpretation sowie der systematischen Verarbeitung und mathematischen Analyse erdräumlicher Daten stark weiterentwickelt worden. Hinzu kam die Rezeption formal-mathematischer raumbezogener Modellbildungen (z. B. von Alfred Weber, Walter Christaller, Torsten Hägerstrand). Während sich die französische regionale Geographie und die deutsche Landschaftsgeographie mit erdräumlichen Kammerungen befassten, weitete sich der Blick der Amerikaner auf alle möglichen Formen räumlicher Differenzierungen aus, insbesondere jedoch auf wirtschaftliche Aktivitäten. Im Rahmen dieser *Spatial Analysis* oder Raumwissenschaft ging die Geographie auf die Suche nach allgemeinen räumlichen Mustern, Zusammenhängen und Gesetzen. Hinter der Unterscheidung von natürlichen Gegebenheiten und kulturellen Aktivitäten trat eine zweite Natur in Form des abstrakten, geometrisch reinen Raumes und seiner unveränderlichen Gesetze hervor. Das Verhältnis der Natur des Raumes zur Kultur des Menschen belegte die gesamte Bandbreite, von Determinismus (z. B. in Form der *Rank-Size Rule* für Zentren) bis zum Ausdruck typischer Handlungsfolgen (z. B. regionale Disparitäten aufgrund profitmaximierender Wahl von Produktionsstandorten).

Unter dem Eindruck breiter gesellschaftlicher Wohlfahrt, relativer politischer Freiheit und zunehmender Individualisierung kam es Ende der 60er Jahre in den Industrienationen zu einer tiefgreifenden Neuorientierung der Humangeographie. Eine Reihe von Ansätzen wendeten sich von der rein auf Räume, Gebiete oder Flächen bezogenen Sichtweise der Geographie ab und stellten menschliche Aktivitäten und Interaktionen in den Vordergrund. Mit *Behavioral Geography*, *Humanistic Geography* und *Radical Geography* kamen erstmals in größerem Umfang sozial- und geisteswissenschaftliche Methoden in der Geographie zum Zug. Damit zog dieses Fach methodologisch mit seinen Nachbardisziplinen gleich. Und das hieß, dass die strikte Trennung von Natur- und Sozialwissenschaft nun auch innerhalb der Geographie vollzogen wurde. Region, Landschaft und Raum konnten nicht länger als methodologische Klammern dienen, die für die Geographie eine Einheit jenseits der Unterscheidung von Natur und Kultur garantieren sollten.

11.3 Die Welt als Netzwerk

Doch während sich die Geographie noch mühsam zum modernen Verständnis von Natur und Kultur durchkämpfte, wurden dessen Fundamente an anderen Orten schon abgetragen. Ob Ökologiebewegung, Feminismus oder Poststrukturalismus, die Wurzeln dieser heterogenen Diskurse reichen in die 70er Jahre zurück, aber ihre Breitenwirkung haben sie erst in den 80er und 90er Jahren entfaltet. Machen wir uns mit einigen dieser Argumentationen vertraut!

1976 legte Arne Naess auf Norwegisch ein Buch vor, das im Hinblick auf die Umweltproblematik die radikale Gegenüberstellung von Natur und Kultur, von Umwelt und Gesellschaft zu überwinden versucht. Mit der Zeit erlangten Naess' ökophilosophische Aufsätze ein internationales Echo, er avancierte zu einem Vordenker der radikaleren Umweltbewegung, und eine überarbeitete englische Version seines Buches (Naess 1989) wurde ein „Klassiker" der Umweltdebatte. Naess' Verständnis der Welt (ebd.: 6) läuft darauf hinaus, dass es nichts auf dieser Welt gibt, das vollkommen isoliert existiert. Dieser Auffassung können wir ohne Weiteres folgen, denn vollkommene Isolation hieße auch, für uns nicht wahrnehmbar zu sein. Alles von dieser, unserer Welt muss jedoch (mindestens teilweise) aus dieser unserer Welt hervorgegangen sein, und daher mit ihr in seinem Bestehen, Entstehen und Vergehen verbunden sein. Für Naess besteht die Welt folglich nicht einfach aus Gegenständen, sondern aus Beziehungen zwischen Gegenständen, durch die erst Gegenstände konstituiert und verändert werden. Wollten wir diese Beziehungen als ein unendliches Netzwerk der Existenz auffassen, dann wären alle Gegenstände, alles was auf irgendeine Weise existiert, Knoten (*Junctions*) in diesem Netzwerk. Wenn aber dieses Netzwerk seine Entitäten hervorbringt, dann bestehen zwischen diesen Entitäten interne Relationen. D. h., die Entitäten bestimmen sich wechselseitig (vgl. Naess 1989: 36, 54 f., 79). Was immer ist, ist es durch die Verbindung zu Anderem.

Naess' Sichtweise ist letztlich den Naturwissenschaften, insbesondere der Ökologie, entlehnt; diese kennen auch keine geschlossenen Systeme. Alle Dinge, alle Organismen werden als Formen oder Ordnungen von Stoff-, Energie- und Informationsflüssen betrachtet. Sie stellen keine physisch abgeschlossene Menge dar, sondern einen Ort des Austausches und ein Stadium eines Wandels.

Gesellschaft und Kultur fließen in diese relationale Natur durch die Teilhabe des Menschen an der Welt ein. Kultur realisiert sich gemäß dieser Sichtweise innerhalb der Natur; sie ist eine durch den Menschen geprägte, dadurch aber bei weitem nicht ausschließlich bestimmte Ordnung im Gesamten der Natur. Nach Naess (1989: 84 ff.) gewinnt der Mensch Freiheit, indem er sich seiner Beziehungen bewusst wird und sich mit dem Ganzen seiner Umwelt identifiziert. Dadurch realisiere er ein erweitertes Selbst.

Indem also die Gesellschaft ökologisch interpretiert wird, verfällt die kategoriale Trennung von Natur und Kultur. Beide Begriffe werden kontingent und bestimmen sich gegenseitig. Ebenso werden auch alle anderen Entitäten, inklusive der menschlichen Identitäten, durch wechselseitige Beziehungen konstituiert. In „ökozentrischem" Denken dieser und ähnlicher Ausrichtung, wie es etwa von Warwick Fox (1990), Gary Snyder (1990), Freya Mathews (1991) und in etwas differenzierterer Weise von Klaus Michael Meyer-Abich (1997) oder Michel Serres (1994) vertreten wird, bahnt sich eine systematische Überwindung des typisch modernen Denkens in Dichotomien an (Zierhofer 2002: 175ff.). Nicht nur Natur und Kultur erscheinen mangels scharfer und eindeutiger Unterscheidungen als hybrides Paar, sondern jegliche Existenz trägt alle anderen in gewisser Weise schon in sich. Solche erkenntnistheoretischen Implikationen wurden jedoch im Rahmen des ökophilosophischen Diskurses nicht wirklich geklärt.

Ebenfalls als Reaktion auf die ökologische Krise wurden seit den 70er Jahren innerhalb der Soziologie Bestrebungen wach, das Paradigma, wonach der Mensch gegenüber seiner Umwelt eine Ausnahmestellung genieße, durch ein neues ökologisches Paradigma zu ersetzen. Catton und Dunlap (1980) ging es vor allem darum, ökologische Beziehungen und Umweltbedingungen in die sozialwissenschaftliche Theorie einzubeziehen. Eine analoge Stoßrichtung hat auch die „*Ecological Economics*" (Prugh 1995, Daly 1995) verfolgt, wenn ihre Vertreter verlangten, dass die Wirtschaftheorie die natürlichen Grundlagen nicht nur als Werte, Güter oder Preise repräsentieren solle, sondern auch als einen ökologischen Zusammenhang, der für die Produktion und Reproduktion von Kapital in Form natürlicher Ressourcen, hergestellter Produktionsmittel sowie geistigen Kapitals von entscheidender Bedeutung sei. In beiden Ansätzen wird zwar von der gesellschaftlichen Seite ausgehend die kategoriale Trennung von Natur und Kultur in Frage gestellt, aber die begrifflichen und konzeptuellen Konsequenzen dieses Anliegens werden nicht zu Ende gedacht (Zierhofer 2002: 190 ff.).

11.4 Kulturanthropologie der „Weißkittel"

Direkt am erkenntnistheoretischen Pol des Problems der Dichotomie von Natur und Kultur, und zunächst ohne Blick auf die Umweltproblematik, hat jedoch eine Strömung innerhalb der empirischen Wissenschaftssoziologie angesetzt. Ihr Ausgangspunkt war, dass aus einer sozialwissenschaftlichen Perspektive die

Wissenschaft auf dieselbe Weise wie jeder andere Lebensbereich zu untersuchen sei. Das heißt, dass die BeobachterInnen wissenschaftlicher Aktivitäten nicht einfach das Selbstverständnis der beobachteten WissenschaftlerInnen übernehmen dürfen. Vielmehr sollten sie sich den „Weißkitteln" so nähern, wie sich EthnologInnen den Praktiken anderer Kulturen nähern. Das *Going native* wird vermieden, und die Bedeutung von Handlungsweisen wird als nicht selbstverständlich betrachtet. Welche seltsamen Praktiken verrichten also die Weißkittel in ihren „Labors" und während ihrer „Feldaufenthalte"?

Sie behaupten, die Natur oder die Gesellschaft zu erforschen. Mit ihren Praktiken bringen sie das zum Vorschein, was als Natur oder als Kultur anerkannt wird. Offensichtlich sind in den Augen der Weißkittel zur Herstellung von Natur oder Kultur mitunter äußerst aufwändige Apparaturen nötig. Sie verwenden eine differenzierte Terminologie um die unterschiedlichen Settings ihrer Forschungen zu beschreiben und zugleich zu normieren; so sprechen sie beispielsweise von Experimenten, von Messungen, von Analysen, von Interviews, von Datensets, von Statistiken usw. Für uns ist daran entscheidend, dass diese Settings die Rahmenbedingungen sind, die es den Weißkitteln erlauben, die unveränderlichen Gesetze der Natur einerseits und kontingente kulturelle Praktiken andererseits zu bestimmen. Da die wissenssoziologischen BeobachterInnen nicht davon ausgehen können, dass sie gegenüber den beobachteten Weißkitteln einen privilegierten Erkenntnisstandpunkt einnehmen, müssen sie auch für sich selbst davon ausgehen, dass sie sich ihre eigene Vorstellung von Natur und Kultur durch irgendwelche Praktiken (und sei es das Beobachten von Weißkitteln) schaffen. Somit können sie sich nicht auf eine Vorstellung von Natur oder Kultur beziehen, die ihren eigenen Erkenntnisleistungen oder denjenigen der Weißkittel vorausliegt.

Wir können diese Einsicht nun präziser fassen: Erst ganz bestimmte Erkenntnispraktiken schaffen die *Bedingungen der Möglichkeit* der Existenz von Natur und Kultur. Natur und Kultur liegen der Erkenntnis nicht voraus, sondern umgekehrt, bestimmte Praktiken gehen der Unterscheidung von Natur und Kultur voran. Gegenwärtig werden sinnstiftende Praktiken in den Sozialwissenschaften gerne als „Diskurse" bezeichnet, und so können wir festhalten, dass Natur und Kultur *diskursiv konstituiert* sind. Und die Diskurse, die gewisse Begriffe von Natur und Kultur hervorbringen, umfassen unter anderem die Experimentieranordnungen, die Erhebungs- und Beobachtungspraktiken im Feld und alle anderen Settings und Methodiken der Empirie.

Diese Arrangements von Lebewesen, Dingen und Ideen sind im Hinblick auf die Unterscheidung von Natur und Kultur noch hybrid: sie bergen nur Möglichkeiten, diese und andere Unterscheidungen zu treffen. Die Anordnungen eines Experimentes werden teilweise von Menschen erzeugt und lassen sich insofern als Artefakte und kulturelle Leistungen betrachten. Ein anderer Teil des Experimentes wird jedoch als unbeeinflusst erachtet und kann daher als Repräsentation der Eigenschaften der Natur gelten. Durch die Variation von Anordnungen lassen sich die beiden Anteile immer weiter bestimmen. Dies sind die wissenschaftlichen Produktionsbedingungen von Natur und Kultur.

11.5 Die Krise der Konstitution der Moderne

So stellt sich der Sachverhalt der WissenschaftssoziologInnen dar. Aus der Sicht der Weißkittel hingegen, gibt es auf der einen Seite eine materielle Natur, die jeglicher Erkenntnis objektiv vorausliegt, sowie auf der anderen Seite eine Kultur, die ausschließlich dem menschlichen Geist entspringt. Da die Weißkittel, wenn es um die Eigenschaften und die Zusammensetzung der Welt geht, in der modernen Gesellschaft das Sagen haben, kann Bruno Latour (1995: 22 ff.) die kategoriale Trennung von Natur und Kultur sowie die Transzendenz der Natur und die Immanenz der Kultur in Bezug auf das menschliche Handeln als die Verfassung der Moderne betrachten. Wir erahnen schon, dass die WissenschaftssoziologInnen zu einer anderen Einschätzung neigen, und dass ihr Urteil die Vorstellung der Modernen durcheinander bringen könnte.

In der Tat wendet Latour den methodologisch durchaus modernen ethnologischen Blick auf die Moderne selbst an. Unter der Hand verwandelt sich eine zunächst vollkommen harmlos erscheinende Feldforschung über Weißkittel zu einem kulturkritischen Projekt erster Größenordnung, denn keine Neubestimmung von Natur und Kultur kann ohne Konsequenzen für die technologischen und institutionellen Fundamente der modernen Gesellschaft bleiben.

Für Latour (1995: 19 f.) erkennen sich die Modernen selbst darin, dass sie in der Lage sind, klar und eindeutig – also kategorial – zwischen Natur und Kultur zu unterscheiden. Gerade diese Fähigkeit sei der Schlüssel zum Erfolg der Modernen gewesen. Denn erst durch diese Einsicht sei es möglich geworden, die technologische Revolution einzuleiten und die politische Selbstbestimmung in Form institutionell komplizierter demokratischer Staatswesen zu verwirklichen. Genau durch diese Errungenschaften und den ihnen zugrunde liegenden Fähigkeiten aber, unterscheiden sich die Modernen von den vormodernen Kulturen. Letzteren geraten Natur und Kultur stets durcheinander; ihre animistischen Vorstellungen erlauben es ihnen weder, in rationaler Weise Technologien zu entwickeln, noch sich institutionell gegenüber der Natur zu verselbstständigen. Sie kennen keinen Fortschritt und daher keine Geschichte.

Die moderne Verfassung beruht somit auf zwei Dichotomien (vgl. Abb. 11.1), der Trennung zwischen Natur und Kultur, sowie der Trennung zwischen den modernen Praktiken, die dazu führen, Natur und Kultur in Reinheit zu erkennen, und den vormodernen Praktiken, die nur dazu führen, hybride Dinge miteinander zu vermitteln. Diesem Selbstbild der Modernen hält Latour nun entgegen, dass die Modernen nicht beachtet hätten, in welchem Maß ihre Möglichkeit der Reinigungspraktiken von der Vermittlung der Hybriden abhängt. Mit anderen Worten: Die Weißkittel haben nicht berücksichtigt, dass erst

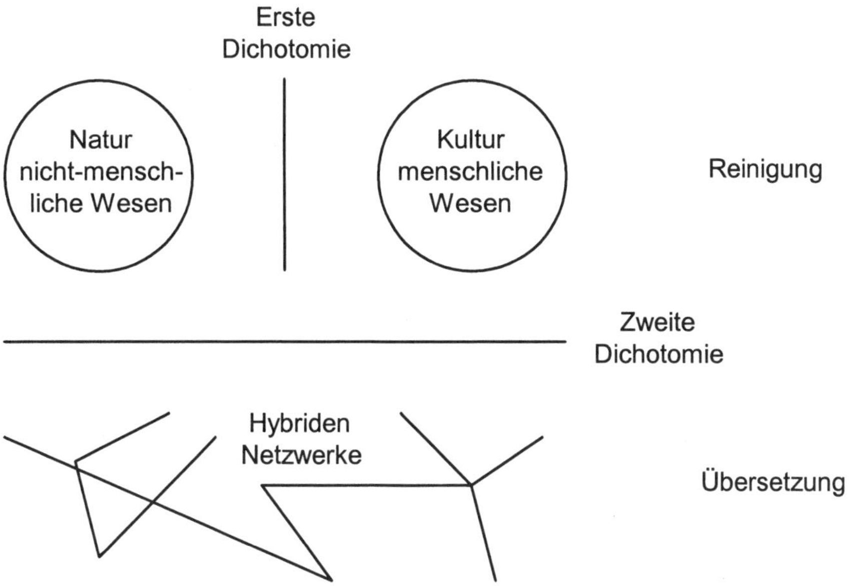

11.1 Reinigungs- und Übersetzungsarbeit (nach Latour 1995: 20)

die Installationen in ihren Labors die Voraussetzungen schaffen, um im Rahmen systematischer Experimente das Verständnis von Natur und Kultur voranzutreiben. Aber ebenso wie zur Reinigung von Natur und Kultur stets anspruchsvollere und komplexere Anordnungen nötig werden – z. B. Teilchenbeschleuniger, Satelliten, Großrechner etc. – so wachsen und vermehren sich die hybriden Vermittlungen: Technologische Risiken, Umweltprobleme, medizinische Durchdringungen von Mensch und Maschine, von Tier und Mensch, von Genen aller Lebewesen usw. usf.

Doch die Vervielfältigung dieser hybriden Wesen werde von den Modernen nicht nur ignoriert, sondern sogar geleugnet. Sie haben deshalb ihren Anspruch, modern zu sein, eigentlich gar nie einlösen können. Wichtiger als diese Feststellung ist jedoch die Einsicht, dass die Bewältigung vieler Probleme der modernen Gesellschaft davon abhängt, die Vermittlungspraktiken, also die Bedingungen der Möglichkeit von Kultur und Natur anzuerkennen. Die wissenschaftliche Repräsentation der Welt dürfe nicht länger vollkommen von der politischen Repräsentation getrennt werden. Diesem Anliegen, das durchaus dem Anliegen der politischen Ökologie entspricht und einige Parallelen mit dem oben kurz erläuterten ökozentrischen Denken aufweist, ist Latours zweites Hauptwerk, „Das Parlament der Dinge" (2002), gewidmet.

Dort bezieht er sich direkter auf die politische Sphäre und interpretiert die moderne Auffassung von Natur als einen Begriff, der dazu dient, gewisse Repräsentationspraktiken aus der Sphäre der Politik bzw. der Sphäre der Selbstbestimmung von Kollektiven auszuschließen. Politik wird dadurch zum Bereich der Repräsentation des menschlichen Geistes und Willens, also der Kultur, während die Natur dasjenige verkörpert, über das sich nicht politisch verhandeln lässt. Hierin erkennen wir wieder die transzendente Natur, nur wird uns jetzt deren politische Bedeutung deutlicher. Denn es ist ja weder so, dass die Natur direkt zu uns spricht, noch wird sie von den Weißkitteln ohne bestimmte Erkenntnisinteressen repräsentiert. Vielmehr geht das, was wir als Natur anerkennen, letztlich auf kontingente Forschungs- und Erkenntnispraktiken zurück. Was jedoch kontingent ist, könnte auch anders sein und ist folglich zumindest potentiell ein Gegenstand politischer Auseinandersetzungen.

Tatsächlich ist die Geschichte von Wissenschaft und Technologie reich an solchen Auseinandersetzungen und an Versuchen, das Verhältnis von Theorie und Praxis, von Wissenschaft und Politik, von Experten und Bürgern neu zu bestimmen. Die Legitimation der Kernenergie ist ebenso ein politisches Spiel mit wissenschaftlichen Erkenntnissen, wie die Warnung vor einer Klimakatastrophe. In beiden Fällen betreiben Experten Politik mit Zahlen und interessengebunden produzierten Fakten, wenn auch in unterschiedliche Richtungen. Damit ist nichts über die Gültigkeit der vorgetragenen Argumente gesagt, sondern nur ein Manko eines politischen Prozesses angemahnt. Naturwissenschaftliche Interpretationen werden in der Tat nicht selten dazu benutzt, politische Entscheide vorzuspuren.

Aus einer prognostizierten Katastrophe und einem natürlichen Schwellenwert lassen sich mühelos Umweltschutzmaßnahmen herleiten. Dass diese am Ende von gewählten PolitikerInnen beschlossen oder sogar im Rahmen eines Referendums durch die StimmbürgerInnen direkt legitimiert werden, täuscht über den Umstand hinweg, dass am Beginn der Repräsentation der Natur auch relevante Entscheidungen standen: Entscheidungen nämlich, die das, was anschließend als Sachverhalt und Notwendigkeit ausgegeben werden konnte, von dem, was nicht untersucht wurde und daher auch nicht gewusst werden kann, sowie von dem, was anders untersucht und eben auch anders gekannt werden könnte, trennen. Solche Entscheidungen werden laufend im Wissenschaftssystem gestellt. Latour weist uns darauf hin, dass sie durchaus politisch relevant sein können und daher, wenn wir es mit der Demokratie ernst meinen, auch zum Gegenstand öffentlicher Verhandlungen werden sollten. Das hieße, die Kontingenz der Natur und damit ihre politische Konstitution anzuerkennen. Die Repräsentation der Dinge wird damit zu einer „parlamentarischen" Angelegenheit.

11.6 Herrschaftsformen

Ökofeministische AutorInnen haben immer wieder darauf hingewiesen, dass Frauen im modernen Denken als „natürliche" Wesen ausgegeben werden, um anschließend dem Geist und Kultur verkörpernden Mann untergeordnet werden zu können. Offensichtlich führt auch der feministische Diskurs zu einer Kritik am dichotomen Denken der Moderne. Während jedoch Latour in seiner Rekonstruktion der modernen Verfassungen den Wertungen von Natur und Kultur keine Beachtung schenkt, und während die ökozentrischen TheoretikerInnen dazu neigen, die Natur als Voraussetzung der Kultur gegenüber der letzteren höher zu bewerten, kritisieren die FeministInnen die Ver*herr*lichung der Kultur und deren Parallelisierung mit Geschlechterdimensionen in der Moderne.

Sie weisen darauf hin, dass die Dichotomie von Natur und Kultur im modernen Denken nicht isoliert vorkommt, sondern nur ein Glied in einer Kette von Assoziationen darstellt, die wiederum parallele Dichotomien formen (vgl. Abb. 11.2). Alle Glieder weisen einen höher- und einen niederwertigen Pol auf. Geschlechterdimensionen, wie die Unterscheidungen zwischen Mann und Frau, hetero- und homosexuell, werden dieser Asymmetrie ebenso unterworfen, wie z. B. kognitive Qualitäten (Vernunft vs. Gefühl) oder Zeiten (neu vs. alt). Da sich weder die Dichotomien gegenseitig ausschließen, noch die Wertungen stabil bleiben müssen, darf diese Assoziationskette nur als Illustration dominierender Tendenzen des westlichen, modernen Wahrnehmens und Urteilens interpretiert werden.

Hoch bewertet:	Kultur	Geist	Mann
Tief bewertet:	Natur	Körper	Frau

11.2 Assoziationsschema des Phallogozentrismus (nach Hélène Cixoux, zitiert in Conley 1997: 124)

Politisch relevant wird dieses Schema nun aber nicht nur im Hinblick auf die Geschlechterbeziehungen, denn diese Dichotomien treten in den unterschiedlichsten Handlungskontexten und institutionellen Settings zutage. Ob im Geschichtslehrbuch, im Arbeitsrecht, in der Werbung, im täglichen Umgang, sie durchziehen die Organisation der Gesellschaft in vielfacher Hinsicht (Haraway 1995). Weil sich in der Moderne auf diese Weise die Auszeichnung des Geistigen mit der Unterdrückung der Frauen verbindet, wird dieser Komplex auch Phallogozentrismus genannt. Indem sich viele Routinehandlungen und institutionelle Settings an einzelnen solcher Dichotomien orientieren, geht der Phallogozentrismus oft unerkannt in die Reproduktion gesellschaftlicher Strukturen ein. Er wird zum fraglos akzeptierten Herrschaftszusammenhang.

Dekonstruktive Diskurse, die Bedeutungen verschieben, indem sie die kontingenten Existenzbedingungen gewisser Selbstverständlichkeiten zugänglich machen (Stäheli 2000), entfalten ihre politische Kraft dadurch, dass sie die Fragilität und die Reproduktionsweise von Herrschaftsformen erkennen lassen. Sie öffnen den Blick für prinzipielle Alternativen und Alternativen zu Alternativen etc., ohne jedoch schon gewisse Optionen anderen vorzuziehen.

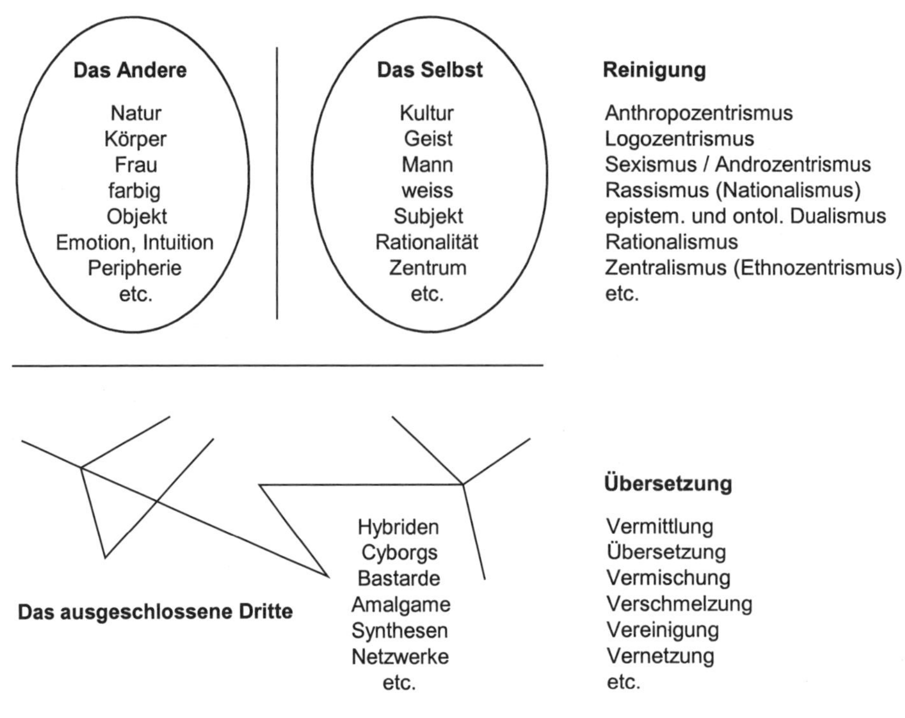

11.3 Phallogozentrismus – Herrschaftsform der Moderne

Unsere dekonstruktive Interpretation des Verhältnisses von Natur und Kultur in der Moderne hat uns einerseits zur Selbstanwendung dieser Unterscheidung und damit zur Selbstkonstitution der Modernen geführt, sowie andererseits zur unendlichen assoziativen Vervielfältigung dieser Dichotomie. Wir können nun versuchen, die wissenschaftssoziologische und die feministische Interpretation zusammenzuführen (vgl. Abb. 11.3).

Formal betrachtet entspricht dieses Schema erstens einer Verdoppelung einer Unterscheidung. Sie führt zu drei Positionen. Zweitens bringt die Wertigkeit der Unterscheidung die Positionen in eine Hierarchie (vgl. Abb. 11.4). Die ersten beiden Positionen beziehen sich asymmetrisch aufeinander, wodurch eine der

11.4 Das Kastensystem der Moderne

anderen vorgezogen wird. Gemeinsam grenzen sie sich jedoch von der dritten Position ab und schließen sie dadurch gleichsam aus (was freilich faktisch nicht gelingt). Wenn wir wollen, können wir in dieser Struktur das Grundgerüst eines Kastensystems erkennen.

Es schmerzt unser modernes Empfinden, wenn wir als Träger eines Kastensystems bezeichnet werden, denn wir waren es gewohnt, Kastensysteme als rückständige und verwerfliche, kurz als vormoderne Gesellschaftsformationen zu betrachten. Die dekonstruktive Sichtweise macht uns jedoch darauf aufmerksam, dass wir, gerade indem wir das Kastensystem kategorial von „uns" ausgeschlossen haben, eine analoge Ausschluss- und Bewertungsstruktur produzieren. Wer sich dieser Einsicht anschließen will, kann entweder das Kastensystem gutheißen und modernen Vorstellungen von Gerechtigkeit und Egalität entsagen, oder aber nach Alternativen zu dieser Struktur Ausschau halten und versuchen, Regelungen, ohne die ja kein Auskommen ist, auf die Grundlage anderer Wertsetzungen zu stellen und kategoriale Ausschlüsse zu vermeiden.

Unser Blick auf die konstitutiven Bedingungen von Differenzen hat sich in eine Aufmerksamkeit für die Konstitution von Identitäten und die daran anknüpfenden Ein- und Ausschlussbeziehungen, sowie Über- und Unterordnungen gewandelt. Damit sind wir von der erkenntnistheoretischen Ebene in die politische Ebene übergegangen, und wir haben, von Geschlechteridentitäten ausgehend, einen Aspekt der soziopolitischen Ordnung der Moderne, nämlich das phallogozentrische Kastensystem, erkannt. Hätten wir statt Natur und Kultur andere Differenzen an den Anfang unserer Überlegungen gestellt, wären wir zu anderen Seiten der modernen politischen Ordnung gelangt, und, insofern diese auch auf einer asymmetrisch bewerteten Dichotomie beruhten, hätten wir andere Realisationen des „Kastensystems" erkannt. So hätte uns die Unterscheidung politisch/privat beispielsweise zum Ausschluss dessen gebracht, was Ulrich Beck (1993: 154 ff.) Subpolitik nannte, nämlich diejenigen Probleme, die zu Entscheidungen führen, die einerseits politisch sind, weil ihre Konsequenzen massiv in das Zusammenleben der Menschen eingreifen und dadurch einen ansehnlichen Rattenschwanz politischer Reaktionen nach sich ziehen, und andererseits privat, weil sie außerhalb derjenigen Entscheidungssphären gefällt werden, die bis anhin als Politik galten. Insofern sich das Private nicht um politische Zustimmung, das Politische jedoch sehr wohl um die Stimmen der Privatleute kümmern muss, zeigt sich auch darin eine asymmetrische Struktur, nämlich eine gewisse Bevorzugung des Individuums und der Privatsphäre vor dem Kollektiv und der Öffentlichkeit.

Während uns heute die Erniedrigung der Frau empört, halten wir gerne an individuellen Menschenrechten fest und erfreuen uns im Rahmen gewisser Grenzen am Schutz des Individuums vor der Willkür des Kollektivs. Daran erkennen wir, dass analytische Wertungen, die sich durch die Anwendung des tripolaren Interpretationsschemas ergeben, deutlich von moralischen Wertungen zu unterscheiden sind (aber aufgepasst: ich argumentiere hier mit einer Dichotomie, die sich der Dekonstruktion anbietet!). Nehmen wir Ulrich Becks normativen Standpunkt ein, dann stoßen wir uns hingegen am Ausschluss der Konstitutionsprozesse des Politischen und des Privaten aus der Sphäre des Politischen, denn damit naturalisiert und verselbstständigt sich das Private, was entscheidend zur Machtlosigkeit gegenüber komplexen und kumulativen Umwelt- und Technikrisiken beiträgt. Beck (1988) erkennt deshalb auch in der organisierten Unverantwortlichkeit ein Kernmerkmal der modernen Risikogesellschaft.

11.7 Relationale Erkenntnistheorie

Unsere Analysen haben uns von einer Dichotomie zu einer dreiwertigen Konstellation geführt. Schon durch Latours Analysen wissenschaftlichen Arbeitens wurde aufgezeigt, dass die dritte, die ausgeschlossene Position, die Bedingungen der Möglichkeit der Unterscheidung der ersten beiden Positionen darstellt. Erst die Experimentieranordnung im Labor, erst das hybride Setting erlaubt die Bestimmung von Natur und Kultur. So betrachtet lässt sich das Schema auch erkenntnistheoretisch verallgemeinern. Verschiedene verwandte Perspektiven führen über die moderne Weise, Differenzen und Identitäten zu denken, hinaus.

Grundlage für viele Aspekte modernen Denkens ist die Ansicht, die Welt lasse sich ohne Weiteres in A und B unterteilen, wobei B alles ist, was nicht A ist. Die Frage, zu welchem der beiden Weltteile die Unterscheidung von A und B selbst zu zählen sei, kann zu Problemen führen. Diese lassen sich am Beispiel von Eigenschaften illustrieren: Ist die Unterscheidung zwischen Sinn und Unsinn Sinn oder Unsinn? Ohne weitere Manöver drohen sich Tautologien (Sinn ist Sinn) und Paradoxien (Sinn ist Unsinn) einzuschleichen. Eine befriedigendere Lösung dieser Frage ergibt sich, wenn die Unterscheidung (durch eine weitere Unterscheidung) vom Unterschiedenen getrennt wird. Damit kommt allerdings ein Drittes jenseits der Welt von A und B ins Spiel. Eine Möglichkeit, die Welt dennoch als Einheit vorzustellen wird dadurch erreicht, indem sich die Unterscheidungen folgen, indem also Zeit eingeführt wird, um die Paradoxie zu entfalten. Dieses Dritte, der Ort der Unterscheidung, könnte z. B. das Labor sein, in dem bezüglich A und B hybride Anordnungen am Ende die Unterscheidung von A und B erlauben. Eine Sichtweise, wonach Beobachtungen die Voraussetzungen von Unterscheidungen sind (z. B. Luhmann 1988: 229 f.), widerspricht dem modernen Denken nicht direkt, sondern bettet es in ein umfassenderes Konzept ein. Was bei den WissenschaftssoziologInnen das Labor war, ist bei Latour der Ort der Hybriden und der Vermittlungsarbeit und in Luhmanns Systemtheorie die Anwendung eines Codes und zugleich der blinde Fleck einer Unterscheidung.

Hält man sich vor Augen, dass am Ort der Hybriden zwar A und B aufgehoben, aber noch nicht eindeutig unterscheidbar sind, sondern sich vielmehr noch wechselseitig bedingen, weil ja daraus letztlich die Unterscheidung hervorgehen muss, dann lässt sich ihre Beziehung dort als interne Relation bezeichnen.

$$\frac{A \,/\, B}{A \leftrightarrow B} = \frac{\text{Differenz}}{\text{Dimension}}$$

11.5 Die allgemeine Form relationalen Denkens

Im Zusammenhang mit Messungen werden die Voraussetzungen für eindeutige Zuordnungen auch Dimensionen genannt; eine Dimension ist folglich die Bedingung der Möglichkeit einer Unterscheidung oder einer Differenz. Damit lässt sich die Erkenntnisrelation auch formalisieren (Abb. 11.5).

Der Begriff der „Dimension" könnte auch durch „Code" oder durch „Semantik" ersetzt werden. Entscheidend ist allein, dass man sich damit auch auf Unterscheidungs- oder Benennungsmöglichkeiten bezieht. Uns hindert im Übrigen nichts daran, diesen „Bruch" umzudrehen. Er sagt uns dann nämlich nur, dass letztlich Differenzen die Bedingung der Möglichkeit von Dimensionen sind. Mit anderen Worten: Sobald wir uns für eine Form des Unterscheidens entschieden haben, haben wir uns zugleich gegen andere Möglichkeiten entschieden. Epistemologisch betrachtet, ist Bedeutung eine kontingente Sache; soziologisch betrachtet leben sozialisierte Subjekte jedoch immer schon in einer vorinterpretierten Welt. Die Tradition bietet uns bestimmte Bedeutungen an, und wir müssen uns ihrer bedienen, um überhaupt erfolgreich kommunizieren und interagieren zu können.

An anderer Stelle (Zierhofer 2002: 225) habe ich diese Relationen im Hinblick auf die Umweltdebatte auch „die Grundstruktur relationalen Denkens" genannt, weil sie es erlaubt, die Eigenständigkeit von Entitäten als eine Folge konstitutiver Beziehungen in der Welt zu betrachten. Dies entspricht einerseits den Intentionen „physio"- oder „ökozentrischer" Perspektiven, die Entitäten als Knoten in Netzwerken der Existenz verstanden wissen wollen. Andererseits entspricht diese Formel dem Verständnis von Erkenntnis systemtheoretischer und sprachpragmatischer Erkenntnistheorie.

Sprachpragmatisch nennen sich Erkenntnistheorien, die davon ausgehen, dass der Sinn von Aussagen (aber z. T. auch von Erfahrungen) durch den Vollzug von Tätigkeiten bestimmt oder zumindest mitbestimmt wird. Ob z. B. ein Satz nun eine Feststellung, ein Witz oder eine Lüge ist, oder ob ein Ausdruck ironisch gemeint ist, lässt sich nicht anhand seiner wörtlichen Bedeutung feststellen, sondern nur anhand seiner Verwendung. Ludwig Wittgenstein hatte schon die Vorstellung kritisiert, die Sprache sei im Wesentlichen dazu da, auf eine der Sprache vorausliegende Welt zu verweisen (Kenny: 186 ff.). Vielmehr ergebe sich die Bedeutung des Gesprochenen durch den Kontext seines Vollzuges. Der Sinn erschließt sich daraus, was mit Aussagen getan werden will. V. a. durch Jürgen Habermas' Arbeiten (1981; 1992b) fand diese Perspektive Eingang in die Gesellschaftstheorie.

Eine analoge Erkenntnistheorie, allerdings mit Wurzeln im amerikanischen Pragmatismus, vertritt auch Richard Rorty. Ähnlich wie sich Wittgenstein gegen die Auffassung von Sprache als Instrument des Verweisens wendet, greift Rorty in seinem Buch „Der Spiegel der Natur“ (1987) die Vorstellung an, Erkenntnis bilde mehr oder weniger zuverlässig eine Welt ab, die vor der Erkenntnis liege. Am Beispiel geistiger Aktivitäten zeigt er, wie dieselbe Aktivität eines menschlichen Hirns aus neurophysiologischer Warte als kausaldeterminierter Zusammenhang, aus psychologischer und sozialwissenschaftlicher Sicht jedoch als ein Akt freien Willens und subjektiver Interpretation betrachtet wird. Die Terminologie des „Sinns“ ist eine andere als die der „Organe“. Rorty hat damit das alte Leib-Seele- oder Körper-Geist-Problem von einer Frage der möglichen Seinsweisen der Welt (Ontologie) in eine Frage des Gebrauchs verschiedener Terminologien (Semantik) transformiert.

Der Gewinn dieser Operation liegt darin, dass Aussagen im Rahmen dieser beiden Zugangsweisen sehr unterschiedliche Geltungsansprüche beanspruchen. Ontologische Aussagen erheben praktisch absolute Wahrheitsansprüche, die sich eigentlich nicht einlösen lassen. Semantiken jedoch müssen nicht, ja, können nicht wahr sein. Sie sind nichts als Instrumente, die sich in bestimmten Anwendungen bewähren sollten. Rorty hat damit das Problem des Verhältnisses von Geist und Körper entschärft. Der Preis dafür ist allerdings nicht unerheblich, denn uns ist damit die Natur, die als unveränderliche Gegebenheit den Gegenstand der Naturwissenschaften abgibt, abhanden gekommen. Im Rahmen dieser Sichtweise gibt es keine Natur, die sich spiegeln oder repräsentieren ließe. Vielmehr ist die Natur nur ein Begriff unter vielen anderen, der in bestimmten Kommunikationen eine spezifische Leistung erbringen soll.

11.8 Auf dem Weg zu einer Geographie der A-Moderne

Falls wir uns Latours Fazit, wir seien niemals wirklich modern gewesen, anschließen wollen, dann können wir die oben referierten Ansätze als a-moderne Perspektiven betrachten. Sie zeichnen sich durch einige gemeinsame Aspekte aus:

- Sie sind „nicht-essentialistisch“, d. h. sie kennen keine Entitäten mit feststehenden Eigenschaften, also keine „Wesenheiten“, sondern nur Differenzierungen oder Semantiken, die eine beobachtende oder kommunizierende Instanz verwendet. Daher setzen sie auch kein Absolutes voraus und können als „nachmetaphysisch“ im Sinne von Habermas (1992a) gelten.

- Folglich sind sie auch „nicht-repräsentational“. Wie oben anhand von Rorty erläutert, setzen Sie keine „Natur“ oder eine andere vorstrukturierte „Welt“ voraus, die in Form von Aussagen über Tatsachen repräsentiert werden könnte. Vielmehr sind Feststellungen selbst schon Instrumente, mit deren Hilfe bestimmte Interaktionen vollzogen werden können.

- Aus ihrer Perspektive wird Sinn bzw. Bedeutung durch den Kontext der Verwendung von Ausdrücken und Symbolen konstituiert. Bedeutung gilt als kontextrelativ und performativ.

Insgesamt können solche Perspektiven nicht mehr von einer selbstverständlichen Begrifflichkeit oder von transzendentalen Kategorien der Erkenntnis ausgehen. Sowohl die Strukturen der Realität als auch die Idee einer Realität an sich erscheinen ihnen als kontingente Form. Da die Kultur in der Moderne als das Kontingente schlechthin und die Natur als ihr Anderes konstituiert wurden, führt der Weg zu nicht-essentialistischen Perspektiven über die Dekonstruktion der Natur und ihrer Korrelate. Uns ist damit jedoch nicht etwa die Natur insgesamt abhanden gekommen, sondern wir haben *die* Natur gegen mögliche *Naturen* eingetauscht. Die Natur hat sich vervielfältigt.

Die Naturwissenschaften, so wie wir sie kannten und noch immer kennen, dürften zunächst Mühe bekunden, ein Sammelsurium kontingenter Naturen anzuerkennen, hieße das doch, sich vom angestammten Erkenntnisobjekt, *der* Natur, zu verabschieden. Falsch! Genau dieser Schluss darf nicht gezogen werden! Die Natur der Naturwissenschaft ist keineswegs hinfällig geworden, sondern wird nur als eine unter vielen möglichen betrachtet. Sie ist nicht mehr die einzige, die für sich Gültigkeit beanspruchen darf. Mit anderen Worten: Naturwissenschaftliche Kenntnisse behalten ihren Wert und ihre Gültigkeit, nur wird diese nicht mehr als absolut betrachtet, sondern als sinnvoll und bewährt innerhalb eines mehr oder weniger breiten Spektrums von Handlungszusammenhängen. Dieses Spektrum und die Grenzen der Geltungsansprüche naturwissenschaftlichen Wissens gilt es zu bestimmen, wenn von vielfältigen Naturen ausgegangen wird. Die Naturwissenschaften sind nicht mehr für die Welt als solche Zuständig. Sie können die Geltung von Aussagen auch nicht mehr mit Hilfe der Unterscheidung von Wahrheit und Irrtum beurteilen. Umgekehrt ist nicht mehr alles Aberglaube, das nicht der naturwissenschaftlichen Auseinandersetzung mit der Welt entspringt, sondern Erkenntnis einer anderen Art mit anderen Geltungsansprüchen, die freilich ebenso kritisch zu prüfen sind, aber aufgrund anderer Kriterien.

Dem modernen naturwissenschaftlichen Diskurs fehlen freilich die begrifflichen Mittel, die Kontingenz der Natur (und folglich der Kritik) zu durchdringen, da Kontingenz in der Moderne dem Bereich der Kultur und damit den Geistes- und Sozialwissenschaften zugeschlagen wurde. Doch diese haben sich ebenfalls weitgehend das naturwissenschaftliche Verständnis von Wissenschaft zu eigen gemacht, weshalb es auch einer frechen empirischen Wissenschaftsforschung bedurfte, um mit den tradierten Selbstverständlichkeiten zu brechen. Die Konsequenzen hinsichtlich der Methodologie der Naturwissenschaften und des Umgangs mit Technologien wurden bisher allerdings erst ansatzweise und auf sehr abstrakter Ebene gezogen. Latours Postulat, die Hybriden zu beachten, bedeutet methodologisch ausgelegt, die Bedingungen der Möglichkeit von Erkenntnis und technologischer Verfügbarkeit stets in Rechnung zu stellen und sie als Grenzen von Geltung und Verlässlichkeit anzuerkennen. Es geht, mit anderen Worten (Zierhofer 1997a: 94 f.) darum, die Voraussetzungen und Folgen von Handlungsweisen zu artikulieren und kritischen Diskussionen – also auch *anderen* Erkenntnisweisen – verfügbar zu machen. Kontingenz führt zunächst Entscheidungsmöglichkeiten und damit Politik wieder in die Wissenschaft ein. Daher bedarf es in der Folge wiederum Anstrengungen, eine neue Unterscheidung von Wissenschaft und Politik herzustellen. Latours „Parlament der Dinge" (2002) kann als Einladung hierzu gelesen werden.

Nicht-essentialistische Perspektiven wurden denn auch nicht über die Auseinandersetzung mit der Natur in die Geographie getragen, sondern über Radikalisierungen der Kontingenz des Kulturellen und der Erkenntnis. Als diskursiv, diskursanalytisch, poststrukturalistisch, *Non-Representational Theory*, *Actor-Network Theory* oder sprachpragmatisch bezeichnen sich Ansätze, die für sich in Anspruch nehmen, die Kontingenz der Erkenntnis systematisch zu berücksichtigen (Gibson-Graham 2000). Vielfach weisen aber auch feministische, postkolonialistische, humanökologische und systemtheoretische Arbeiten die oben angeführten Merkmale auf. Mit Ausnahme der *Actor-Network Theory*, deren Entwicklung maßgeblich von Latour mitgetragen wurde, haben sich diese Ansätze nicht oder höchstens am Rande durch eine Auseinandersetzung mit dem Begriffspaar Natur und Kultur gebildet. In der Geographie ist auch erst in jüngster Zeit eine Debatte um diese Dichotomie in Gang gekommen (Gerber 1997, Murdoch 1997, Flitner 1998, Whatmore 1999, Zierhofer 1999a, Castree und Braun 2001). Doch auch hier ist die Reflektion der Konsequenzen für die Geographie als Ganzes noch nicht weit gediehen. Mit einigen Überlegungen diesbezüglich möchte ich nun meine Ausführungen abschließen.

Sowohl die physische Geographie als auch die Humangeographie müssten sich ein nicht-essentialistisches Verständnis ihrer Forschungsgegenstände und der wissenschaftlichen Erkenntnis aneignen. Entscheidend sind diesbezüglich weniger die Einsichten, dass die Natur stets unter menschlichem Einfluss stand, dass jede Vorstellung von Natur Ausdruck einer bestimmten Kultur ist, dass gesellschaftliches Leben stets auf natürlichen Grundlagen beruht und Interaktionen durch Artefakte aller Art vermittelt werden, dass jede kulturelle Leistung Ausdruck der menschlichen Natur ist usw. (Böhme 1992), sondern vielmehr das, was Latour (2002: 32 ff.) die Krise der Objektivität nennt. Wir können Objekte nicht mehr als feststehende Gegenstände vor unserer Erfahrung auffassen, sondern nur noch als Gegenstände, die erst durch unsere Interaktionen konstituiert werden. Sie sind daher ebenso objektiv wie subjektiv, abgegrenzt wie verbunden, sicher wie unsicher.

Da sich Gegenstände des Denkens nicht mehr als objektive Realität verstehen lassen, sondern nur noch als Werkzeuge, die zum Vollzug von Interaktionen verwendet werden, sind auch die Geltungsbedingungen von Aussagen an Kontexte gebunden. Diese kontextuelle oder pragmatische Konstitution von Bedeutung und Geltung müsste in der Theoriebildung systematisch berücksichtigt werden. Was das im Einzelnen heißt, wird die entsprechende Debatte erst noch herausschälen müssen. Jedenfalls werden Begriffe wie Wissen, Theorie, Geltung etc. transformiert werden (Thrift 1999).

Nachdem sich das nicht-moderne Denken von der kategorialen Unterscheidung von Natur und Kultur verabschiedet hat, wird auch die akademische Arbeitsteilung einer Prüfung unterzogen werden müssen: Unter welchen Bedingungen ist es noch sinnvoll an der Trennung von Natur-, Sozial- und Geisteswissenschaften festzuhalten? Um diese Frage beantworten zu können müssten die Entstehungsbedingungen und Voraussetzungen der modernen akademischen Ordnung geklärt werden. Daraufhin lässt sich auch eine Debatte über die Zwecke und erfolgversprechenden künftigen Ausrichtungen von Disziplinen führen. Es könnte durchaus sein, dass sich daraus wieder Möglichkeiten einer stärkeren Integration der Geographie ergeben. Diese Disziplin könnte sich eventuell gerade dadurch profilieren, dass sie sich mit hybriden Existenzen befasst, also mit solchen Gegenständen, in denen sich offensichtlich (traditionell betrachtet) Natur und Kultur durchdringen, wie Umweltprobleme, Landschaften, Siedlungen, technische Arrangements usw.

Es kann jedoch nicht genügend scharf davor gewarnt werden, dass der Weg dahin nicht über die Aufgabe des bisher erreichten Differenzierungsgrades natur- und sozialwissenschaftlicher Methoden der empirischen Sozialforschung führen kann. Versuche, menschliche Interaktionen als Ausdruck räumlicher Gesetze („Sozialmechanik") oder Landschaften als Träger von Bedeutungen („Landschaftshermeneutik") aufzufassen, wurden mit Gründen, die auch heute noch ernst zu nehmen sind, verworfen. Es müsste nun darum gehen, diese Gründe im Rahmen nicht-essentialistischen Denkens zu re-interpretieren, um auf dieser Basis Ansätze einer *differenzierten Hermeneutik* zu entwickeln. Diese sollte mehr als nur die zwei Pole der absolut schweigenden Natur und der vollkommen sinnerfüllten Kultur kennen, weil sie in der Lage sein wird, die Konstitutionsbedingungen von Bedeutungen durch Interaktionen zwischen unterschiedlichen Entitäten und deren Kontexte systematisch mit einzubeziehen.

Literatur

Beck U (1988) Gegengifte. Die organisierte Unverantwortlichkeit. Frankfurt a. M.

Beck U (1993) Die Erfindung des Politischen. Frankfurt a. M.

Brandt R (2001) Philosophie. Stuttgart

Böhme G (1992) Natürlich Natur. Natur im Zeitalter ihrer technischen Reproduzierbarkeit. Frankfurt a. M.

Castree N, Braun B (2001) Social Nature. Theory, Practice and Politics. Oxford

Catton WR Jr., Dunlap RE (1980) A New Ecological Paradigm for Post-Exuberant Sociology. American Behavioral Scientist 24 (1), 15–47

Conley VA (1997) Ecopolitics. The Environment in Poststructuralist Thought. London

Daly HE (1995) Ökologische Ökonomie: Konzepte, Fragen, Folgerungen. In: Jahrbuch Ökologie. München, 147–161

Flitner M (1998) Konstruierte Naturen und ihre Erforschung. Geographica Helvetica 53 (3), 89–95

Fox W (1990) Towards a Transpersonal Ecology. Green Books, Dartington

Gerber J (1997) Beyond Dualism – the Social Construction of Nature and the Natural and Social Construction of Human Beings. Progress in Human Geography 21 (1), 1–17

Gibson-Graham JK (2000) Poststructural Interventions. In: Sheppard E, Barnes T (Hrsg.): A Companion to Economic Geography. Oxford, 95–110

Habermas J (1981) Theorie des kommunikativen Handelns. 2 Bände. Frankfurt a. M.

Habermas J (1992a) Motive nachmetaphysischen Denkens. In: Ders.: Nachmetaphysisches Denken. Frankfurt a. M., 35–60

Habermas J (1992b) Handlungen, Sprechakte, sprachlich vermittelte Interaktionen und Lebenswelt. In: Ders.: Nachmetaphysisches Denken. Frankfurt a. M., 63–104

Haraway D (1995) Monströse Versprechen. Hamburg

Holt-Jensen A (1999) Geography. History & Concepts. London

Kenny A (1987) Wittgenstein. Frankfurt a. M.

Latour B (1995) Wir sind nie modern gewesen. Versuch einer symmetrischen Anthropologie. Berlin

Latour B (2002) Das Parlament der Dinge. Frankfurt a. M.

Livingstone D N (1992) The Geographical Tradition. Oxford

Luhmann N (1988) Ökologische Kommunikation. Opladen

Mathews F (1991) The Ecological Self. London

Meyer-Abich K M (1997) Praktische Naturphilosophie. München

Murdoch J (1997) Towards a Geography of Heterogeneous Associations. Progress in Human Geography 21 (3), 321–337

Naess A (1989) Ecology, Community and Lifestyle. Cambridge Mass.

Prugh T (1995) Natural Capital and Human Economic Survival. Solomons MD

Rorty R (1987) Der Spiegel der Natur. Eine Kritik der Philosophie. Frankfurt a. M.

Serres M (1994): Der Naturvertrag. Frankfurt a. M.

Snyder G (1990) The Practice of the Wild. New York

Stäheli U (2000) Poststrukturalistische Soziologien. Bielefeld

Thrift N (1999) Steps to an Ecology of Place. In: Massey D, Allen J, Sarre P (Hrsg.): Human Geography Today. Cambridge, 295–322

Werlen B (2000) Sozialgeographie. Bern

Whatmore S (1999) Hybrid Geographies: Rethinking the 'Human' in Human Geography. In: Massey D, Allen J, Sarre P (Hrsg.): Human Geography Today. Cambridge, 22–39

Zierhofer W (1997a) Grundlagen für eine Humangeographie des relationalen Weltbildes. Erdkunde 51 (2), 81–99

Zierhofer W (1999a) Geographie der Hybriden. Erdkunde 53 (1), 1–13

Zierhofer W (2002) Gesellschaft. Transformation eines Problems. Oldenburg

12 Kulturelle Wende in der Umweltforschung? – Aussichten in Humanökologie, Kulturökologie und Politischer Ökologie

Michael Flitner, Freiburg

12.1 Fragestellung und begriffliche Klärung

Die kulturelle Wende, die in den letzten Jahren in der Geographie festgestellt worden ist, macht auch vor der geographischen Umweltforschung nicht Halt. Dieser Befund liegt jedenfalls nahe, wenn wir beobachten, wie die Umweltforschung insgesamt Interesse an unseren Bildern und Vorstellungen von der Natur gewinnt, wie umweltpolitische Programme in diskursanalytischer Perspektive untersucht werden, oder wie ökologische Problemlagen vermehrt als kulturelle „Konstruktionen" aufgefasst werden (Cronon 1995, Flitner 1998, Weichselgartner 2002). Die Entwicklungen, die sich hier abzeichnen, sind durchaus beunruhigend zu nennen. Denn sie treffen gewissermaßen ins Herz der Geographie, die sich seit jeher gefordert sah, relevante wissenschaftliche Aussagen sowohl über die physische Welt als auch über die soziale Sphäre zu treffen und beide – mit mehr oder weniger theoretischen Ambitionen – auch zueinander ins Verhältnis zu setzen. Wenn das Verhältnis von Natur und Kultur heute neu zur Debatte steht, so muss dies die Disziplin also schon aus wissenschaftspolitischem Grund interessieren. Erst recht sind diejenigen herausgefordert, die sich mit der Umwelt als Gegenstand ihrer Forschungen befassen.

Wie macht sich der *Cultural Turn* in der humangeographischen Umweltforschung bemerkbar? Welche Elemente sind hier bereits aufgenommen worden, und wo ergeben sich neue Anknüpfungspunkte oder Probleme aus Sicht der Geographie? Um diese Fragen angehen zu können, sind begriffliche Präzisierungen und sachliche Einschränkungen nötig, und zwar sowohl im Bezug auf die Umweltforschung wie im Bezug auf die kulturelle Wende.

Die humangeographische Umweltforschung nimmt Anregungen aus den verschiedensten Feldern auf und hat eine ganze Reihe von Ansätzen und größeren Schulen hervorgebracht. Darunter finden sich Konzepte mittlerer Reichweite, wie Analysen der „Verwundbarkeit" oder der umweltbezogenen Verfügungsrechte, spezifische thematische Perspektiven wie die Erforschung des „globalen Wandels" oder der Desertifikation, und schließlich umfassende Forschungsrichtungen oder Schulen, wie sie etwa die Humanökologie darstellt. Der folgende Beitrag muss sich daher beschränken und wird nur drei größere Perspektiven der Umweltforschung betrachten, die mir im Sinne der Fragestellung instruktiv scheinen: erstens die „Humanökologie", eine Bezeichnung, unter der sich seit vielen Jahren Teile der humangeographischen Umweltforschung versammeln; zweitens die „Kulturökologie", eine stark ethnologisch beeinflusste Forschungsrichtung, die mit ihrem konstitutiven Bezug zur Kultur für die Aufnahme von Impulsen der kulturellen Wende prädestiniert scheint; und drittens die „Politische Ökologie", die sich erst in den letzten Jahren erkennbar zu einem eigenen Forschungsfeld entwickelt hat. Da alle drei Bezeichnungen eine wechselvolle Geschichte mit schwankenden Bedeutungen haben, muss den folgenden Gedanken jeweils eine Skizze vorangestellt werden, die verdeutlicht, von welcher Humanökologie resp. Kultur- und politischer Ökologie hier gesprochen wird.

Eine Präzisierung verlangt auch die Rede vom *Cultural Turn*, und sie soll gleich vorab erfolgen. Wenn wir die kulturelle Wende allgemein und einfach dahingehend bestimmen, dass in den Humanwissenschaften insgesamt „kollektiven Sinnsystemen" ein neuer, entscheidender Stellenwert zugebilligt wird, dann lassen sich mit Reckwitz (2000) vier Dimensionen unterscheiden, die sich z. T. getrennt und über viele Jahrzehnte hinweg entwickelt haben:

Auf der *erkenntnistheoretischen* Ebene hat sich aus den unterschiedlichsten Quellen eine Kritik an der Vorstellung einer „Korrespondenz" zwischen wissenschaftlichen Theorien und einer unabhängig gedachten Welt der Tatsachen formiert; Theorien werden nun in vieler Hinsicht selbst als symbolische Ordnungen begriffen, „als Vokabulare, die letztlich kontingente Interpretationen anleiten" (ebd.: 24).

Auf der Ebene der sozialwissenschaftlichen *Methodologien* ist in diesem Zusammenhang die Kritik an quantitativen, standardisierten Verfahren vertieft worden, und es hat sich eine Hinwendung zu einer Vielzahl qualitativer Methoden ergeben, die sich an der Aufgabe orientieren, eine „dem Gegenstand „angemessene" Interpretation der Sinnmuster [zu ermöglichen], in denen sich die soziale Welt reproduziert" (ebd.: 26).

Zugleich ist ein Wandel der *empirischen Gegenstände* der Forschung zu beobachten, unter denen Fragen kultureller „Lebensstile", der Konsummuster, der Identitätspolitik u.ä. wichtig werden, wobei die Artefakte der Massen- und Populärkultur große Aufmerksamkeit genießen.

Schließlich lässt sich die kulturelle Wende auch auf der Ebene umfassender *sozialtheoretischer Entwürfe* konstatieren. Hier sind all die Theorie-Richtungen zu nennen, die sich gegen naturalistische und funktionalistische Traditionen wenden, für die „Bedeutung" und „Sinn" keine Rolle spielen, wie für den Behaviorismus, die Soziobiologie oder Theorien der „rationalen Wahl".

Diese vier Dimensionen lassen sich sämtlich in jüngeren Arbeiten über Umweltprobleme wiederfinden, manchmal vereinzelt oder ungleichgewichtig, zum

Teil aber auch auf mehreren Ebenen zugleich. Vergleichsweise leicht erkennbar ist diese Entwicklung nur in empirischen Arbeiten, die sich durch unübliche Gegenstände und Methoden von der herkömmlichen Umweltforschung absetzen, so etwa die hermeneutischen Text- und Bildanalysen, die mit Bezug zu ökologischen Problemlagen durchgeführt werden (Slater 1995, Flitner 1999, Braun 2002). Die theoretische Zuordnung kann dagegen Mühe bereiten, denn das Spektrum der „Kulturtheorien", die der sinnhaften Produktion der Welt auf der Grundlage symbolischer Ordnungen das Primat einräumen, reicht von phänomenologischen Positionen über (post)strukturalistische und semiotische Theorien bis zu den jüngsten Konstruktivismen im engeren Sinn (Cosgrove 1984, Escobar 1998, Latour 1996).

Bei dem folgenden Versuch, die oben genannten Felder der Umweltforschung mit dem *Cultural Turn* zu konfrontieren, werde ich mich weitgehend auf diese theoretischen Dimensionen konzentrieren. Die Beschränkung erfolgt zum einen, weil eine Behandlung auch der empirischen Gegenstände und methodischen Fragen den Rahmen sprengen würde. Zum anderen hoffe ich, dadurch den Missverständnissen vorzubeugen, die entstehen können, wenn die kulturelle Wende *in erster Linie* als Hinwendung zu den sichtbaren neuen „kulturellen Objekten" der Forschung verstanden wird, also etwas zur Analyse von Fernsehserien, Werbebroschüren oder der Landschaftsmalerei. Stattdessen sollen hier die sozial- und wissenschaftstheoretischen Implikationen im Vordergrund stehen, die mir aussagekräftiger scheinen, um den Einfluss der kulturellen Wende auf die humangeographische Umweltforschung auszuloten.

12.2 Humanökologie: Von der Opposition zum Dreieck

Der Begriff Humanökologie hat eine lange und komplizierte Geschichte, in der unterschiedliche theoretische Positionen zur Geltung kommen. Bereits vor achtzig Jahren behauptete der Chicagoer Geograph Harlan H. Barrows (1877-1960), damals amtierender Präsident der Association of American Geographers (AAG), die Geographie sei insgesamt nichts anderes als „die Wissenschaft der Humanökologie" (Barrows 1923: 3). Diese Ansicht wird auch heute noch gelegentlich zitiert, und sie wird einigen Anklang finden, wenn wir unter Humanökologie ganz allgemein die „Wissenschaft von den Mensch-Umwelt-Beziehungen" verstehen. In dieser weiten Fassung ist der Begriff allerdings für Unterscheidungen innerhalb der heutigen Umweltforschung kaum zu gebrauchen (vgl. Bahrenberg 1994). Doch schon Barrows ging es nicht um ein allgemeines Plädoyer für die Umweltforschung. Vielmehr schien die Verbindung *Human Ecology* ihm damals nützlich, um die vorherrschenden physisch-deterministischen Vorstellungen in der Geographie zurück zu drängen und gleichzeitig die Bedeutung der Humangeographie für die Zukunft des Fachs hervorzuheben.

Fast zeitgleich tauchte der Begriff *Human Ecology* dann auch in der soziologischen Chicago School auf, die in dieser Hinsicht vor allem durch die Arbeiten von Robert Park und Ernest Burgess bekannt geworden ist. Auch sie wird immer wieder als eine wichtige Quelle der Humanökologie in der Geographie benannt (Johnston u. a. 2000: 352). In fast entgegengesetzter Bewegung zu Barrows Intervention wurden damals verschiedene Begriffe und Modelle aus der naturwissenschaftlichen Ökologie in die Soziologie eingeführt, um die Dynamik gesellschaftlicher Prozesse zu beschreiben, vor allem in der Stadtentwicklung (Park und Burgess 1921, Park u. a. 1925).

Eine Humanökologie mit deutlichen Bezügen zu den gegenwärtigen Debatten findet sich jedoch erst mit dem erneuten Auftauchen der Bezeichnung ab den 1970er Jahren, so in den Arbeiten der Soziologen William Catton und Riley Dunlap, die ein „neues ökologisches Paradigma“ (NEP) etablieren wollten, um die kategorische Naturferne der Soziologie aufzubrechen (Catton und Dunlap 1978). Dass diese Ansätze inhaltlich auf die Chicago School zurückgeführt werden könnten oder gar eine „Renaissance der früheren *human ecology*“ seien, wie Teherani-Krönner (1992: 16) schreibt, lässt sich kaum aufrecht erhalten, denn hier ging es tatsächlich darum, die Umweltfrage als Gegenstand in die Soziologie einzuführen. Der Begriff Humanökologie wurde von da ausgehend bald auch zur Benennung eines breiteren Programms, das insgesamt eher in Barrows Sinn als Erweiterung der naturwissenschaftlichen Ökologie um sozial- und geisteswissenschaftliche Perspektiven verstanden werden kann, wobei die Bezüge zwischen den beiden Feldern ganz unterschiedlich gedacht werden.

Die spezifische Variante der Humanökologie, die in der deutschsprachigen Geographie und darüber hinaus seit den 1980er Jahren Form und Einfluss gewonnen hat – die Züricher Schule, wie sie wegen ihrer Herkunft auch genannt wird –, bemüht sich um eine systemisch inspirierte „Integration“ ganz unterschiedlicher Perspektiven, was immer wieder explizit herausgestrichen wird (Steiner 1992, 1997, Steiner und Nauser 1993). Im Hintergrund steht dabei die grundlegende, philosophische Frage, „wie denn die Existenz der Menschen in der Welt zu begreifen und zu erklären ist“ (Weichhart 1993a: 214). In einem umfassenden Sinne sollen daher die Beziehungen, Interaktionen und wechselseitigen Abhängigkeiten in der Grundkonstellation durchleuchtet werden, die als „humanökologisches Dreieck“ bekannt geworden ist (Abb. 12.1).

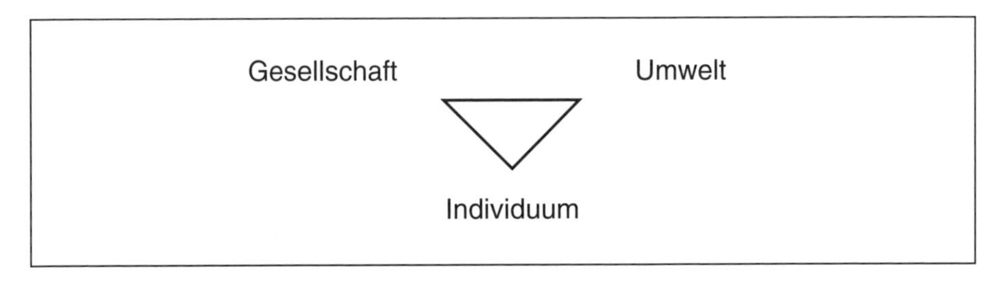

12.1 Humanökologisches Dreieck nach Steiner (1997)

Die Bezüge zwischen den Polen Gesellschaft und Umwelt werden dabei in keiner Richtung deterministisch gedacht, sondern als ein Beziehungs- und Wirkungsgeflecht, zu dessen Analyse insbesondere psychologische und erkenntnistheoretische Überlegungen herangezogen werden (Steiner 1993, Weichhart 1999; Zierhofer 1997). Um das Individuum (bzw. die Person) *in* der Umwelt zu verstehen, wird hier unter anderem auf Arbeiten aus der ökologischen Psychologie zurückgegriffen, die wahrnehmungs- und verhaltensbezogene (Mikro-) Systeme (sog. *behaviour settings*) postulieren, in denen sich materiell gebundene Handlungen vollziehen (Weichhart 1993b: 78–86). Diese Perspektive wird an handlungstheoretische Positionen im Anschluss an die Arbeiten Benno Werlens angeknüpft, zu denen sich mehrere Vertreter der Humanökologie explizit bekannt haben. So heißt es in dem einschlägigen Sammelband „Human Ecology“:

„... wir wollen uns daran erinnern, dass [allein] Handlungen menschlicher Individuen zwischen den sozio-kulturellen Voraussetzungen und den Umweltbedingungen vermitteln. Es gibt keine direkten kausalen Einflüsse einer Gesellschaft auf ihre Umwelt oder umgekehrt“ (Steiner und Nauser 1993: 15).

Der Hintergrund und die Konturen dieser Humanökologie sind damit für den vorliegenden Zweck hinreichend deutlich, und wir können danach fragen, wie die kulturelle Wende dazu ins Verhältnis gesetzt werden kann, vor allem, welche theoretischen Bezüge sich in diesem Feld ergeben.

Auf den ersten Blick scheint die Humanökologie mit dem *Cultural Turn* insgesamt wenig verbunden. Wenn wir die frühe soziologische Humanökologie betrachten, können wir hier sogar eher ein Gegenprogramm zu kultursoziologischen Ansätzen sehen, die sich zeitgleich entwickelten. Die Formulierung sozialer Probleme in Begriffen von Kampf, Akkomodation und Assimilation, wie sie bereits das frühe Lehrbuch von Park und Burgess (1921) kennzeichnet, ist von Historikern des Fachs meist als fragwürdige Ausweitung des Deutungsrahmens der Tier- und Pflanzenökologie interpretiert worden. Zwar hat Gaziano (1996) gezeigt, dass hierbei ökologische Literatur kaum rezipiert wurde und die terminologischen Anleihen in erster Linie metaphorisch zu verstehen sind. Somit sei die Entstehung dieser *Human Ecology* vor allem im Feld der wissenschaftlichen Beziehungen verständlich, nämlich als Positionierung im Verhältnis zur enorm deutungsmächtigen Biologie einerseits und zur sozialarbeiterischen Tradition der *Urban Studies* in der zeitgenössischen Soziologie andererseits. Doch ändert diese Einsicht wenig an dem Befund, dass hier begrifflich eher an einer Naturalisierung des Sozialen als an einer kulturellen Perspektive auf das Mensch-Umweltverhältnis gearbeitet wurde.

Aber auch die gegenwärtige geographische Humanökologie im aufgeführten Sinn scheint von der kulturellen Wende noch wenig berührt, wenn wir an die Auseinandersetzung mit den o.g. Lebensstilen, mit den Insignien der Identitätspolitik oder mit Phänomenen der Alltags- und Massenkultur denken, wie sie die neue Kulturgeographie während der letzten Jahre intensiv beschäftigt haben.

Dieser Eindruck kommt vor allem dadurch zustande, dass hier die theoretischen Positionen kaum aufgenommen wurden, die die britischen *Cultural Studies* auszeichnen, also jene spezifische Mischung aus poststrukturalistischer Methodologie und ideologiekritischen Einflüssen, die dort zu einem großen Interesse an kulturellen Repräsentationen aller Art geführt haben.

Folgen wir aber der oben dargelegten Definition der kulturellen Wende in größerer Perspektive, und das heißt: Ordnen wir auch handlungstheoretische Positionen in der Tradition Giddens' und phänomenologische Positionen dieser breiteren Wende zu, so hat jene Humanökologie die genannte Wende auf andere Art vollzogen (Weichhart 1994, Zierhofer 1997, Steiner 1997). Das wird beispielhaft in dem Interesse an Fragen der Bewertung und Bedeutung kenntlich, die im Blick auf umweltpolitische Konzepte und umweltplanerische Entscheidungen aufgeworfen werden (Reichert und Zierhofer 1993, Ratter 2001, vgl. auch Burgess 2000).

Ein Widerspruch, oder jedenfalls ein theoretisches Problem ergibt sich allerdings dort, wo die Humanökologie versucht, die handlungstheoretische Perspektive mit einer explizit realistischen Wahrnehmungspsychologie zu verknüpfen (Weichhart 1993b: 79 f.). Erst recht scheint der positive Bezug auf den klassischen, naturwissenschaftlichen Begriff der Ökologie und die diesbezüglichen Aneignungsversuche der frühen *Human Ecology* kaum mit einer kulturalistischen Position kompatibel (Steiner und Nauser 1993: 2 f.). Mit dem Bestreben, hier theoretisch und methodologisch schwer vereinbare Perspektiven unter ein Dach zu kriegen, mag sich auch das starke Interesse erklären, welches in den letzten Jahren der Ansatz der Aktor-Netzwerk-Theorie (ANT) gefunden hat, wie sie am prominentesten Bruno Latour vertritt (Weichhart 1999, Zierhofer 1999). Die Akteure (bzw. nicht-menschlichen „Aktanten“), die damit ins Spiel kommen, stellen ihrerseits aber eine bisher kaum plausibel bewältigte Herausforderung für herkömmliche Handlungstheorien dar. Schwer ersichtlich ist zudem, wie sie mit psychologischen Perspektiven verknüpfbar wären. Versteht man die Aktor-Netzwerk-Theorie als semiotischen Beschreibungsmodus – was sie von ihrem Ansatz her ist –, so verflüchtigt sich zugleich die Hoffnung, hier etwa „ontologische Gräben“ überbrücken zu können, wie sie sich in traditionellen Fassungen der Natur-Kultur-Dichotomie auftun.

Wagen wir eine vorläufige Gesamtschau: Zwar lassen sich wichtige Einflüsse kulturtheoretischer Ausrichtung auch in der gegenwärtigen Humanökologie erkennen. Die eingegangenen Verbindungen sind jedoch nicht so konsistent oder eindeutig, dass es sinnvoll erscheint, sie als Ausdruck der kulturellen Wende zu fassen.

12.3 Kulturökologie: Anpassung und Ermöglichung

Das Verhältnis zwischen bestimmten „Kulturen" und ihrer Umwelt hat die Geographie schon in der Antike beschäftigt. Erst recht ist dies ein Kernthema der neuzeitlichen Geographie und Ethnologie vom 19. Jahrhundert an geworden, so etwa in der von Ratzel beeinflussten „Kulturkreislehre" und später in anderer Weise in den Arbeiten der Berkeley School um Carl O. Sauer, der u. a. die Ausbreitung der Nutzpflanzen von bestimmten „Kulturarealen" her annahm (Sauer 1936). Der Begriff Kulturökologie bezeichnet jedoch ursprünglich nur eine ganz spezifische Deutung jenes Verhältnisses, und damit ist hier auch unsere Aufgabe einfacher zu lösen.

Als Begründung dieser Richtung gelten gemeinhin die Arbeiten, die der Ethnologe Julian Steward in den 1930er Jahren begann, und in seinem Buch „Theory of Cultural Change" programmatisch zusammenfasste (Steward 1955). Steward wollte mit dem Begriff Kulturökologie die eigenständige Bedeutung der Kultur in der Anpassung oder „Adaptation" menschlicher Gemeinschaften an natürliche Verhältnisse hervorheben und führte dabei den alten Streit um Umweltdeterminismus und Possibilismus auf eine neue Ebene. Er postulierte einen „Kulturkern", der die für die Existenzsicherung zentralen Elemente der materiellen Kultur, der sozialen Organisation und der immateriellen Kultur einer Gruppe umfasst. In diesem Kulturkern finde die Auseinandersetzung mit der natürlichen Umwelt statt, so die These, er bilde gewissermaßen das Reservoir der Umweltadaptation.

Schon wegen der zentralen Stellung eines Begriffs wie Adaptation wird diese Perspektive heute einem (schwachen) Umweltdeterminismus zugeordnet. Verschiedentlich ist jedoch deutlich gemacht worden, dass sich Steward zugleich gegen den zu dieser Zeit in der Ökologie vorherrschenden Biologismus wendete und auch die begrifflichen Übertragungen von Pflanzen und Tieren auf Menschen explizit zurückgewiesen hat, wie sie der Chicago School eigen waren (Bargatzky 1986: 28; Teherani-Krönner 1992: 33 f.). Dessen ungeachtet warf das unscharfe Kulturkern-Konzept so große theoretische und methodische Probleme auf, dass diese Form der Kulturökologie keine geschlossene Weiterentwicklung erfuhr.

Als wichtiger Abkömmling können in den folgenden Jahrzehnten die systemisch-kybernetisch angelegten Arbeiten gelten, die in Gregory Batesons Variante der Systemtheorie den umfassendsten Ausdruck fanden. Vor allem Roy Rappaports Studie über die rituellen Schweineschlachtungen in Neu Guinea ist berühmt geworden (Rappaport 1968). Er vertrat darin die These von einem letztlich ökologisch begründeten Nexus von Tierhaltung, wiederkehrenden Schlachtfesten und kriegerischen Praktiken, die den Energie- und Proteinhaushalt der betrachteten Ethnie regelten, eine (neo-) funktionalistische These also, in der die kulturellen Praktiken und Riten der Regulation der Naturverhältnisse dienen. Auch dieser Ansatz ist erwartungsgemäß auf Kritik gestoßen, und Rappaport hat in der Folge ein differenzierteres Konzept „geordneter adaptiver Strukturen“ vorgelegt.

Für unsere Betrachtung ist zunächst festzuhalten, dass diese Debatten sich bis in die 1970er Jahre ganz überwiegend in der Ethnologie abspielten und in der Humangeographie wenig Einfluss gewannen, auch wenn etwa die oben behandelte Humanökologie hier eine zentrale Quelle ihrer eigenen Bemühungen sieht (Steiner und Nauser 1993: 4). Im Rückblick ist offenbar leicht zu übersehen, dass das Erkenntnisinteresse sich bei Steward wie bei Rappaport keineswegs auf die Erforschung von Umweltproblemen richtet, geschweige denn auf die Phänomene, die seit den 1960er Jahren als globale Umweltkrise gedeutet werden. Vielmehr geht es beiden darum, kulturelle Entwicklungen zu verstehen, den Kulturwandel bestimmter Ethnien bzw. die Evolution sozio-kultureller Systeme überhaupt.

Bis auf wenige Ausnahmen wurde der Begriff Kulturökologie daher auch erst in den 1980er und 1990er Jahren von anderer Seite aufgenommen und in den Kontext von Umweltproblemen eingeführt (Bargatzky 1986, Glaeser und Teherani-Krönner 1992). Einerseits wurde dieser Ansatz jetzt im Blick auf seine Übertragbarkeit auf die Verhältnisse in Industriegesellschaften überprüft (Teherani-Krönner 1992). Andererseits wurden vor diesem Hintergrund auch Möglichkeiten gesehen, durch eine Betonung der kulturellen Dimension jener Umweltprobleme Ansatzpunkte für eine „Erneuerung übergeordneter ethischer Strukturen von quasi-religiöser Qualität“ zu finden (Steiner 1992: 214). Beide Versuche blieben jedoch in ihrer Wirkung auf die humangeographische Umweltforschung begrenzt. Heute finden sich nur noch wenige Arbeiten, die sich selbst explizit der Kulturökologie zuordnen, und meist sind diese wieder ethnologische oder ethnohistorische Studien, die in der weiteren Tradition der klassischen Debatten um die Anpassung bestimmter Lebensweisen an Umweltverhältnisse stehen bzw. deren begrenzende und ermöglichende Rolle für bestimmte Ethnien untersuchen.

Wenn wir der Prägnanz halber den Versuch unternehmen, das oben erwähnte humanökologische Dreieck im Sinne der Kulturökologie zu modifizieren, so lässt sich ein eingeschränkter Sonderfall konstruieren (Abb. 12.2). Anstelle der Gesellschaft steht nun die „Kultur“ im Sinne eines Ensembles von materiellen

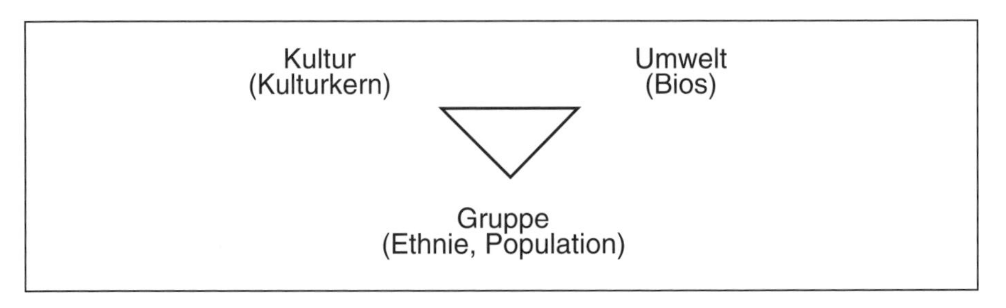

12.2 „Kulturökologisches Dreieck“

Artefakten sowie Institutionen und Praktiken (bzw. der „Kulturkern“, wenn wir uns an Steward halten). Bezugspunkt ist nicht mehr das Individuum sondern eine Gruppe, die im Blick auf diese, ihre Kultur als Ethnie gefasst werden kann, im Bezug auf ihre natürliche Umwelt in systemökologischer Perspektive auch als Population (Bargatzky 1986: 160). Die Umwelt als natürliche oder belebte Umwelt bleibt als dritter Pol erhalten.

Wie steht nun diese Kulturökologie zur kulturellen Wende? Die Antwort auf diese Frage fällt kürzer aus, denn hier ist ein theoretischer Einfluss noch weniger erkennbar. Das mutet vom begrifflichen Ausgangspunkt her zunächst paradox an, denn offensichtlich haben wir es doch auf beiden Seiten mit der „Kultur“ zu tun. Doch ist der Kulturbegriff der Kulturökologie ein grundlegend anderer, als er im *Cultural Turn* zur Geltung kommt. Ist dieser theoretisch, streng anti-essentialistisch und fragmentiert, so ist jener ganzheitlich in dem Sinn, dass die Kultur als eine Entität gefasst wird, tendenziell objekthaft, kohärent und essentiell. Insofern lässt sich ein Bezug zu den eingangs genannten empirischen Gegenständen fast nur intern herstellen, als Erkundung kultureller Tiefenstrukturen innerhalb einer bestimmten „Kultur“ bzw. als Rekonstruktion vermeintlicher Repräsentationen aus deren Perspektive.

Eine theoretische kulturelle Wende ist hier zwar vorstellbar, aber nicht naheliegend: die „Kultur“ ist einerseits immer schon der Ausgangspunkt, andererseits ist das Kulturelle ursprünglich gerade *nicht* notwendig in der Perspektive auf den Gegenstand angelegt. Die betrachtete soziale Gruppe etwa kann streng naturalistisch als Population gefasst werden, welche dann eben qua ihrer „Kultur“ in der natürlichen Umwelt evolviert. Jedenfalls diese bis in die 1980er Jahre hinein verbreiteten adaptionistischen Modelle lassen sich schwerlich mit den Prämissen einer kulturalistischen Sozialtheorie in Einklang bringen. Anders mögen hier die systemtheoretischen Entwicklungen Batesons zu beurteilen sein (Lutterer 2000) – sie sind aber von verschwindendem Einfluss in der geographischen Umweltforschung geblieben und werden auch als weiterer theoretischer Bezug kaum je genannt.

12.4 Politische Ökologie: Natur als Kampfgebiet

Das Aufkommen der Bezeichnung „politische Ökologie“ lässt sich ebenfalls relativ exakt datieren, doch finden wir auch hier einige Verschiebungen der Bedeutung, die für unsere Untersuchung wichtig sind. Zunächst gab es in den 1950er und 1960er Jahren einige Vorbenutzungen für die englische Wortkombination *Political Ecology* in der Wahlsoziologie und im Bereich der internationalen Politik (Saretzki 1989: 121, Anm. 1). Diese blieben jedoch vereinzelt und konnten keine Schulen bilden. Erst mit dem Aufstieg der Umweltfrage am Anfang der 1970er Jahre taucht der Begriff häufiger auch im deutschen Sprachraum auf. Oft genannt wird in diesem Zusammenhang Hans Magnus Enzensbergers Aufsatz aus dem Jahr 1973 mit dem Marx nachempfundenen Titel „Zur Kritik der politischen Ökologie". Bei Enzensberger ist die *politische* Ökologie mit dem kleinen „p" noch die Bezeichnung einer politischen Aufgabe, nämlich das Programm einer radikalen Politisierung der (damaligen) „Humanökologie" innerhalb einer strikt realistischen Perspektive auf den Gehalt der Umweltprobleme. Bestehe die kapitalistische Produktionsweise fort, so heißt es dort, werde objektive Ressourcenverknappung schon bald zu Katastrophen führen, die in „ökologische Aufstände umschlagen"; dann werde „die herrschende Klasse nicht zögern, auf ähnliche Lösungen" wie den Faschismus zurückzugreifen: „Sozialismus oder Barbarei: Angesichts der sich abzeichnenden ökologischen Katastrophe nimmt dieser Satz einen neuen Sinn an" (Enzensberger 1973: 37 f., 26).

Aus heutiger Sicht ist der Text schon wegen seiner Aufreihung ideologischer Versatzstücke schwer verdaulich. Doch findet sich eine Verbindung zu den ersten Arbeiten der *Third World political ecology* immerhin in zwei Motiven, nämlich in dem starken Gewicht, das auf die Betrachtung der ökonomischen Interessen und der Produktionsverhältnisse gelegt wird, sowie in der objektivistischen Betrachtung der ökologischen Problemlagen, die gesellschaftliche Folgen quasi mechanisch nach sich ziehen.

Von einer Politischen Ökologie mit großem „P", das heißt, wenn nicht von einer Schule, so doch zumindest von einem lockeren Forschungszusammenhang unter dieser Bezeichnung, lässt sich nach übereinstimmender Darstellung jedoch erst in den 1990er Jahren sprechen. Das Erscheinen von Lehrbüchern und theoretisch reflektierenden Texten im englischen Sprachraum zeigt an, dass eine beträchtliche Zahl von Autorinnen und Autoren diesem Feld heute eine eigenständige Bedeutung beimessen (Bryant 1992, Bryant und Bailey 1997, Keil u. a. 1998). Diese Tendenz wird auch im deutschen Sprachraum an der Durchführung von Tagungen, an Sonderheften geographischer Zeitschriften und ähnlichen Indikatoren deutlich.

Häufig werden die Arbeiten von Piers Blaikie über Bodenerosion genannt (Blaikie 1985, Blaikie und Brookfield 1987), von denen ausgehend sich zunächst eine *Third World political ecology* formiert hat. Für eine erste Definition des Feldes wird dann auch gerne auf eine Kurzformel aus diesen Arbeiten zurückgegriffen: „Der Begriff ‚politische Ökologie' verbindet die Anliegen der Ökologie mit einer weit gefassten politischen Ökonomie" (Blaikie und Brookfield 1987: 17).

Die vielfältigen Einflüsse, die auf diese Forschungsrichtung eingewirkt haben, sind an anderer Stelle dargelegt worden (Bryant und Bailey 1997, Blaikie 1999). Aus der anfangs stark entwicklungsbezogenen *political ecology* erwuchs im Laufe der 1990er Jahre eine breitere Politische Ökologie, die heute einen starken Kern in der Humangeographie besitzt (Keil u. a. 1998, Blaikie 1999). Am einfachsten lässt sie sich durch ein Primat des Politischen bei der Erklärung von Umweltkrisen charakterisieren (Bryant 1999: 151), wobei grundsätzlich die

Ungleichheiten in den Vordergrund gerückt werden, die politische und ökonomische Verhältnisse bei der Verteilung von Umweltgütern bewirken:

„Die Umwelt wird ... als ein ‚Schlachtfeld unterschiedlicher Interessen' beschrieben, auf dem um Macht, Verfügungsrechte und Einfluss gerungen wird. Ein besonderer Schwerpunkt liegt ... deshalb auf der Analyse von Umweltkonflikten, Auseinandersetzungen um natürliche Ressourcen, Verteilungs- und Machtkämpfen unterschiedlicher Akteure auf unterschiedlichen Handlungsebenen, bei denen es ‚Sieger' und ‚Verlierer' gibt" (Krings 1999: 130).

Konstruieren wir auf dieser Basis wiederum ein „ökologisches Dreieck", dann sind alle drei Eckpunkte des ursprünglichen Modells zu spezifizieren (Abb. 12.3). Die Umwelt wird nun vor allem unter dem Blickwinkel der Konflikte und Veränderungen konzipiert, Gesellschaft wird als Ensemble politischer und ökonomischer Strukturen und Prozesse betrachtet, und anstelle des Individuums rücken die konkurrierenden Interessen und daraus resultierenden Umweltansprüche sozialer Akteure in den Vordergrund.

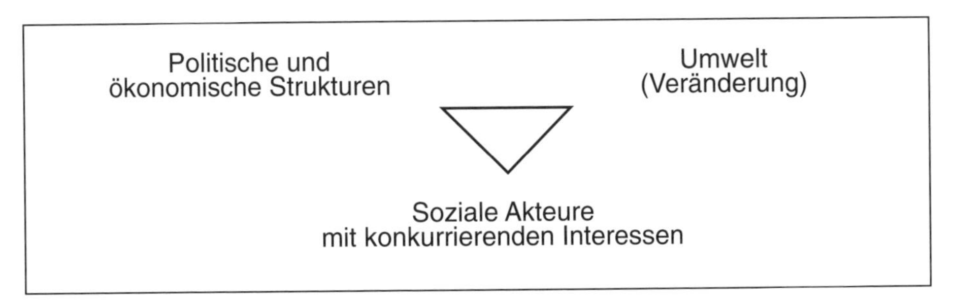

12.3 „Politisch-ökologisches Dreieck"

Man muss allerdings auch bei diesem Schema vorsichtig sein, nicht nur wegen der Vereinfachung, sondern wegen des unterschiedlichen Status, den die Veränderungen an den drei Polen haben. Vor allem an einem Pol ergeben sich theoretische Konsequenzen, nämlich bei der Verschiebung vom Individuum zu den Akteuren mit ihren jeweiligen Interessen. Diese Akteure sind nun in der Regel kollektive Akteure, Bewohner einer Region, Umweltgruppen, Firmen, staatliche Organe usw. Und anders als bei den Gruppen der Kulturökologie ist dabei immer schon von der Existenz mehrerer sozialer Akteure mit teilweise gegensätzlichen Interessen auszugehen.

Wenn wir einmal mehr die Frage aufwerfen, inwieweit hier Einflüsse des *Cultural Turn* sichtbar werden oder denkbar sind, so kommen wir zu einem anderen Ergebnis als in der Humanökologie und der Kulturökologie, schon wenn wir uns an die Selbstbeschreibungen halten. So hat etwa der Nestor der *Third World political ecology*, Piers Blaikie, für die letzten Jahre insgesamt eine theoretische Verschiebung von einem „kritischen Realismus" zu poststrukturalistischen und im weiteren Sinne diskursorientierten Ansätzen konstatiert (Blaikie 1995, 1999). Dieser Eindruck wird in anderen Überblicken über das Feld geteilt

(Krings und Müller 2001: 109 f.), und er bestätigt sich auch, wenn wir etwa die Arbeiten von Moore (1996), Escobar (1998), Hecht (1998) oder Braun (2002) betrachten, die allesamt Diskursen, Narrativen und populären Bildern in ihrer Analyse von Umweltproblemen einen zentralen theoretischen und methodischen Stellenwert einräumen.

Interessanterweise haben auch in diesem Feld jüngst die Ansätze aus den *Science Studies* um Latour großes Interesse gefunden, die oben bereits angesprochen wurden (Castree und Braun 1998, Fitzsimmons und Goodman 1998, Whatmore 2002). Das Motiv mag dabei ein ähnliches sein wie in der Humanökologie, nämlich das Unbehagen gegenüber der Alternative, physische Dinge, Lebewesen, Ökosysteme, technische Dispositive etc. entweder schlicht als externe Größen von der sozialen Welt fernzuhalten, oder sie unter dem Begriff der Repräsentation in einer gleichmacherischen Weise einzuschließen, die weder Raum für eine materiale Sperrigkeit der Umwelt gibt, noch die Körpergebundenheit aller sozialen Erfahrungen in Rechnung stellt. Dieses Unbehagen muss sich in der Politischen Ökologie umso mehr zu einem Widerwillen auswachsen, als sie die erste Alternative schon durch ihren Ansatz zu durchbrechen versucht – sie will ja gerade den sozialen Kern ökologischer Probleme freilegen –, und die zweite fürchten muss, als ihr hier die Grundfesten für eine reale Verbesserung von Lebenslagen zu verschwimmen drohen. Nicht umsonst war ihr Ausgangspunkt in den 1970er Jahren ein ganz realistischer Naturbegriff, vor dessen Hintergrund objektive Probleme (und objektive Interessen) analysiert werden konnten.

Ist diese objektivistische Sicht in der Politischen Ökologie wohl auch überwunden, so bleibt das genannte Dilemma bestehen und damit auch die verbreitete Sorge, die kulturalistischen „Epistemologien [brächen] jede Verbindung mit einer externen Realität ab", wie Gandy (1996: 31) formuliert – wobei er theoretisch unzutreffend ausgerechnet auf den Poststrukturalismus Bezug nimmt. Ansätze, diese Sorge ernst zu nehmen, lassen sich wohl weniger in radikalkonstruktivistischen Theorien finden als in den phänomenologisch eingefärbten Positionen, wie sie Donna Haraway im Blick auf die Verortung des Körpers formuliert hat: „Denaturalisierung ohne Entmaterialisierung; die Repräsentation wird obsessiv in Frage gestellt" (Haraway 1995: 146).

12.5. Schlussbemerkung

Die Rekonstruktion und Diskussion der drei Ansätze hat verdeutlicht, dass ein theoretischer Einfluss des *Cultural Turn* an verschiedenen Stellen der geographischen Umweltforschung erkennbar ist. Deutlich wurde aber auch, dass bestimmte Verbindungen nicht so nahe liegend und unproblematisch sind, wie sie auf den ersten Blick erscheinen. Die Einsichten des *Cultural Turn* übersteigen in ihrer Konsequenz die Differenzen der genannten Forschungsrichtungen und werfen dabei zugleich je eigene Probleme auf. Fassen wir die kurze Erkundung zusammen, so sind folgende Aspekte festzuhalten:

Die Kulturökologie, die dem Namen nach am ehesten bestimmt scheint, die Impulse der kulturellen Wende aufzunehmen, lässt dies aufgrund theoretischer Differenzen tatsächlich am Wenigsten erwarten. Es ist daher schon begrifflich nicht angebracht, nach der „neuen Kulturgeographie" auch eine „neue Kulturökologie" zu erwarten, die sich in naher Zukunft entwickeln könnte.

Eine kulturwissenschaftlich informierte geographische Umweltforschung findet generell bessere Ansatzpunkte in der Humanökologie und der Politischen Ökologie im hier angeführten Sinn. Allerdings treten dabei spezifische Probleme zutage, je nachdem, welche Strömungen zur Diskussion stehen. Frühere Gedankenlinien unter dem selben Namen bieten die genannten Ansatzpunkte zum Teil nicht oder schließen sie von ihrer Anlage her aus. Das gilt etwa für die naturalistische „politische Ökologie" der 1950er Jahre, aber auch noch für die streng realistisch gedachte Variante Enzensbergers oder für eine systemische Humanökologie nach naturwissenschaftlichem Vorbild. Insbesondere wo sich die geographische Humanökologie explizit auf frühere Varianten der Humanökologie und der Kulturökologie bezieht, treten grundlegende theoretische Widersprüche zutage.

Aber auch die Politische Ökologie, bei der diese Bezüge kaum hergestellt werden, hat das Kernproblem keineswegs zu lösen vermocht: die Umwelt, das Materielle, *the matter of nature*, mit der Analyse kollektiver Sinnsysteme konsistent zu verknüpfen. Im Vergleich zu politisch-ökonomischen Analysen und traditionellen sozialwissenschaftlichen Untersuchungen bleibt die Beschäftigung mit dieser Frage im Hintergrund, so häufig sie auch theoretisch eingefordert wird. Insofern besteht auch hier ein erkennbarer Nachholbedarf, wenn wir an die Entwicklungen in der neuen Kulturgeographie denken. Und es erfordert wenig Wagemut, Ähnliches für die geographische Umweltforschung insgesamt zu behaupten, von der hier nur ein kleiner Ausschnitt in geraffter Form betrachtet wurde.

Die Erwartung, eine kulturelle Wende könne in der Umweltforschung in ähnlicher Weise vollzogen werden wie in den klassischen Gebieten der Sozialforschung, ist verfehlt, schon deshalb, weil die Natur-Kultur-Dichotomie so tief in unseren Wissenssystemen verankert ist, dass sie sich kaum durch elegante philosophische Formeln wird auflösen lassen. Die kulturtheoretischen Impulse, die derzeit quer zu allen Schulen neues Gehör finden, versprechen aber zumindest eine neue, reflexive Positionierung zu der Umwelt, die nicht mehr einfach als Natur „da draußen" gedacht werden kann.

Literatur

Bahrenberg G (1994) Geographie und Humanökologie. In: Ernste H (Hrsg.) Pathways to Human Ecology. Bern [u. a.], 57–67

Bargatzky T (1986) Einführung in die Kulturökologie : Umwelt, Kultur und Gesellschaft. Berlin

Barrows HH (1923) Geography as Human Ecology. Annals of the Association of American Geographers 13, 1–14

Blaikie P (1985) The political economy of soil erosion in developing countries. Essex

Blaikie P (1995) Changing Environments or Changing Views? A Political Ecology for Developing Countries. Geography 80, 203–214

Blaikie P (1999) A Review of Political Ecology. Zeitschrift für Wirtschaftsgeographie 43, 131–147

Blaikie P, Brookfield H (1987) Land degradation and society. London

Braun B (2002) The intemperate rainforest. Nature, culture, and power on Canada's west coast. Minneapolis

Bryant RL (1992) Political ecology. An emerging research agenda in Third-World studies. Political Geography 11, 12–36

Bryant RL, Bailey S (1997) Third World Political Ecology. London

Bryant RL (1999) A Political Ecology for Developing Countries? Zeitschrift für Wirtschaftsgeographie 43, 148–157

Burgess J (2000) Situating knowledges, sharing values and reaching collective decisions. The cultural turn in environmental decision making. In: Cook I, Crouch D, Naylor S, Ryan JR (Hrsg.) Cultural Turns/Geographical Turns. Harlow [u. a.], 272–288

Castree N, Braun B (1998) The construction of nature and the nature of construction: analytical and political tools for building survivable futures. In: Braun B, Castree N (Hrsg.) Remaking Reality: Nature at the Millenium. London/New York, 3–42

Catton WR, Dunlap RE (1978) Environmental Sociology. A New Paradigm. American Sociologist 13, 41–49

Cosgrove D (1984) Social Formation and Symbolic Landscape. London

Cronon W (Hrsg.) (1995) Uncommon Ground. Rethinking the Human Place in Nature. New York

Escobar A (1998) Whose knowledge, whose nature? Biodiversity, conservation and the political ecology of social movements. Journal of Political Ecology 5, 53–82

Enzensberger HM (1973) Zur Kritik der politischen Ökologie. Kursbuch 33, 1–42

Fitzsimmons M, Goodman D (1998) Incorporating nature. Environmental narratives and the reproduction of food. In: Braun B, Castree N (Hrsg.) Remaking Reality: Nature at the Millenium. London/New York, 194–220

Flitner M (1998) Konstruierte Naturen und ihre Erforschung. Geographica Helvetica 53, 89–95

Flitner M (1999) Im Bilderwald. Politische Ökologie und die Ordnungen des Blicks. Zeitschrift für Wirtschaftsgeographie 43, 169–183

Gandy M (1996) Crumbling land. The postmodernity debate and the analysis of environmental problems. Progress in Human Geography 20, 23–40

Gaziano E (1996) Ecological Metaphors as Scientific Boundary Work. Innovation and Authority in Interwar Sociology and Biology. American Journal of Sociology 101, 874–907

Glaeser B (1989) Entwurf einer Humanökologie. In: Glaeser B (Hrsg.) Humanökologie. Grundlagen präventiver Umweltpolitik. Opladen, 113–118

Glaeser B, Teherani-Krönner P (Hrsg.) (1992) Humanökologie und Kulturökologie. Grundlagen, Ansätze, Praxis. Opladen

Haraway D (1995) Das Abnehmespiel. In: dies. Monströse Versprechen: Coyote-Geschichten zu Feminismus und Technowissenschaft. Hamburg, 136–148

Hecht S (1998) Tropische Biopolitik – Wälder, Mythen, Paradigmen. In: Flitner M, Görg C, Heins V (Hrsg.) Konfliktfeld Natur. Opladen, 247–274

Johnston RJ, Gregory D, Pratt G, Watts M, (Hrsg.) (2000) The Dictionary of Human Geography. Oxford

Keil R, Bell D, Penz P, Faucett L (Hrsg.) (1998) Political Ecology. Global and Local. New York/London

Klein JT (1996) Crossing boundaries: knowledge, disciplinarities, and interdisciplinarities. Charlottesville

Krings T (1999) Editorial: Ziele und Forschungsfragen der Politischen Ökologie. Zeitschrift für Wirtschaftsgeographie 43, 129–130

Krings T, Müller B (2001) Politische Ökologie. Theoretische Leitlinien und aktuelle Forschungsfelder. In: Reuber P, Wolkersdorfer G (Hrsg.) Politische Geographie: Handlungsorientierte Ansätze und Critical Geopolitics. Heidelberg, 93–116 (= Heidelberger Geografische Arbeiten 112)

Latour B (1996) Der „Pedologen-Faden“ von Boa Vista – eine photo-philosophische Montage. In: ders. Der Berliner Schlüssel. Erkundungen eines Liebhabers der Wissenschaften. Berlin, 191–248

Lutterer W (2000) Auf den Spuren ökologischen Bewußtseins. Eine Analyse des Gesamtwerks von Gregory Bateson. Norderstedt

Moore D (1996) Marxism, Culture, and Political Ecology. Environmental Struggles in Zimbabwe's Eastern Highlands. In: Peet R, Watts M (Hrsg.) Liberation Ecologies. London/New York, 125–147

Park RE, Burgess EW (1921) Introduction to the science of sociology. Chicago

Park RE, Burgess EW, MacKenzie RD (1925) The City. Chicago

Rappaport RA (1968) Pigs for the ancestors. Ritual in the ecology of a New Guinea people. New Haven

Ratter BMW (2001) Natur, Kultur und Komplexität. Adaptives Umweltmanagement am Niagara Escarpment in Ontario, Kanada. Berlin [u. a.]

Reckwitz A (2000) Die Transformation der Kulturtheorien. Zur Entwicklung eines Theorieprogramms. Weilerswist

Reichert D, Zierhofer W (Hrsg.) (1993) Umwelt zur Sprache bringen. Über umweltverantwortliches Handeln, die Wahrnehmung der Waldsterbensdiskussion und den Umgang mit Unsicherheit. Opladen

Saretzki T (1989) Politische Ökologie – „Leitwissenschaft der Postmoderne“ oder Bestandteil der Regierungslehre? In: Bandemer S, Wewer G (Hrsg.) Regierungssystem und Regierungslehre. Fragestellungen, Analysekonzepte und Forschungsstand eines Kernbereichs der Politikwissenschaft. Opladen, 97–123

Sauer CO (1969 [1936]) American Agricultural Origins. A Consideration of Nature and Culture. In: Leighly J (Hrsg.) Land and life. A selection from the writings of Carl Ortwin Sauer. Berkeley [u. a.], 121–144

Slater C (1995) Amazonia as Edenic Narrative. In: Cronon W (Hrsg.) Uncommon Ground. Rethinking the Human Place in Nature. New York, 114–131

Steiner D (1992) Auf dem Weg zu einer allgemeinen Humanökologie: Der kulturökologische Beitrag. In: Glaeser B, Teherani-Krönner P (Hrsg.) Humanökologie und Kulturökologie. Opladen, 191–216

Steiner D (1993) Human Ecology as Transdisciplinary Science and Science as Part of Human Ecology. In: Steiner D, Nauser M (Hrsg.) Human ecology. London, 47–76

Steiner D (1997) Ein konzeptioneller Rahmen für eine Allgemeine Humanökologie. In: Schultz HD, Eisel U (Hrsg.) Geographisches Denken. Kassel, 419–466 (= Urbs et Regio Sonderband 65)

Steiner D, Nauser M (Hrsg.) (1993) Human ecology. Fragments of anti-fragmentary views of the world. London

Steward JH (1955) Theory of culture change. The methodology of multilinear evolution. Urbana

Teherani-Krönner P (1992) Von der Humanökologie der Chicagoer Schule zur Kulturökologie. In: Glaeser B, Teherani-Krönner P (Hrsg.) Humanökologie und Kulturökologie: Grundlagen, Ansätze, Praxis. Opladen, 15–43

Weichhart P (1993a) Geographie als Humanökologie? Pessimistische Überlegungen zum Uralt-Problem der „Integration“ von Physio- und Humangeographie. In: Kern W, Stocker E, Weingartner H (Hrsg.) Festschrift Helmut Riedl. Inst. f. Geographie, Salzburg, 207–218

Weichhart P (1993b) How does the person fit into the human ecological triangle? In: Steiner D, Nauser M (Hrsg.) Human ecology. London, 77–98

Weichhart P (1994) The human ecological relevance of place identity. Action theory, emergence and autopoiesis. In: Ernste H (Hrsg.) Pathways to Human Ecology. Bern [u. a.], 133–147

Weichhart P (1999) Die Räume zwischen den Welten und die Welt der Räume. In: Meusburger P (Hrsg.) Handlungszentrierte Sozialgeographie. Benno Werlens Entwurf in kritischer Diskussion. Stuttgart, 67–94

Weichselgartner J (2002) Naturgefahren als soziale Konstruktion. Eine geographische Beobachtung der gesellschaftlichen Auseinandersetzung mit Naturrisiken. Aachen

Whatmore S (2002) Hybrid Geographies. Natures, Cultures, Spaces. London [u. a.]

Zierhofer W (1997) Grundlagen für eine Humangeographie des relationalen Weltbildes: Die sozialwissenschaftliche Bedeutung von Sprachpragmatik, Ökologie und Evolution. Erdkunde 51, 81–99

Zierhofer W (1999) Geographie der Hybriden. Erdkunde 53, 1–13

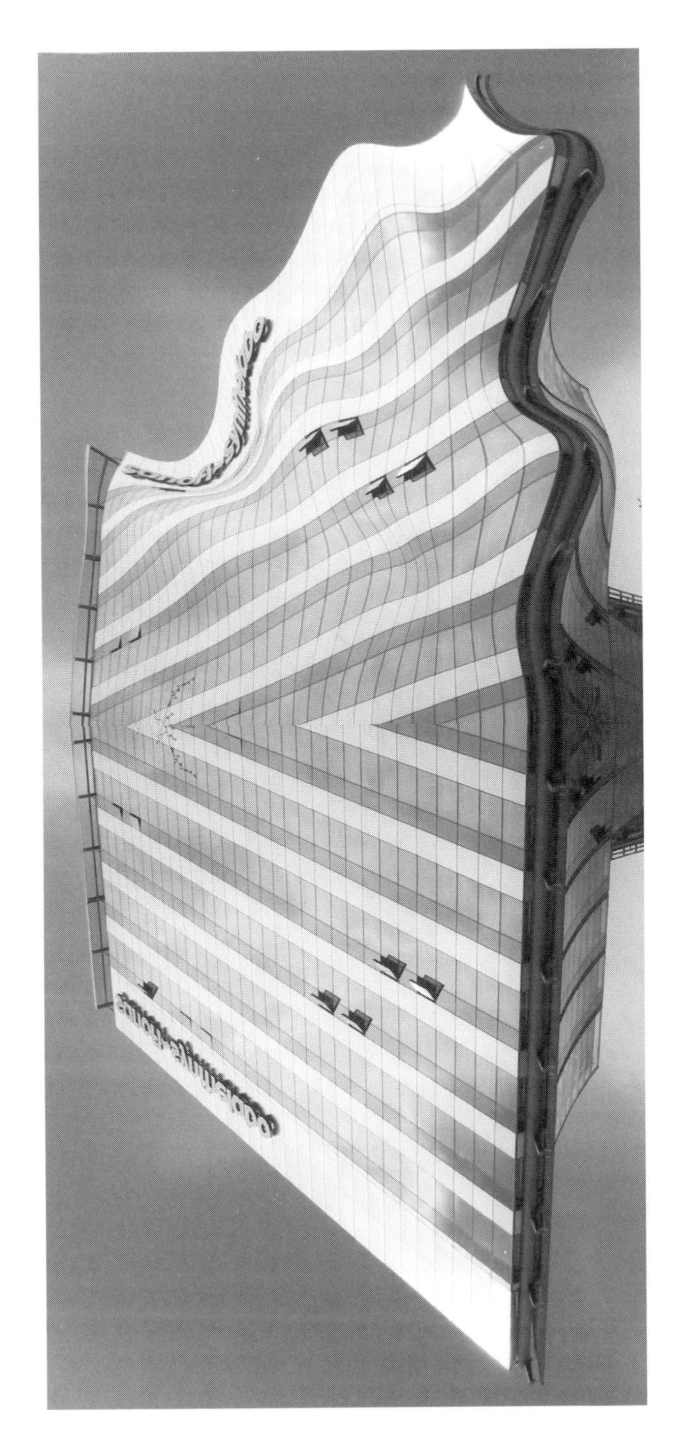

Teil V
„Rethinking Space and Place“

13 Der *Cultural Turn* in der Geographie Wendemanöver in einem epistemologischen Meer

Wolf-Dietrich Sahr, Curitiba[1]

Hinterm Horizont geht's weiter – ein neuer Tag
Hinterm Horizont immer weiter

Udo Lindenberg

Forschungsansätze sind wie Spuren auf einem epistemologischen Meer. In diesem Meer taucht vor den Schiffen der Sozialwissenschaften immer häufiger eine Planktonart auf, die sich wild wuchernd über den Ozean schiebt: „Kultur". Auch in den Diskursen der deutschsprachigen Geographie wird zunehmend nach Kultur gefragt. Manche reden sogar schon von einen *Cultural Turn*, wobei es sich im globalen Vergleich hier eher um einen Segeltörn handelt, der – um kalauernd im Bild zu bleiben – andernorts zwar als olympische Klasse angesehen wird (Jackson 1989; Claval 1995; Crang 1998; Mitchell 2000), im deutschsprachigen Bereich jedoch noch weitgehend unbekannt zu sein scheint.

Man hört es gern. Es darf wieder gesegelt werden auf der Olympiade der Epistemologen, und auch Angehörige der akademisch-geographischen Tradition aus Deutschland möchten dabei sein. Zwar scheint es wenig wahrscheinlich, dass, nach der gescheiterten Modernisierung des Kieler Geographentags vor 35 Jahren und der erfolgreicheren Formulierung einer handlungszentrierten Sozialgeographie in den achtziger Jahren, nun bald eine „Kieler Woche" der kulturellen Wende folgen wird. Aber doch schreien die Möwen, der Wind frischt auf, und erste Segel der Nachbarwissenschaften zeigen sich am Horizont. Deshalb – zu den Schiffen ! Auf zum „Cultural Törn", ein bisschen Plankton gefischt im epistemologischen Meer! Das ist gut für die geographische Tradition, auch wenn – das muss bemerkt werden – GeographInnen oft Schwierigkeiten haben, in Gewässern, noch dazu in trüb-theoretischen, zu fischen – sind sie ja doch eher ErdwissenschaftlerInnen und damit auf festem empirischen Boden zu Hause.

Auf dem letzten Geographentag in Leipzig, weiss Gott kein Ort für Kieler Wochen, sondern tief in den binnenländischen Urstromtälern, kam es zu einer Aufsehen erregenden Sitzung. In einem viel zu kleinen Raum, dafür in kreati-

[1] Dieser Text entstand während eines Gastaufenthaltes am Zentrum für Interkulturelle Studien und Geographischen Institut der Universität Mainz. Allen dortigen Kollegen, insbesondere Prof. Dr. A. Escher, ein herzliches Dankeschön für die anregenden Diskussionen und die entspannte Arbeitsatmosphäre.

ver, fast revolutionsromantischer Enge, versuchten etwa 200 Menschen, mitten in Deutschland, eine epistemologische Wende zu diskutieren, die in anderen nationalen Geographien mit großer Intensität vor sich geht. Seit mehreren Jahren hat es sich auch hier herumgesprochen: im englisch- und französischsprachigen Raum, zunehmend aber auch in Ländern wie Brasilien oder Japan, wird an einer kulturellen Wendung der Geographie gearbeitet. Der Versuch, sich zu diesen Debatten anschlussfähig zu machen, blieb in Leipzig stecken: Theoretisch wurde der *Cultural Turn* nicht reflektiert, dafür gab es lediglich Evaluierungen seiner Potenziale und Implikationen, vor allem aber seiner Risiken (vgl. Berichte zur deutschen Landeskunde (1/2003). Erhellend waren dagegen die empirischen Beiträge. Sie zeigten die unsicheren Gewässer, in denen sich die Geographen-Diskussionen im Moment hierzulande bewegen. Die Dekonstruktion von Einschreibungen in geographische Sachverhalte demonstrierte, dass viele vertraute Begriffe der modernen Geographie zunehmend problematisch werden. So erwies sich z. B. die „ethnische“ Konstruktion von Unternehmern in Deutschland, die wegen ihrer Herkunft als „Türken“ bezeichnet werden, als fragwürdig, und die Beziehungen zwischen Migranten und Lokalbevölkerung im „spanischen“ „Nordafrika“ offenbarten sich als schwer fassbar (Pütz, 2003 a, 2003 b).

Die folgenden Ausführungen versuchen, vor diesem Hintergrund eine Erzählung zu entwickeln, die sich mit dem *Cultural Turn* auseinandersetzt. Dabei werden einige Orientierungspunkte dargestellt, die für eine Diskussion der „kulturellen Wende“ im deutschsprachigen Diskurs der Geographie von Bedeutung sein könnten.

13.1 Horizonte: das Morgenrot in den Sozialwissenschaften

Seit den siebziger Jahren hat der *Cultural Turn* die Sozialwissenschaften in ungewöhnlich starker Weise beschäftigt. Er erschien wie ein Morgenrot am Horizont. Durch ihn wurden Forschungsansätze in Wert gesetzt, deren Ursprünge bis ins 19. Jahrhundert zurückweisen. Eine Passage durch den gegenwärtigen epistemologischen Archipel zeigt uns dabei, dass unterschiedliche Markierungspunkte an dieser Wendung teilhaben.

Da ist zum einen die Insel der Zeichenwälder. Der *Cultural Turn* wendet sich in erster Linie kollektiven Sinnsystemen zu, die als „Wissensordnungen, symbolische Codes, Deutungsschemata, Semantiken und kulturelle Modelle“ gesellschaftliche Beziehungen definieren (Reckwitz 2000). Dabei sind semiotische Ansätze wichtig, die – in Nachfolge von Ferdinand de Saussure und Charles Sanders Peirce – nach Funktion und Entstehung von Zeichen in der Gesellschaft fragen (vgl. zusammenfassend Nöth 2000). Im Strukturalismus, v. a. bei Claude Levy-Strauss und Roland Barthes, aber auch in marxistischer Interpretation bei Althusser, wird nach Denk- und Zeichenstrukturen gefahndet, die Gesellschaften begründen (zusammenfassend Fietz 1998; Albrecht 2000). Ziel solcher Ansätze ist es, die kollektiven Sinnsysteme so in den Blick zu nehmen, das sie aufscheinen lassen, wie der Zusammenhang zwischen Denksystem und Alltag wirkt und in welcher Form sich unser Alltag im Denken reflektiert. Heidegger sagte einst, dass der Mensch in Sprache wohne, und so finden sich in der semiotischen und strukturalistischen Diskussion vor allem sprachwissenschaftliche Theoreme. Es spricht sich deshalb auch gern von einem *linguistic turn*. Soziales Handeln wird dabei auf Grammatiken, auf Ausdrucksformen und Handlungspragmatiken befragt. Dies kann als ein direkter Anschluss an den Symbolischen Interaktionismus (Mead 1967) und die Ethnomethodologie (Garfinkel 1987) verstanden werden. Sinnstrukturen sind in diesen Ansätzen die ontologische Basis der Gesellschaft.

Der Poststrukturalismus entwickelt in den siebziger Jahren den Strukturalismus in der Richtung weiter, dass Sinn nun nicht mehr eine vorgegebene Struktur ist, sondern sich permanent im Denken und Handeln der Menschen konstruiert und destruiert. Roland Barthes bemerkt dazu, dass Sinn in unterschiedlichen Kontexten unterschiedlich konnotiert werde. Sein eindrückliches Bild dafür ist eine französische Fahne, die einem Einwohner aus Paris wohl als stolzes Symbol der *Patrie* erscheinen könne, doch kaum einem schwarzen Bewohner Guadeloupes, der die Fahne mit kolonialer Entfremdung und Unterdrückung verbindet (Barthes 1975). Jacques Derrida stellt klar, dass Zeichen nicht nur durch Interpretationszusammenhänge, sondern auch zueinander kontextualisiert sind (Derrida 1988). Die Beziehungen zwischen den Zeichen könne man durch einen spielerischen Umgang mit der Interpretation offenlegen. Man stelle sich z. B. die Überraschung vor, wenn in einem Frauenroman der Name der Hauptfigur durch einen Männernamen ersetzt würde; an den dadurch erscheinenden komischen Verzerrungen der Hauptfigur würde schnell deutlich werden, welches Rollenbild dem Roman zugrunde liege (Culler 1999). Eine solche Technik des Dagegenlesens bezeichnet Derrida als Dekonstruktion, wobei die Zeichen ihren beigegebenen Sinn verändern. Sie wandern wie Waldameisen, und es lassen sich beim Lesen eines Textes neue Texte in diesen einschreiben (Derrida 1988). In diesen permanenten Semiosen ist kein Platz mehr für gesellschaftliche Ontologien. Auf der Insel der Zeichen finden sich vielmehr merkwürdige exotische Wälder, an deren Bäumen Blätter mit vielen Deutungsmöglichkeiten hängen, die ständig ihre Farbe wechseln.

Weit hinter dieser Insel erscheint, mit schroffen Felsenklippen, an denen das epistemologische Meer unaufhaltsam nagt, eine andere Insel. Hier lebt Robinson, das einsame Indivduum der Moderne. Es ist die Insel der Menschenbilder. Noch in den vierziger Jahren hatte Alfred Schütz, im Anschluss an die „Verstehende Soziologie“ von Max Weber und die phänomenologische Wende von Edmund Husserl, ein soziologisches Konstrukt erarbeitet, dass die subjektive Weltgestaltung des Ichs in den Mittelpunkt stellte. Dafür fand er den einprägsamen

Begriff der „Lebenswelt“. Sinnverstehen und Handlungen sind in dieser Lebenswelt die wesentlichen Konstruktionselemente (Schütz und Luckmann 1979). Handlungen und Handlungssinn stehen auch im Mittelpunkt der Theorien französischer Soziologen, wie Pierre Bourdieu (1979), Alain Touraine (1974) und Michel de Certeau (1990), die damit ein ähnliches Menschenbild wie Schütz entwerfen. Auch in der Strukturationstheorie von Anthony Giddens steht ein individuelles Subjekt im Mittelpunkt, das ebenfalls auf Schütz verweist (vgl. Giddens 1984). Das Subjekt wird hier, in der Moderne, grundsätzlich als rational denkend und motiviert handelnd charakterisiert (Giddens 1988). Handlungstheorien sind somit Robinsonaden, welche das Ich ontologisch zu verankern suchen. Doch genau hier liegt ein Problem.

Denn jenes Subjekt, jener Robinson, ist eben nur eine Romanfigur, die in wissenschaftlichen Erzählungen erfunden und in Handlungstheorien epistemologisch mitgeschleppt wird. Das Subjekt zerfällt jedoch bei näherer Betrachtung in seine epistemologischen Bestandteile. So geschehen vor allem in den poststrukturalistischen Theorien von Jacques Lacan (1966) und Julia Kristeva (1990). Hier ist Ich ein Anderer, die Reflexion wird als Spiegelung ernster genommen als unser Selbst. Je nach kulturellem Verständnis können wir uns in tausend Weisen darstellen, schwimmend zwischen „Identitäten“. Vilem Flusser (1998) zeigt, dass das Subjekt dabei eher ein existentialistisches Projekt denn eine existierende Tatsache ist. Es entwirft sich ins Voraus als projiziertes (Spiegel-)Bild, das wir von uns haben, welches aber immer nur im Vorübergehen aufscheint (vgl. Zima 2000). Damit ist das moderne Subjekt nur provisorisch und hat keine ontologische Funktion mehr.

Fahren wir weiter. Am Horizont erscheint eine neue Insel. Nennen wir sie die Insel der Netze, denn hier hängen hunderte von Fischernetzen am Strand. Es sind Episteme, die zeigen, wie gesellschaftliche Beziehungen geknüpft sind und wie sich gesellschaftliche Institutionen gestalten und miteinander verknoten. Hierher gehört z. B. Niklas Luhmanns Idee von der Gesellschaft als auto-poietisches System. Diese reproduziert sich in unterschiedlichen Bereichen (Religion, Wirtschaft, Soziales usw.) und in unterschiedlichen Kulturen. Zu den Netzen gehören auch die kommunikativen Beziehungen zwischen Lebenswelt und System, die Jürgen Habermas in seiner Theorie des kommunikativen Handelns herausstellt (1981).

Das gegenwärtig wichtigste Relationsnetz hat seinen Ursprung aber in der Idee der Differenz. Jacques Derrida spricht von *différance* bzw. *espacement* (Derrida 1988) und meint damit ein Netz sich differenzierender Differenzen. Unsere postmodernen Gesellschaften bewegen sich dabei in einem permanenten Differenzierungsprozess mit zahlreichen simultanen Aus- und Eingrenzungen, die sich ständig neu in die Gesellschaft einzeichnen. Dies führt zu anarchisch-nomadischen Rhizomen (Deleuze und Guattari 1977), die sich deterritorialisieren und reterritorialisieren. Die Insel solch beweglicher Netze ist vor allem die Insel der beiden Michels. Michel Serres (1991 ff.) hat mit seinem kommunikationstheoretischen Projekt „Hermes" einen eindrücklichen Versuch unternommen, die Welt von außen zu denken. Er macht das Nicht-Verstehen zum Normalfall und betrachtet konsequenterweise eine geglückte Kommunikation als eine ephemere Insel der Verständigung. Auch Michel Foucault sieht die Welt von außen. In seiner Archäologie legt er Institutionen, wie Kliniken, Gefängnisse und psychiatrische Anstalten, als Knotenpunkte frei, an denen körperliche und diskursive Machtbeziehungen zusammenlaufen und die sich an bestimmten Orten auf einem epistemologischen Tableau lokalisieren lassen, die aber auch wieder verschwinden können (Foucault 1974). Hier, wie bei Serres, sind die Knotenpunkte der Netze wegen ihres ephemeren Charakters für Ontologisierungen nicht mehr tauglich.

Es soll nicht verschwiegen werden, dass es auf dieser Insel noch ein merkwürdiges Tier gibt, dass viel zu leicht im Gebüsch verschwindet und dem die Sozialwissenschaften bisher wenig Aufmerksamkeit geschenkt haben. Es handelt sich um das Tier des Willens und Wunsches, welches sich u. a. hinter Schopenhauers Philosophie der „Welt als Wille und Vorstellung" (1991), hinter Nietzsches Konzeption des „Willens zur Macht" (1998) und dem „elan vital" eines Henri Bergson (1975) verbirgt. Heute könnte man vielleicht am ehesten von einer energetischen Konzeption des Menschen sprechen. Doch lassen wir dies für den Moment ruhen, denn schon treiben wir weiter.

Es versteht sich von selbst, dass wir bei unserem Törn nur an wenigen Inseln eines ausgedehnten Archipels vorüber kamen, und dass wir die Eilande nur im dämmerigen Morgenlicht wahrnahmen. Und doch markieren sie wichtige Punkte unserer Fahrt, denn sie zeigen wesentliche Elemente des *Cultural Turns* auf, denen sich die Sozialwissenschaften nicht mehr verschließen können: Wir bemerken die Umschreibung der Welt in Zeichen und Symbole, wir trauern um die Auflösung des Ichs als individuellem Robinson und wir spüren, wie sich die immer loser werdenden Beziehungen in unserem Alltag mit neuen Relationsformen und Gedankenweisen erneut, aber anders knüpfen.

13.2 Ein Segel am Horizont der Geographie: die *Cultural Geography*

Am Horizont kommt uns ein Schiff entgegen, ein Windjammer mit aufgeblähten Segeln. Schnittig zerschneidet sein Rumpf die Wellen. Es ist die Dreimastbark der *Cultural Geography*, einst ein schneller Lasten-Klipper auf Atlantikfahrt, die Alte mit der Neuen Welt verbindend, heut ein modernisiertes Touristenschiff auf den Weltmeeren. Die Idee für dieses Schiff stammt noch aus der Zeit der Jahrhundertwende, als Nietzsche, Simmel, Weber und Cassirer die Grundlagen für ihre Kulturphilosophien legten. Heute ist es Symbol dafür, wie Zeiten sich ineinander schieben und Räume ineinander fallen, wie Wissenschaftsgeschichte sich netzartig erneuert und wie das damals Gedachte nun zu neuer Aktualität kommt. Denn in den ausgebauten Touristenkabinen des alten Fracht-Klippers begegnen sich das Moderne und das Postmoderne, das Originale und das Originelle, konzentrieren sich Geschichten von Ökonomie und Soziologie, von Ethnologie und den Kulturwissenschaften, von interkulturellen Begegnungen, jede für sich und doch alle miteinander verflochten – *time-space-compression* eben, wie David Harvey sagen würde (1989).

Der Bauch des Schiffes stammt aus der Tradition der alten *Cultural Geography.* Diese ist vor allem mit der Person von Carl Ortwin Sauer und seiner Landschaftsmorphologie verbunden. Die Landschaftsmorphologie wurde in den zwanziger Jahren des zwanzigsten Jahrhunderts zum Markenzeichen einer ganzen Geographenschule, der so genannten „Berkeley School“ in Oakland. Sauer definiert, in Anlehnung an die Kulturlandschaftsidee Otto Schlüters (1906) und die chorologische Methode von Alfred Hettner (1927), „Landschaft“ als eine naturräumliche Einheit, die von einer Kultur überformt wird und so als Kulturlandschaft eine ganz eigene Morphologie aufweise (Sauer 1969, orig. 1925). Kultur ist dabei ein „superorganischer“ Akteur, der sich, vermittelt über die individuellen Aktionen von Menschen, in der Landschaft materiell ausprägt oder, wie es Hettner etwas essentialistischer formulierte, als ein „inneres Wesen der Länder, Landschaften und Örtlichkeiten“ (1927: 129) darstellt.

Ein so essentialisierter Kulturbegriff bestimmte bis in die siebziger Jahre das Denken der amerikanischen *Cultural Geography.* Dies zeigt sich unter anderem in Marvin Mikesells Monographie über Nordmarokko (1985, orig. 1961) sowie in seinem zusammen mit Philip Wagner herausgegebenen Reader „Readings in Cultural Geography“ (1962). Ganz besonders deutlich wird dies aber im „superorganischen“ Kulturverständnis von Wilbur Zelinskys „Cultural Geography of the United States“ (1973). Zelinsky, wie Mikesell ein Schüler Sauers, definiert Kultur als ein überindividuelles komplexes System, welches als lockerer Zusammenhang von Fakten, er spricht von „artifacts, sociofacts, and mentifacts“ (1985: 73), alle menschlichen Aktivitäten in irgendeiner Form steuert. Als Beispiel besonderer kultureller Errungenschaft stellt er dazu den amerikanischen Nationalstaat vor. Dieser definiert sich durch allgemeine Werte wie Individualismus, Kapitalismus und Freiheit und ordnet so verschiedene Subkulturen in sein kulturelles Gesamtsystem ein, welches dann einen bestimmten Kulturraum prägt. Intern gibt es zwar durchaus ein Mosaik von *traditional regions*, die sich aus der Besiedlungsgeschichte Nordamerikas herleiten lassen, *voluntary regions*, die durch Kulturverschmelzung der Einwanderer entstanden sind und *synthetic regions*, die über Images produziert werden, doch alle zusammen bilden ein einheitliches kulturelles Areal, das der Vereinigten Staaten von Amerika (Zelinsky 1973: 109 ff.). Eine solche *Cultural Geography*, die Kulturräume als homogene Gebiete eines bestimmten kulturellen Komplexes auffasst, fand sich bis in die jüngere Zeit zuhauf, wird aber heute selbst von den damaligen Vertretern in kritischer Form gegengelesen (vgl. Norton 2000).

Die *Berkeley School* ist nicht nur die Wiege der *Cultural Geography*, sondern auch von zwei weiteren Richtungen. Die *Cultural Ecology* thematisiert mit Julian Steward das Zusammenspiel von Natur und Mensch vor allem in ländlichen Kulturen (siehe Beitrag Flitner in diesem Band); sie beruft sich dabei auf den Anthropologen Alfred Kroeber – Steward selbst war Kroeber-Schüler – und auf Carl Sauer. Die *Humanistic Geography* untersucht die lebensweltlichen (Buttimer 1976) und die geistigen Bezüge (Tuan 1977) von Individuen in ihren Gesellschaften und bedient sich dabei der phänomenologischen Soziologie von Alfred Schütz. Tuan, ein Amerikaner chinesischer Abstammung, war ein Schüler Carl Sauers und gilt als einer der bedeutendsten Vertreter des *humanistic approach*.

Es waren die Impulse der *Humanistic Geography*, die eine vollkommen neue Mannschaft an Bord des Klippers der *Cultural Geography* brachten. Denis Cosgrove, einer der neuen Vormänner, schreibt dazu: „Diese Diskussionen von menschlichen Haltungen, Werten und Reaktionen auf die Erfahrung von Orten und Landschaften ragten als Inseln einer untergegangenen Tradition empor, die von der großen Flut der szientistischen Geographie des letzten Jahrzehnts (es waren die 1960er Jahre, eig. Einfügung) überspült worden war" (Cosgrove 1978: 67, eigene Übersetzung). Im Gegensatz zum superorganischen Konzept stellt die neue Gruppe klar, dass Kultur von Individuen geschaffen werde; somit könne man nicht mehr von generischen kulturellen Systemen und Komplexen sprechen, sondern Kultur muss verstanden werden als ein Produkt, welches in sozialen Zusammenhängen entsteht (Cosgrove und Jackson 1987: 95). Mit einer solchen Einsicht ging die neue Mannschaft in England an Bord und baute den Klipper um zur *New Cultural Geography*. Dabei führten Geographen wie Denis Cosgrove, Peter Jackson und James Duncan das Schiff auf eine vollkommen neue Reise.

Eigentlich hatten die drei von einem modernen Frachtschiff abgeheuert, dessen Ladung überwiegend aus Gütern der britischen marxistischen Geographie bestand. Dieses war bei einer seiner Küstenfahrten Ende der siebziger Jahre am Birminghamer Hafen der *Cultural Studies* vorbeigekommen. Dort arbeitete eine Forschergruppe, die aus marxistischen Literaturwissenschaftlern, Soziologen und Historikern bestand (Richard Hoggart, Raymond Williams und E.P. Thompson, später dann vor allem Stuart Hall), zu Fragen der *popular cultures* in England. Themen wie die Alphabetisierung der Arbeiterklasse, die Rezeption von Groschenromanen und die Struktur von Jugendsubkulturen standen dabei im Vordergrund, später dann auch das Problem der Multikulturalität und der Migration (Bromley u. a. 1999). Für die englischsprachigen Sozialwissenschaften der siebziger Jahre stellte das Birminghamer Forschungszentrum so etwas ähnliches dar, wie es die Beatles des benachbarten Liverpools in den sechziger Jahren für die Pop-Musik gewesen waren.

In den achtziger Jahren nun kreuzt der Klipper der *New Cultural Geography* vor den epistemologischen Inseln der Zeichenwälder, der Netze und der Menschenbilder. Auf der Zeichenwald-Insel stellt Cosgrove sein Buch „Social formation and symbolic landscape“ (1984) vor, das die Entwicklung klassischer Architekturformen und Landschaftsparks als Ausdruck der Veränderungen des kapitalistischen Systems und seiner Sozialbeziehungen beschreibt. Geometrie, der Architekturstil des Palladianismus und die gezähmten Graslandschaften der englischen Parks zeigen dabei beispielhaft, wie über gebaute Formen soziale Kontrolle ausgeübt wird. James Duncan (1990) untersucht die Städte des alten tamilischen Königreiches Kandyan und behandelt diese als Texte, in die sich historische Bezüge eingeschrieben haben. In einem solchen Palimspest versucht er, Aspekte der vorkolonialen Zeit freizulegen und als Texte des Widerstands gegen das britische *Empire* zu lesen. Peter Jackson schließlich legt mit „Maps of Meaning: An introduction to cultural geography“ (1989) zum ersten Mal ein *textbook* für die neue Richtung der Kulturgeographie vor. Dieses behandelt die Zeichenhaftigkeit von Alltagsterritorien. Später folgt noch, als eine postkoloniale semiotische Geographie, Derek Gregory mit seinem Buch „Geographical Imaginations“ (1994). Mit diesen Autoren werden die zeichenhafte Welten zu einem wesentlichen Element der *New Cultural Geography.*

Der Klipper der *Cultural Geography* kreuzt auch vor der Insel der Netze. Hier sind es zunächst die Netze der sozialen Beziehungen, die ins Blickfeld der marxistisch vorgebildeten Mannschaft fallen. Mit Felix Drivers Aufsatz „Power, space and the body: a critical assessment of Foucaults „Discipline and Punish“ (1985) wird klar, wie sehr Menschen Produkte von Diskursen, Wissen und Macht sind und wie sie mit Hilfe von räumlichen Konstruktionen, die aus diesen Netzen entstehen, unterworfen werden. Kurze Zeit später erscheint der Reader „The Power of Geography: How territory shapes social life“ von Wolch und Dear (1989), dessen klare Bezüge zu Michel Foucault diese These bestärken. Steve Pile (1996) modifiziert den Foucaultschen Ansatz dahingehend, dass er die handlungstheoretischen und psychologischen Einbindungen von Menschen in ihre gesellschaftlichen Bezüge darstellt. Derek Gregory benutzt in ähnlichem Zusammenhang die Strukturationstheorie von Anthony Giddens, um Handlungssubjekte zu positionieren (Gregory 1994). Darüber hinaus zeigen die Untersuchungen von Edward Soja (1989) und David Harvey (1989), diesmal aus marxistischer und kritischer Perspektive, in welcher Weise Wirtschaft, Gesellschaft und Kultur in neuer Verbindung gedacht werden müssen. Die Netze von Wissen, Macht und Ökonomie sind so ein wichtiger Außenaspekt bei der Interpretation des Individuums in der *New Cultural Geography*.

In den neunziger Jahren führt die Fahrt des Klippers immer mehr auf die dritte Insel zu, die Insel der Menschenbilder. Hier ist es vor allem die feministische Geographie, welche schon früher Akzente setzte mit einer *Cultural Geography* des Frauenbildes, dies zunächst in marxistischer, dann auch in poststrukturalistischer Perspektive. Nach Linda McDowells bemerkenswertem Aufsatz „Towards an Understanding on the Gender Division of Urban Space“ (1983) erschien 1993 Gillian Roses „Feminism and Geography: the Limits of Geographical Knowledge“ und 1994 Doreen Masseys „Space, Place, and Gender“. Über die feministische Fragestellung hinaus behandeln zwei Sammelbände allgemeinere Fragen des Persönlichkeitsverständnisses in der Geograpie (Bell und Valentine 1995; Pile und Thrift 1995). Es ist nun ins Bewusstsein gedrungen, dass eine Geographie, die die Menschen, ihr Denken und ihr Handeln in den Mittelpunkt stellt, sich auch darüber Rechenschaft ablegen muss, welches Menschenbild dieser Geographie zu Grunde liegt. Da dieses aber nur kulturell begrenzt sein kann und somit in sozialen Zusammenhängen ganz unterschiedlich erscheint, kann nur ein pluraler Ansatz, der auf einem differenzierenden und den Menschen kontextuell positionierenden Modell beruht, hier Erfolg versprechen. Dies hatten ja schon die interkulturellen Forschungen der *Cultural Studies* mit ihrer intensiven Identitätsdiskussion deutlich gemacht, so dass Autoren wie Stuart Hall (1999), Edward Said (1978), Homi Bhabha (1994) und Arjan Appadurai (1993) auch für die Diskussionen der Geographie eine wichtige Rolle zukommt. Sie helfen mit, den bisherigen kulturalistischen Essentialismus des Menschenbildes zu dekonstruieren.

In den letzten Jahren lässt sich beobachten, dass der Laderaum des Klippers der *Cultural Geography* zunehmend touristisch umgebaut wird. Das heißt, dass immer mehr Geographen mit diesem Schiff auf Tour gehen, manchmal als Gäste, manchmal aber auch als neu gewonnene Mannschaft. Ein Blick in die gegenwärtigen Grundlagenbücher der *Cultural Geography* (Crang 1998; Mitchell 2000, Norton 2000; Shurmer-Smith 2002) zeigt, wie vielfältig inzwischen die Kabinenausstattungen sind. Der Symbolismus von Landschaften, Fragen der Identität und der Beziehung des Einzelnen zum Territorium, die Virtualisierung des Raumes über TV, Film und Musik, Konsumption als geographische Lebensform, die technische, ökonomische und politische Produktion von Kultur, Probleme der Interkulturalität und Hybridität, der Zusammenhang zwischen Kunst, Architektur, Urbanismus und Geographie und schließlich die Funktion von Wissen als geographisch-kultureller Kategorie sind nur einige Themen, die in diesem Zusammenhang anschlussfähig sind. Inzwischen lässt sich auch bemerken, dass ganze Teilgeographien kulturelle Betrachtungsweisen in ihre Ansätze aufnehmen, so die Politische Geographie, die Sozialgeographie, die Stadtgeographie, durchaus aber auch die Wirtschaftsgeographie, die Tourismusgeographie, die Religionsgeographie und die Sprachgeographie.

Aber halt, was ist das ? Ein Ruf aus den Wanten, wir hätten es fast vergessen: Vor uns kreuzt die elegante Yacht der *géographie culturelle*, die französische Trikolore am Mast. Ihr Kapitän, Paul Claval, hatte 1995 in origineller Weise eine Kulturgeographie vorgelegt, die einerseits auf einem starken Kulturrelativismus aufbaut, andererseits aber in vielen Aussagen die Moderne (und damit Frankreich als Kulturnation) priorisiert. Die Betrachtungsweise bleibt essentialistisch und Fragen der kulturellen Identität und Territorialität beziehen sich weiterhin auf die Kultur als ein materielles und formales Ordnungssystem, das das Individuum verankert. Die Textsammlung der „Éthnogeographies“ (1995), die Claval zusammen mit Singaravelou herausgab, belegt dies mit ihren regionalen Fallstudien. Es scheint also, dass es sich bei dem französischen Boot um ein Auslaufmodell handelt. Doch der erste Steuermann des Schiffes fällt auf: Augustin Berque fährt nicht nur oft nach Japan, sondern hat auch als einer von ganz wenigen Geographen eine wirklich interkulturelle Konzeption von Landschaft entwickelt. Diese verortet sich zwischen der französischen Geographie und der Ortsphilosophie der Schule von Kyoto. Letztere ist eine stark von Heidegger und dem Zen-Buddhismus beeinflusste Philosophierichtung, aus der sich neue Anknüpfungspunkte an die *Humanistic Geography* ergeben könnten, die ja selbst, man vergesse es nicht, in Yi-Fu Tuan einen konfuzianistisch beeinflussten amerikanischen Chinesen als Vormann hatte.

Unser Blick hat sich durch den kleinen Vorfall mit der französischen Yacht geweitet. Wir bemerken nun, dass wir zu lange auf den imposanten Klipper der *Cultural Geography* gestarrt haben. Die Yacht hat uns gelehrt, dass Blicke perspektivisch sind, denn plötzlich nehmen wir nun auch andere Schiffe wahr, aus Brasilien, aus Neuseeland, aus Japan, ein indisches Schiff dampft am Horizont. Doch wo ist das Schiff der deutschen Geographie? Wie sieht es überhaupt aus? Irgendwie scheint es abgedriftet zu sein, aber wohin? Machen wir uns also auf die Suche…

13.3 Ein Küstenmotorschiff: die deutschsprachige Geographie

Nach langem Suchen auf dem internationalen Meer fällt uns in Küstennähe eine Rauchfahne auf. Sie steigt von einem Kümo auf, einem Küstenmotorschiff, welches mal schnell und mal langsam fährt. Sein Tuckern deutet Motorschaden an. Wir sind in den achtziger Jahren. Man hört Rufe, die Geographie müsse angewandt arbeiten, also Politik, Wirtschaft und Stadtentwicklung fördern, und das könne man doch am besten an den Küsten des Funktionalismus und der Systemtheorie; das sei bei Weitem besser als zwischen epistemologischen Inselarchipelen herumzuirren und nichts „Praktisches“ zu tun. Doch der Fahrtverlauf des Kümos scheint etwas ziellos. Es gibt keine anerkannten Offiziere, und einige Matrosen stehen an der Rehling, Farbtöpfe und Strickleitern in der Hand, vermutlich um den Rumpf zu streichen; wir sehen auch ein paar Maschinisten mit ölverschmierten Händen, welche etwas reparieren wollen. Später hören wir, dass unter den Matrosen einige pfiffige sind, die zwischendurch auf anderen Schiffen angeheuert hatten, um Erfahrungen für die Große Fahrt zu sammeln. Doch für die Große Fahrt ist das Schiff zu klein, es bleibt eben – ein Küstenmotorschiff.

Dabei war das nicht immer so. Ursprünglich beherbergte ein hochseegängiger Panzerkreuzer die deutsche Geographie. Nicht umsonst kamen die entscheidenden Anregungen für Sauers superoganisches Kulturverständnis aus

Deutschland. Hettner hatte Kultur als die „Gesamtheit des Besitzes an materiellen und geistigen Gütern sowie an Fähigkeiten und Organisationsformen“ (Hettner 1929: 4) definiert, welche sich dann in spezifischen ethnischen und/oder nationalen Komplexen über die Welt verstreuen; eines seiner Bücher führt sogar den vielsagenden Titel: „Der Gang der Kultur über die Erde“ (1923). Bei der „gehenden“ Kultur scheint Hettner jedoch vor allem die „Europäisierung der Welt“ im Auge gehabt zu haben; das war damals Allgemeingut und schwingt bis heute im Globalisierungsdiskurs mit.

Panzerkreuzer sind in Deutschland bekanntlich nach dem Kriege zerlegt worden. Man gibt sich nun bescheidener, und die deutsche Geographie steigt auf ein Kümo um, eben auf jenes, das wir vor der Küste des Funktionalismus mit ihren zahlreichen sicheren Buchten des Pragmatismus dümpeln sahen. Den Appetit auf fremde epistemologische Archipele hat man deutlich verloren und so behält die superorganische Kulturgeographie der Vorkriegszeit ihre Freunde, ja sie erlebt sogar ihren Höhepunkt erst in den sechziger Jahren, als Kolb sein heute etwas altertümlich anmutendes Konzept der Kulturerdteile vorlegt (1962). Es ist dieselbe Zeit, in der sich die Länderkunde zur Regionalgeographie modernisiert, und die Entwicklungsländerforschung superorganisch in Lateinamerikaforschung, Orientforschung, Asienforschung und Afrikaforschung aufteilt. Dabei wird ängstlich vermieden, in größere theoretische Debatten zum geographischen Fachverständnis einzutreten.

Und so fährt das Küstenmotorschiff in den siebziger Jahren gemächlich weiter. Diskussionen über epistemologische Fragen – sei es nun über die humanistische oder die marxistische Geographie, welche damals vor allem die englisch- und französischsprachige Geographie beschäftigten und auch auf dem Kieler Geographentag eingefordert wurden – unterbleiben in den einschlägigen Fachzeitschriften. Theoretische Debatten werden nur heimlich und in der Nähe der Rettungsboote geführt. Doch schließlich erscheint die tuckernde Routine einfach zu langweilig, und jüngere Matrosen beginnen zu meutern. Schnell gibt man ihnen ein Tender-Beiboot, um sie los zu werden, und einige machen sich auf Erkundungsfahrt, gegen alle Vernunft und vor allem gegen den Rat der Älteren. Dabei geraten sie auf hohe See und denken oft, sie würden in den schlagenden Brechern umkommen. Schließlich aber gelingt es ihnen, in jenen epistemologischen Archipel einzufahren, den wir oben schon kennen gelernt haben.

Es ist eine interessante Besatzung, die da auf den Tender umgestiegen ist. Peter Sedlacek und Jürgen Pohl, vor allem aber Benno Werlen und Peter Weichhart – also fast eine Alpenländerkonferenz – sind auf offenem Meer eine individualtheoretische Wende gefahren und kreuzen jetzt vor der Insel der Menschenbilder. Zwar bleiben ihre Ansätze noch stark rationalistisch (vgl. Sedlacek 1981), aber die Besinnung auf das Subjekt in der Geographie und die Einbeziehung der Handlungstheorie ermöglichen es, Anschluss an die amerikanische Diskussion der *Humanistic Geography* zu finden (Werlen 1986, Weichhart

1986, Pohl 1986). In den neunziger Jahren ist es besonders Benno Werlen, der aufzeigt, dass räumliche Strukturen durch soziales – und somit auch durch kulturelles – Handeln differenziert hergestellt werden. Er weist dabei jegliche essentialistische Raumauffassung zurück (vgl. Werlen 1995, 1997, 2000) und vollzieht damit das nach, was in der britischen *New Cultural Geography* bereits in den Beiträgen von Derek Gregory und Steve Pile diskutiert wurde. Im Anschluss an die Strukturationstheorie von Anthony Giddens legt Werlen ein Konzept vor, dass Raumkonstruktionen mit Hilfe von drei alltäglichen Regionalisierungen differenziert: einer produktiv-konsumptiven, einer normativ-politischen und einer informativ-signifikativen. Vor allem die Behandlung von Signifikationsstrukturen deutet dabei deutlich in die Richtung eines *Cultural Turns*. Denn nun erweist sich, dass ein Diskurs über den Nationalstaat einen Staatsbürger als Akteur erst semiotisch herstellt, oder dass die Strukturierung eines Einkaufszentrums mit der Konfigurierung eines Konsumenten einhergeht. Handlungssubjekt und Handlung sind so selbst Zeichen innerhalb eines Zeichensystems.

Auf der Insel der Menschenbilder stoßen die vier deutschsprachigen „Handlungstheoretiker“ übrigens auf eine Gruppe, die in ähnlicher Zeit wie sie vom Kümo der traditionellen Geographie ausgestiegen war, mit der sie jedoch bis heute keinen Dialog pflegen. Es handelt sich um Mitglieder der Kasseler Gesamthochschule, darunter Peter Jüngst und Oskar Meder, die sich mit einem psycho-dynamischen Ansatz in den Diskurs des *Cultural Turns* hineingeschrieben haben. Sie begreifen Raum als eine psychisch-kulturelle Konstruktion von symbolisch-präsentativen Elementen und haben dazu in mehr als zwanzigjähriger Arbeit ein konsequentes Forschungsprogramm vorgelegt, dass in den jetzigen Zeiten auch international voll anschlussfähig scheint (z. B. Jüngst und Meder 1990, Jüngst 1997).

Schauplatzwechsel zur Insel der Zeichenwälder. Dort wird seit langer Zeit die Schaluppe von Gerhard Hard gesichtet. Mit großer Energie bearbeitet er seit Beginn der siebziger Jahre semiotische Thematiken, wie zum Beispiel die Darstellung von Landschaft in Literatur und akademischer Geographie (Hard 1970), Sprühschriften von Grafitti an städtischen Mauerwänden (Hard 1993), oder Trittrasengesellschaften, die von Passanten als ungewollte Schrift in den Rasen getreten werden (Hard 1995). Dabei bemüht er sich in origineller Weise, Spuren in Artefakttexte hineinzulesen, die nicht unbedingt von den Herstellern dieser Texte intendiert waren. Insofern geht seine Intention weit über Duncans Kandya-Studie hinaus, die Texte nur hermeneutisch rekonstruiert, sondern Hard schreibt Texte in seiner Richtung weiter. Dies macht ihn zu einem Vorläufer der poststrukturalistischen Wende in der deutschsprachigen Kulturgeographie. Seine „Spurensuche“ zeigt dabei, was durch Dekonstruktion im Sinne Derridas für die Geographie erreicht werden kann, nämlich das Freilegen von unbekannten und nicht thematisierten Dimensionen der Verräumlichung in unserer Alltagswelt.

Diese Technik hat auch Sahr (1997a) in ganz anderer Perpektive angewandt. Er liest die supplementäre Logik der *différance* in karibische Gesellschaftsstrukturen hinein und schlägt dann in Anlehnung an Überlegungen karibischer Dichter (Glissant, Walcott) eine semiotische Sozialgeographie vor, die postkoloniale Handlungssubjekte über Zeichenbeziehungen positioniert (Sahr 1997b). Jüngst hat auch Julia Lossau eine Arbeit vorgelegt, die zeichenhafte Konstrukte untersucht. Sie dekonstruiert die Türkeibilder der deutschen Türkeipolitik als Mittel der politischen Diskussion. Mit ihrer „symbolischen Rekonstruktion" versucht sie dabei, eine Entwicklung zu einer *anderen* Geographie zu initiieren, in der sich Widersprüche nicht dialektisch auflösen, sondern ausgehalten werden, wenn man sie als gegenseitige Einschreibungen versteht (Lossau 2002). Lossau geht so einen Schritt weiter als Sahr und dekonstruiert nicht nur reifizierte Bilder, sondern auch die Relation zwischen dem Fremdem und dem Eigenem als Kritik am modernen (okzidentalen) „Subjekt". In ähnlicher Weise wie Lossau argumentiert auch eine Gruppe feministischer Geographinnen, die in menschlichen Körpern jene Orte sehen, die über Disziplinierung, aber auch durch den Widerstand der Körper Subjekte positionieren. Damit wird auch der Körper als Möglichkeit eines Subjektivierungsprozesses ausgewiesen. Das Wechselspiel zwischen Handelnden und gesellschaftlicher Strukturen ist auch hier supplementär und geht über simple identitäre Kategorien hinaus (Bauriedl u. a. 2000).

Eine weitere Dekonstruktion des Subjektes führt Hasse durch. Seine Studien beschäftigen sich mit „Medialen Räumen" (1997), die als Beziehungen zwischen Bedeutungssystemen und Subjektkonstruktionen dargestellt werden. Sein Zugang erfolgt dabei vor allem in ästhetischer Richtung und untersucht die Positionierung über Empfindungen und Gefühle, die Räume herstellen und von Räumen produziert werden. Dies stellt Hasse empirisch am Beispiel von Einkaufszentren und anderen postmodernen Landschaften, wie Freizeitparks, dar (1993). Dabei interpretiert er den medialen Raum in erster Linie leib-phänomenologisch und öffnet so einen ganz ungewöhnlichen Zugang zur Auffassung von kultureller Konstruktion: „Einen Raum erleben wir in diesem lebenslangen Dahinstreifen und Gezogenwerden als eine ungezählte Vielfalt von Räumen, die ihr Gesicht in den Momenten ihres Erscheinens verändern, wie wir das unsere" (Hasse 1997: 9). Kulturelle Konstruktion stellt sich hier als ein permanenter semiotischer Prozess von sich differenzierender Vielfalt dar, der eingebettet ist in ein leibliches Erleben. Wie im Falle der Ansätze von Lossau und Bauriedl zeigt auch Hasses Perspektive, dass die Insel der Zeichenwälder und die der Menschenbilder nicht weit voneinander entfernt liegen.

Alle bisherigen Ansätze – vielleicht mit Ausnahme der Arbeiten von Julia Lossau und Bauriedl u. a. – entstanden in relativer diskursiver Einsamkeit. Immer waren es die Initiativen von vereinzelten Ruderern in kleinen Booten, die sich alleine ihren Weg durch den epistemologischen Archipel bahnten, oft belächelt von Kollegen, oder manchmal auch durch heftige Kritik gebeutelt. So war es bis vor wenigen Jahren diesen Autoren nicht gelungen, im geographischen *mainstream* Einfluss zu nehmen. Insofern ist ihr individueller *Cultural Turn* keine Eigenschaft des Diskurses an sich, sondern ein Ereignis einzelgängerischer Eigenheiten. Auch der Autor dieser Zeilen hat jene melancholischen Zeiten noch nicht ganz vergessen.

Mitte der neunziger Jahre kommt es jedoch zu einer wesentlichen Änderung im deutschsprachigen Tableau. Diese betrifft unerwarteter Weise die Wirtschaftsgeographie und spielt sich vor der Insel der Netze ab. Hier setzen sich einige junge Geographen um Jürgen Ossenbrügge, Rainer Danielzyk, Harald Bathelt und andere mit der aus Frankreich kommenden Regulationstheorie auseinander, welche die Wechselbeziehung zwischen kapitalistischem Akkumulationsregime und gesellschaftlicher Regulationsweise thematisiert (Danielzyk und Ossenbrügge 1996). Dabei kommt neben der politischen auch die kulturelle Konstruktion von Gesellschaften ins Blickfeld, die über Wirtschaftsweisen, Wirtschaftsethik, politische Ideologien und gesellschaftliche Systeme die Regulationweise bestimmt und differenziert; sogar die Akkumulationsformen könnte man (dies tun die Autoren jedoch nicht) kulturell auffassen. Die Beziehung zwischen Akkumulationsregime und Regulationsweise zeigt sich dabei als eine Beziehung der supplementären Logik, denn sie handelt von gegenseitigen Einschreibungen zwischen Wirtschaft und Gesellschaft, über die die regionale Differenzierung und die Transformationen im Spätkapitalismus verstanden werden können. Der *Cultural Turn* kommt so durch die Hintertür der Wirtschaftsgeographie in den *mainstream* der deutschsprachigen Geographie hinein, wobei die Untersuchungen relationaler Netze in der Ökonomie an Bedeutung gewinnen (siehe Beitrag Bathelt und Glückler in diesem Band).

Auch in der Umweltgeographie macht sich der *Cultural Turn* nun bemerkbar. Hier ist es die supplementäre Logik zwischen Kultur und Natur, die zunehmend problematisch wird. Zierhofer legt dazu, in Anlehnung an Latour, ein Modell der transaktionistischen Konstruktion von Hybriden vor (siehe Beitrag Zierhofer in diesem Buch). Dies sind Netzwerke von Beziehungen, welche nicht mehr genuin zwischen Natur und Kultur unterscheiden, sondern in denen Übersetzungen und Vermittlungen beider Pole zusammenlaufen. Auch wenn Zierhofer eine kulturelle Sichtweise ablehnt, ist seine Betrachtungsweise selbstverständlich kulturell eingeklammert, da jede Produktion von Kategorien, auch seine, eine kulturelle Gestaltung ist. Wissenschaftliche Beobachtung wird hier zu einem kulturellen Akt, der sowohl Abgrenzung als auch Verbindung des Beobachtenden mit seiner Umwelt bedeutet. In solcher Perspektive verschwindet zwar das Menschenbild zunehmend im Nebel, da Menschliches nun neben Nicht-Menschlichem steht, dafür aber gewinnt die Insel der Netze mit der ganzen Üppigkeit ihrer Verknüpfungen an Kontur.

Auch die deutschsprachige Politische Geographie hat am *Cultural Turn* Anteil, v. a. über Foucaults relationalen Machtbegriff, die Giddenssche Strukturationstheorie sowie die Methode der Diskursanalyse. Die kritische Geopolitik von Paul Reuber, Günter Wolkersdorfer und anderen (siehe den Beitrag Reuber und Wolkersdorfer in diesem Band) trianguliert bei der Dekonstruktion politischer Handlungsfelder, im Anschluss an O'Tuathail, genau jenen Archipel, den wir mit den drei oben genannten Inseln bezeichnet haben: Macht ist ein soziales und institutionelles Beziehungsnetz auf der Insel der Netze, strategische Bilder wachsen als semiotisches Geflecht auf den Ästen der Zeichenwälder und das postmoderne Subjekt, welches die politische Positionierung vor die identitäre Verortung stellt, zeigt sich auf der Insel der Menschenbilder.

An diesen Beispielen wird deutlich, dass der *Cultural Turn* im deutschsprachigen Diskurstableau schon lange angekommen ist, allerdings noch lange nicht als solcher thematisiert wird. Dieser Mangel ist sicher Folge der theoretischen „Sprachlosigkeit", die aus der oben beschriebenen Angst älterer GeographInnen vor Reisen in den epistemologischen Archipel resultiert, und die diese vielen jungen Diskursteilnehmern leider weiter gegeben haben. Es bleibt deshalb abzuwarten, in welche Richtung die Reise weitergeht, wenn junge Stimmen ihre theoretische Sprachfähigkeit einsetzen. Dabei besteht Anlass zu berechtigter Hoffnung, dass es nun gelingt, in einer international vernetzten Anstrengung, unter dekonstruktiver Einbeziehung auch anderer Episteme (Zeichentraditionen) und mit direkten Bezügen zu im „Ausland" arbeitenden Menschen, das etwas altersschwache Kümo wieder so flott zu machen, dass es eines Tages auf die Hohe See zurückkehren kann und so seiner eigenen Typcharakterisierung entflieht – das wäre eine echte Transversale in den Horizont einer internationalen Sozialwissenschaft.

13.4 Die Transversale: eine gewagte Ausfahrt

Leser und Leserinnen werden es vielleicht bemerkt haben: die obige Darstellung ist eine Geschichte und nicht unbedingt ein wissenschaftlicher Text im traditionellen Sinne. Selbstverständlich ist die *Cultural Geography* kein Klipper und auch die Bemerkungen über die deutschsprachige Geographie als Küstenmotorschiff sind eher augenzwinkernd zu verstehen. Doch jenes Augenzwinkern ermöglicht es, mit dem literarischen Trick der ironischen Distanzierung jenen Abstand zwischen dem Untersuchungsgegenstand, hier also dem Diskurs des *Cultural Turns*, und den Diskurs über den Untersuchungsgegenstand *Cultural Turn* herzustellen. Dadurch wird eine kritische Eigenreflexion möglich und die so erfolgende Dekonstruktion öffnet neue Horizonte.

Aber es geht bei diesem Text nicht nur um ein kritisches sich Wegschreiben von der traditionellen Geographie. Der Text sollte auch als Horizont gelesen werden, vor dem sich die gegenwärtigen Bemühungen der GeographInnen orientieren. Denn inzwischen hat sich im deutschsprachigen Tableau eine interessante Mann- und Frauschaft gefunden, die poststrukturalistisch die Geschichten über Zeichenwälder, Menschenbilder und Netze weiterschreibt. Das verspricht neue Narrationen – vielleicht sogar eine *andere* Geographie (Lossau) -, die den Linien der hier vorgelegten Erzählung nicht folgen, aber trotzdem als Perspektiven vor diesem Horizont wahrnehmbar werden.

Die Zeiten sind turbulent. Die Verkehrsdichte auf den epistemologischen Großschifffahrtsstraßen ist gegenwärtig so hoch, dass Wendemanöver geradezu täglich notwendig werden. Alte Lastkähne und Schuten sind jetzt hoffnunglos überfordert, ebenso wie Küstenmotorschiffe. Die Wirbel, die Katamarane und Schnellboote, Supertanker und Flugzeugträger erzeugen, bringen Schiffe, Ansätze und Fächer ins Trudeln. Beinahe-Unfälle sind die Regel. Überall hört man lautes Tuten … Wendigkeit ist deshalb mehr denn je gefragt. Aber die kulturelle Wende muss dabei noch lange nicht die letzte Wende gewesen sein auf dieser aufregenden Fahrt.

Literatur

Albrecht J (2000) Europäischer Strukturalismus: ein forschungsgeschichtlicher Überblick, 2. Aufl. Tübingen und Basel

Appadurai A (1993) Modernity at Large. Cultural Dimensions of Globalization. 3. Aufl. Minneapolis

Barthes R (1975) Barthes by Barthes. New York

Bauriedl S u. a. (2000) Verkörperte Räume – „verräumte“ Körper. Zu einem feministisch-poststrukturalistischen Verständnis der Wechselwirkungen von Körper und Raum. Geographica Helvetica 55, 130-137

Bell D, Valentine G (Hrsg.) (1995) Mapping Desire: Geographies of Sexualities. London.

Bergson H (1975) Memoire et vie: textes choisies par G. Deleuze. Paris

Berque A (2000) Ecoumène. Introduction à l'étude des milieux humaines. Berlin, Paris

Bhabha H (1994) The Location of Culture. London.

Bourdieu P (1979) Entwurf einer Theorie der Praxis: auf der ethnologischen Grundlage der kabylischen Gesellschaft. Frankfurt a. M.

Bromley R u. a (Hrsg.) (1999) Cultural Studies. Grundlagentexte zur Einführung. Lüneburg

Buttimer A (1976) Grasping the dynamism of the life-world. Annals of the Association of American Geographers 66, 277-292

Claval P (1995) La Géographie Culturelle. Paris

Claval P, Singaravelou (1995) Èthnogéographies. Paris

Cosgrove D (1978) Place, landscape, and the dialectics of cultural geography The Candadian Geographer 22 (1), 66-72

Cosgrove D (1984) Social Formation and Symbolic Landscape. London

Cosgrove D (1993) The Palladian Landscape: Geographical change and its cultural representations in Sixteenth Century Italy. Pennsylvania State Univ., University Park

Cosgrove D, Jackson P (1987) New directions in cultural geography. Area 19, 95-101

Crang M (1998) Cultural Geography. London und New York

Culler J (1999) Derrida und die poststrukturalistische Literaturtheorie. Reinbek b. Hamburg

Danielzyk R, Ossenbrügge J (1996) Lokale Handlungsspielräume zur Gestaltung internationaler Wirtschaftsräume. Zeitschrift für Wirtschaftsgeographie 40 (1-2), 101–112.

De Certeau M (1990) L'invention du quotidien. Paris. 2 Bde

Deleuze G, Guattari F (1977) Rhizom. Berlin

Derrida J (1988) Randgänge der Philosophie. Wien

Driver F (1985) Power, space and the body: a critical assessment of Foucault`s „Discipline and Punish" Environment and Planning D: Society and Space 3, 425–446

Duncan J (1990) The City as a Text: The Politics of Landscape Interpretation in the Kandyan Kingdom. Cambridge

Fietz L (1998) Strukturalismus: eine Einführung. 3. Aufl. Tübingen

Flusser V (1998) Vom Subjekt zum Projekt. Menschwerdung. Frankfurt a. M.

Foucault M (1974) Die Ordnung der Dinge. Eine Archäologie der Humanwissenschaften. Frankfurt a. M.

Garfinkel H (1987) Studies in Ethnomethodology. Cambridge

Giddens A (1984) Interpretative Soziologie: eine kritische Einführung. Frankfurt a. M.

Giddens A (1988) Die Konstitution der Gesellschaft. Grundzüge einer Theorie der Stukturierung. Frankfurt a. M.

Gregory D (1994) Geographical Imaginations. Oxford.

Gregory D (1994): Social Theory and Human Geography. In: Gregory, D u.a (Hrsg.) Human Geography. Society, Space, and Social Science. Minneapolis, 78-112

Habermas J (1981) Theorie des kommunikativen Handelns. Frankfurt a. M. 2 Bde

Hall S (1999) Cultural Studies. Zwei Paradigmen. In: Bromley, R. u. a. (Hrsg.) Cultural Studies. Grundlagentexte zur Einführung. Lüneburg, 113–138

Hard G (1970) Die „Landschaft" der Sprache und die „Landschaft" der Geographen. Colloquium Geographicum 11, Bonn

Hard G (1993) Grafitti, Biotope und Russenbaracken als Spuren. Spurenlesen als Herstellung von Sub-Texten, Gegen-Texten und Fremd-Texten. In: Hasse J, Isenberg W (Hrsg.) Vielperspektivischer Geographieunterricht. Geographisches Institut, Osnabrück, 71–107 (= Osnabrücker Studien zur Geographie 14)

Hard G (1995) Spuren und Spurenlesen. Zur Theorie und Ästhetik des Spurenlesens in der Vegetation und anderswo. Osnabrück (= Osnabrücker Studien zur Geographie 16)

Harvey D (1989) The Condition of Postmodernity. An enquiry into the origins of cultural change. Cambridge u. a.

Hasse J (1993) Heimat und Landschaft – Über Gartenzwerge, Center Parcs und andere Ästhetisierungen. Wien

Hasse J (1997) Mediale Räume. Oldenburg (= Wahrnehmungsgeographische Studien zur Regionalentwicklung 16)

Hettner A (1923) Der Gang der Kultur über die Erde. Leipzig und Berlin

Hettner A (1927) Die Geographie. Ihre Geschichte, ihr Wesen und ihre Methoden. Breslau

Jackson P (1989) Maps of Meaning. London und New York

Julia Kristeva (1990) Fremde sind wir uns selbst. Frankfurt a. M.

Jüngst, P, Meder O (1990) Psychodynamik und Territorium – Zur gesellschaftlichen Konstitution von Unbewusstheit im Verhältnis zum Raum. Band I: Experimente zur szenisch-räumlichen Dynamik von Gruppenprozessen: Territorialität und präsentative Symbolik von Lebens- und Arbeitswelten. Kassel (= Urbs et Regio 54)

Jüngst P (1997, Hrsg.) Identität, Aggressivität, Territorialität. Zur Psychogeographie – und Psychohistorie – des Verhältnisses von Subjekt, Kollektiv und räumlicher Welt. Kassel (= Urbs et regio 67)

Kolb A (1962) Die Geographie und ihre Kulturerdteile. In: Leidlmeier A (Hrsg.) Hermann von Wissmann Festschrift. Geographisches Institut, Tübingen, 42–49

Lacan J (1966) Écrits. Paris

Lossau J (2002) Die Politik der Verortung. Eine postkoloniale Reise zu einer „Anderen“ Geographie der Welt. Bielefeld

Massey D (1994) Space, Place, and Gender. Minneapolis

McDowell L (1983) Towards an understanding on the gender division of urban space. Environment and Planning D: Society and Space 1, 59–72

Mead G H (1967) Mind, Self, and Society: from the standpoint of a social behaviourist. Chicago u. a.

Mikesell M W (1985) Northern Morocco: a Cultural Geography. Repr. Westport Conn

Mitchell D (2000) Cultural Geography. A Critical Introduction. Oxford

Nietzsche F (1991) Jenseits von Gut und Böse/Die Genealogie der Moral. Stuttgart

Norton W (2000) Cultural Geography: Themes, Concepts, Analyses. Toronto

Nöth W (2000) Handbuch der Semiotik. Stuttgart und Weimar

Pile S (1996) The Body and the City: psychanalysis, space and subjectivity. London

Pile S, Thrift N (1996) Mapping the Subject. Geographies of Cultural Transformations. London

Pohl J (1986) Geographie als hermeneutische Wissenschaft. Ein Rekonstruktionsversuch. München (= Münchner Geographische Hefte 52)

Pütz R (2003 a) Kultur, Ethnizität und unternehmerisches Handeln. Berichte zur Deutschen Landeskunde 77 (1), 53–70

Pütz R (2003 b) Kultur und unternehmerisches Handeln – Perspektiven der „Transkulturalität als Praxis“. Petermanns Geographische Mitteilungen 147 (2), 76–83

Reckwitz A (2000) Die Transformation der Kulturtheorien. Zur Entwicklung eines Theorieprogramms. Weilerswist

Reuber P (1999) Raumbezogene Politische Konflikte. Geographische Konfliktforschung am Beispiel von Gemeindegebietsreformen. Stuttgart (= Erdkundliches Wissen 131)

Rose G (1993) Feminism and Geography: the Limits of Geographical Knowledge. Minneapolis

Sahr W-D (1997a) Ville und Countryside – Land-Stadt-Verflechtungen im ländlichen St. Lucia. Ein Beitrag zu einer postmodernen Sozialgeographie der Karibik. Hamburg

Sahr W-D (1997b): Semiotic-Cultural Changes in the Caribbean: A Symbolic and Functional Approach. In: Ratter, B & Sahr, W-D (Hrsg.): Land, Sea, and Human Effort. Geographisches Institut, Hamburg, 105–119 (= Beiträge zur Geographischen Regionalforschung in Lateinamerika 10)

Said E (1978) Orientalism. New York

Sauer C (1969) Land and Life. A selection from the writings of Carl Ortwin Sauer. University of California, Berkeley und Los Angeles

Schopenhauer A (1998) Die Welt als Wille und Vorstellung. München

Schütz A (1979) Strukturen der Lebenswelt. Frankfurt a. M.- 2 Bde

Sedlacek P (Hrsg.) (1982) Kultur-/Sozialgeographie. Paderborn u. a.

Serres M (1991 ff.) Hermes. Berlin. 5 Bde

Shurmer-Smith P (Hrsg.) (2002) Doing Cultural Geography. London u. a.

Soja E W (1989) Postmodern Geographies. The Reassertion of Space in Critical Social Theory. London

Touraine A (1974) Soziologie als Handlungswissenschaft. Darmstadt

Tuan Y-F (1977) Space and Place: The Perspective of Experience. London

Wagner W, Mikesell M (1962 Hrsg.) Readings in Cultural Geography. Chicago

Weichhart P (1986) Das Erkenntnisobjekt der Sozialgeographie aus handlungstheoretischer Sicht. Geographica Helvetica 41 (2), 84–90

Werlen B (1986) Thesen zur handlungstheoretischen Neuorientierung sozialgeographischer Forschung. Geographica Helvetica 41 (2), 67–76

Werlen B (1995) Sozialgeographie alltäglicher Regionalisierungen. Band 1: Zur Ontologie von Gesellschaft und Raum. Stuttgart (= Erdkundliches Wissen 118)

Werlen B (1997) Sozialgeographie alltäglicher Regionalisierungen. Band 2: Globalisierung, Region und Regionalisierung. Stuttgart (= Erdkundliches Wissen 119)

Werlen B (2000) Sozialgeographie. Berlin u. a.

Wolch, J, Dear M (1989, Hrsg.) The Power of Geography: How Territory Shapes Social Life. Boston

Wolkersdorfer G (2001) Politische Geographie und Geopolitik zwischen Moderne und Postmoderne. Geographisches Institut, Heidelberg (= Heidelberger Geographische Arbeiten 111)

Zelinsky W (1973) The Cultural Geography of the United States. Englewood Cliffs

Zierhofer W (1997) Geographie der Hybriden. Erdkunde 53, 1–13

Zima P V (2000) Theorie des Subjektes. Tübingen und Basel

14 Kulturgeographie und kulturtheoretische Wende

Benno Werlen, Jena

Als George W. Bush nach dem 11. September 2001 zu einem „neuen Kreuzzug" gegen „die Achse des Bösen" aufrief, konnte man den Eindruck gewinnen, der Kulturerdteil-Lehre wäre auf politischer Ebene der definitive Durchbruch gelungen. Kulturen bekamen von Bush klare räumliche Grenzen zugewiesen. Sie wurden zu räumlich eindeutig lokalisierbaren Gegebenheiten. Wohl auch deshalb schien der territoriale Kampf die „angemessene" Antwort zu sein. Doch der „Kampf der Kulturen", den Samuel P. Huntington (1996: 17) als politikwissenschaftliches Paradigma für die Analyse der „neue(n) Ära der Weltpolitik" versteht, hat eine neue Logik erlangt.

Denn die Ereignisse vom 11. September sind auch gerade ein Hinweis darauf, dass der so genannte „Kampf der Kulturen" nicht (mehr) umfassend territorialer Art ist. Er zielt auf den Kernbereich des Kulturellen: auf die repräsentative Ebene der Symbole, insbesondere jener von globaler Bedeutung (vgl. den Beitrag Reuber und Wolkersdorfer in diesem Band). Dies lässt erste Konturen der neuen alltäglichen Geographien des Kulturellen erkennen: der gleichzeitigen „Entankerung" (Werlen 1993) und der „punktuellen" symbolischen Wiederverankerung kultureller Wirklichkeiten. In Anlehnung an Casey (2001: 683) kann man diese Konstellation der kulturellen Wirklichkeit als eine Welt der symbolischen Orte bezeichnen, nicht mehr als eine Welt der (Kultur-)Räume.

Im Vollzug des Prozesses der segmentären Entankerung und örtlichen Wiederverankerung durchdringt das Kulturelle zunehmend sowohl die Felder des Ökonomischen, Gesellschaftlichen als auch des Politischen. Das verlangt nach neuen Erklärungsmustern nicht nur für kulturelle, sondern auch für politische, soziale und ökonomische Vorgänge. Der so genannte *Cultural Turn*, die kulturtheoretische Wende in den Humanwissenschaften, ist darauf ausgerichtet, diese Veränderungen der alltäglichen Lebenszusammenhänge konzeptionell zu fassen.

Innerhalb der Geographie äußert sich diese Reorientierung der wissenschaftlichen Blickrichtung im neuen Aufschwung der so genannten *Cultural Studies*" (Davies 1995), insbesondere im angelsächsischen Kontext. Damit ist zwar eine längere Phase der Stagnation der kulturgeographischen Forschung überwunden. Gleichzeitig sind damit aber auch bemerkenswerte Probleme verbunden, die es als wenig angezeigt erscheinen lassen, die angelsächsische Vorreiter-Rolle in diesem Falle zum Vorbild der deutschsprachigen Entwicklung zu machen.

Um die Bedeutung und die Implikationen dieser jüngeren Entwicklung für die humangeographischen Forschung verdeutlichen zu können, ist die historische Perspektive zu erweitern. Denn es wird allzu leicht übersehen, dass die jüngere kulturtheoretische Wende Ende des 20 Jahrhunderts rund hundert Jahre früher bereits einen Vorläufer hatte. Demzufolge ist zwischen zwei Formen des *Cultural Turns* zu unterscheiden. Im *ersten* und *dritten* Teil werden die beiden kulturtheoretischen Wenden differenziert vorgestellt. Im *zweiten* Abschnitt sollen jene alltagsweltlichen Bedingungen in räumlicher und zeitlicher Hinsicht charakterisiert werden, mit denen die aktuelle kulturgeographische Forschung konfrontiert ist. Im *vierten* Abschnitt wird eine geographische Theorie der Praxis für die Erforschung der aktuellen Seinsweise kultureller Wirklichkeiten skizziert, die dann der Darstellung eines kulturgeographischen Forschungsfeldes zugrunde gelegt wird.

14.1 Erste kulturtheoretische Wende: Traditionalistische Orthodoxie

Jegliche kulturwissenschaftliche Theorie ist in philosophische Traditionen eingebettet. Die meisten Kulturtheorien seit Platon und Aristoteles sind eigentlich „Klimatheorien“. Damit ist gemeint, dass seit der griechischen Philosophie „Kultur und Volkscharakter der Menschen (mit) (...) Klimazonen in einen direkten Zusammenhang“ (Dickhardt und Hauser-Schäublin 2003: 4) gesetzt werden. Stellvertretend für andere kann auf W. F. Hegel (1837: 109) verwiesen werden, in dessen Darstellung beispielsweise jede „Nation, jedes Volk (...) den Naturtypus der Lokalität in sich trägt, (...) das der Sohn solchen Bodens ist.“ Damit wurden auf philosophischer Ebene argumentativ die Voraussetzungen geschaffen, Kultur und Raum bzw. Kultur und Natur als deckungsgleich zu behandeln. Als unmittelbarste Umsetzung dieser philosophischen Grundlagen kann wohl „Civilization and Climate“ des Geographen Ellsworth Huntington (1915) betrachtet werden.

Die philosophischen Vorarbeiten bilden den Ausgangspunkt für den ersten *Cultural Turn* Ende des 19. Jahrhunderts. Diese kulturtheoretische Wende ist Teil der so genannten Historismus-Debatte, die eine Emanzipation der Geisteswissenschaften von den Naturwissenschaften anstrebte. Das Kernanliegen dieser – vom Standpunkt der Kulturwissenschaften aus wissenschaftshistorisch besonders wichtigen Entwicklung – ist auf der methodologischen Ebene angesiedelt. Sie bezieht sich auf die insbesondere von Dilthey (1865) vorgetragene und von Max Weber (1913) für die Sozial- und Kulturwissenschaften umgesetzte Forderung, dass das Verstehen für die Erforschung aller von Menschen hervorgebrachten Äußerungen das angemessene Verfahren der Sinnerschließung bildet.

Mit dieser Abgrenzung vom naturwissenschaftlichen Anspruch der (Kausal)erklärung wird für Geistes-, Kultur- und Sozialwissenschaften ein eigenständiger Bereich wissenschaftlicher Forschung eröffnet, der die Entstehung der Kulturwissenschaften prinzipiell erst ermöglichte. Auf diese wissenschaftstheoretischen Vorleistungen konnte auf disziplinärer Ebene sowohl die Anthropologie bzw. Ethnologie als auch die Kulturgeographie argumentativ zurückgreifen. Es ist jedoch bemerkenswert, dass diese Wegleitung sowohl in der Ethnologie als auch in der Kulturgeographie nicht konsequent auf die menschlichen Äußerungen bzw. Tätigkeiten bezogen wurden. Die angedeuteten philosophischen Traditionen behielten offensichtlich die stärkere Prägekraft.

Für die Anfänge der kulturwissenschaftlichen Forschung ist in Ethnologie und Geographie die Vergegenständlichung von Kulturen als territorial verankerten Lebensräumen feststellbar. Als zentrale Elemente von „Kultur“ gelten Religion, Rasse, Brauchtum, Sitten usw. In diesem Verständnis sind sowohl holistische als auch essentialistische Vorstellungen von „Kultur“ enthalten, welche gleichzeitig als räumliche Entität reifiziert werden. Aus diesem Grunde, so kann man verallgemeinernd und hypothetisch folgern, wird in der Geographie das Verhältnis von „*konkreter* Natur“ (Eisel 1987: 94) und (verräumlichter) Kultur von zentraler argumentativer – und damit gleichzeitig auch – fachkonzeptioneller Bedeutung.

Die verschiedenen Formen der Existenzbewältigung, als die man unterschiedliche Kulturen auch verstehen kann, finden – wie dies insbesondere Bobek (1948) betont – insbesondere bei der Umgestaltung und Nutzung der *Natur* ihren besonderen Ausdruck. Im kulturgeographischen Kontext sind zwei Hauptformen der argumentativen Auslegung beobachtbar. In der possibilistischen Variante wird die (Regional)Kultur als ein regional entwickelter Deutungsrahmen zur Bewältigung der Existenzprobleme begriffen.[1] „Kultur“ wird damit zum kognitiv erarbeiteten Erfahrungsschatz im Umgang mit den natürlichen Bedingungen.

Diesem Begriffsverständnis steht die zweite Variante, die naturdeterministische Auffassung gegenüber, die im oben angeführten Hegel-Zitat in seinen Grundzügen wiedergegeben ist. Sie bildet gleichzeitig die programmatische Grundlage der traditionellen Länderkunde und Kulturlandschaftsgeographie. In länderkundlicher Fassung wird Kultur nicht nur als räumliches Phänomen gedeutet, sondern zum unmittelbaren Ausdruck natürlicher Bedingungen. Im Rahmen Kulturlandschaftsforschung wird „Kultur“ als „objektivierter Geist“ (Schwind 1964: 1) verstanden, der den materiellen Grundlagen eingeschrieben ist oder gar als Ausdruck dieser verstanden wird. Länderkunde (Hettner 1929) und Kulturlandschaftsforschung sind beide dem natur- und raumzentrierten Blick verpflichtet sowie vom Bestreben geleitet, die Einheit von Natur, Raum

[1] Bei Vidal de la Blache (1922: 8) wird „Kultur“ verstanden „comme solutions locales du problem de l'existence“, als örtliche Lösung der Existenzprobleme.

und Kultur innerhalb von (größeren oder kleineren) räumlichen Behältnissen nachzuweisen. In diesem Zusammenhang ist auch von den „Lebensräumen der Kulturen“ die Rede oder es werden gar die „Lebensräume im Kampf der Kulturen“ (Schmitthenner 1938) analysiert und dargestellt.[2]

Die allgemeine, wissenschaftstheoretisch motivierte Historismus-Diskussion der vorigen Jahrhundertwende führt – entlang dieses Interpretationsmusters von Kultur – im geographischen Kontext zur Betonung der Einmaligkeit jedes Landes, jeder Region, jeder Landschaft. Die Ablehnung des gesetzeswissenschaftlich begründeten Anspruchs auf Erklärung – im Sinne der naturwissenschaftlichen Interpretation von Wissenschaftlichkeit – wird in der Geographie jedoch nicht in Richtung der Forderung nach Verstehen menschlicher Tätigkeiten umgelegt. Aus ihr wird vielmehr die Forderung nach (erd-)beschreibender Wissenschaft abgeleitet.

In der possibilisitschen Variante wird die geographische Interpretation der historistischen Argumentation konsequent durchgehalten. In der deterministischen Fassung wird eine eigenartige Mischung von historistischem Einmaligkeitspostulat und naturwissenschaftlichem Kausalismus in Anschlag gebracht. Man kann das methodologisch wenig überzeugende Elaborat wie folgt zusammenfassen: In vertikaler Hinsicht wird ein (Natur-)Determinismus in dem Sinne postuliert, dass die beobachtbaren Kulturformen als kausal abhängiger (determinierter) Ausdruck von den natürlichen Grundlagen zu gelten haben. In horizontaler Hinsicht wird jedoch gleichzeitig auch die Einmaligkeit jeder einzelnen Regionalkultur postuliert, der die beschreibenden Darstellungen gerecht werden sollen.

Die legitimierende Schwerpunktsetzung wissenschaftlicher Geographie zielt konsequenterweise auf die beschreibende Darstellung von Räumen ab: „La géographie est la science des lieux et non des hommes“ (Vidal de la Blache 1913). Dieser Formel, mit der die Geographie nicht, wie man erwarten könnte, als Humanwissenschaft, sondern als Wissenschaft der „Orte“ und „Räume“ definiert wird, wurde auch im deutschsprachigen wie angelsächsischen Bereich weitgehend zugestimmt. Damit sollte eine Betonung der Einheit *und* Spezifität der Geographie als Wissenschaftsdisziplin erreicht werden, welche sich insbesondere mit dem Mensch (bzw. Kultur/Gesellschaft/Wirtschaft-)Natur-Verhältnis beschäftigt. Eingebettet ist die entsprechende geographische Regionalforschung in die bereits angedeuteten Kulturraumtheorien.

Zu diesen Kulturraumtheorien zählen ethnologische Kulturkreislehren (Schmid 1924) ebenso wie die verschiedenen Ausprägungen des traditionellen kulturgeographischen Paradigmas von der Länderkunde bis zur Kulturerdteil-Lehre (Kolb 1962; Newig 1986; 1993; Ehlers 1996). Freilich bestehen zwischen den entsprechenden ethnographischen und geographischen Kulturforschungen

[2] Schmitthenners (1938) Einteilung in Lebensräume der Kulturen weist eine weitgehende Deckungsgleichheit mit S. Huntingtons (1996) Kulturräumen in „Kampf der Kulturen“ auf.

wichtige Unterschiede. Doch der gemeinsame Kern kommt sowohl im programmatischen Gehalt von „Völkerkunde“ als auch in jenem von „Länderkunde“, dem lange Zeit wichtigsten Bereich der Kulturgeographie, zum Ausdruck. Gewinnt bei der ersten Konzeption das Ethnische gegenüber dem Natürlichen eine Vorrangstellung, ist es bei der zweiten umgekehrt: das Natürliche wird argumentativ zur Grundlage des Ethnischen bzw. Kulturellen erhoben. „Kulturen“ existieren territorial, in Lebensräumen verankert. So können aus Theorien der Kultur Kulturraumtheorien werden.

Das Weltbild, das von der ersten kulturtheoretischen Wende etabliert wurde, ist in der Geographie bis heute nie verschwunden. Aber wie S. Huntingtons „Kampf der Kulturen“ (1996) zeigt, nicht nur in der Geographie.

In dieser Perspektive gerät auch die Thematisierung von „Identität“ und „Differenz“ zur räumlichen Figur. Das identitätsstiftende „wir“ wird an das „hier“, die abgrenzenden „anderen“ an das „dort“ gebunden, das Nahe bildet das Vertraute, das Ferne das Fremde.

Konsequenterweise werden in der geographischen Debatte „Identität“ und „Raum“ argumentativ zusammengeführt. Dieses Muster bleibt auch in den jüngeren Studien zur so genannten regionalen Identität bzw. „Regionalbewusstsein“ (Blotevogel et al. 1986; 1987) erhalten. Dementsprechend sollen regionale Sinnwelten im Rahmen der regionalen Bewusstseins- und Identitätsforschung untersucht werden. „The voices of the other“ ist ein sinnverwandter Topoi in der angelsächsischen Geographie.

Territoriale Bindung und räumliche Kammerung des Kulturellen sind unter traditionellen Verhältnissen bis zu einem bestimmten Grad gegeben, unter spätmodernen Bedingungen jedoch nicht. Die Vorleistungen der ersten kulturwissenschaftlichen Phase verlieren damit nicht nur ihre Orientierungskraft, sie geraten – wenn sie unter veränderten Bedingungen als Deutungsmuster der Wirklichkeit in Anschlag gebracht werden – sogar zum orthodoxen Traditionalismus. Versteht man *Fundamentalismus* mit Giddens (2002: 5) als eine Haltung, die unter modernen Bedingungen die Befolgung traditioneller – nicht diskursiv gewonnener – Standards fordert, wird begreifbar, weshalb der orthodoxe Traditionalismus fundamentalistische Positionen stärken kann. Wird die traditionalistische Orthodoxie der (räumlichen) Essentialisierung von Kultur mit der Relativierung aller Wertestandards kombiniert, entsteht darüber hinaus die Tendenz der Verabsolutierung und Homogenisierung von partikularen Kulturen.

Sollen die von der Kulturgeographie vorgenommenen Darstellungen kultureller Wirklichkeiten den Hang zur traditionalistischen Orthodoxie vermeiden können, ist ihre Methodologie auf die veränderten, aktuellen Bedingungen des alltäglichen Lebens neu abzustimmen. Wie können diese Bedingungen charakterisiert werden?

14.2 Neue Bedingungen des Kulturellen

Das Hauptmerkmal dieser neuen Bedingungen besteht in der Globalisierung des lokalen Lebens. Diesen Vorgang bezeichnet Robertson (1992: 173) als *globalization*. Darin ist insbesondere die Neugestaltung des Verhältnisses von Kultur, Gesellschaft und Raum enthalten. Bauman (2000: 110) stellt bei dieser Neubestimmung eine eigenartige Bedeutungsverschiebung von „Raum“ fest: „A bizarre adventure happened to space on the road to globalisation: it lost its importance while gaining in significance“.

Diese eigenartige Spannung ist primär in der fortschreitenden räumlichen und zeitlichen Entankerung der sozial-kulturellen Praxis angelegt. Diese beruht auf der neu erlangten Fähigkeit, über Distanz handeln zu können, ohne erwähnenswerte Zeitverluste in Kauf nehmen zu müssen. Damit kann das räumlich Ferne zeitliche Nähe erreichen und räumlich Nahes – wie lokale Traditionen – kann seine Ursprünge in zeitlicher Ferne haben. Unter diesen Bedingungen zeichnen sich Kontexte des Handelns nicht nur durch eine Ungleichzeitigkeit des Gleichzeitigen aus, sondern auch die (physische) Abwesenheit des Verfügbaren.

Als Konsequenz der Entankerung bzw. der Verwirklichung der genannten Optionen, tritt eine Vielfalt von subjektiv mitgeformten Lebensstilen an die Stelle regional homogener Lebensformen. Kulturelle Vielfalt wird nun zum Merkmal des lokalen Kontextes.[3]

Die Vielgestaltigkeit (Heteromorphie) der Optionen des Handelns enthält vor allem zwei Potenzialitäten. *Einerseits* ein enormes Innovationspotenzial. Denn Neues kann immer nur aus der Bezweiflung des Bekannten hervorgehen. *An-*

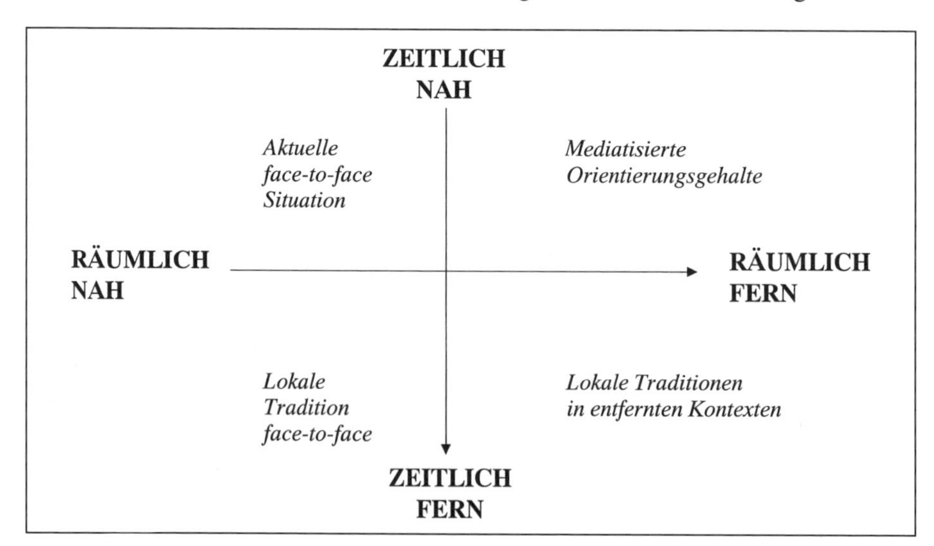

14.1 Räumliche und zeitliche Aspekte kultureller Bedingungen

[3] Vgl. dazu ausführlicher Baecker (2000) und Lippuner (2003: 20 ff.)

derseits ein brisantes Konfliktpotenzial. Für dessen „Management" werden häufig fundamentalistische Diskurse generiert, die von regionalistischen, nationalistischen bis hin zu umfassenden kulturtheoretischen Setzungen im Rahmen von Kulturkämpfen reichen können. Letztlich entspricht diese Art des Konfliktmanagements einer Duplikation der zuvor beschriebenen traditionalistischen Orthodoxie der Kulturwissenschaften auf der Alltagsebene.

Insgesamt kann demgegenüber davon ausgegangen werden, dass unter aktuellen Bedingungen „Raum" nicht als „etwas" betrachtet werden kann, das kulturelle Gegebenheiten zu erklären vermag. Der kulturgeographischen Forschung kommt vielmehr die Aufgabe zu, die Bedeutung von „Raum" für das Sozial-Kulturelle – auch in Bezug auf globalisierte Bedingungen des Handelns – zu klären bzw. zu erklären. Dafür ist aber ein anderer Kulturbegriff als ein reifizierter und verräumlichter notwendig. Ein solcher wird im Rahmen der zweiten kulturtheoretischen Wende propagiert.

14.3 Zweite kulturtheoretische Wende: Interpretativer Konstruktivismus

Einer der zentralen Aspekte, die von der aktuellen Kulturalismusdebatte in den Vordergrund gerückt werden, ist die kulturelle Vielfalt lokaler Kontexte. Deren Erfahrung verlangt auf der Alltagsebene nach kultureller Kompetenz. Fremd-Verstehen ist damit nicht nur in der Ferne, sondern auch in der Nähe gefordert. Gleichzeitig wird klar, dass die Postulierung eines kulturellen Monismus, wie er den verräumlichten Kulturtheorien inhärent ist, obsolet wird. Auf wissenschaftlicher Ebene wird vielmehr ein Kulturverständnis notwendig, das der Bedeutung der räumlichen Dimension für kulturelle Wirklichkeiten zwar Rechnung trägt, diese aber nicht als Kausalinstanz begreift. Den räumlichen Bedingungen ist vielmehr als zu interpretierender Kontext des Handelns Rechnung zu tragen, der je nach Handlungszusammenhang unterschiedliche Bedeutung erlangen kann.

Diesen Zusammenhängen Rechnung tragend, zeichnet sich der Kulturbegriff der zweiten kulturtheoretischen Wende *erstens* durch die Auffassung aus, dass „Kultur" den Gesamtbereich von Lebensformen und -weisen darstellt, mit denen die Probleme der Existenz bewältigt werden. Der Kernaspekt des Kulturellen wird dabei in den Werten, Regeln und Deutungsmustern gesehen, auf die sich menschliches Handeln – auch die Transformation der Natur – bezieht. Damit wird „Kultur" zunächst

a) als Ausdruck und Bedingung der (Alltags)Praxis begriffen, die konsequenterweise
b) nur über deren Erforschung für erschließbar gehalten wird. Deshalb wird die kulturwissenschaftliche Methodologie – insbesondere seit Geertz (1973) –

an einer hermeneutisch-phänomenologischen Position festgemacht. Schließlich wird

c) die Art der Transformation der Natur als Ausdruck kultureller Werthierarchien und kulturellen Wissens (und nicht umgekehrt: die Kultur als Ausdruck der Natur) verstanden.

Diese Perspektive schließt konsequenterweise mit ein, dass „Kultur“ nicht etwas ist, das man haben oder nicht haben kann. Jede Tätigkeit eines Subjektes ist auch als Ausdruck bestimmter kultureller Standards, deren Reproduktion oder Transformation zu sehen. Zusammenfassend kann das Kulturverständnis, das der zweiten Wende zugrunde liegt – in Abgrenzung von der traditionalistischen Orthodoxie – als *interpretativ-konstruktivistisch* charakterisiert werden. Auf dieser Grundlage wird – im Gegensatz zur ersten kulturtheoretischen Wende – „Kultur“ nicht mehr bloß als eine gesellschaftliche Dimension neben anderen gesehen. Sie umfasst vielmehr den „Gesamtbestand möglicher Gegenstände der Geisteswissenschaften“ (Lackner und Werner 1999: 23).

Als *zweites* wichtiges Merkmal des *Cultural Turn* ist die Tendenz zur Selbstreflexivität zu nennen. Bislang für selbstverständlich geltende „Wahrheiten“ kultureller Wirklichkeiten werden auf der Grundlage des interpretativen Konstruktivismus der kritischen Überprüfung unterzogen. Auch wissenschaftliche Analysen werden als sozial-kulturelle Konstrukte betrachtet.

Neben dem konstruktivistischen Kulturverständnis und der Tendenz zur Selbstreflexivität zeichnet sich *drittens* dieser *Cultural Turn* durch die (problematische) Akzentuierung eines Argumentations- und Erklärungsmuster aus, bei dem kulturelle Aspekte der Differenz an die Stelle sozialer Herkunft und der Sozialisation treten. Über weite Strecken wird der Begriff „Kultur“ dort verwendet, wo früher „Gesellschaft“ stand.

Bei kulturtheoretischen Rechtfertigungen und Erklärungen sozialer Vorgänge wird dabei – auch auf wissenschaftlicher Ebene – einem kulturellen Relativismus das Wort geredet, der aus einer Unvereinbarkeitsthese kultureller Universen abgeleitet scheint. Dies wird – wie die Menschenrechtsdebatte zeigt[4] – gerade vor dem Hintergrund der fortschreitenden Globalisierung zu einem ernsthaften Problem. Erlangen Interaktionen globale Bezüge, dann wird für deren (konfliktfreie) Verwirklichung ein gemeinsamer ethischer Beurteilungsmaßstab notwendig. Werden kulturelle Partikularismen zur Beurteilung in Anschlag gebracht, dann können – je nach spezifischer kultureller Zugehörigkeit – besondere Rechte eingefordert werden, welche die Verständigung in hohem Maße behindern, wenn nicht gar verhindern.

Viertens bietet die zweite Wende eine Neuinterpretation von „Differenz“ als zentrale Dimension der Erfahrung von kultureller Identität an. In der dialektisch

[4] Vgl. dazu bspw. Held et al. (1999: 32 ff.) und Held (2001).

gedachten Beziehung von Identität und Differenz werden keine strikten räumlichen Konnotationen in Anschlag gebracht. Das „Wir" wird nicht mehr primär an das „Hier" gekoppelt. Es bezieht sich vielmehr auf das Teilen von Lebensstilelementen. Kulturelle Identität kann konsequenterweise als die Übereinstimmung eines Subjektes mit den intersubjektiv geltenden kulturellen Werten, Wertordnungen und Wertungen im Vollzug seines eigenen Handelns begriffen werden, kulturelle Differenz in der Abweichung davon.[5]

In der angelsächsischen Geographie hat der Vollzug des zweiten *Cultural Turn* der Kulturwissenschaften zur empirischen Erforschung des *new consumerism* (Crewe, Lowe 1994; Bell, Valentine 1997), der kulturzentrierten Analyse des *consuming places* (Kearns, Philo 1993), der „Cultural economy of cities" (Scott 2000) oder umfassenderer post-kolonialer *geographical imaginations* (Gregory 1994) u.ä. geführt, die primär praxiszentriert und theoriegestützt durchgeführt wurden.

Daneben und darüber hinaus, hat dieser *Cultural Turn* aber auch zu einer kaum mehr überblickbaren Zahl von so genannten *Cultural Studies* geführt, mit denen eine längere Phase der Stagnation in der Kulturgeographie überwunden werden konnte. Gleichzeitig wurde die Interdisziplinarität gefördert, die Disziplingrenzen wurden durchlässiger und so finden kulturgeographische Arbeiten breiteste (interdisziplinäre) Beachtung. Diese Arbeiten werden jedoch zunehmend kritisiert.[6] Bemängelt werden können sowohl deren inhaltliche Beliebigkeit und der daraus resultierende „impressionistische Charakter", deren geringes methodisches Anspruchsniveau als auch die fehlende thematische Koordination der Forschungsanstrengungen (vgl. den Beitrag Sahr). Mitchell (2000: 3) sieht mit der kulturtheoretischen Wende gar die Gefahr eines wenig differenzierenden, platten „Kulturalismus" verbunden.

Die identifizierten Mängel haben aus meiner Sicht drei Gründe. Den *ersten Grund* sehe ich darin, dass fachintern die analytischen Instrumente den neuen Herausforderungen nicht ausreichend angepasst wurden. *Zweitens*, dass man die veränderten ontologischen Bedingungen nur bruchstückhaft zur Kenntnis nimmt. *Drittens* ist es den *Cultural Studies* bisher nicht gelungen, die Forschungen in einen allgemeinen sozial- und kulturtheoretischen Bezugsrahmen einzubetten. Gelegentlich wird die Bezugnahme auf jede Art von *grand theory* (Skinner 1985) sogar strikt abgelehnt.

Soll die kulturgeographische Forschung jedoch weder einem orthodoxen Traditionalismus verpflichtet bleiben, noch in einen essayistisch-impressionistischen Randbereich der *Cultural Studies* abdriften, dann kann die jüngste angelsächsische Entwicklung nicht als erfolgversprechende programmatische Orientierung eingestuft werden. Die kulturgeographische Forschung soll vielmehr einen gehaltvollen Beitrag zur Kulturforschung leisten, der es nicht zuletzt

[5] Vgl. dazu auch Werlen (1989) und (1992).

[6] Einen Überblick geben Mitchell (1995; 2000); Rojek/Turner (2000) und Calval (2001: 8 f.)

auch ermöglicht, die „Logik“ der neuen politischen und ökonomischen Konstellationen zu rekonstruieren, aufzudecken und verstehend erschließbar zu machen. Zur theoriegeleiteten Forschung scheint es diesbezüglich wenig ernsthafte Alternativen zu geben. Dies kann man aus den Entwicklungen in den Humanwissenschaften als Folgerung für die Kulturgeographie ableiten.

Die Hauptaufgabe der kulturgeographischen Forschung ist, sowohl in Bezug auf die zunehmend globalisierten alltagsweltlichen Bedingungen als auch auf den Stand der sozial- und kulturwissenschaftlichen Forschung bezogen, konsequent auf die Erschließung der Konstitution und Reproduktion des Kulturellen auszurichten. Dabei ist zu beachten, dass kulturelle Wirklichkeiten immer stärker in die Prozesse der Entankerung und (Wieder-)Verankerung[7] eingebettet sind. Diese Prozesse theoretisch-konzeptionell zu erschließen und empirisch zu erforschen, bildet eine der großen Herausforderungen der Kulturgeographie nach dem interpretativ-konstuktivistischen *Cultural Turn*. Dazu sind auch in der Geographie *fachintern* zuerst die analytischen Instrumente den neuen Bedingungen anzupassen. Für die *Außenwirkung* erwächst auch der Kulturgeographie die Aufgabe, auf ein differenzierteres Kulturverständnis auf Alltagsebene – insbesondere in politischen und ökonomischen Kontexten – hinzuwirken. Um diesen Anforderungen genügen zu können, wird die Erneuerung vertrauter Sehgewohnheiten notwendig.

14.4 Elemente einer kulturgeographischen Theorie der Praxis

In der Perspektive einer handlungszentrierten Kulturgeographie verstehe ich „Globalisierung“ als Bezeichnung für einen neuen geographischen Modus Operandi, einen neuen Modus der Bestimmung des Kultur-Raum-Verhältnisses, dessen Implikationen bestenfalls noch mit der Bedeutung der Industriellen Revolution verglichen werden können. „Globalisierung“ ist damit gleichzeitig ein neuer Modus des alltäglichen Geographie-Machens. Dessen Besonderheit besteht in der Möglichkeit, über Distanz in Echtzeit zu handeln. Die geographischen Analysen der Globalisierung haben in dieser Sichtweise – analog zu den Forderungen des *Cultural Turn* für die Kulturforschung – auf die globalisierenden und globalisierten Praktiken selbst Bezug zu nehmen.

Diese Praktiken betrachte ich als Formen der *Welt-Bindung* im Spannungsfeld von Entankerung und Wiederverankerung. *Welt-Bindung* ist dabei zu verstehen als der kulturell, sozial und ökonomisch ungleich ausfallende Vermögensgrad der Beherrschung räumlicher und zeitlicher Bezüge zur Steuerung des eigenen Tuns und der Praxis anderer.

[7] Vgl. dazu Werlen (1997).

Mit der Zentrierung der neuen Kulturgeographie auf die globalisierten und globalisierenden Praktiken zeichnet sie sich durch einen spezifischen Blick auf diese alltäglichen Praktiken aus und nicht durch einen besonderen Gegenstand. Aus den Einsichten, die der *Cultural Turn* gefördert hat und dem aktuellen Forschungsstand der Kulturgeographie hat die Fokussierung auf die alltäglichen Praktiken der Welt-Bindung insbesondere vier programmatischen Anforderungen zu genügen:

1. Es ist zur Entwicklung und Verfeinerung der analytischen Instrumente geographischer Kulturforschung erforderlich, die Arten von Praktiken nach deren Ausrichtung zu differenzieren.
2. Diese Bezugnahme muss es ermöglichen, die Machtkomponente in die kulturtheoretische Perspektive einzubeziehen, nicht zuletzt um die Beliebigkeit der *Cultural Studies* zu vermeiden.
3. Es soll möglich werden, die thematische Verknüpfung bisher isoliert behandelter Teilbereiche kultureller Wirklichkeiten in ihrem Zusammenhang integriert darzustellen.
4. Die erlangte interdisziplinäre Ausrichtung der Forschung ist zu erhalten und durch die Praxiszentrierung weiter zu fördern.

Kulturelle Praktiken können in Bezug auf die *erste Anforderung* (Unterscheidung spezifischer Arten von Praktiken) und unter Einbezug des bisherigen Forschungsstandes der *humanities* auf abstrakter Ebene in drei Hauptformen gegliedert werden (vgl. Abb. 14.2):

	Typen	*Macht*	*Bezüge*
PRAKTIKEN	**SYMBOLISIEREN**	autoritativ **signifikativ** allokativ	Information-Bedeutung
	LEGITIMIEREN	allokativ **autoritativ** signifikativ	Gesellschaft-Politik
	TAUSCHEN	autoritativ **allokativ** signifikativ	Produktion-Konsumtion

14.2 Typen von Praktiken im strukturellen Bezug

a) *Symbolisieren, Interpretieren und Verstehen* als Kernbereich des Kulturellen. Hier steht das Verhältnis von Information, Wissen und *Symbolisieren, Interpretieren und Verstehen* als Kernbereich des Signifikation im Zentrum.
b) *Legitimieren* im Rahmen kultureller Interpretationen des Gesellschaftlichen und Politischen. Hier steht das Verhältnis von gesellschaftlichen Erwartungen und politischen Geltungsstandards im Zentrum.
c) *Tauschen* im Rahmen kultureller Interpretationen des Ökonomischen. Hier steht das Verhältnis von Produktion und Konsumtion im Zentrum.

In Bezug auf die *zweite Anforderung*: Einbezug der *Machtkomponente,* sind kulturelle Praktiken als strukturierte Praktiken zu begreifen. Damit ist gemeint, dass jede aktuelle Praxis immer auf strukturelle Bedingungen Bezug nimmt bzw. Bezug nehmen muss. Diese Bezugnahme ermöglicht einerseits erst das praktische Handeln, andererseits begrenzt es dessen Gestaltbarkeit. Die strukturelle Komponente des Handelns wird im Sinne von Giddens (1984) in *Regeln* und *Ressourcen* ausdifferenziert.

Für die Analyse *kultureller* Praktiken gewinnt bei den *Regeln* die Bedeutungskomponente bzw. gewinnen die semantischen Regeln der Bedeutungszuweisungen zentrale Bedeutung. Sie formieren mächtige Deutungsmuster, die sowohl dem *Symbolisieren, Interpretieren* als auch dem *Verstehen* kulturspezifischer Praktiken zugrunde liegen.

Unter „Deutungsmuster“ sind typische Regelmäßigkeiten der Sinnzuweisung zu verstehen. Oevermann (2001: 38) charakterisiert diese „voreingerichteten Interpretationsmuster“ hypothetisch durch a) einen „hohen Grad der situationsübergreifenden Verallgemeinerungsfähigkeit“ und b) einen (häufig erreichten) „hohen Grad von Kohäsion und innerer Konsistenz“. Sie äußern sich im habituellen Tun und umfassen die Regeln, wie Praktiken und Situationen zu gestalten sind. Gleichzeitig legen sie fest, was von anderen erwartet werden kann und was Symbole bedeuten. Als Matrizes der Praxisgestaltung können Deutungsmuster religiös begründet sein. Sie sind aber in jedem Fall als historisch entstanden und somit auch wandelbar zu begreifen. Sie werden über Sozialisation – vorwiegend in *face-to-face*-Situationen[8] – vermittelt und – wie Bourdieu (1972: 1987) es nennt – „inkorporiert“.

Deutungsmuster beruhen aber nicht auf einem abfragbaren, sondern vielmehr auf einem „stillschweigendem“, impliziten Wissen (*tacit knowledge*) und sind Bestandteil dessen, was Giddens (1984: 57) als „praktisches Bewusstsein“ bezeichnet. Die Aufdeckung von Deutungsmustern – den Grundlagen der alltagsweltlichen Weltdeutungen – kann konsequenterweise nicht über Befragungen erreicht werden. Deren Erforschung verlangt vielmehr nach der Rekonstruktion „Semantik der Diskurse“ bzw. nach der „Diskursanalyse“ eines „Ensembles kommunikativer Praktiken und Verfahren“ (Bollenbeck 1996: 18 f.).

[8] Vgl. Werlen (1992).

Bei den *Ressourcen* ist im Sinne von Giddens (1984: 86 f.) zwischen allokativen und autoritativen Ressourcen zu unterscheiden.[9] Über die Operationalisierung von allokativen Ressourcen, mit denen Vermögensgrade der Kontrolle physisch-materieller Bedingungen und Güter bezeichnet werden, können sowohl die Herrschaftsverhältnisse beim Zugang zu Rohstoffen, Wasser, Produktionseinrichtung usw. analysiert werden, als auch die unterschiedlichen Kaufkraftverhältnisse auf der Seite der Konsumenten.

Über die Operationalisierung von autoritativen Ressourcen, mit denen Vermögensgrade der Kontrolle von Personen bezeichnet werden, wird der Zugang zu der politischen Bedeutung raum-zeitlicher Organisation des gesellschaftlichen Lebens in verschiedenen kulturellen Konstellationen eröffnet. In diesem Kontext wird die Analyse der Bedeutung des Räumlichen für die Konstitution kultureller Praktiken im Sinne von Dickhardt, Hauser-Schäublin (2003) zentral. Bei entsprechenden empirischen Analysen ist davon auszugehen, dass sowohl die Bedeutungen von Orten als auch die Räumlichkeit von Gegebenheiten handlungstheoretisch betrachtet wohl nur in Bezug *auf* und als Folge *von* Tätigkeiten erforscht werden können. „Räumlichkeit" ist in praxiszentrierter Perspektive demzufolge als Aspekt des Kulturellen zu betrachteten. *meaning of places* (Entrikin 2001) – die Bedeutung von Orten – und *meaning of settings* (Weichhart 2003) – die Bedeutung personeller Handlungskonstellationen – sind dann in ihrer Bedeutung *für* Handlungen oder *als* Ausdruck der symbolischen Aneignung über das Handeln zu erschließen.

Das Verhältnis von allokativen und autoritativen Ressourcen ist insbesondere für humanökologische Fragen nach den (sozialen und kulturellen) Modi der Transformation von „Natur" von zentraler Bedeutung (vgl. die Beiträge von Zierhofer und Flitner in diesem Band). Die „räumlichen Verhältnisse" des „Natürlichen" kommen hier als Resultat der durch menschliche Handlungen herbeigeführte Strukturierungen der physisch-materiellen Bedingungen ins Blickfeld. Diese Strukturierungen sind als Ausdruck der jeweils für einen bestimmten kulturellen Kontext verfügbaren technischen Möglichkeiten zu begreifen.

Die *dritte Anforderung*: thematische Verknüpfung, ist durch die praxiszentrierte Betrachtung relativ leicht zu realisieren. Hier muss der Hinweis genügen, dass die sonst meist von einander getrennten Themenbereiche zu Dimensionen und Aspekten derselben Praktiken werden. Dies äußert sich in den Formulierungen der Kulturalisierung der Ökonomie und des Politischen.

[9] Vgl. dazu ausführlicher Werlen (1997: 188 ff.).

14.5 Konturen eines praxiszentrierten Forschungsfeldes

Die damit skizzierte Basisperspektive ist nun auf die neuen, globalisierten Bedingungen des Handelns zu beziehen. Wie angedeutet, können in kulturgeographischer Hinsicht die unterschiedenen Praktiken als Formen der Welt-Bindung verstanden werden. Damit ist gemeint, dass es sich hier gleichzeitig um Typen des alltäglichen Geographie-Machens handelt, mit denen die Subjekte „die Welt“ auf sich beziehen bzw. im Rahmen ihrer Vermögensgrade zu eigen machen. Entlang dieser drei Dimensionen soll nun, wenn auch auf abstrakter Ebene, das kulturgeographische Forschungsfeld im Sinne eines kurzen Überblicks skizziert werden.

Die drei in Abb. 14.3 dargestellten Dimensionen alltäglicher Geographien implizieren *erstens* Praktiken der symbolischen Aneignung von Objekten und Orten auf der Basis von verfügbaren, unmittelbar oder mediatisiert erworbenen Informationen; *zweitens* Praktiken der autoritativen „Aneignung“ bzw. Kontrolle von Subjekten über Distanz sowie *drittens* Praktiken der allokativen Aneignung von materiellen Gütern.

Der *erste* Analysebereich *(Information, Wissen)* befasst sich mit der Generierung und Steuerung der potentiellen Informations- und Wissensaneignung als Basis sinnhafter Deutungen der Wirklichkeit. Diese Steuerung ist in Bezug auf verschiedene Ausbildungseinrichtungen und -programme, Informationsmedien und -kanäle von Zeitungen und Büchern bis hin zu TV und Internet durchzuführen. Insgesamt geht es im diesen Bereich um die Analyse der Konstitution der Deutungsmuster über informative Welt-Bindungen. Dabei ist der Abklärung der jeweiligen Bedeutung von face-to-face Situationen und mediatisierten Formen der Wissensaneignung Generierung und Transformation von Deutungsmustern besondere Aufmerksamkeit zu schenken. Hypothetisch kann diesbezüglich davon ausgegangen werden, dass die Tradierung regional gebundener

HAUPTTYPEN	FORSCHUNGSBEREICHE
INFORMATIV-SIGNIFIKATIV	Geographien der Information Geographien symbolischer Aneignung
NORMATIV-POLITISCH	Geographien normativer Aneignung Geographien der Kontrolle
PRODUKTIV-KONSUMTIV	Geographien der Produktion Geographien der Konsumtion

14.3 Typen alltäglichen Geographie-Machens (nach Werlen 2000: 337)

Deutungsmuster eher auf der Basis von face-to-face Situationen erfolgt und mediatisierte Gehalte erst auf dieser „Grundlage“ rezipiert werden.

Der *zweite* Analysebereich *(Signifikation)* soll sich auf die Analyse der subjektiven Bedeutungszuweisungen zu bestimmten Ausschnitten der Lebenswelt, insbesondere der Interpretation der eigenen (lokalen) Lebenssituation vermittels symbolischer Aneignungen beziehen. Eine zentrale Forschungsfrage lautet: Welche Bedeutungen erlangen mediatisierte Informationsgehalte für die Interpretation der eignen lokalen Tradition? Weitere wichtige Forschungsfragen betreffen die Erschließung der so genannten globalisierten Kultur in den Bereichen wie Musik, Film, Literatur usw. und ihren Wirkungen. Insgesamt geht es im diesen Bereich um die Analyse der Anwendung der Deutungsmuster in signifikativen Welt-Bindungen in Form von Symbolisierungen.

Das *dritte* Forschungsfeld, die normativen Bezüge mit ihren präskriptiven Regionalisierungen ist aus kulturgeographischer Sicht insbesondere auf differenzierende Standards der Praktiken zu beziehen. Dazu sind geschlechtsspezifische Regionalisierungen der Alltagswelt im interkulturellen Vergleich zu zählen, sprachspezifische Regionalisierungen in der Geschichte des Imperialismus und der Nationalstaaten, des ethnischen Ausschlusses, staatlicher Integrations- oder Ausschlussszenarien im Kontext multi-kultureller Gesellschaften usw. Den *vierten* Bereich bildet die Kulturalisierung des Politischen, insbesondere vermittels religiöser aber auch regionalistischer und nationalistischer Diskurse.

Der *fünfte* und *sechste* Programmteil bezieht sich auf die Kulturalisierung des Ökonomischen. In Bezug auf die Produktion eröffnet die Perspektive beispielsweise einen neuen Zugang zur Analyse von Wissensmilieus, Unternehmens-Kulturen im Kontext von Tradition, diskursiver Offenheit und Innovation.

Der letzte Bereich, die Erforschung der Kulturalisierung des Konsums ist in engem Bezug zu individuell gestalteten und in globale Prozesse eingebetteter Lebensstile zu sehen. Konsequenterweise sind sie in enger Verbindung mit den informativ-signifikativen Geographien zu untersuchen. Im Zentrum dieser Forschungen soll die Frage nach den differenzierenden Einflüssen der Lebensstile auf Warenströme und der hier ihren Ausdruck findenden "Kulturalisierung der Wirtschaft“ insgesamt stehen. Die rekonstruierten Lebensstile können dann in einem weiteren Schritt der (human-)ökologischen Beurteilung unterworfen werden.

14.6 Schluss

Die Essentialisierung von Kultur über raumzentrierte Wirklichkeitsdarstellungen im Stile der traditionalistischen Orthodoxie dürfte deshalb eines der zentralen Probleme der Zukunft sein, weil die alltagsweltliche Basis dafür zunehmend aufgelöst wird. Ein Vergleich traditionell geographischer Kulturraumforschung mit regionalistischen, nationalistischen und verwandten fundamentalistischen Argumentationsmustern lässt eine erschreckenden Familienähnlichkeit erkennen. Solche Rückwirkungen auf sozial-politische Alltagswirklichkeiten sind von großer Brisanz.

Sowohl die wachsende Erkenntnis der Bedeutung symbolischer Ordnungen für die soziale Praxis als auch die zunehmende Anerkennung qualitativer Methoden zur Erschließung von Bedeutungsfeldern lassen vermuten, dass der *Cultural Turn* auch das Feld der Sozialwissenschaften durchdringt. Ob dies allerdings mit der Schwächung der Bedeutung des Sozialen einher gehen muss, ist zu bezweifeln. Es ist vielmehr zu vermuten, dass die Analyse der wachsenden Pluralisierung sozialer Wirklichkeiten nach der stärkeren Berücksichtigung des interpretativen Konstruktivismus verlangt.

Literatur

Beacker D (2000) Wozu Kultur? Berlin

Bauman Z (2000) Community: Seeking Security in a Insecure World. Cambridge

Bell D, Valentine G (1997) Consuming Geographies. We are *Where* We Eat. London

Blotevogel H H, Heinritz G, Popp H (1986) Regionalbewusstsein. Bemerkungen zum Leitbegriff einer Tagung. Berichte zur deutschen Landeskunde 60 (1), 103–114

Blotevogel H H, Heinritz G, Popp H (1987) Regionalbewusstsein – Überlegungen zu einer geographisch-landeskundlichen Forschungsinitiative. Informationen zur Raumentwicklung, Heft 7/8, 409–418

Bobek H (1948) Die Stellung und Bedeutung der Sozialgeographie. Erdkunde 2, 118–125

Bollenbeck G (1996) Bildung und Kultur. Glanz und Elend eines deutschen Deutungsmusters, Frankfurt a. M.

Bourdieu P (1972) Zur Soziologie der symbolischen Formen. Frankfurt a. M.

Bourdieu P (1987) Die feinen Unterschiede. Kritik der gesellschaftlichen Urteilskraft. Frankfurt a. M.

Casey E S (2001) Between Geography and Philosophy: What does It Mean to Be in the Place-World? Annals of the Association of American Geographers 91 (4), 683–693

Claval P (2001) Champs et perspectives de la géographie culturelle. Géographie et cultures 40 (1), 5–28

Certeau M de (1988) Die Kunst des Handelns. Berlin

Crewe L, Lowe M (1994) United Colours? Globalisation and localisation tendencies in fashion retailing. In: Wrigley N/Lowe M (eds.): Retailing, Consumption and Capital. London, 271–283

Davies I (1995) Cultural studies and Beyond. Fragments of Empire. London/New York

Dickhardt M, Hauser-Schäublin B (2003): In: Hauser-Schäublin, B. (Hrsg.): Kulturelle Räumlichkeit. Münster 2003 (im Druck)

Dilthey W (1865) Grundriss der Logik des Systems der philosophischen Wissenschaften. Vorlesungen. Berlin

Ehlers E (1996) Kulturkreise – Kulturerdteile – Clash of Civilisations. Plädoyer für eine gegenwartsbezogene Kulturgeographie. Geographische Rundschau 48 (5), 338–344

Eisel U (1987) Landschaftskunde als „materialistische Theologie“. Ein Versuch aktualistischer Geschichtsschreibung der Geographie. In: Bahrenberg, G. et al. (Hrsg.): Geographie des Menschen – Dietrich Bartels zum Gedenken. Bremen, 89–109

Entrikin N (2001) Hiding Places. Annals of the Association of American Geographers 91 (4), 683–693

Geertz C (1973) The Interpretations of Cultures. New York

Giddens A (1984) Konstitution der Gesellschaft. Frankfurt a. M.

Giddens A (2002) Runaway World. How Globalisation is reshaping our Lives. London (2nd Ed.)

Greenblatt S (1991) Schmutzige Riten. Betrachtungen zwischen Weltbildern. Berlin

Gregory D (1994) Geographical Imaginations. Oxford

Hegel W F (1837) Philosophie der Geschichte. Leipzig

Held D, McGrew A, Goldblatt D, Perraton J (1999) Global Transformations. Cambridge

Held D (2001) Regulating Globalization? The Reinvention of Politics. In: Giddens, A (Hrsg.): The Global third way Debate. Cambridge/Oxford, 394–405

Hettner A (1929) Der Gang der Kultur über die Erde. Leipzig und Berlin

Huntington E (1915) Civilization and Climate. New Haven

Huntington S (1993) Clash of Civilizations? Foreign Affairs 72 (3), 22–49

Huntington S (1996) Der Kampf der Kulturen. Wien

Kearns G, Philo C (eds.) (1993) Selling places. The City as Cultural Capital, Past and Future. Oxford/New York

Kolb A (1962) Die Geographie und die Kulturerdteile. In: Leidlmaier, A (Hrsg.): Hermann von Wissmann Festschrift. Tübingen, 42–50

Lackner M, Werner M (1999) Der cultural turn in den Humanwissenschaften. Area Studies im Auf- oder Abwind des Kulturalismus? Bad Homburg

Lash S, Urry J (1994) Economies of Signs and Space. London

Lippuner R (2003) Wissenschaft und Alltag. Zum theoretischen Problem, Geographien der Praxis zu beobachten. Jena (unveröffentlichte Dissertation)

Mitchell D (1995) There's no such thing as culture: towards a reconceptualization of the idea of culture in geography. Transactions of the Institute of British Geographers. NS 20, 102–116

Mitchell D (2000) The End of Culture? – Culturalism and Cultural Geography in the Anglo-American "University of Excellence“. Geographische Revue 2, 3–17

Newig J (1986) Drei Welten oder eine Welt. Geographische Rundschau 38, 262–267

Newig J (1993) Die Bedeutung des Prinzips „Vom Nahen zum Fernen“ zur Strukturierung des Erdkundeunterrichts. Erdkundeunterricht, Heft 1 1993, 28–32; Heft 2 1993, 72–76

Oevermann U (2001) Zur Analyse der Struktur von sozialen Deutungsmustern. Sozialer Sinn 1 (1), 35–81

Robertson R (1992) Globalization. Social Theory and Global Culture. London

Rojek C, Turner B (2000) Decorative sociology: towards a critique of the cultural turn. Sociological Revue 48 (4), 629–648

Schmid P W (1924) Werden und Wirken der Völkerkunde. Regensburg

Schmitthenner H (1938) Lebensräume im Kampf der Kulturen. Heidelberg

Schwind M (1964) Kulturlandschaft als objektiver Geist. In: Ders.: Kulturlandschaft als geformter Geist. Darmstadt, 1–26

Scott A J (2000) The Cultural Economy of Cities. London

Simmel G (1989) Philosophie des Geldes. Gesamtausgabe Bd. 6. Frankfurt a. M.

Skinner Q (1985) The Return of Grand Theory in the Human Sciences. Cambridge

Vidal de la Blache P H (1913) Des charactères distinctifs de la géographie. Annales de Géographie 22, 289–299

Vidal de la Blache P H (1922) Principes de la géographie humaine. Paris

Weichhart P (2003) Gesellschaftlicher Metabolismus und „action setting“. Die Verknüpfung von Sach- und Sozialstrukturen im alltagsweltlichen Handeln. In: Meusburger P (Hrsg.) Humanökologie. Stuttgart (im Druck)

Weber M (1913) Über einige Kategorien der verstehenden Soziologie. Logos. Internationale Zeitschrift für Philosophie der Kultur, Bd. 4. Heft 3, 253–294

Werlen B (1989) Kulturelle Identität zwischen Individualismus und Holismus. In: Sosoe, L K (Hrsg.): Identité culturelle – Kulturelle Identität. Fribourg, 21–54

Werlen B (1992): Regionale oder kulturelle Identität? Eine Problemskizze. Berichte zur deutschen Landeskunde 66 (1), 9–32

Werlen B (1993): Gibt es eine Geographie ohne Raum? Zum Verhältnis von traditioneller Geographie und zeitgenössischen Gesellschaften. Erdkunde 47 (4), 241–255

Werlen B (1995) Von der Regionalgeographie zur Sozial-/Kulturgeographie alltäglicher Regionalisierungen. In: Werlen B/Wälty S (Hrsg.): Kulturen und Raum. Chur/Zürich

Werlen B (1997) Sozialgeographie alltäglicher Regionalisierungen. Bd. 2: Globalisierung, Region und Regionalisierung. Stuttgart

Werlen B (2000) Sozialgeographie. Eine Einführung. Bern

15 *Thirdspace* – Die Erweiterung des Geographischen Blicks

Von Ed Soja, Los Angeles[1]

Ähnlich wie in meinem Buch „Thirdspace: Journeys to Los Angeles and Other Real-and-Imagined Places“ (1996), möchte ich auch mit diesem Aufsatz die Entwicklung einer anderen Sicht- und Denkweise über „den Raum“ und entsprechende Theorien und Konzepte vorantreiben, die sich mit der räumlichen Dimension des menschlichen Lebens beschäftigen und gleichzeitig zur Entwicklung neuer Ansätze einer zeitgemäßen Humangeographie beitragen.

Wenn ich die Geographen und natürlich auch alle anderen dazu ermutige, „anders“ über altvertraute Begrifflichkeiten wie Raum, Ort, Territorium, Stadt, Region, Standort oder Umgebung nachzudenken, dann sollen sie dabei nicht ihre gewohnten Ansätze und Konzepte über Bord werfen, sondern diese in einer Weise hinterfragen, die dazu beiträgt, die vorhandenen Raumkonzepte und *geographical imaginations*[2] kritisch zu beleuchten und zu erweitern.

Ich will dazu die Kerngedanken aus meinem Buch „Thirdspace“ in fünf komprimierten Thesen vorstellen. Sie sind bewusst etwas plakativ formuliert, richten sich in dieser Form speziell an eine humangeographische Leserschaft und haben weitreichende Konsequenzen für eine zeitgemäße Humangeographie.

Die jeweils anschließenden kurzen Kommentare sollen die Thesen vertiefen, näher erläutern und gleichzeitig die Vielfalt möglicher Varianten und Facetten des *Thirdspace*-Konzeptes verdeutlichen. Es gibt nicht die eine Definition für diese „andere Art des Denkens“ von Raum und Räumlichkeit, sondern unendlich viele Betrachtungsperspektiven, von denen jede spezifische neue Erkenntnisse über die *geographical imagination* entfaltet, und damit auch auf ihre eigene Art die Grenzen und Dimensionen einer kritischen Humangeographie erweitert.

These I: Die aktuellen Forschungsansätze in den kritischen Human- und Sozialwissenschaften haben einen beispiellosen *Spatial Turn* durchlaufen. In einer Entwicklung, die rückblickend durchaus als eine der wichtigsten intellektuellen Erneuerungen des späten 20. Jahrhunderts betrachtet werden kann, haben Wissenschaftlerinnen

[1] übersetzt von Yvonne Klöpper und Paul Reuber

[2] Anm. der Übers.: Teile der englischen Fachtermini, insbesondere Sojas eigene Wortschöpfungen, werden original übernommen, da sie sich auch im deutschen Sprachraum bereits als Anglizismen einzubürgern beginnen. Auch die – teilweise längeren – englischen Zitate, die im hinteren Teil des Aufsatzes Sojas Konzeption erläutern, wurden um der Authentizität willen original übernommen.

> und Wissenschaftler damit begonnen, „den Raum“ und die räumlichen Aspekte menschlichen Lebens mit dem gleichen kritischen Verständnis und mit einer ähnlichen Erklärungskraft zu erforschen, wie sie es traditionell mit der Zeit und der Geschichte (d. h. mit der historischen Dimension des menschlichen Lebens) sowie mit den sozialen Beziehungen und der Gesellschaft (d. h. mit der sozialen Dimension des menschlichen Lebens) getan haben.

Kaum jemand wird abstreiten wollen, dass sowohl die Zeit (bzw. die Geschichte) als auch das Soziale gleichermaßen notwendige Dimensionen für das „Verstehen der Welt“ sind. Ob es sich um die Rekonstruktion einzelner Biographien, um die Einordnung eines herausragenden Ereignisses oder einfach auch nur um die vertrauten Routinen unseres alltäglichen Lebens handeln mochte, stets haben historische und soziale (bzw. soziologische) Leitvorstellungen, oft eng miteinander verknüpft, die Denkkategorien sowohl für alltagspraktische als auch wissenschaftliche Erklärungsansätze geliefert. Das gilt in gleicher Weise für die Entwicklung des kritischen Denkens innerhalb der Human- und Kulturwissenschaften.

Ich will hier keineswegs die Bedeutung der historischen und sozialen Dimension für das menschliche Leben reduzieren. Es geht mir auch nicht darum, die kreativen und kritischen Betrachtungsweisen in Abrede zu stellen, die sich im Umfeld entsprechender theoretischer und empirischer Ansätze entwickelt haben. Es ist jedoch unbestreitbar, dass in jüngster Zeit eine dritte, kritische Perspektive Einzug in die Forschung gehalten hat, die explizit mit räumlichen Vorstellungen verknüpft ist und in den letzen Jahren geschichts- und gesellschaftsbezogene Untersuchungen mit neuen Denk- und Erklärungsansätzen zu beeinflussen begonnen hat. Am *fin de siècle* entstand ein zunehmend stärkeres Bewusstsein für die Gleichzeitigkeit und die miteinander verwobene Komplexität des Sozialen, des Historischen *und des Räumlichen*. Diese Bereiche sind kaum voneinander zu trennen und in Form von teilweise problematischen Abhängigkeitsbeziehungen miteinander verflochten. Es ist genau dieser *Spatial Turn*, der auch für das Aufkommen einer *Thirdspace*-Perspektive und einer entsprechenden Erweiterung des Blickwinkels und des kritischen Erklärungspotentials der geographischen Betrachtungsperspektive verantwortlich zeichnet.

Diese neuen Entwicklungen kann man im Grossen und Ganzen als eine ontologische Wende bezeichnen, als eine tiefgreifende Veränderung in der Art, die Welt zu sehen und auf dieser Basis verlässliche Formen des Wissens darüber zu produzieren. In den letzten beiden Jahrhunderten hat sich die konzeptionell-theoretische Diskussion in erster Linie auf die zeitlichen und sozialen Rahmenbedingungen des menschlichen Lebens konzentriert, auf das, was man als die grundlegenden Beziehungen zwischen der historischen und der gesellschaftlichen Dimension des Seins beschreiben könnte oder, genauer, des In-der-Welt-Seins. Erste Versuche, diesem Sein und Werden menschlicher Existenz auf konzeptioneller Ebene auch eine räumliche Dimension zu verleihen, erfolgten bereits durch die kritische Philosophie von Martin Heidegger und Jean Paul Sartre. Trotzdem blieb diese räumliche Perspektive bis vor kurzem der dominierenden Dialektik von Geschichtlichkeit und Gesellschaftlichkeit, d. h. dem Zusammenspiel historischer und sozialer Aspekte, untergeordnet. Mittlerweile jedoch wird die dem menschlichen Dasein vielfältig inhärente „Räumlichkeit" sehr viel stärker erkannt als jemals zuvor, was dazu führt, dass sie als dritter wichtiger Aspekt in die Ontologie des menschlichen Daseins einfließt. Diese Entwicklung ist es, die ich als *Thirding* bezeichne, und die ein neues ontologisches Dreieck in Form von „Räumlichkeit – Gesellschaftlichkeit – Geschichtlichkeit" konstruiert. Einfacher gesagt: Es handelt sich nicht mehr nur um ein zweidimensionales Denken und Verstehen der Welt, sondern um ein dreidimensionales. Etwas anders ausgedrückt kann man sagen, dass die soziale Produktion der räumlichen Aspekte des menschlichen Daseins, das *„making of geographies"*, genauso wichtig für das Verständnis unseres Lebens und unserer Lebenswelten wird, wie es die soziale Produktion unserer Geschichte und unserer Gesellschaftsformen bereits ist.

Abbildung 15.1 versucht, diese dreidimensionale Beziehung optisch zu veranschaulichen. Das hier dargestellte Dreiecksverhältnis lässt sich nicht nur auf die Ebene der Ontologie anwenden, es gilt genauso gut auch für alle anderen Ebenen der Wissensformation: im Bereich der Epistemologie, der Theoriebildung, der empirischen Analyse und der praktischen Umsetzung des Wissens. Auf diese Weise geht es nun nicht mehr allein um die seit langem etablierte Beziehung zwischen Geschichtlichkeit und Gesellschaftlichkeit, die seit zwei Jahrhunderten die dominante Perspektive des westlichen Denkens gebildet hat, sondern es geht gleichberechtigt daneben auch um Beziehungen zwischen der Gesellschaft und ihrer räumlichen Konstitution, wie ich sie bereits vor einigen Jahren als sozial-räumliche Dialektik bezeichnet habe, und schließlich auch um Beziehungen zwischen Geschichtlichkeit und Räumlichkeit, zwischen Zeit und Raum. Letztere bildet die Basis für eine raum-zeitliche oder geo-historische Dialektik in der Form, wie ich sie genauer in meinen Veröffentlichungen „Postmodern Geographies" 1989 sowie „Thirdspace" (hier in erster Linie Kapitel 6 „Re-Presenting the Critique of Historicism") erläutert habe.

THE TRIALECTICS OF BEING

SPATIALITY
HISTORICALITY
SOCIALITY
BEING

15.1 The trialectics of being

Der Schlüssel für das richtige Verständnis dieses Dreiecks des menschlichen Daseins – und einer der Hauptgründe dafür, dass die Renaissance eines kritischen raumbezogenen Denkens von transdisziplinärer Bedeutung ist, und nicht nur Geographen, Architekten, Urbanisten und andere raumbezogene Disziplinen etwas angeht – liegt in der *gleichberechtigten* Behandlung aller drei Dimensionen. Die Untersuchung der geschichtlichen Dimension bestimmter Ereignisse, Personen, Orte oder sozialer Gruppen ist dabei nicht von vornherein relevanter als etwa die Untersuchung der gesellschaftlichen oder räumlichen Dimension. Vielmehr sollten diese drei Aspekte und ihre komplexen Beziehungen untereinander als gleichberechtigte und miteinander verknüpfte Ebenen betrachtet werden, denn genau das ist es, was das In-der-Welt-Sein (des Menschen) ausmacht. Sowohl auf der theoretischen als auch auf der praktischen Ebene kann man nur durch die Kombination der historischen, sozialen und räumlichen Perspektive ein angemessenes Verstehen der Welt erreichen. Natürlich werden sich die Spezialisten (Historiker, Geographen, Soziologen) jeweils genauer mit einer der drei Dimensionen beschäftigen, aber wenn sie dabei die beiden anderen ausschließen, besteht immer die Gefahr, wesentliche Prinzipien der Konstitution des menschlichen Lebens auszublenden und statt dessen in die eingeschränkten Betrachtungsweisen historischer, sozialer oder räumlich-geographischer Determinismen zu verfallen. Selbst wenn also aus Gründen von Praktikabilität und fachlicher Präferenz eine der drei Dimensionen zeitweise dominieren mag, so ist es unerlässlich, gleichzeitig in einer Art kritischer Selbstreflektion die theoretische Gleichwertigkeit aller drei miteinander verknüpften Dimensionen zu berücksichtigen.

Es liegt aber in der Natur der Sache und am wissenschaftshistorischen „*timing*“ dieser ontologischen „Restrukturierung“, dass es im Augenblick angemessen erscheint, die raumbezogene Dimension zumindest zeitweise ein wenig stärker zu beleuchten. Der Grund dafür liegt nicht in der größeren Bedeutung des Räumlichen „an sich“ gegenüber den anderen beiden Dimensionen, sondern vielmehr in der Tatsache, dass dieser Aspekt bis vor kurzem in den Kultur- und Sozialwissenschaften und speziell auch in kritischen Ansätzen sozialwissenschaftlicher Theoriebildung nur sehr randlich einbezogen worden ist. Als Hauptgrund dafür habe ich bereits in meinen Büchern „Postmodern Geographies“ und „Thirdspace“ die tiefverwurzelte Tradition des Historizismus[3] herausgearbeitet. Mein Argument wurde leider häufig (und am häufigsten von Geographen) entweder so verstanden, als sei dies der Versuch, die Bedeutung der historischen Dimension zu vermindern, mithin eine Art antihistorischer Haltung oder es gab Kritik, die mir die mangelnde Anerkenntnis der Tatsache vorwarf, dass gute Historiker immer schon für räumliche Aspekte und geographische Betrachtungsweisen offen gewesen seien. Ich kann daher nicht häufig genug betonen, dass meine aus der räumlichen Perspektive heraus erfolgende

[3] gemeint ist damit eine an der historischen Dimension ausgerichtete Theoriebildung, Anm. d. Übers.

Kritik am Historizismus weder ein Anti-Historismus ist, noch eine unangemessene Zurückweisung der kritischen historischen Forschung bzw. der emanzipatorischen Kraft eines kreativen historischen Blicks. Historiker haben zu jeder Zeit gute „Humangeographien" geschrieben, und sie tun es bis heute. Meine Kritik am Historizismus ist deshalb richtiger als der Versuch zu verstehen, das grundsätzliche Dreieck von Geschichtlichkeit, Gesellschaftlichkeit und Räumlichkeit wieder in ein Gleichgewicht zu bringen, so dass alle drei Dimensionen auf allen Ebenen der Produktion von Wissen zusammenarbeiten, ohne dass eine von ihnen dabei vorgezogen oder benachteiligt wird.

Wenn sich der derzeitige *Spatial Turn* quer durch alle Kulturwissenschaften mit der gleichen Intensität weiterentwickelt wie noch in den neunziger Jahren, dann ist in Zukunft durchaus ein Zeitpunkt denkbar, an dem es nicht mehr notwendig sein wird, die Bedeutung einer *critical spatial imagination* besonders zu betonen oder auf die Raumblindheit mancher althergebrachter historischer oder soziologischer Betrachtungsperspektiven hinzuweisen. Genauso wie wir es mittlerweile für selbstverständlich halten, dass unsere Welt, ebenso wie alle Arten der Reflexion darüber, eine zutiefst soziale und historische Dimension haben (mit der Konsequenz, dass es mittlerweile Historiker und Soziologen für die Spezialgebiete Wissenschaftsforschung, Philosophie, Geographie, ja sogar für Sport und Sexualität gibt), so sollten wir zunehmend auch die grundlegende Bedeutung der räumlichen Dimension für die Konstitution der Gesellschaft und für jede Art des Nachdenkens darüber anerkennen, so dass schließlich auch Humangeographinnen und Humangeographen dieselbe Kompetenz bei der kritischen Untersuchung der Conditio Humana zugesprochen wird wie Soziologen und Historikern. Dieser Punkt ist jedoch bei weitem noch nicht erreicht. Das Projekt, dieses Dreieck in eine neue Balance zu bringen, hat noch einen weiten Weg vor sich. Immer noch schränkt die bestehende Macht von Historizismus und Soziologismus (oder sollte man sagen: „Sozialismus"?) die Entwicklungsmöglichkeiten und Handlungsspielräume der geographischen Perspektive ein und macht es notwendig, dagegen zu kämpfen. Die Frage ist jedoch, ob unser geographischer Blick und die heutige Humangeographie schon bereit sind für diese Herausforderung. Diese Frage leitet über zu meiner zweiten These.

These II: Die geographische Betrachtungsweise, insbesondere so, wie sie sich in den Raumwissenschaften entwickelt hat, ist nach wie vor durch ein Denken in Dualismen, durch eine binäre Logik, gekennzeichnet. Sie hat dazu geführt, das raumbezogene Denken zu polarisieren, und zwar entlang solch fundamentaler Gegensätze wie Objektivität vs. Subjektivität, materielle vs. mentale Welt, reale vs. vorgestellt-konstruierte Welt, Dinge im Raum vs. Gedanken über den Raum. Wer den geographischen Blick zu einer ähnlichen Breite und Tiefe erweitern will, wie er bereits für die historische und gesellschaftliche Dimension existiert, um damit auch ein ähnliches Potential zu erreichen, der muss diese Dualität räumlichen Denkens und Analysierens kreativ dekonstruieren und neu konzeptionieren.

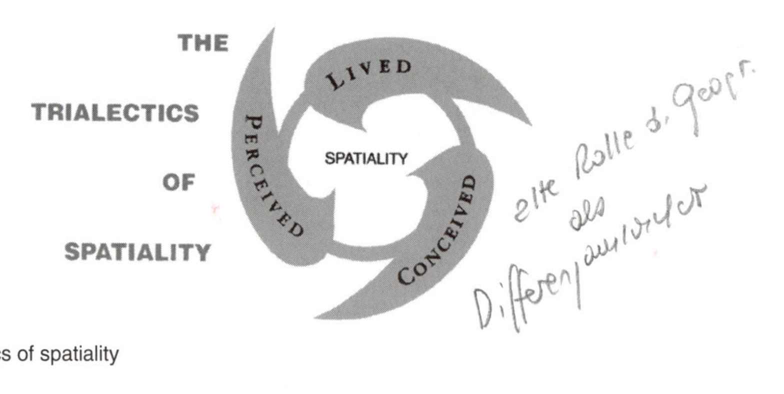

15.2 The trialectics of spatiality

Abbildung 15.2 veranschaulicht das entsprechende Kernargument aus meinem Buch *Thirdspace*, das ich in Fortführung des oben bereits auf der Ebene der Ontologie entwickelten Dreiecks als die „*trialectics of spatiality*“ bezeichnet habe. *Thirdspace* bezeichnet in diesem Zusammenhang, in Anlehnung an Henry Lefebvres Ausführungen zum *espace vécu*, zum gelebten Raum, eine *andere* Art des Blicks auf raumbezogene Fragestellungen, der die geographische Betrachtungsweise über die bestehenden Dualismen hinaus erweitert, die ich nachfolgend als *Firstspace* und *Secondspace*-Epistemologien bezeichnen möchte, und von denen Lefebvre als wahrgenommenem Raum (*perceived space*) auf der einen Seite, und als räumliche Repräsentationen (*conceived space*) auf der anderen Seite gesprochen hat.

Einige einfache Definitionen sollen zunächst die in Abbildung 15.2 dargestellten Beziehungen erläutern. *Firstspace* (der wahrgenommene Raum)[4] meint die Welt der direkten, unmittelbaren Raumerfahrung empirisch messbarer und kartographisch erfassbarer Phänomene. Diese sozusagen materialisierte Form räumlicher Phänomene, die die räumlichen Muster menschlicher Aktivitäten in erster Linie als registrierbare Ergebnisse betrachtet, bildete lange Zeit die dominierende und altvertraute Perspektive für die geographische Analyse, oft unter Ausschluss anderer Formen des konzeptionellen Denkens über Raum und Geographie. Für viele – insbesondere für diejenigen, die die Geographie in erster Linie als eine formale Wissenschaft ansehen – war dies der einzige objektive oder „reale“ Raum, der überhaupt der Analyse wert war. In dieser Form bildete er den Untersuchungsgegenstand bzw. den „Primärtext“ der Geographen, und er konnte als solcher auf zweierlei verschiedene Weise „gelesen“ bzw. erklärt werden. Stärker endogen ausgerichtete Ansätze untersuchen solche *Firstspace*-Geographien durch eine genaue Beschreibung der Muster und Verteilungen (wie z. B. in den Analysen zur räumlichen Differenzierung), durch die Suche nach empirisch erfassbaren Regelhaftigkeiten (die Grundlage der Raumwissenschaften im

[4] Anm. d. Übers.: der Begriff *perceived space* (übersetzt als wahrgenommener Raum) ist bei Soja semantisch nicht deckungsgleich mit den in der deutschsprachigen Sozialgeograpie unter Etiketten wie Perzeptionsraum, Wahrnehmungsraum etc. rangierenden Wortbedeutungen.

engeren Sinne), sowie durch die Korrelation bzw. räumliche Kovarianz unterschiedlicher räumlicher Verteilungsmuster (eine grundlegende Arbeitsweise sowohl in der idiographisch wie nomothetisch ausgerichteten Geographie).

Der springende Punkt bei diesen Verfahren liegt darin, dass sowohl die empirische Analyse als auch die Ableitung von Theorien und Erklärungen innerhalb des geographischen Gedankengebäudes bleiben. Das bedeutet: geographische Sachverhalte werden genutzt, um damit andere geographische Sachverhalte zu erklären. Stärker außenorientierte, exogene Ansätze erklären räumliche Verteilungsmuster mit Hilfe tiefer liegender sozialer oder naturwissenschaftlicher Prozesse, die für deren Entstehung verantwortlich sind. Verteilungsmuster werden hier stärker als Produkt bzw. Ergebnis von Kräften angesehen, die selbst nicht räumlich bzw. geographisch sind, sondern sich aus den sozialen und historischen Einflussfaktoren ableiten lassen, die hinter den empirischen Mustern, Verteilungen, Regelhaftigkeiten und Korrelationen liegen. Solche Ansätze sind besonders in den Ablegern der kritischen Schule des geographischen Denkens weiter entwickelt worden, etwa durch die Übernahme der Klassentheorie in der marxistischen Geographie oder bei feministischen Untersuchungen zu den Auswirkungen von Patriarchat und Männergesellschaft auf räumliche Strukturen. Solche Formen exogener Erklärungsansätze haben alle Untersuchungsfelder der Humangeographie beeinflusst, bis hin zur Verwendung der natürlichen Umwelt als erklärende Variable.

In deutlichem Unterschied dazu ist der *Secondspace* (mentaler Raum) stärker auf räumliche Images und Repräsentationen, sowie auf die kognitiven Prozesse und Konstruktionsweisen ausgerichtet, die an der Entstehung der Geographien der Gesellschaft und an der Entwicklung ihrer *geographical imaginations* beteiligt sind. Anstatt sich ausschließlich auf materiell wahrnehmbare räumliche Strukturen zu beziehen, konzentriert sich der *Secondspace* stärker auf kognitive, konstruierte und symbolische „Welten“. Man könnte ihn daher eher als idealistisch denn als materialistisch begreifen, zumindest in seinem erklärenden Schwerpunkt. Würde man also *Firstspace* als primären empirischen Forschungsgegenstand der Geographie ansehen, dann bezieht sich *Secondspace* stärker auf die ideengeschichtlich-konzeptionellen und ideologischen Diskurse, d. h. auf die Art und Weise, wie wir im einzelnen über diesen Forschungsgegenstand und allgemein über die Geographie denken und schreiben (das *earth-writing* im wahrsten Sinne des Wortes). Obwohl es auch für Untersuchungen im Sinne von *Firstspace* eine Ebene der epistemologischen Reflexion gibt, erhalten epistemologische Diskussionen im Bereich des *Secondspace* doch eine ungleich größere Aufmerksamkeit. In der langen Entwicklung des geographischen Denkens fanden daher *Secondspace*-Ansätze stets dann eine besondere Beachtung, wenn die eingefahrenen *mainstreams* aus dem Bereich des *Firstspace* sich als zu stark materialistisch und szientistisch herausstellten. Als Beispiel kann die vielfältige Kritik genannt werden, die sich als Antwort auf die epistemologischen Schließungen einer positivistisch ausgerichteten Human- und Kulturgeographie entwickelt hat.

Für Henri Lefebvre ist der *Secondspace* alles andere als zweitrangig. Er charakterisiert den gedacht-konstruierten Raum in seinem Buch „The Production of Space“ (1991) als den gesellschaftlich deutlich relevanteren Bereich, dessen Repräsentationen und Konstruktionen in machtvoller Weise darüber bestimmen, wie die räumlichen Aspekte unseres praktischen Lebens analysiert, erklärt und erfahren werden, und wie wir in ihnen handeln (bzw. wie wir diese *geographies* schaffen). Ich kann auf seine Argumentation an dieser Stelle nicht weiter eingehen, möchte aber betonen, dass sie insbesondere im Forschungsfeld der „Geschichte des geographischen Denkens“ einen neuen, *anderen* Weg des Zugangs eröffnet.

In der alltäglichen Praxis arbeiten die meisten Humangeographen natürlich nicht an den Extremen dieser beiden Perspektiven, sondern irgendwo dazwischen, so dass zwischen den Gegensatzpaaren von Materialismus/Objektivismus und Idealismus/Subjektivismus ein Kontinuum unterschiedlichster Ansätze entsteht. Vor diesem Hintergrund bestand jedoch insgesamt die Tendenz, *Firstpace* und *Secondspace* zusammen und ergänzend als Gesamtheit des geographischen Blicks zu definieren, so, als wenn sie in ihren unterschiedlichen Verknüpfungsformen alle Möglichkeiten enthalten würden, um die Humangeographie und die räumlichen Aspekte des menschlichen Lebens konzeptionell zu erfassen und zu untersuchen. Dieses „Zwei-Kammer-Gefängnis“ des geographischen Blicks, das ich als Dualismus von *Firstspace* und *Secondspace* bezeichnen möchte, ist hauptverantwortlich für die Schwierigkeiten vieler Geographen und anderer raumbezogener Denker bei dem Versuch, die tiefere Bedeutung der oben beschriebenen ontologischen Wende zu verstehen und zu akzeptieren, insbesondere das Konzept des *Thirdspace* (gelebter Raum) als eine Aufforderung zu begreifen, *anders* über die räumliche Verfasstheit des menschlichen Lebens (*Human Geographies*) nachzudenken. Anstatt also den zunehmenden *spatial turn* als eine Herausforderung anzusehen, um neue Formen für das Verstehen der räumlichen Aspekte des menschlichen Lebens (d. h. der Geographien des Menschen im weitesten Sinne) zu entwickeln, die dann in Blickwinkel und kritischem Potential gleich bedeutend wären mit den historischen und sozialen Dimensionen, füllen viele Geographen angesichts der Aufmerksamkeit, die ihrer Disziplin derzeit entgegenschlägt, den neuen Wein in dieselben beiden alten Schläuche (*double-barrelled containers*), und verstärken auf diese Weise nur die Beschränkungen und Illusionen des *Firstspace-Secondspace*-Dualismus. Deswegen ist es wenig überraschend, dass viele der ersten Anstöße für die Neukonzeptionalisierung der räumlichen Dimension und für die Erweiterung des geographischen Blicks außerhalb der traditionellen Raumwissenschaften entwickelt wurden. Die Suche nach dem Ursprung dieses *anderen* Denkens über den Raum leitet zu meiner dritten These über.

These III: Am Ende der 60er Jahre fand in Frankreich, v./fa. durch die Arbeiten von Michel Foucault und Henry Lefebvre, ein radikaler Bruch mit diesem einschränkenden Dualismus statt. Ich möchte diese Art der Kritik am *Firstspace-Secondspace-Dualismus* als ein „*critical thirding-as-othering*“[5] bezeichnen. Mein eigenes *Thirdspace*-Konzept, verstanden als eine grundsätzlich *andere* Art, die räumliche Dimension des menschlichen Lebens zu betrachten, zu verstehen und zu gestalten, hat seine Wurzeln in genau diesen neuen raumbezogenen Konzepten und Vorstellungen.

Bezieht man sich zunächst nur auf Lefebvres Hauptwerk „The Production of Space“ (für eine Diskussion von Foucaults Heterotopien siehe darüber hinaus auch Kapitel 5 in „Thirdspace“), so erscheint hier bereits ein vollständig *anderes Bild* von Inhalt und Substanz einer geographischen Betrachtungsperspektive. Für Lefebvre enthält der bestehende Dualismus zwischen konstruktivistischen und materialistischen Raumkonzepten, bzw. zwischen dem, was wir als *spatial practice* und *the representation of space* bezeichnen, eine ähnliche Form von Reduktionismus, wie bei vielen anderen „großen Dichotomien“, die sich durch die Geschichte der westlichen Philosophie und Sozialtheorie ziehen: Subjekt – Objekt, abstrakt – konkret, Handlung – Struktur, real – konstruiert, lokal – global, Mikro – Makro, Natur – Kultur, Zentrum – Peripherie, Mann – Frau, Schwarz – Weiß, Bourgeoisie – Proletariat, Kapitalismus – Sozialismus. So lange der geographische Blick in einer solchen Form eingezwängt ist, kann er niemals die empirische Vielfalt, den ganzen Umfang und auch die verborgenen Geheimnisse des tatsächlich *gelebten Raums* (*lived space*) erfassen, bzw. dessen, was Lefebvre (vielleicht absichtlich?) etwas kryptisch als *spaces of representation* (übersetzt aus dem Französischen als *representational spaces*) bezeichnet hat. Wo immer Lefebvre auf solche „großen Dichotomien“ stieß, versuchte er, sie aufzubrechen und für neue, anders geartete Möglichkeiten des Denkens zu öffnen. Er betonte immer wieder, dass aus seiner Sicht zwei Begriffe niemals ausreichen können, um die reale und vorgestellte Welt angemessen zu erfassen. *Il y a toujours l´Autre*. Es gibt immer auch einen *anderen* Begriff, eine dritte Möglichkeit, die die geschlossene Logik des kategorischen Denkens in „entweder-oder“-Begriffen durchbricht und stattdessen zu *anderen*, flexibleren Formen des Denkens in Kategorien von „sowohl-als-auch“ führt. Dieser Ansatz unterscheidet sich jedoch von der Suche nach einer Art von vermittelnder Position, irgendwo in dem angenommenen Kontinuum zwischen den beiden Polen dichotomer Gegensatzpaare, denn eine solche Form des Denkens würde weiterhin der Figur des Dualismus verhaftet bleiben. Lefebvre versucht stattdessen, aus den Zwängen solcher Dichotomien auszubrechen, indem er eine *andere* Art des Denkens einführt, die die alten Gegensätze neu zu konzeptionieren und zu erweitern sucht.

[5] Anm. d. Übers.: in derselben Schreibweise auch im Original. Die keineswegs einheitliche und keineswegs eindeutige Bedeutung dieses Sojaschen Neologismus erklärt sich aus den nachfolgenden Erläuterungen des Autors zur These III.

Lefebvre ist aber nicht der einzige Vertreter dieses Denkens. Es war vielmehr Bestandteil aller dialektischen Ansätze, von den alten Griechen bis hin zu Hegel und Marx, und es hat mittlerweile eine zentrale Rolle in der neueren postmodernen, poststrukturalistischen, postkolonialen und postfeministischen Kritik an der Epoche der Moderne eingenommen, an den bestehenden Zwängen und Schließungen der Epistemologien der Moderne, an „geschlossenen“ Dualismen, wie Handlung und Struktur, Mann und Frau, Kolonisierer und Kolonisierte, usw. Aber Lefebvre war der erste, der diese kritische Form des Denkens in umfassender Weise auf Konzepte und Praktiken der Produktion (Konstruktion) des Raumes angewendet hat, oder, mit anderen Worten, auf das *making of human geographies*. Auf diese Art hat er sich gleichzeitig noch für ein anderes philosophisches (und politisches) Anliegen eingesetzt: für die Erweiterung des dialektischen Denkens selbst um eine räumliche Perspektive. Lefebvre hat seinen eigenen Ansatz als *une dialectique de triplicité* bezeichnet. Ich habe mich entschieden, dies als *critical thirding-as-othering* zu beschreiben, wobei der Akzent durch die Großschreibung auf dem Aspekt des *othering* liegt.

Ein solches *„critical thirding-as-othering“* erweitert das dialektische Denken von Hegel und Marx, indem es sich jenseits der unterstellten Vollständigkeit und der zeitlichen Abfolge seiner klassischen Rhythmik von These – Antithese – Synthese positioniert. An die Stelle der abschließenden Synthese oder Schlussbemerkung, die dann selbst wieder eine neue dialektische Schleife von These – Antithese – Synthese einleiten würde, setzt das Denken im Sinne des *Thirding* auf eine absichtlich (ver-)störende Argumentationsweise im Sinne von „anders – als“. Diese Form des Denkens leitet sich nicht einfach und sequentiell aus dem ursprünglich binären Gegensatz bzw. Widerspruch ab, sie versucht stattdessen, die dialektische Sequenz und Logik insgesamt durcheinander zu bringen, zu dekonstruieren und versuchsweise neu zusammenzusetzen. Sie verschiebt den „Rhythmus“ des dialektischen Denkens von einer stärker zeitlichen zu einer stärker räumlichen Argumentationsweise, von einer linearen oder diachronischen Sequenz zu Gleichzeitigkeit und Synchronität (vgl. Abbildung 15.1 und 15.2). Lefebvre beschreibt das so: „The dialectic today no longer clings to historicity and historical time, or to a temporal mechanism such as ‘thesis-antithesis-synthesis“ … To recognise space, to recognise what ‘takes place“ there and what it is used for, is to resume the dialectic.“ Um diesen Gedanken zu unterstreichen und um die inneren *contradictions of space* nicht einfach auf den *Firstpace-Secondspace*-Dualismus zu reduzieren, fügt er hinzu: „We are not speaking of a science of space but of a knowledge (a theory) of the production of space ... this most general of products“ (Lefebvre, 1976: 18; Hervorhebungen im Original).

Lefebvre sah in diesem *Thirding* (in einem Denken in *drei* konzeptionellen Dimensionen) den Beginn einer heuristischen Kette von „Annäherungen“, die kumulativ eine zunehmende Erweiterung der Wissensproduktion bewirkt. Darin gibt es keine Schließungen, keine permanenten Strukturierungen des Wissens, keine von vornherein privilegierten Epistemologien. Alles bleibt ständig in Bewegung, auf einer nomadenhaften Suche nach neuen Quellen praktischen Wissens und angemessenen Beschreibungsformen; mitgenommen wird nur das, was sich auf früheren Reisen als nützlich erwiesen hat. Um dabei die Gefahren eines Hyper-Relativismus und einer allzu sorglosen *anything-goes*-Philosophie zu vermeiden, die häufig mit einer so radikalen erkenntnistheoretischen Offenheit einhergehen, bedarf es einer ambitionierten intellektuellen und politischen Positionierung. *Thirding* endet nicht mit dem Hinzufügen einer dritten Betrachtungsdimension oder mit der Konstruktion dessen, was manche vielleicht etwas abschätzig als eine Art Heilige Dreifaltigkeit bezeichnen würden. Praktisches und theoretisches Welt-Verstehen setzt vielmehr eine kontinuierliche Erweiterung der Formation des Wissens voraus, eine radikale Offenheit, die es uns ermöglicht, unseren Blick über das Bekannte hinaus zu richten und andere Aspekte des Räumlichen (vergleiche z. B. Foucaults *des espaces Autres* und Heterotopien) zu untersuchen, die gleichzeitig ähnlich und doch deutlich verschieden sind von den *real-and-imagined-spaces,* die wir bereits kennen.

In diesem Sinne ist *Thirdspace* (als gelebter Raum) gleichzeitig (1) eine unverwechselbare Art und Weise, die räumliche Dimension des menschlichen Lebens (und, wenn man so will, auch die derzeitige Humangeographie) zu betrachten, zu verstehen und zu verändern; (2) ein integraler, wenn auch oft vernachlässigter Teil der „Trialektik des Räumlichen", nicht besser oder schlechter als Ansätze aus dem Bereich des *Firstspace* oder des *Secondspace* des geographischen Wissens; (3) eine umfassende Form der räumlichen Betrachtungsweise, in ihrem Potential vergleichbar mit ergiebigen historischen und soziologischen Betrachtungsperspektiven; (4) ein strategisches Forum, um gemeinsame politische Aktionen gegen jedwede Form menschlicher Unterdrückung zu fördern; (5) ein Startpunkt für alle neuen und *anderen* Ansätze, die sich jenseits des *Thirding*-Konzepts auf die Suche nach möglichen *other spaces* machen wollen, und vieles mehr.

These IV: In den letzten zehn Jahren stammen die kreativsten Untersuchungen zum *Thirdspace* und die gelungensten Erweiterungen des geographischen Blickwinkels aus dem Bereich der *critical cultural studies.* Dabei sind die Arbeiten aus dem Umfeld der feministischen und postkolonialen Kritik besonders hervorzuheben, weil sie sich dem neuen Dreieck der Kulturpolitik *„class – race – gender"* aus einer radikal postmodernen Perspektive annähern. Einer der Verdienste dieser Wissenschaftler und Aktivisten liegt darin, dass sie die Humangeographie heute stärker transdisziplinär ausgerichtet haben, als diese es je war.

Die afroamerikanische Schriftstellerin und Sozialkritikerin bell hooks nimmt bei der Erweiterung des Blicks in Richtung auf eine räumliche Dimension einen besonderen Platz ein. Angeregt durch die Arbeiten von Lefebvre und Foucault bereichert sie unser Verständnis vom „gelebten Raum", indem sie es um eine radikal kultur-politische Perspektive erweitert und neue politische Strategien entwirft, um sich mit den vielfältigen Gesichtern der Unterdrückung auseinander zu setzen, die in den Bereichen Ethnizität, Klasse und Gender existieren.

Obwohl sie hier aus der spezifischen Perspektive einer „radikalen“ farbigen Frau argumentiert, lassen sich ihre Gedanken auf einer breiteren Basis auch auf die politische Positionierung und die Forschungspraxis der Humangeographie übertragen. hooks tut dies, indem sie die kommunikativen Bedeutungen und den strategischen Stellenwert des gelebten Raumes offen legt. Für hooks bildet der gelebte Raum, und das, was ich als *Thirdspace*-Bewusstsein bezeichnet habe, ein neues politisches Fundament für den gemeinsamen Kampf gegen alle Formen der Unterdrückung, egal welchen Ursprungs und auf welcher Maßstabsebene, von der Intimsphäre des menschlichen Körpers (die der Dichter Adrienne Rich einmal als die *geography closest in* bezeichnet hat), bis zu den Fallstricken der globalen politischen Ökonomie. In Box 1 habe ich eine Reihe von Passagen aus hooks am meisten raumbezogener Arbeit „Yearning: Race, Gender and Cultural Politics“ (1990) zusammengestellt, speziell aus dem Kapitel „Choosing the Margin as a Space of Radical Openness“.

Box 1

“As a radical standpoint, perspective, position, 'the politics of location“ necessarily calls those of us who would participate in the formation of counter-hegemonic cultural practice to identify the spaces where we begin the process of revision... For many of us, that movement requires pushing against oppressive boundaries set by race, sex, and class domination. Initially, then, it is a defiant political gesture.“ (Seite 145)

“For me this space of radical openness is a margin – a profound edge. Locating oneself there is difficult yet necessary. It is not a 'safe“ place. One is always at risk. One needs a community of resistance.“ (Seite 149)

“I am located in the margin. I make a definite distinction between that marginality which is imposed by oppressive structures and that marginality one chooses as site of resistance – as a location of radical openness and possibility. This site of resistance is continually formed in that segregated culture of opposition that is our critical response to domination. We come to this space through suffering and pain, through struggle… We are transformed, individually, collectively, as we make radical creative space which affirms and sustains our subjectivity, which gives us a new location from which to articulate our sense of the world.“ (Seite 153)

“It was this marginality that I was naming as a central location for the production of a counter-hegemonic discourse that is not just found in words but in habits of being and the way one lives. As such, I was not speaking of a marginality one wishes to lose, to give up, but rather as a site one stays in, clings to even, because it nourishes one´s capacity to resist. It offers the possibility of radical perspectives from which to see and create, to imagine alternatives, new worlds.“ (Seite 152)

“Postmodern culture with its decentered subject can be the space where ties are severed or it can provide the occasion for new and varied forms of bonding. To some extent, ruptures, surfaces, contextuality, and a host of other happenings create gaps that make space for oppositional practices which no longer require intellectuals to be confined to narrow separate spheres with no meaningful connection to the world of the everyday… [A] space is there for critical exchange… [and] this may very well be 'the" central future location of resistance struggle, a meeting place where new and radical happenings can occur." (Seite 31)

"Radical postmodernism calls attention to those shared sensibilities which cross the boundaries of class, race, gender, etc., that could be fertile ground for the construction of empathy – ties that would promote recognition of common commitments, and serve as a base for solidarity and coalition… To change the exclusionary practice of postmodern critical discourse is to enact a postmodernism of resistance." (Seite 27, 30)

"Spaces can be real and imagined. Spaces can tell stories and unfold histories. Spaces can be interrupted, appropriated, and transformed through artistic and literary practice. As Pratibha Parmar notes, 'The appropriation and use of space are political acts.'" (Seite 152)

"This is an intervention. A message from that space in the margin that is a site of creativity and power, that inclusive space where we recover ourselves, where we move in solidarity to erase the category colonizer/colonized. Marginality is the space of resistance. Enter that space. Let us meet there. Enter that space. We greet you as liberators." (Seite 152)

Diese aufschlussreichen Passagen enthalten eine Vielzahl von Hinweisen auf eine *andere* Art von Humangeographie. Sie könnte den bodenständigen und bewusst politisch ausgerichteten Materialismus von *Firstspace*-Analysen mit den vielfältigen, oft metaphorisch aufgeladenen Repräsentationen von Raum und Räumlichkeit kombinieren, die für *Secondspace*-Geographien charakteristisch sind; dies wäre gleichzeitig mehr als die reine Addition beider Betrachtungsweisen und wäre in der Lage, „andere", konzeptionell offene und politisch ambitionierte (*radicalized*) Raumkonzepte zu schaffen, die gleichzeitig materiell und symbolisch, real und konstruiert, in konkreten raumbezogenen Praktiken verortet und in sprachlichen und ästhetischen Bilder repräsentiert sein können, eine Vielzahl von (Re-)Kombinationen, epistemologischen Einsichten, und vieles mehr. hooks bricht den gelebten Raum im wahrsten Sinne des Wortes auf für neue Erkenntnisse und Erwartungen, die weit jenseits der eingefahren Grenzen des traditionellen geographischen Blicks liegen.

Aber es sind vor allem die besonderen politischen Folgerungen aus hooks Entscheidung, die Grenzbereiche als Ausgangspunkte einer konsequenten Offenheit zu wählen (*choosing the margin as a space of radical openness*), und ihre ebenso explizite wie sorgfältige Übernahme einer konsequent postmodernen Position, auf die ich besonders hinweisen möchte. Genau diese Kombination aus einem zunehmend am *Thirdspace* orientierten Blickwinkel, aus einer strategischen Anbindung an die neue Kulturpolitik im Feld von Differenz und Identität, und aus einer konsequent kritisch-postmodernen Positionierung, ist zum Ausgangspunkt für einige der besten neueren Arbeiten geworden, nicht nur von radikalen farbigen Frauen wie bell hooks, sondern auch aus dem gesamten breiteren Feld feministischer und post-kolonialer Kritik. Nachfolgend möchte ich dazu einige kurze Ausschnitte aus dem Kapitel 4 von Soja (1996), „Increasing the Openness of Thirdspace“, vorstellen. Die Seitenzahlen der Zitate beziehen sich auf dieses Kapitel, nicht auf die Originalquellen:

– Von der Künstlerin und Stadtkritikerin Rosalyn Deutsche (1988) über die Bedeutung einer ungleichen räumlichen Entwicklung innerhalb der Stadt und über *spatial design* als Instrument sozialer Kontrolle im Kontext von Klasse, Ethnizität und Gender:
„Lefebvre´s analysis of the spatial exercise of power as a construction and conquest of difference, although it is thoroughly grounded in Marxist thought, rejects economism and predictability, opening up possibilities for advancing analysis of spatial politics into realms of feminist and anti-colonialist discourse and into the theorization of radical democracy. More successfully than anyone of whom I am aware, Lefebvre has specified the operations of space as ideology and built the foundations for cultural critiques of spatial design as a tool of social control.“ (Seite 106)

– Aus Teresa de Lauretis „Technologies of Gender“ (1987): Sie stellt hier das Thema Feminismus jenseits etablierter Mann/Frau-Dichotomien in einen breiteren Bezugsrahmen kultureller Repräsentationsformen, und verknüpft es mit den Kategorien von Klasse, Ethnizität und Sexualität. Beachten Sie beim Lesen des Zitats, wie de Lauretis, ähnlich wie hooks, materielle und metaphorisch-symbolische Elemente miteinander verbindet, um die Bedeutung von *spaces on the margin* zu umreißen:
„[We are looking at] the elsewhere of discourse here and now, the blind spots or space-off, of its representations. I think of it as spaces in the margins of hegemonic discourses, social spaces carved in the inerstices of institutions and in the chinks and cracks of the power-knowledge apparati… It is a movement between the (represented) and what the representation leaves out or, more pointedly, makes unrepresentable. It is a movement between the (represented) discursive space of the positions made available by hegemonic discourses and the space-off, the elsewhere of these discourses … These two spaces are neither in opposition to one another nor strung along a chain of signification, but they exist concurrently and in contradiction.“ (Seite 111–12)

– Eine andere Newcomerin aus dem Bereich der Raumwissenschaften, Barbara Hooper, konzentriert sich in ihrem unveröffentlichten Manuskript „The case of citizen Rodney King“ (1994) auf die (ver-)störenden Wechselwirkungen zwischen Körpern, Städten und Texten:
„[T]he space of the human body is perhaps the most critical site to watch the production and reproduction of power … It is a concrete physical space of flesh and bone, of chemistries and electricities; it is a highly mediated space,

a space transformed by cultural interpretations and representations; it is a lived space, a volatile space of conscious and unconscious desires and motivations – a body/self, a subject, an identity: it is, in sum, a social space, a complexity involving the workings of power and knowledge and the workings of the body´s lived unpredictabilities … Body and body politic, body and social body, body and city, body and citizen-body, are intimately linked productions … These acts of differentiation, separation, and enclosure involve material, symbolic, and lived spaces … and are practiced as a politics of difference.“ (Seite 114)

– Die Geographin Gillian Rose nutzt die Möglichkeiten einer raumbezogen argumentierenden feministischen Kritik, um die männliche Hegemonie aufzubrechen, die bis heute unsere Disziplin dominiert. Hier ein Zitat aus „Feminism and Geography“ (1993):
„Social space can no longer be imagined simply in terms of a territory of gender. The geography of the master subject and the feminism complicit with him has been ruptured by the diverse spatialities of different women. So, a geographical imagination is emerging within feminism which, in order to indicate the complexity of the subject of feminism, articulates a ‘plurilocality’. In this recognition of difference, two-dimensional social maps are inadequate. Instead, spaces structured over many dimensions are necessary.“ (Seite 124)
Rose fügt hooks „space of radical openness“ und dem, was ich selbst als *Thirdspace* beschrieben habe, dann noch eine eigene Erweiterung hinzu:
„The subject of feminism, then, depends on a paradoxical geography in order to acknowledge both the power of hegemonic discourses and to insist on the possibility of resistance. This geography describes that subjectivity as that of both prisoner and exile; it allows the subject of feminism to occupy both the center and the margin, the inside and the outside. It is a geography structured by the dynamic tension between such poles, and it is also a multidimensional geography structured by the simultaneous contradictory diversity of social relations. It is a geography which is as multiple and contradictory and different as the subjectivity imagining it … a different kind of space through which difference is tolerated rather than erased.“ (Seite 124–25)

– Gloria Anzaldúa, Dichterin und Kulturkritikerin, beschäftigt sich mit den *lived spaces* entlang der Grenzgebiete zwischen den USA und Mexiko und konzipiert dabei eine weitere Form von multipler Verortung im Kontext der „consciousness of the mestiza, or mestizaje“ (1987), eine Form, sich gleichzeitig innerhalb und außerhalb eines bestimmten sozialen Raumes zu fühlen:
„As a mestiza, I have no country, my homeland casts me out; yet all countries are mine because I am every woman´s sister or potential lover. (As a lesbian I have no race, my own people disclaim me: but I am all races because there is the queer of me in all races.) … I am an act of kneading, of uniting

and joining that not only has produced both a creature of darkness and a creature of light, but also a creature that questions the definitions of light and dark and gives them new meanings.“ (Seite 128- 29)

Die Gedichte von Anzaldúa unternehmen dabei auch Ausflüge in die Theorie des Raumes (1990):

„We need theories that will rewrite history using race, class, gender and ethnicity as categories of analysis, theories that cross borders, that blur boundaries … Because we are not allowed to enter discourse, because we are often disqualified or excluded from it, because what passes for theory these days is forbidden territory for us, it is vital that we occupy theorizing space, that we not allow white men and women solely to occupy it. By bringing in our own approaches and methodologies, we transform that theorizing space.“ (Seite 129)

– Von allen Kritikern des Eurozentrismus und Postkolonialismus hat Edward Said wohl die größte Aufmerksamkeit seitens der Humangeographie erhalten. Derek Gregorys bahnbrechende Erweiterung von Saids „Imaginative Geographies“ (1995) überliefert uns folgende Beobachtungen von Said:

„Just as none of us is outside or beyond geography, none of us is completely free from the struggle over geography. That struggle is complex and interesting because it is not only about soldiers and cannons but also about ideas, about forms, about images and imaginings … What I find myself doing is rethinking geography … charting the changing constellations of power, knowledge, and geography.“ (Seite 137–38)

– Den Abschluss dieses Überblicks sollen einige Passagen von Homi Bhabha bilden. Seine faszinierenden Arbeiten über die Verortung der Kultur und seine Bemerkungen zum Phänomen der Hybridität werden untermauert vom Entwurf eines eigenen *Thirdspace*-Konzeptes, das gleichzeitig ähnlich und doch auch anders ist, als meine Sichtweise von *Thirdspace*, die ich in diesem Essay dargelegt habe. Hier ein Zitat aus „The third space“ (1990):

„All forms of culture are continually in a process of hybridity. But for me the importance of hybridity is not to be able to trace two original moments from which the third emerges, rather hybridity to me is the ‘third space“ which enables other positions to emerge. This third space displaces the histories that constitute it and sets up new structures of authority, new political initiatives, which are inadequately understood through received wisdom … The process of cultural hybridity gives rise to something different, something new and unrecognizable, a new area of negotiation of meaning and representation.“ (Seite 140)

Bhabha gründet seinen *Thirdspace* auf den Konzepten von Postmoderne, Postkolonialismus und Postfeminismus, aber er führt uns auch darüber hinaus, zwingt uns, die Grenzen dieser Konzepte zu überschreiten, *to live so-*

mehow beyond the border of our times. Dies zeigt ein Zitat aus „The Location of Culture" (1994):

„It is significant that the productive capacities of the Third Space have a colonial or postcolonial provenance. For a willingness to descend into that alien territory – where I have led you – may reveal that the theoretical recognition of the split-space of enunciation may open the way to conceptualizing an international culture, based not on the exoticism of multiculturalism or the diversity of cultures, but on the inscription and articulation of culture´s hybridity. To that end we should remember that it is the 'inter" – the cutting edge of translation and negotiation, the in-between space – that carries the burden of the meaning of culture … And by exploring this Third Space, we may elude the politics of polarity and emerge as others of ourselves." (Seite 141)

These V: Um das von Lefebvre initiierte Projekt fortzuführen und es auch in neue, aktuelle Richtungen zu erweitern, haben die neuen HumangeographInnen, die sich aus dem Umfeld der *critical cultural studies* entwickelt haben, sowohl die Position des Subjektes als auch die politische Praxis mit einer „räumlichen" Dimension versehen (*spatialized*), ausgestattet mit einem sensiblen Bewusstsein für dieses Räumliche, das weit über bisherige Ansätze hinausgeht. Bezieht man dabei die oben beschriebene ontologische Wende und den Ansatz des „*critical thirding-as-othering*" mit ein, dann eröffnen diese Wissenschaftlerinnen und Wissenschaftler damit neue, bisher noch wenig untersuchte Möglichkeiten für eine dezidiert politische Einflussnahme, die sich auf die soziale Produktion des gelebten Raumes konzentriert. Diese strategische Entscheidung zielt darauf ab, eine Gemeinschaft des Widerstandes ins Leben zu rufen, die genauso mächtig und potenziell befreiend (*emancipatory*) wirken kann, wie diejenigen Kräfte, die sich im Umfeld der Geschichts-Schreibung und der Konstitution der menschlichen Gesellschaft gebildet haben.

Nie zuvor haben humangeographische Ansätze eine solch transdisziplinäre Bedeutung erhalten wie derzeit. Am besten eignen sich dazu aber Humangeographien einer *anderen* Art, die mit einem erweiterten Blickwinkel ausgestattet sind, über stichhaltigere Argumente verfügen und damit auch mächtiger auftreten können; die zudem auf den unterschiedlichen Ebenen der Formationen des Wissens explizit politisch argumentieren, und zwar von der Ebene der Ontologie bis hin zur Praxis, vom Bereich des physisch-materiellen bis zum konstruiert-abstrakten, von der Ebene des einzelnen Körpers bis hin zur Sphäre des ganzen Planeten. Sie erscheinen „realer", weil sie gleichzeitig konstruiert (*imagined*) sind. Der metaphorische Gebrauch von Raum, Territorium, Geographie, Ort und Region ist dennoch selten völlig von der physisch-materiellen Basis abgelöst. Ein solcher „*real-and-imagined*-Blickwinkel" ist *anders*, er unterscheidet sich von stärker konventionellen Herangehensweisen der Geographie. *Thirdspace* lässt sich in dieser Lesart als ebenso vielfältig wie widersprüchlich charakterisieren, als einschränkend und gleichermaßen befreiend, als leidenschaftlich und routiniert, als erfassbar und dann doch wieder nicht klar auszumachen. Was entsteht, ist ein Raum totaler Offenheit, ein Raum des Widerstandes und des Kampfes, ein Raum der vielfältigsten Repräsentationen, den man zwar in den Kategorien binärer Gegensatzpaaren analysieren kann, bei dem aber trotzdem gilt: *il y a toujours l`Autre*, es gibt immer auch andere Formen von Räumen und Räumlichkeit, Heterotopien, und scheinbar paradoxe Formen von Geographien, die ebenfalls untersucht werden können. *Thirdspace* ist damit ein Treffpunkt, ein Ort der Hybridität und des *mestizaje*, an dem man sich jenseits altvertrauter Grenzziehungen bewegen kann; er ist auch ein Ort des Marginalen oder der Ränder, an dem alte Verknüpfungen durchtrennt und neue geflochten werden können. Man kann ihn vielleicht kartieren, aber niemals wirklich einfangen mit den Mitteln der konventionellen Kartographie; und auch wenn man ihn sich mit noch so viel Kreativität vorstellt, seine Bedeutung entfaltet er erst, wenn er erlebt und gelebt wird.

In den letzten beiden Jahrhunderten hat die starke Subjektzentrierung, ebenso wie die politischen Fortschritte bezogen auf die ungleichen Machtverhältnisse in den Bereichen Klasse, Ethnizität und Gender, in erster Linie gezielte Veränderungen der historischen und sozialen Dimension des menschlichen Lebens hervorgebracht, wobei es konkret um Fragen ging, wie Gesellschaften ihre eigene Geschichte gestalten, und wie sie ihre sozialen Beziehungen und gesellschaftlichen Produktionsweisen organisieren. In den meisten Fällen blieben diese Auseinandersetzungen relativ eng auf einzelne Bereiche von kollektiver Identität und Bewusstsein bezogen. Mit einem separaten Fokus entweder auf Klasse, auf Ethnizität oder auf Gender (verhandelt in Form von „großen Dichotomien“ wie Kapital vs. Arbeit, Schwarz vs. Weiß, Mann vs. Frau) entstanden sowohl politisch wie auch theoretisch getrennte und quasi essentialistische Positionen, sodass die Bildung sinnvoller Verbindungen zwischen diesen oft dogmatisch und exklusiv erscheinenden Bereichen sich extrem schwierig gestaltete. Selbst wenn es einzelne Brücken gab, blieben diese instabil, da jede der Bewegungen eine dezidierte, exklusive Dominanz ihrer eigenen binären Perspektive von Unterdrückung im Blick behalten wollte.

Angespornt vom Zusammenbruch all dieser totalitären, modernistischen politischen Epistemologien (z. B. des orthodoxen Marxismus, des radikalen Feminismus oder des schwarzen Nationalismus) und durch die Möglichkeiten einer radikalen Postmoderne (eine Möglichkeit, die viele Linke immer noch nicht anerkennen wollen) beginnt sich eine neue sozial-räumliche Bewegung, eine *community of resistance*, zu bilden, und zwar auf der Grundlage dessen, was ich als *Thirdspace*-Bewusstsein und als *progressive cultural politics* beschrieben habe. Ihr geht es darum, die spezifisch räumlichen Machtdifferenzen aufzubrechen und zu beseitigen, die sich in den Bereichen Klasse, Ethnizität, Gender und vielen anderen Formen der Marginalisierung oder Peripherisierung (beides ja ebenfalls zutiefst räumliche Prozesse) von Gruppen und Menschen etabliert haben. Anstatt sich dabei jeweils ausschließlich auf einzelne Teilaspekte zu konzentrieren, suchen diese neuen Bewegungen/Gemeinschaften in einer umfassenden (nach allen Seiten offenen) und sich ständig neu vernetzenden Weise nach neuen Brücken und effektiveren politischen Koalitionen quer zu den alten Kategorien der Subjektkonstitution und des kollektiven Widerstands. In diesen neuen Koalitionen sind es gerade das gemeinsame räumliche Bewusstsein und die gemeinsame Entschlossenheit, eine stärkere Kontrolle über die „Produktion unserer gelebten Räume" (*lived spaces*) zu übernehmen, die die Basis – den lang vermissten „Kitt" – für Solidarität und politisches Handeln bilden.

Nun sind Koalitionen schon lange Bestandteil politischer Strategien, aber solche Arten von Koalitionen verfolgten bisher immer im weitesten Sinne primär das Ziel, gemeinsam eine stärkere Kontrolle über das *making of history* und über die Schaffung und Reproduktion gesellschaftlicher Macht- und Statusunterschiede zu erlangen, d. h. entsprechende Formen von Ungleichheit und Unterdrückung zu beseitigen, die im historischen Verlauf der gesellschaftlichen Entwicklung entstanden waren. Die neuen Koalitionen behalten diese Legitimationsbasis ihrer Mobilisierung und ihrer politischen Identität bei, ergänzen sie jedoch um ein stärker raumbezogenes Bewusstsein, um eine gesteigerte Aufmerksamkeit dafür, dass die räumliche Dimension des menschlichen Lebens, die Produktion der räumlichen „Geographien" der Gesellschaft sowie der Nexus von Raum-Wissen-Macht ebenfalls eine beständige Quelle von Unterdrückung, Ausbeutung und Herrschaft bilden.

Diese neuen, auch „den Raum" einbeziehenden Formen individuellen und kollektiven Kampfes befinden sich erst im Aufbau und stellen derzeit sicherlich noch keine herausragende Kraft in der gegenwärtigen Politik dar. Und man muss sich der Tatsache bewusst sein, dass diese neuen Formen raumbezogener Politik nicht ausschließlich von fortschrittlichen Kräften (*progressive forces*) eingesetzt werden. Auch konservative und neoliberale Ansätze raumbezogener Politik haben in den letzten dreißig Jahren in der ganzen Welt unter den Rahmenbedingungen des neuen Informationszeitalters, der Globalisierung und der ökonomischen Restrukturierung einen deutlichen Aufschwung erfahren. Dies macht es umso notwendiger, dass progressive Vordenker und Aktivisten ihre internen Streitigkeiten über die Postmoderne (und über Geographie) begraben, und stattdessen neue Wege suchen, um beim Aufbau unserer gegenwärtigen Welt in der strategischen Auseinandersetzung mit der postmodernen Rechten mithalten zu können. Wir müssen die sich ausweitenden Schauplätze und Gemeinschaften des Widerstands, die uns bell hooks und die anderen eröffnet haben, zur Kenntnis nehmen und selbst daran teilhaben, um daraus mit einer bewussten *spatial solidarity* neue Visionen für die Zukunft zu entwickeln. Diese Chance, einem theoretisch erweiterten und auch politisch-strategischen ausgerichteten (kritischen) räumlichen Denken verstärkt Geltung zu verschaffen, ist etwas ausgesprochen Neues und *Anderes* in der derzeitigen Humangeographie – und das finde ich faszinierend und aufregend.

Literatur

Anzaldúa G (1987) Borderlands/La Frontera. San Francisco

Anzaldúa G (Hrsg.) (1990) Making Face/Making Soul. San Francisco

Bhabha, HK (1990) The third space: interview with Homi Bhabha. In: Rutherford J (Hrsg.) Identity, Community, Culture, Difference. London, 207–221

Bhabha HK (1994) The Location of Culture. New York, London

de Laurentis T (1987) Technologies of Gender: Essays on Theory, Film and Fiction. London

Deutsche R (1988) Uneven development. October, 47, 3–52

Gregory D (1995) Imaginative geographies. Progress in Human Geography, 19, 447–485

hooks b (1990) Yearning: Race, Gender and Cultural Politics. Boston

Hooper B (1994) Bodies, cities, texts: the case of citizen Rodney King. 80 p. unpublished ms

Lefebvre H (1976) The Survival of Capitalism. London

Lefebvre H (1991) The Production fo Space. Oxford, Cambridge (trans. by Donald Nicholson-Smith of Lefebvre (1972) La production de l´espace. Anthropos, Paris)

Rose G (1993) Feminism and Geography. Cambridge

Soja EW (1989) Postmodern Geographies: The Reassertion of Space in Critical Social Theory. London

Soja EW (1996) Thirdspace: Journeys to Los Angeles and Other Real-and-Imagined Places. Oxford, Cambridge

Autorenverzeichnis

Harald Bathelt, Prof. Dr.
derzeitige Tätigkeit: Professor für Wirtschaftsgeographie

Anschrift:
Fachbereich Geographie
Philipps-Universität Marburg
35032 Marburg

Forschungsschwerpunkte: Wirtschaftsgeographie, Industriegeographie, Statistische Methoden, Clusteranalyse

neuere Veröffentlichungen:
Bathelt H, Boggs J (2003) Towards a Reconceptualization of Regional Development Paths: Is Leipzig's Creative Industries Cluster a Continuation of or a Rupture with the Past? Economic Geography 79, forthcoming

Bathelt H, Depner H (2003) Innovation, Institution und Region: Zur Diskussion über nationale und regionale Innovationssysteme. Erkunde 57, im Druck

Hans-Georg Bohle, Prof. Dr.
derzeitige Tätigkeit: Professor für Geographie

Anschrift:
Universität Heidelberg
Südasien-Institut
Im Neuenheimer Feld 330
D-69120 Heidelberg

Forschungsschwerpunkte: Sozialgeographische Entwicklungsforschung, Geographische Risikoforschung, Politische Geographie, Südasien

neuere Veröffentlichungen:
Bohle H G (2002) Vulnerability. Special issue of Geographica Helvetica 57 (hrsg. von H.-G. Bohle)

Bohle H G (2002) Zeitbombe Bevölkerungswachstum. Wie viele Menschen verträgt die Erde? In: Ehlers E, Leser H (Hrsg.) Geographie heute – für die Welt von morgen. Gotha, 19–26

Bernd Belina, Diplom-Geograph
derzeitige Tätigkeit: Wissenschaftler am Institut für Geographie der Universität Bremen

Anschrift:
Universität Bremen
FB 8, Institut für Geographie
Postfach 33 04 40
28334 Bremen

Forschungsschwerpunkte: Kriminal- und Stadtgeographie, Raum- und Staatstheorie, Ideologiekritik, USA

neuere Veröffentlichungen:
Belina B (2002) Gegen Rechts und für den Standort. Ideologiekritische Betrachtungen zur Politischen Geographie der Rechtsextremismuskampagne 2000. Berichte zur deutschen Landeskunde 76, 307-331

Belina B (2000) Kriminelle Räume. Kassel (= Urbs et Regio 71)

Michael Flitner, Dr.
derzeitige Tätigkeit: Wissenschaftlicher Assistent an der Universität Freiburg

Anschrift:
Institut für Forstökonomie
Herderbau
Albert-Ludwigs-Universität Freiburg
79085 Freiburg i.B.

Forschungsschwerpunkte: Kulturgeographie, Umweltforschung

neuere Veröffentlichungen:
Flitner M, Heins V (2002) Modernity and life politics: conceptualizing the biodiversity crisis. Political Geography 21, 319–340

Flitner, M (2003) Genetic geographies. A historical comparison of agrarian modernization and eugenic thought in Germany, the Soviet Union, and the United States. Geoforum 34, 175–185

Hans Gebhardt, Prof. Dr.
derzeitige Tätigkeit: Professor für Anthropogeographie

Anschrift:
Geographisches Institut
der Universität Heidelberg
Berliner Str. 48
69120 Heidelberg

Forschungsschwerpunkte: Wirtschaftsgeographie, Stadtgeographie, politische Geographie, Vorderer Orient, Südostasien

Neuere Veröffentlichungen:
Gebhardt, H (2001): Das Jahrzehnt der Bürgerinitiativen: Partizipative Bewegungen der 70er und 80er Jahre als Thema der Politischen Geographie. Reuber P./Wolkersdorfer G. (Hrsg.): Politische Geographie. Handlungsorientierte Ansätze und Critical Geopolitics. Heidelberg (Heidelberger Geographische Arbeiten 112), 147–176

Gebhardt, H (2002) Neue Lebens- und Konsumstile, Veränderungen des aktionsräumlichen Verhaltens und Konsequenzen für das zentralörtliche System. In Blotevogel, H H (Hrsg.) Fortentwicklung des Zentrale-Orte-Konzepts. Hannover (ARL Forschungs- und Sitzungsberichte 217), 91–103

Johannes Glückler, Diplom-Geograph
derzeitige Tätigkeit: Wissenschaftlicher Mitarbeiter

Anschrift:
Institut für Wirtschafts- und Sozialgeographie
Goethe-Universität Frankfurt
Dantestr. 9, Postfach 11 19 32
60054 Frankfurt am Main

Forschungsschwerpunkte: Wirtschaftsgeographie, Geographie des Unternehmens, wissensintensive Dienstleistungen, Netzwerktheorie

neuere Veröffentlichungen:
Bathelt, H, Glückler, J (2003) Toward a Relational Economic Geography. Journal of Economic Geography 3, 117–144

Glückler, J, Armbrüster T (2003) Bridging Uncertainty in Management Consulting: The Mechanisms of Trust and Networked Reputation. Organization Studies 24, 269–297

Ilse Helbrecht, Prof. Dr.
derzeitige Tätigkeit: Professorin für Humangeographie

Anschrift:
Universität Bremen
Institut für Geographie
Bibliothekstr. 1
28359 Bremen

Forschungsschwerpunkte: Stadt und Gesellschaft, Mensch und Raum

neuere Veröffentlichungen:
Behring, K, Helbrecht, I (2002) Wohneigentum in Europa. Ursachen und Rahmenbedingungen unterschiedlicher Eigentumsquoten im Vergleich, Ludwigsburg

Hasse, J, Helbrecht, I (Hrsg) (2003) Menschenbilder in der Humangeographie, Oldenburg – Wahrnehmungsgeographische Studien 21

Julia Lossau, Dr.
derzeitige Tätigkeit: Wissenschaftliche Mitarbeiterin

Anschrift:
Geographisches Institut
Universität Heidelberg
Berliner Straße 48
D-69120 Heidelberg

Forschungsschwerpunkte: Postkolonialismus, Kunst im öffentlichen Raum, Kulturgeographie, Politische Geographie

neuere Veröffentlichungen:
Lossau, J (2002) Die Politik der Verortung. Eine postkoloniale Reise zu einer anderen Geographie der Welt. Bielefeld.

Lossau, J (2000) Für eine Verunsicherung des geographischen Blicks. Bemerkungen aus dem Zwischenraum. Geographica Helvetica 55, 23–30

Doreen Massey, Prof.
derzeitige Tätigkeit: Professorin für Geographie

Anschrift:
The Open University
Walton Hall
Milton Keynes MK7 6AA

Forschungsschwerpunkte: Kulturgeographie, Gender, Macht – Raum – Politik

neuere Veröffentlichungen:
Massey, D, Allen, J, Sarre, P (1999) Human Geography Today. Cambridge

Massey, D (1994) Space, Place and Gender. Cambridge

Paul Reuber, Prof. Dr.
derzeitige Tätigkeit: Professor für Anthropogeographie

Anschrift:
Institut für Geographie
Westfälische Wilhelms-Universität Münster
Robert-Koch-Straße 26-28
48149 Münster

Forschungsschwerpunkte: Politische Geographie, Sozialgeographie, Südostasien

neuere Veröffentlichungen:
Reuber, P (2002) Die Politische Geographie nach dem Ende des Kalten Krieges – Neue Ansätze und aktuelle Forschungsfelder. Geographische Rundschau 54 (7-8/), 4–9

Reuber, P, Wolkersdorfer, G (2001) Politische Geographie – Handlungsorientierte Ansätze und Critical Geopolitics. In: Heidelberger Geographische Arbeiten 112, Heidelberg

Wolf-Dietrich Sahr, Dr.
derzeitige Tätigkeit: Gastprofessor am Geographischen Institut der Universität Heidelberg

Anschrift:
R. St. Hilaire 79, Apto. 33
84035-350 Ponta Grossa, PR
Brasilien

Forschungsschwerpunkte: Sozialgeographie, Cultural Geography, Epistemologie der Geographie, Brasilien

neuere Veröffentlichungen:
Sahr, W D (1999) Der Ort der Regionalisierung im geographischen Diskurs. Periphere Fragen und Anmerkungen zu einem zentralen Thema. In: Meusburger, P (Hrsg.) Handlungszentrierte Sozialgeographie. Benno Werlens Entwurf in kritischer Diskussion. Stuttgart, 43–66

Sahr, W. D. (2003) Zeichen und RaumWELTEN – zur Geographie des Kulturellen. Petermanns Geographische Mitteilungen 147 (2), 18–27

Edward W. Soja, Prof.
derzeitige Tätigkeit: Professor of Urban Planning

Anschrift:
UCLA School of Public Policy and Social Research
3250 Public Policy Building
Box 951656
Los Angeles, California 90095-1656

Forschungsschwerpunkte: Postmoderne, Stadt, Raum

Veröffentlichungen:
Soja, EW (1989) Postmodern Geographies. The Reassertion of Space in Critical Social Theory. London

Soja, EW (2000) Postmetropolis. Oxford

Anke Strüver, Diplom-Geographin
derzeitige Tätigkeit: Wissenschaftliche Mitarbeiterin an der Universität Nijmegen (NL), Institut für Geographie

Anschrift:
Department of Human Geography
University of Nijmegen
P.O. Box 9108
6500 HK Nijmegen
The Netherlands

Forschungsschwerpunkte: Identitätskonstruktionen, Grenzforschung

neuere Veröffentlichungen:
Strüver A (2003) Presenting Representations - On the analysis of narratives and images along the Dutch-German border. In: Berg, E, van Houtum, H. (Hrsg.) Routing Borders between Territories, Discourses and Practices. Ashgate, Aldershot (im Druck)

Wucherpfennig, C, Strüver, A, Bauriedl, S. (2003) Wesens- und Wissenswelten – Eine Exkursion in die Praxis der Repräsentation. In: Hasse, J, Helbrecht, I. (Hrsg.) Die Frage nach den Menschenbildern - Grundlagen der Humangeographie. Wahrnehmungsgeographische Studien, Bd. 21. Oldenburg, 55–87

Michael John Watts, Prof.
derzeitige Tätigkeit: Professor und Direktor des Institute of International Studies

Anschrift:
Institute of International Studies
University of California
507 McCone Hall
Berkeley, CA 94720-4740

Forschungsschwerpunkte: Politische Ökonomie, Politische Ökologie, Afrika, Südasien, Entwicklung, Bevölkerungsgeographie, Sozial- und Kulturtheorie

Veröffentlichungen:
Peets, R, Watts, M J (1995) Liberation Ecologies. New York

Hettner-Lecture 1999 with Michael Watts. Gebhardt H, Rensburger P (2000) Struggles over geography: Violence, freedom and development at the millennium. Heidelberg: University of Heidelberg

Benno Werlen, Prof. Dr.
derzeitige Tätigkeit: Professor für Sozialgeographie

Anschrift:
Friedrich-Schiller-Universität Jena
Institut für Geographie
Löbdergraben 32
D-07743 Jena

Forschungsschwerpunkte: Anthropogeographie, Sozialgeographie, Raumkonzepte, Globalisierungsforschung

Neuere Veröffentlichungen:
Werlen B (2000) Sozialgeographie. Eine Einführung. Bern, 2000

Werlen B (Hrsg)(2003)Sozialgeographie alltäglicher Regionalisierungen. Bd. 3: Geographien des Alltags - Empirische Befunde. Stuttgart, im Druck

Günter Wolkersdorfer, Dr.
derzeitige Tätigkeit: Wissenschaftlicher Assistent

Anschrift:
Institut für Geographie
Westfälische Wilhelms-Universität Münster
Robert-Koch-Straße 26-28
48149 Münster

Forschungsschwerpunkte: Politische Geographie, Kulturgeographie, Sozialgeographie

neuere Veröffentlichungen:
Reuber P, Wolkersdorfer G (2002) The Transformation of Europe and the German Contribution – Critical Geopolitics and Geopolitical Representations. Geopolitics 7, 3, 39–60

Wolkersdorfer G (2001) Politische Geographie und Geopolitik zwischen Moderne und Postmoderne. Heidelberger Geographische Arbeiten 111, Heidelberg

Gerald Wood, Prof. Dr.
derzeitige Tätigkeit: Hochschullehrer Universität Münster

Anschrift:
Institut für Geographie
Westfälische Wilhelms-Universität Münster
Robert-Koch-Straße 26-28
48149 Münster

Forschungsschwerpunkte: Stadtgeographie, Regionale Geographie, qualitative Sozialgeographie, Theorie der Geographie

neuere Veröffentlichungen:
Wood, G. (2003) Wahrnehmung städtischen Wandels in der Postmoderne. Untersucht am Beispiel der Stadt Oberhausen. Opladen (=Stadtforschung aktuell, Band 88), im Druck

Wood, G, Danielzyk, R. (2003) Innovative strategies of political regionalization. The case of North Rhine-Westphalia. European Planning Studies, im Druck

Wolfgang Zierhofer, Dr.
derzeitige Tätigkeit: Wissenschaftlicher Mitarbeiter

Anschrift:
Programm Mensch Gesellschaft Umwelt
Universität Basel

Forschungsschwerpunkte: Sozialgeographie, Politische Geographie, Gesellschaftstheorie, Umwelt und Natur, Wissenschaftsforschung

neuere Veröffentlichungen:
Zierhofer, W. (2002) Gesellschaft - Transformation eines Problems. Oldenburg, 299 S

Gren, M, Zierhofer, W. (2003) The Unitiy of Difference. A critical appraisal of Niklas Luhmann's theory of social systems in the context of corporeality and spatiality. Environment and Planning A 35, 613–630

Index